宋◦应◦星◦全◦集

[明] 宋应星 ／著

潘吉星 ／译注

上海古籍出版社

国家古籍整理出版专项经费资助项目

乃粒第一卷

分宜教諭宋應星著

宋子曰上古神農氏若存若亡然味其嶽號兩言至今存矣生人不能久生而五穀生之五穀不能自生而生

人生之土脈歷時代而異種性隨水土而分不然神農

去陶唐粒食巳千年矣未耜之利以教天下豈有隱焉

而紛紛嘉種必待后稷詳明其故何也紈袴之子以赭

衣視笠簑經生之家以農夫為詬詈晉晨炊晚饢知其味

《天工开物》明崇祯十年（1637）涂绍煃刊本

見奇能

宋先生著

天工開物

內載耕織造作煉採金寶
一切生財備用秘傳要訣

書林楊素卿梓

天工開物序

天覆地載。物數號萬。而事亦○
因之曲成。而不遺。豈人力也○
乃事物。而兒萬矣。必待口授
目成。而後識之。其與幾何。萬

《天工开物》明末清初书林杨素卿刊本

天工開物

罗振玉署

天覆地載物數號萬而事亦因之曲成而不遺豈人力也
哉事物而既萬矣必待口授目成而後識之其與幾何萬
事萬物之中其無益生人與有益者各載其半世有聰明
博物者稠人推焉乃棗梨之花未賞而臆度楚萍釜鬻之
範鮮經而侈談莒鼎畫工好圖鬼魅而惡犬馬即鄭僑晉
華豈足為烈哉幸生聖明極盛之世滇南車馬縱貫遼陽
崇徽宦商衡遊薊北為方萬里中何事何物不可見見聞
聞若為士而生東晉之初南宋之季其視燕秦晉豫方物
已成夷產從互市而得裘帽何殊肅愼之矢也且夫王孫
帝子生長深宮御廚玉粒正香而欲觀耒耜尚宮錦衣方

《天工开物》民国陶湘刊本

思憐詩序

古人有思而後有詩今人不然其

人不足思且亦未嘗思乃假哭佯

歡累牘而出之斯亦不足貴矣人

情有所思必有所憐思而不憐惻

隱之謂何也凤因結習束髮卽事

野議序

春將暮矣遽懸鈴山令長曹先生

挈清酒負詩囊駕等松影鸜聲以

永今日不願他間來混耳目也乃

槼瀝數行而送邸報者至則見有

立談而得美官者此千秋遇合奇

《野议》《思怜诗》明崇祯刊本

日說六章

氣從下蒸光由上灼千秋未洩之秘明示朕于泰山人
人得而見之而釋天體者卒不悟也以今日之日為昨
日之日刻舟求劍之義以近而見遠而不見為
夜者其猶面墻也西人以地形為圓毬盧懸于中凡物
四面蟻附且以瑪八作之人與中華之人足行相抵天
體受誣又酷于宣夜與周髀矣夫陽氣從下而升騰玉
寅郊薰聚東方凝而成日登日觀而望之初豈有日形

一 形氣化五章

天地間非形即氣非氣即形雜於形與氣之間者水火
是也由氣而化形形復返於氣百姓日習而不知也氣
聚而不復化形者日月是也形成而不復化氣者土石
是也氣從數萬里而墜經歷埃壒奇候融結而為形者
星隕為石是也氣從數仞而墜化為形而不能固者
雨雹是也初由氣化形入見之卒由形化氣人不見者
草木與生人禽獸蟲魚之類是也氣從地下催騰一粒

《论气》《谈天》明崇禎刊本

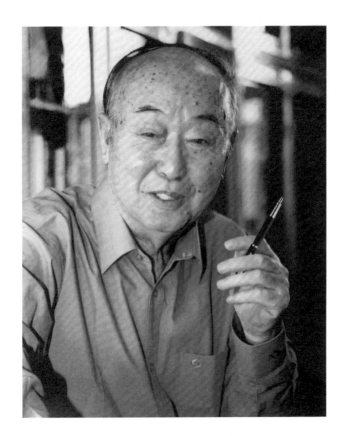

潘吉星先生（1931–2020）

前　言

明末江西省奉新县人宋应星(1587—约1666)才大学专，勤于著述，中举后于1611—1631年间六次北上会试，企盼得到进士功名后进入仕途，以实现其济国济民的政治抱负。然会试屡屡失败使其理想破灭，遂与科举决裂，而转向与功名进取毫不相关的实学研究，终于成为中国明代杰出的科学家和思想家①。

宋应星先后写出十部专著，但现今保存下来的只有五部，分别是：

1.《野议》(1636年4月)，是为挽救晚明中国社会危机而写作的政治、经济文章及变法条陈。

2.《思怜诗》(1636年8月)，是展示人生哲学、扭转不良社会风气的自选诗集。

3.《天工开物》(1637年4月)，为发展社会生产、增加社会财富而写作的插图本科学技术百科全书。

4.《论气》(1637年7月)，提出二气(阴、阳)五行(水、火、土、金、木)新论，阐述万物产生和演化进程，促使中国传统唯物主义自然观进入新的更高发展阶段。

---

① 　宋应星详细生平，见本书《天工开物》导言。

5.《谈天》(1637年)，从哲学角度谈论日、月之运行，并批判汉儒、宋儒提出的天人感应说的虚妄。

由此可见，宋应星是驰骋于自然科学和人文科学两大知识领域且均有所建树的英才。为使广大读者，特别是青年读者了解他的思想和成就，继承传统文化中的精华，我们选取宋氏著作的明刊原本为底本，对这五部书进行校点、注释并翻译，全书题为《宋应星全集》。在各书导言中均详细介绍其内容、成就、成书年代、现存版本、作者事迹及研读方法。

我们对宋应星传记及其著作的研究，早在1963年1月已列入中国科学院科学史研究室(今中国科学院自然科学史研究所前身)的专题研究计划，同年3—5月笔者受所在单位派遣，在京沪及南方省份作了广泛调查采访，所获资料甚丰。如奉新宋氏宗谱，《天工开物》明清刻本的影印本，《野议》等明刊原本缩微胶卷、抄校本及从胶卷反转而成的xerox复印本，至此所需原始资料均已备齐。然不幸的是，当时未能及时投入研究，因为1963—1965年笔者三次被下放到农村参加政治运动。1980年以后学术研究走上正轨，才有机会发表一些成果。但同时笔者要做大量其他中断多年的工作，故宋氏全集在2002年底才全部完成。

在收集资料过程中，得到了北京图书馆(今国家图书馆前身)、江西省图书馆、中科院图书馆、湖南师范学院图书馆和中科院科学史所图书馆的大力支持。特别是奉新县宋埠乡宋名熺先生将其家藏本族家谱借给我们看；江西省图书馆李蓉盛(1899—1964)主任允许我们拍摄古书，帮助很大。另本所钱宝琮(1893—1974)及中国社会科学院谢国桢(1900—1982)二老经常在解释史料、翻译古文方面给予指点。

　　本书分为两编,"自然科学篇"收《天工开物》,"人文科学篇"收《野议》《思怜诗》《论气》《谈天》。每编设导言、凡例,详细介绍相关内容和整理、译注的情况。

　　我们希望此次推出的《宋应星全集》能为读者所喜爱和欢迎。

潘吉星

2015 年 10 月 19 日

总　目

自然科学篇

天工开物

天工開物卷上

乃粒第一卷　　　　　分宜教諭宋應星著

宋子曰上古神農氏若存若亡然存矣生人不能久生而五穀生之五穀人生之土脉歷時代而異其徽號兩言至今全而紛紛嘉種必待后稷種性隨水土而分去陶唐粒食已千年矣天視笠屐必待后五穀不能自生而……

目　录

卷　中

卷　下

导 言

  《天工开物》原著是三百五十多年前明代科学家宋应星(1587—约 1666)写的一部优秀的插图本科技著作。当读者读到此书时,会对其中内容及插图感到格外亲切与熟悉,因为不久前人们还在南北城乡看到大体类似的生产情景。虽然因科技的进步,大部分工农业生产已用科学手段和机械进行,但手工生产仍作为辅助手段在一些地区继续存在,这在外国也是如此。我们相信这部书至今仍会引起广大读者的兴趣。

一、《天工开物》的成书、内容及其体例

  此书出现于十七世纪三十年代(1637),即明代末期。当时欧洲处于后文艺复兴时代,封建制走向崩溃,资本主义正在兴起,随之而来的是科学革命和技术的迅猛发展。这是历史大变革时代。社会、经济和科学文化等方面的这些大变动,好像一次巨大的地壳运动,在旧大陆另一端的中国也发生了反响。史学家把十六、十七世纪的中国称为"天崩地解"的时代,认为该时代的思想家具有"别开生面"的特色,不无理由。中国封建社会到明中叶已进入其发展的后期,由于社会生产力的提高和商品经济的发展,中国内部也有了资本主义的萌芽,表现在社会经济关系及工农业内部结构中。这些新情况的出现,无疑促进

了科技的发展，从而使明代有不同于前代的特点。《天工开物》就是在这样的历史背景下出现的。明代科学巨匠李时珍（1518—1593）、徐光启（1562—1633）和宋应星等人，虽与同时代欧洲的伽利略（G. Galilei 1564—1642）、维萨里乌斯（A. Vesalius 1514—1564）和阿格里科拉（G. Agricola 1494—1555）等人相距遥远，然而他们仍代表中国科学界以自己的方式参与了这场全球性的科技复兴运动，并作出了其力所能及的贡献。

明代农业和手工业各部门继承了前代的技术成果，又从国外引进并在国内推出不少新产品和新技术，在传统基础上有进一步充实、发展，生产技术水平全面提高。明代科学同样如此，由于西洋科学技术的引进、消化，使传统科学注入新鲜血液，技术科学也全面发展。这是在历史上集传统科技之大成的总结性阶段，但又充满着新时代的气息。《本草纲目》《农政全书》及《天工开物》就是这个时代的代表作。作者们具有与文艺复兴时期西方科学巨匠类似的气质，他们多才多艺、学识渊博，有长途旅行的经历，在不同专业领域内放出异彩。他们对各种错误观念持批判态度，注重实践并基于自身观察、调查和试验从事写作，决不停留于书斋之中。同时他们又向科学界灌输了一些新的思想和精神。这些特点都可在《天工开物》中找到。与《崇祯历书》（1633）不同，《天工开物》是道地的中土产物，是反映明代社会和科技的一面镜子。此书主要根据作者在南北各地的实地调查而写出，就像阿格里科拉的《矿冶全书》（*De Re Metallica*）那样，因而具有直观的生动性和真实性的特点。

三百多年前一位曾五次追求进士功名的举人宋应星，为什么居然会写出这样一部书呢？很简单，他前半生在科举方面历尽坎坷，从切身经历中认识到读书人只埋头"四书五经"而缺乏实际知识，饱食终日却不知粮米如何而来，身着丝衣却不解蚕、丝如何饲育及织造，这才是儒者之耻。当他达到这一认识后，便毅然与科举决裂，转向与"功名进取毫不相关"的实学，向工农群众请教，及时记录下技术知识并加以提炼，从而完成这部杰作。

《天工开物》是作者任江西省分宜县教谕（教官）时于崇祯九年（1636）写成的，当时他经济状况不佳，没有钱买参考书，没有地方接待同道讨论学术，只在这小县城内简陋的房间里据调查资料、参以手边仅有的图书而写作。成书后又无力出资刊刻，幸而老友涂绍煃（约 1582—1645，字伯聚）①伸出援助之手，使该书于次年（1637）出版于南昌府。这是该书的初刻本，简称涂本。我们这次译注、校勘《天工开物》，便以此本为底本。

涂本《天工开物》分上、中、下三卷，各装一册，印以竹纸。全书有十八章，经精确统计，共 85 754 字，插图 123 幅，上卷六章，中卷七章，下卷五章。每章都从古代典籍中找出古雅的二字组成的词来命名。每章首都有"宋子曰"一段作为引言，对该章内容作提要性叙述，接下来是正文，各章正文末尾附以有关插图。上卷分《乃粒》（谷物）、《乃服》（衣料）、《彰施》（染色）、《粹精》（米面）、《作咸》（食盐）、《甘嗜》（制糖）六章，中卷分《陶埏》（陶瓷）、《冶铸》（铸造）、《舟车》、《锤锻》（锻造）、《燔石》（非金属矿石烧炼）、《膏液》（油脂）及《杀青》（造纸）七章，下卷分《五金》

---

① 　关于涂绍煃事迹，参见拙著《明代科学家宋应星》，57—59 页（科学出版社，1981）；《宋应星评传》，194—198 页（南京大学出版社，1990）。

（冶金）、《佳兵》（兵器）、《丹青》（朱墨）、《曲蘗》（酒曲）及《珠玉》
五章，涉及工农业各生产领域，堪称技术百科全书。

　　此书从《乃粒》开始，而以《珠玉》殿后，是作者的有意安排。
前者与民食有关，至为重要，故列于全书之首，后者无关国计民
生，故置于书尾。作者解释说："卷分前后，乃贵五谷而贱金玉
之义。"这体现了他写此书的一个主导思想。六世纪中叶农学
家贾思勰（约 493—550 在世）在《齐民要术》（约 538）中也有类
似提法，可见这种优良传统由来已久。宋应星赞赏这种思想，
还表现在他将自己的书斋取名为"家食之问堂"。"家食之问"
典出《易经·大畜》，意思是研究在家自食其力的学问，而不以
官禄为生，转义为研究实用技术。

　　从《天工开物》的内容来看，与食衣有关的章节描述得最为
详细，篇幅占全书一半有余，其次是金工、陶瓷、造纸、车船部
分，而制曲、珠玉等均居末位，篇幅不大。按理说还应有一章讲
漆器，也许作者因其不切民用，故略而不提。书中所述均以某
种技术最发达的地区为对象，如景德镇的白瓷、闽广蔗糖、嘉兴
与湖州的养蚕、江西的水稻、淮安盐场的海盐、苏杭的丝织、福
建的竹纸等。作者必身临其境，否则无从写起，插图也非杜撰
可成。宋应星放眼祖国大地，胸怀南北河山，对国民经济各领
域都有所涉及。从东北林区捕貂到两广南海采珠，从华东盐场
晒盐到新疆和田采玉，广阔神州一幅幅壮观生产图景尽收书
中。如此全面的技术著作，为中国有史以来至有明一代所仅
见。现将其各章内容简介如下：

　　上卷：《乃粒》主要论述水稻、小麦的种植、栽培技术和各种
农具、水利机械，旁及黍、稷、粟、菽（豆类）等谷物。其中，对南

方种水稻技术介绍得特别详细。《乃服》文字最长,实际上占了两章的篇幅,分为养蚕技术及丝织技术,这是本章的核心,包括各种技术要点、工具、织机构造等。其次旁及棉纺、麻纺以及西北的毛纺。《彰施》介绍各种植物染料及染色技术,着重蓝的栽培、蓝淀的提取及从红花中提制染料的过程,此外涉及各种染料的配色及媒染方法。《粹精》主要论及水稻、小麦的收割、脱粒及加工成米面的技术及工具,旁及其余杂粮的加工。《作咸》着重叙述海盐、池盐、井盐等盐产地、制盐技术及工具,尤详于海盐及井盐。《甘嗜》则以福建、广东甘蔗种植、制糖技术及工具为重点,同时兼及蜂蜜及饴糖。

中卷:《陶埏》介绍砖、瓦及白瓷的烧炼技术,从原料配制、造坯、上釉到入窑都予以说明,尤详于景德镇烧造瓷器的技术。《冶铸》是中国古代技术书中有关铸造技术的最详细的记录,着重谈铸铁锅、铸钟及铸铜钱技术,包括失蜡铸造、实模铸造及无模铸造三种方法,所绘示的工艺图极为珍贵。《舟车》用技术数据记述各种船舶及车辆的结构及使用方法,船的部分详于内河运粮的漕船,而车则着重介绍北方的四轮大马车,旁及南北方的独轮车。《锤锻》则系统叙述锻造铁器、铜器的工艺过程,从万斤的大铁锚到轻细的绣花针,还有各种金属加工工具如锉、锯、刨等都包括在内,对金属热处理及加工技术也作了介绍。《燔石》重点讨论烧制石灰、采煤和烧炼矾石、硫黄、砒石的技术,对煤炭分类、采掘、井下安全措施,都有可贵的记载。《膏液》则论述十六种油料植物籽实的出油率,油的性状、用途,及用压榨法与水代法提制油脂的技术,旁及柏皮油制法及用柏油制蜡烛的技术。《杀青》则叙述纸的种类、原料,尤详于论述造竹纸及皮纸的全套工艺过程及设备，并提供了造纸技术操作图。

下卷：《五金》提供了关于金、银、铜、铁、锡、铅、锌等各种金属矿石的开采、洗选、冶炼、分离技术，还有各种金属合金的冶炼。这都是少有的可贵记载，生产工艺图尤其可贵。其中不少是中国人民的创造发明，如灌钢、以煤炼铁、直接将生铁炒成熟铁、用大型活塞风箱鼓风，及分金炉、大型反射式炼炉等。《佳兵》先叙述冷武器，详于弓箭制造，简单介绍了弩机。其次是火药及火器，着重介绍提硝法、鸟铳、万人敌（地旋式炸弹）。其余火器仅有名目或简略提及，对火药配方及配制言之过简，火箭竟略而不及。火药及火器部分，此书不及其他明代兵书详尽。《丹青》主要叙述朱砂研制，从天然丹砂炼水银，再从水银与硫重新提炼为银朱的技术。制墨部分着重于松烟墨原料碳黑的烧炼，旁及油烟墨。《曲蘖》只介绍酒曲制造，不谈酿酒，作者认为"酒流（饮酒过度）生祸"，主要介绍酒母、药用神曲及丹曲（红曲）所用原料种类、配比、制造技术及用途，对红曲发酵过程中的颜色变化有生动叙述。《珠玉》叙述珍珠、宝石及玉的开采，兼及玛瑙、水晶及琉璃。本章在解释珍宝玉器形成时间方面有误论，但所介绍的深水、深井操作技术则相当有趣。

作者本还想将其《观象》《乐律》二卷附于书中，但临梓时又删去，料想是为了保持全书内容协调。按"贵五谷而贱金玉"思想安排有关章节顺序，这是可贵的。但从各章现有次序看，似乎未及考虑有关章节之间的内在联系。从逻辑上讲，谈金属工艺时，应先讲冶炼，接着是铸造、锻造，但事实上是铸造及锻造二章放在冶炼章之前，且二者中间插入不相干的《舟车》，另外金工三章分置于不同卷（册）内。其次，讲谷物种植后，应接着是谷物加工，而实际上这两章被衣料及染色二章隔断。油脂、制盐、制糖均与食有关，三章应紧密衔接，但却被锻造、烧石及造纸三章切断，显得不协调。铸造与锻造至少应先后相连，却反被《舟车》拦住。从业务性质来看，纸与墨总是不可分的，但偏被冶炼、武器二章分割。从全书体例看，有关衣食各章应同属一卷，其余手工业各章则按其内在关系依次置于以下二卷。事实则与此相反。

为什么会出现上述问题？我们料想作者当初整理书稿、准备插图与交付出版，必是很匆忙的。因为他在1636—1637年间，同时应付六部书的出版，还有平时公务活动，来不及推敲《天工开物》各章顺序安排，甚至连文字润色也无暇顾及，他为此请读者原谅。但他始终未忘记将《乃粒》置于书首，而以《珠玉》殿后，其余各章如何安排则未及考虑。为使这部优秀作品体例、结构更加系统、严谨，我们在尊重作者主导思想、不改动文字的前提下，对各章次序安排作了一些技术调整，并理顺其相互关系。作者有知，想必也会同意。在对各章内容作系统研究后，我们按其内容相关性把十八章分为下列八组：

第一组：《乃粒》《粹精》二章讲谷物种植与加工。第二组：《作咸》《甘嗜》《膏液》三章论盐、糖、油副食品。这两组均与民食有关，应置于全书之首。第三组：《乃服》《彰施》二章论衣料及染色，与穿衣有关，也同样重要。以上三组应放在一册，构成上卷。第四组：《五金》《冶铸》《锤锻》三章同属金工，制品多为工农业生产工具及日用品，重要性仅次于前三组。第五组：《陶埏》《燔石》二章讲陶瓷、煤炭、烧矿，与火工业务相近，故四、五两组应放在同册内,同属中卷。第六组:《杀青》与《丹青》二章论造纸、朱墨,与文化事业有关。第七组:《舟车》《佳兵》讲车船及武器。第八组:《曲糵》《珠玉》二章与酒母及珠宝玉器有关,应置于全书之尾。六、七、八组可同列入下卷之中。因之我们对此书各卷、章作出下列组合调整:

天工开物序

卷上(七章)

　　一、乃粒;二、粹精;三、作咸;四、甘嗜;五、膏液;

　　六、乃服;七、彰施。

卷中(五章)

　　八、五金;九、冶铸;十、锤锻;十一、陶埏;十二、燔石。

卷下(六章)

　　十三、杀青;十四、丹青;十五、舟车;十六、佳兵;

　　十七、曲糵;十八、珠玉。

上述排列中,难以处理的是无法把包括黄金在内的《五金》放在下册,但原作者也没有将该章与《珠玉》紧接在一起。我们这次译注《天工开物》便采用这种新的卷次安排。

原书卷名也有某种混乱。全书叫《天工开物卷》,每册又称上中下卷,每卷下又有《乃粒第一卷》等十八卷,形成卷中有卷,"卷"字实在太多。此次依惯例将全书称《天工开物》,上、中、下三册称卷,卷下称章,章下称节,节下称段。原《乃粒第一卷》今称《乃粒第一章》或简称《乃粒第一》。这样,全书卷、章、节、段、句都层次分明。又原书各节过细,未区分主次,如《乃服》有三十六节,实际上有的节只起段的作用。此次将有关的节合并,原有的一些节成了段,段首标黑体字以醒目。这样,结构就更

紧凑了。原书插图前后位置也时有颠倒，此次理顺。我们对
章节段及图都给以编号，便于检索。经过调整，该书体例大有
改善。

本书写作蒙老一辈科学史家胡道静教授鼓励和上海古籍
出版社的关心，得以顺利问世。谨向他们致以衷心感谢。书中
疏误难免，敬请海内外读者不吝赐教。

二、《天工开物》作者宋应星的事迹

宋应星字长庚[①]，明代江西省南昌府奉新县北乡人。其故
里在今奉新县宋埠乡的牌楼宋村，该村明代属北乡，实际上在
县城东南方，东与新建县交界，有潦水流经于此。1963 年笔者
前往调查采访，全村一百多户，宋姓居三分之二，整个乡中宋姓
也占多数，故称宋埠乡。这里是江南的稻米之乡，村的周围是
整齐葱绿的稻田和茂密的竹林，房屋多具有古老建筑风格。村
头有一座德水桥，是有数百年历史的石桥。村内有明代建立的
石牌坊，故称为牌楼宋村。就在这样一个小村子里，诞生了中
国历史上一位伟大的科学家，他的名字在当地已是家喻户晓，
人人以此为荣。

关于宋应星的生平，已故著名的地质学家丁文江（1888—
1936）在二十世纪二十年代据江西地方志作了开创性研究。从
那以后，人们对这位明代学者的事迹有所了解，丁先生的作品
也成为当时唯一的参考文献。二十世纪六十年代初，我们南下

---

① 关于宋应星事迹，详见拙著《明代科学家宋应星》（科学出版社，1981）及
《宋应星评传》（南京大学出版社，1990）。

调查时发现了新的第一手材料，从而对宋应星有了更多的了解。这些材料包括他的胞兄宋应昇（1578—1646）在崇祯十年（1637）整理完成的《方玉堂全集》，和宋立权、宋育德在1934年刻印的《八修新吴雅溪宋氏宗谱》。新吴是奉新的古名，雅溪是潦水的古名。这是奉新宋氏家谱的第八次修订本。

根据《宋氏宗谱》卷一记载，宋应星家族祖先在元代以前本姓熊。元、明之际，熊德甫就任南昌府丰城驿吏，娶当地宋氏为妻，因避兵火，遂承妻姓而移居奉新雅溪一带。入明以来，宋德甫一家及其后人便世代定居于此务农，乘明初奖励垦荒之际，开发附近土地。在种稻之余，兼以养蚕为副业，家业有了好转。此后，宋家借雇工、佃田而成为经营地主，家产和人丁逐渐兴旺。宋德甫以下五代，都靠经营土地、农副业而发迹，至其第八代孙宋景（1476—1547）起，始由科第而进入仕途。宋景为宋迪嘉之子，宋应星的曾祖。据《明史》卷二〇二本传及其墓志铭所载，宋景字以贤，号南塘，弘治十八年（1505）进士，历任山东参政、山西左布政使、南工部尚书、南吏部尚书，进北都察院左都御史（正二品），卒赠吏部尚书、谥庄靖。他生前推行过内阁首辅张居正（1525—1582）的"一条鞭法"，还在南京督造奉先殿，是朝廷中身居高位的阁臣。按封建社会惯例，宋景长辈、晚辈均受封荫，从此宋家成为官僚地主家庭，是奉新的名门望族。村中的"三代尚书第"石牌坊，就是为宋宇昂、宋迪嘉、宋景三代人而修建的。

宋景生五子，长子垂庆，次子介庆（1521—1590），三子承庆（1522—1547），四子和庆（1524—1611），幼子具庆幼年死去。宋承庆字道徵，号思南，是宋应星的祖父，但年幼多病，二十六岁便早逝。宋和庆字瑞徵，号塘季，1569 年中进士，历任浙江安西州同知、广西柳州府通判，未几归里，刻《畅灵集》行世。和庆与承庆为同母韩夫人所生，是宋应星的叔祖。宋承庆虽博学能文，但为寿所限，未取得功名，卒后只留下孤子国霖（1547—1629），这就是宋应星的父亲。宋国霖字汝润，号巨川，他出生不久，其父承庆便去世了，由其年轻的母亲顾氏抚育。稍长后，顾氏将遗孤国霖托于叔父和庆教养。宋和庆既与承庆为同母所生，且辞官在家，家中又设有私塾，也乐于教育这个近房的侄子。但宋国霖少孤，且为独子，所以"少补诸生，在庠垂四十年"，没有外出，也无功名，充其量是个秀才。宋景四子中有二人中进士，且任地方官，如果宋承庆不是早逝的话，也必然会走这条路。这时宋家仍是繁华府第，家中佣人前呼后应，具有阁臣府第的气派。

　　宋景、宋承庆卒后，到宋国霖这一代时已家道中落，尽管仍拥有不少家产，但声名权势已非昔比。加上宋景四房中，惟有承庆这一房人丁不旺，宋国霖是孤子，娶妻后年三十岁尚未生子，母顾氏只求延续后代，不希望儿远离家门，故国霖未曾科举入仕。宋国霖至三十二岁时，才得长子应昇，接着又有次子应鼎（1582—1629）、三子应星和幼子应晶（1590 年生）。宋应鼎字次九，号铉玉，甘氏所生，本县庠生，未出仕，享年四十八而卒。宋应晶字幼含，王氏所生，副贡生，绝意科举，分家后迁居县城另过。宋应星四兄弟中只有应昇与他为同母魏氏（1555—1632）所生，而且这兄弟俩抱有科举入仕、为他们这一房出人头地的志愿，其余两兄弟识字后便不离开乡土，均以布衣终，且都在中年逝世。明刊本《方玉堂全集》卷八记载，宋应星生母魏氏本农家女,万历丙子(1576)嫁到宋家,不到两年家中遇到大火,房屋及浮产均遭焚毁,家境渐以萧条。宋应星生于万历十五年丁亥(1587),小应昇九岁,是年其父国霖四十一岁、母魏氏三十三岁。应星降生后,家境更趋衰落,其母不得不亲操水浆为全家做饭,"饭尽,辄尝忍饥。蔬尽,不更为蔬"。可以说,他是出生在一个日益衰落的地主家庭。

在宋应星这个大家庭里,都不热衷于经营土地,没能再扩大家业,只就现有土地所得的收入,来维持全家生活和他们弟兄及孩子们读书。经过不断的消耗和家产的再分配,到宋应星这一代时家产逐渐缩减。当然这是与昔日宋家相比而言,并非一般农家可比。宋应星胞兄应昇,字元孔,自幼与弟同窗,形影不离,关系最为亲密。万历乙卯(1615),兄弟同中举人,后五次北上会试落第。崇祯四年(1631),宋应昇任浙江桐乡县令,母丧时归里,再转广东肇庆府恩平县令(1635—1637),升高凉府同知,崇祯十五年迁广州府知府。甲申(1644)明亡后辞官归里,因忧心国事致疾,清初顺治三年(1646)服毒而死。宋应昇是诗人,著《方玉堂全集》,又撰《宋氏宗谱》。后来,其曾孙宋瑾(1718—1794 在世)于清乾隆二十四年(1759)刊行《方玉堂全集》第二版,1772 年清廷设四库馆时,此书因有反清内容被列为禁书,但至今仍有传本。而《宋氏宗谱》为第三次修订本、第一次刊本,今不可得。

关于宋应星早期活动,宋应昇和族侄宋士元(1649—1716)都有记载。起初,宋应昇、应星在家乡受叔祖和庆的启蒙教育,后就学于族叔宋国祚。再以后,兄弟二人拜新建的学者邓良知(1558—约 1635)及南昌的学者舒曰敬(1558—1636)为师。邓、舒二位都是进士出身,是任过知县以上官职的"功成名遂"的人物,又都在任期不满明末腐败政治、忤怒权奸而被逐出官场。他们像东林党人那样,辞官后以书院为讲坛,教授生徒,宣扬其政治主张。在舒曰敬周围出现了不少江西的著名人物,如涂绍煃、诗人万时华(1590—1640)、文人徐世溥(1607—1657)、诗人廖邦英(1558—1642)等人。宋应星自幼聪颖好学,记忆力过人,识字后不及十岁便会作诗,后又致力于"十三经传"、宋代理学、历史以至诸子百家书。他的兴趣很广,对音乐、诗、天文、医药、弈棋、绘画以及质测之学(自然科学)都十分爱好。他还从邓良知、舒曰敬那里受到一些与东林党、复社党人相近的思想影响。在他十八岁那年(1604),因弟兄四人均已完婚,因而分家,开始独立生活。

分家后,宋应星仍常与兄应昇在一起活动,他们想走曾祖宋景的路子,通过科举而金榜题名,以重振门风。他青年时代主要时间及精力都用在应试上。万历四十三年(1615),二人去南昌同中举人,二十九岁的宋应星名列第三,应昇名列第六。这一年江西全省考生有一万多人,中举者只 109 人。奉新考生中只有宋应星弟兄中式,且名列前茅,故时人称"奉新二宋"。他们因此受到鼓舞,决定趁这个势头更上一层楼。同年秋,他们二人离开江西北上,以应丙辰年(1616)在北京举行的会试。这是封建时代三级考试中最高一级,考中者成为进士。二人水陆兼程,跋涉几千里来到北京赴考,但与乡试结果相反,二人均落第而归。虽然初次会试失败,但他们没有失去希望,决定下次再试。又在万历四十七年(1619)、天启二年(1622)、天启五年(1625)及崇祯元年(1628)、崇祯四年(1631),二人先后五次北上会试,结果均名落孙山。最后一次应试时,宋应星已四十五岁,应昇已五十四岁,双鬓见霜了。

尽管宋应昇、应星有"六上公车不知苦"的韧劲,但六次会试失败,二人元气大伤,此后便没有再试。他们每次从南到北,沿途都看到阉党巨奸魏忠贤(1568—1627)专政时官场的各种腐败现象,到处是贪风污雨、任人唯亲,官吏鱼肉人民,政情黑暗,也使他们原来的幻想化为泡影,从此对科举绝望。1632年,宋应星丧母,他们按当时习俗要在家守孝,也无法再出远门。加以六次共几万里征程破费不少钱财,娶妻生子要加以抚育,宋应星决定不再参加科举考试。1634年,宋应星出任本省袁州府分宜县教谕。这是个未入流的九品以下的文职下级官员,主要教诲在县学里就读的生员,他在这里任职四年(1634—1638)。而其兄也赴浙江桐乡任县令去了。桐乡离全国著名养蚕、丝织中心嘉兴、湖州很近,宋应星在探望哥哥时,必定去嘉兴、湖州作过调查访问,所以他在《天工开物》中对这一带蚕丝业技术给以特别注意。

1616—1631年间应试时的多次万里远游,虽未达到宋应星科举及第的目标,但对他来说也并非空举,正是实现他在《天工开物》序中所说"为方万里中,何事何物不可见见闻闻"的大好时机。这些长途旅行打开了他的眼界,扩充了社会见闻,足迹遍及京师、江西、湖北、安徽、江苏、山东、河南、河北、浙江等省的许多城市和乡村。他还到过广东,也许还去过四川和山西。沿途他在田间、作坊从劳动群众那里调查到不少农业和手工业技术知识、操作过程,并对操作实态作了素描,写下不少笔记。这就为日后写作《天工开物》作了准备。自从他对科举绝望以后,便决心转向实学,研究与国计民生直接关联的科学技术问题。这时他好像变成了另一个人,完成了他一生中的重大的转折。教谕任期内,有更多的闲散时间,他便抓紧时机整理资料,从事写作。除科技问题外,他还写了一些有关政治、经济、哲学等方面的作品,同时整理自己多年来写作的诗。四年之间他成了一位高产的作者,著作一部接着一部地问世。

崇祯九年(1636),五十岁的宋应星在一年内便刊印了《画音归正》(论音韵)、《原耗》(政治、经济杂文)、《野议》(政论集)、《思怜诗》(自选诗集)等书。第二年他发表了一生中的代表作《天工开物》,还有《厄言十种》(杂著十种)。在写作这些书时,明末社会动荡不安,清兵南下直接威胁着京师的安全,而李自成领导的农民军正在各地迅速发展,又从内部打击明王朝的统治,使其危在旦夕。同时,正好这时宋应星经济状况不佳,没有好的写作环境和条件,他的作品多是仓促间成书,来不及仔细考证和修辞润色。但像《天工开物》这样的优秀作品,毕竟还是写出来了,他已经以这部作品完成了远远超过殿试水平的人生答卷。我们浏览过当时的一些殿试答卷①,得到高度评价并被授予进士的考生的试卷,今天看来是毫无价值的八股文章,不值一读,早已被人们忘记了。但考场落第的举人宋应星的《天工开物》,却永放光芒。

分宜教谕任满后,宋应星于崇祯十一年(1638)升任福建省汀州府推官,这是他首次去外省任公职。推官是正七品府一级的司法官员,掌理刑厅。但他只在任二年,便于崇祯十三年辞

---

① 《明代登科录汇编》卷二十二(台北学生书局影印本,1977)。

官,途经赣南与故友刘同升(1587—1645)会面后返回奉新故里。刘同升字孝则,江西吉水人,崇祯十年状元,授翰林院修撰,因弹劾邪派阁臣不成,被谪至福建,后移疾归。早在1610年宋、刘二人便订交,约三十年再会,所以二人同时辞官也为践前约。1642—1643年宋应星居家时,奉新爆发了李肃十、李肃七领导的红巾军农民起义,很快发展到周围一些县。这时作为地主阶级的一员,宋应星与兵备道陈起龙等人用计谋和武力镇压了起义。这是他一生中的污点。1643年下半年,他就任南直隶凤阳府亳州(今安徽亳州)知州,这是从五品的地方官,也是他担任过的最高官职。但此时时局更加动乱,他到任后不及一载便又挂冠归里。甲申(1644)后,清兵南下时,宋应星又草成《春秋戎狄解》,借古讽今,在南方制造抗清舆论。入清后,他拒不出仕。《宗谱》说他南明时累官至滁和兵巡道、南瑞兵巡道,实际上并未就任。

甲申年,宋应昇也辞去广州知府职,回奉新与应星久别重逢。顺治三年(1646),宋应星在埋葬了与他多年相伴的胞兄之后,在乡间过着隐士生活。1655年,他应《南昌郡乘》(南昌府府志)主编、友人陈宏绪(1597—1665)之约,写了《宋应昇传》收入府志,这时他已年近古稀。宋应星卒年待考,当是康熙初年,大约享年八十左右,如果这样,他或卒于1666年。

宋应星有二子,长子士慧,字静生,次子士意,字诚生,皆敏悟好学,长于诗文,拒绝科举,以青衿终。他的子孙们都"恪守祖父遗训,功名淡如",按宋应星遗训,既不科举,也不做官。从清代乾隆年以后,他这一支便已断后。宋应昇三代以内的子孙也都没有参加过清代的科举。

　　宋应星的作品流传到今天的除《天工开物》外,还有《野议》《思怜诗》《谈天》《论气》四种,1972 年上海人民出版社曾排以铅字出版。其余如《画音归正》《原耗》《春秋戎狄解》《杂色文》《卮言十种》及《美利笺》等,皆因战火而佚失,惜哉! 宋应星不但是科学家,还是个有批判精神的政论家、思想家,《野议》等四种集中地反映了他的政治、经济和哲学思想。明代人才辈出,但宋应星是一位颇具特色的人物。为纪念他的勋业,他的家乡奉新于 1987 年建成了"宋应星纪念馆",现已开放,供各界人士前往瞻仰。

三、《天工开物》的特色及其科技成就

　　在介绍了《天工开物》内容及作者之后,还应当谈谈这部书所具有的特色及其所反映出的科技成就。该书讨论了农业和手工业两大领域内的三十个生产部门的技术。在这以前,尽管也有论述农业或手工业方面的著作,但此书在深度和广度上超过了先前所有作品,同时书中自始至终都贯穿着作者所特有的技术观。《天工开物》问世时,正值科学技术在全世界范围内从古代和中世纪向近代阶段过渡的大转变时期,在书中也可看到这种转变的迹象。近代科学的启蒙思潮和新的精神不约而同地在欧洲和中国同时出现,虽表现形式和深度不尽一致。《天工开物》是这一历史时期内在中国本土出现的精神产物。在我们看来,它至少有以下几个特点。

　　第一,本书决不是历代文献的堆积,而基本上是在生产现场的实地调查所得。作者细心地记述了各生产领域内的技术过程、操作要点、原料及产品、生产工具形式,除文字表达外,

还用插图将生产情景再现出来,尤其记述了当时工农业生产中许多先进的科技成果。在论谷物的第一章里,首先谈到用浸种法育稻秧,"秧生三十日即拔起分栽",否则引起减产。"凡秧田一亩所生秧,供移栽二十五亩。"这里提到的两个数据就很重要。一是秧生 30 天即分栽插秧,二是秧田与本田的比例关系是1∶25,这是个指导性数据。同时又介绍说有些水稻因为干旱逐步变成抗旱性的旱稻,通过人工选育而培养出变异型的旱稻变种,"即高山可插",这是稻农的一个创造。接下来,又介绍以石灰撒在稻苗根,以中和附近的酸性土壤,促成土壤团粒结构形成。还提到用含磷的禽兽骨灰蘸稻秧、用砒霜作农药拌麦种、稻秧根,都是有效措施。在理论方面,书中指出:"土脉历时代而异,种性随水土而分。""凡粮食,米而不粉者种类甚多。相去数百里,则色、味、形、质随方而变,大同小异,千百其名。"这是早期进化论思想,由于生长环境不同,禾本科植物产生大同小异的一些变种,其色味、形质有差异,是很自然的。书中还指出,即令同一品种在同一地区种植,也会因土壤肥度不同和气候变化,使结出的果实有大有小。有机体因环境及气候变化而引起变异,是生物进化论的一个重要议题。《天工开物》用古代的语言说明了这个原理。

《乃服》章的主要内容是讲养蚕术。其中介绍了"今寒家有将早雄配晚雌者,幻出嘉种,一异也",又说"若将白雄配黄雌,则其嗣变成褐茧",指的是将一化性蚕雄蛾与二化性蚕雌蛾杂交,育出良种,或将白茧蚕雄蛾与黄茧蚕雌蛾杂交而育出下一代褐茧蚕。这反映出中国古代人工杂交育种的重要成就,也是蚕农在实践中应用定向变异原理的优秀实例。同章还提到根据蚕体变态、行动反常和食欲不振来判断病蚕，并将其及时除去，"勿使败群"。这是自觉地实行人工淘汰的方法。人工淘汰原理还被应用到对蚕种的处理即"蚕浴"上。通过石灰水、盐卤水、天露水处理蚕种，"低种经浴，则自死不出"，剩下的便是强健蚕种。本章介绍的提花机，可谓当时先进的大型丝织机，各部件组装得十分灵巧，而工匠的结花技术更为高超，能将画工事先绘制的复杂纹样图案一丝不差地织造出来。

金属与合金冶炼是重要工业部门，但过去著作很少有系统而详细的记录，《五金》章提供了宝贵记载。其中提到将生铁的冶铁炉与炒熟铁的设备串联使用，在生铁还没有冷却时便实行其脱碳过程，从而炒成熟铁，可减少再熔化工序，降低炒铁时间和生产成本，实现了连续生产过程。书中介绍的将打成薄片的熟铁捆起入炉，上放生铁，以涂泥草鞋盖顶，升温后生铁水便均匀地掺入熟铁，取出锻打，再炼再锻，即成好钢。此法比前代"灌钢"技术有改进。所述以煤为冶炼燃料、借大型活塞式风箱鼓风，确比当时欧洲用的皮囊鼓风有效而先进。本书还第一次明确叙述了从炉甘石（碳酸锌矿）制取锌的技术，还提到利用金属物理及化学性质的不同来分离和检验金属的有效方法，在区分金、银、铜每单位体积的重量时，已有了比重概念。书中绘出的用炉甘石与铜按不同比例炼制成铜合金的方法，同样是冶金史中的可贵记载，早已引起国外技术界的注意。关于铁、铜铸造及锻造的二章，揭开了对这两项传统技术操作细节和所用工具的秘密。历史上长期以来人们只看到精美的制品，而不知其如何制成，现在一切迎刃而解了。

在《燔石》一章里，叙述了竖井采煤时在井下用竹管排除有毒瓦斯、安设巷道支护,使矿工得以安全作业。这在当时都是先进的技术措施。那时别的国家因为解决不了瓦斯通风问题,不知有多少矿工死于非命。顺便说明,井下、水下操作,安全是头等重要的大事。本书《珠玉》章中在井下采宝、水下采珠的叙述中,特别提出安全作业,所介绍的方法皆简便可行。造纸术虽在中国发明,但历代缺乏图谱,本书提供了造竹纸的系统工艺流程图,并对造竹纸技术过程给予较详细介绍,可谓早期记载。论酒曲的一章,着重介绍红曲的全部制造过程,指出它在食物保存时可起防腐剂的作用。强调用绝佳红酒糟作菌种,加入明矾水保持培养料的微酸性,抑制杂菌的生长,而且对发酵过程中一系列颜色的变化作了生动的叙述。诸如此类,不胜枚举。总之,通过此书可以充分认识到中国古代在工农生产领域内所获得的技术成果。

　　第二,《天工开物》是在一种先进而又有特色的技术哲学思想的指导下写成的。我们将其概括而称之为"天工开物思想"。"天工开物"这四个字组成的词既是本书的书名,又是书中贯穿的思想。我们要充分认识到这种思想在历史中的重要性及其在今天的现实意义。从字面看来,这个词出于《书经》中的"天工人其代之"及《易经》中的"开物成务"。但切不可按古代经学家的注疏那样来理解,因宋应星拼合这两个词,是反其意而用之。日本科学史家三枝博音(1892—1963)先生首先对这种思想给以正确解说。三枝氏在《中国有代表性的技术书——宋应星的天工开物》(1942)一文中指出:"'天工'是与人类行为对应的自然界的行为,而'开物'则是根据人类生存的利益将自然界中所包藏的种种由人类加工出来。"因之,在我们看来,"天工开物思想"强调人与天（自然界）相协调、人工（人力）与天工（自然力）相配合，通过技术从自然界中开发出有用之物。这种思想还有个内涵是，自然界本来蕴藏着取之不尽而用之不竭的美好而有益之物，但不会从天而降、轻易取得，而是"巧生以待"，必借人力和人的技术通过水、火等自然力的作用，再用金属、木石工具从自然界开发出来，为人所用。

书中到处赞叹自然界为人作出的"巧妙安排"，也到处歌颂人工开发万物的技巧和人的主观能动性。《膏液》中有句话最能表达"天工开物思想"的核心："草木之实，其中蕴藏膏液，而不能自流。假媒水火，凭借木石，而后倾注而出焉。此人巧聪明……"整个文明史表明，人与自然界相协调、人力与自然力相配合，通过人的技术技巧不断从自然界开发有用之物，对促进物质生产、发展文化、保持生态平衡具有何等重要的意义。而违背这些，便会产生恶果。正是《天工开物》，第一个阐述了这种优秀的哲学思想。当然，正如《乃粒》中所说，有时自然界也会加害于人，造成各种自然灾害，这时人就要用技术措施来抗灾。在人力不可及时，只好等自然灾害自行消失，但损失总会是局部地区。任何情况下，人都要积极主动、勤奋劳动，从而显出"人工"的重要性。这就是该书对思想史所作出的一大贡献。

《天工开物》一书还闪烁着近代科学文化启蒙学派的优秀精神。它重实践而轻空谈，提倡观察试验而反对烦琐考证，重实用技术而批判神仙方术。总序中写道："世有聪明博物者，稠人（众人）推焉。乃枣梨之花未赏，而臆度'楚萍'；釜鬵之范鲜经，而侈谈'莒鼎'。画工好图鬼魅而恶犬马，即郑侨、晋华，岂足为烈哉?"《乃粒》还针对王公贵族与儒生鄙视劳动与劳动群众的陋习写道:"纨裤之子以赭衣(囚徒)视笠簑(群众),经生之家以'农夫'为诟詈(骂人话)。晨炊晚饟,知其味而忘其源者众矣。"《乃服》也有言:"乃杼柚遍天下,而得见花机之巧者,能几人哉?'治乱经纶'字义,学者童而习之,而终身不见其形象,岂非缺憾也!"主张对有益于国计民生的任何事物都要多见多闻,并穷究试验。《佳兵》说:"火药、火器,今时妄想进身博官者,人人张目而道,著书以献,未必尽由试验。"对未穷究试验的事物,作者宁愿付诸阙如。《膏液》列举各种油料植物出油率后,指出:"此其大端,其他未穷究试验,与夫一方已试而他方未知者,尚有待云。"这种"穷究试验"的做法,正符合近代科学精神。

"贵五谷而贱金玉"的思想,也是《天工开物》中体现的重实际的思想观点。在谈到黄金时,指出:"黄金美者,其值去黑铁一万六千倍,然使釜鬵、斤斧不呈效于日用之间,即得黄金,值高而无民耳。"(《五金》)但贵五谷,也非贵一切粮食,比如"香稻"便不被重视:"香稻一种,取其香气,以供贵人。收实甚少,滋益全无,不足尚也。"(《乃粒》)书中提倡"救公饥"、"喉下急"、"浏阳早"及"高脚香"这些在民间受欢迎的谷种。《天工开物》多次赞叹物质经烈火烧炼而发生的化学变化,尤其是朱砂和铅丹烧炼后变化相当奇妙,但却坚持对炼丹求仙的方术持批判态度。书中指出:"凡虚伪方士以炉火惑人者,唯朱砂银愚人易惑。"(《五金》)又说:"巧极丹铅炉火。方士纵焦劳唇舌,何尝肖像天工之万一哉!"(《燔石》)作者认为"生人不能久生,而五谷生之"(《乃粒》),靠饵服"仙丹"不可能长生。中国的李时珍、宋应星与欧洲的帕拉塞尔苏斯(Paracelsus, 1493—1541)及波义耳（R.Boyle，1627—1691）不约而同地对中世纪的炼丹术展开了批判，这对近代化学的发展起了开路的作用。《天工开物》还多次对迷信神怪和荒诞谬说予以驳斥。如指出"鬼火"非"鬼变枯柴"，"珠徙珠还"非受清官感召；又指出，说瓷器中的"窑变"是死者托梦他人烧出异象，这完全是好异者编造的，等等。

第三，《天工开物》不但对各生产过程予以详细叙述，还对原料与能源的消耗、成品产率、设备构造及各部件尺寸等，都尽可能给以定量的描述，且绘出工艺操作图。在某种程度上，好像是近代科学家对传统技术写出的调查报告。对各技术过程的定量描述，是该书一大成就。近代科学以其数学化而与中世纪诀别，《天工开物》便在这方面走得相当远。它在论金银铜单位体积重量，油料每石出油若干斤，用响铜铸钟所耗原料数量及成器重量、尺寸，漕船各部件尺寸，及榨糖车、造纸用蒸煮煌筒各部件等时，都标出具体数字。书中对生产过程中涉及的长宽高、重量、容积、比率、时间等技术指标都作了描述，其中长度精密到分寸、重量精密到两钱这样的数量级。书中的大量设备图具有立体感，各部件长短协调，有如工程画。画面上人物操作逼真、表情自然，联起来好像中国古代技术史的长卷画面，其中人物最多的是锻造铁锚的图（图10-1），图中竟画有15人同时劳动，每人各就其位，分工协作。三百多年前能出现这样一部科技著作，确是令人赞叹的。

《天工开物》不但含有丰富的科技材料，还含有不少社会经济材料，是具体了解明代社会经济实况的第一手文献，其中不少内容不见于其他史书。书中对明代商品经济的发展，从技术这个侧面给以描述，阅读此书时，脑中就会浮现一幅当时社会经济实况的生动景象。例如关于明末国内市场贸易情况,《曲蘖》章告诉我们:"凡燕、齐黄酒曲药,多从淮郡造成,载于舟车北市。"书中又指出新疆和田美玉和两广南海的珍珠,都要行经数万里运到北京予以加工成器,有时再贩运到苏州作精细加工,而解玉沙则来自河北。介绍浙江三吴浪船时,指出从浙西起航,沿钱塘江行七百里,经过镇江横渡长江再至清江浦,溯黄河浅水舟行二百里至大运河闸口,然后直抵北京通县、天津,把客商行船路线讲得一清二楚。关于手工业中心的地理分布,书中指出棉布"织造尚松江,浆染尚芜湖"(《乃服》),景德镇是制瓷中心,而"开矿、煎银唯滇中(云南)可永行也"(《五金》)。炼锡以广西南丹、河池为最盛,"居其十八"(《五金》)。养蚕则首推湖州、嘉兴,"凡造竹纸,事出南方,而闽省独专其盛"(《杀青》)。蔗糖也以闽、广为集中地,而烧砒则"独盛衡阳,一厂有造至万钧者"(《燔石》)。关于手工业生产分工,《陶埏》章写道:"共计一杯工力,过手七十二方克成器,其中微细节目尚不能尽也。"书中在叙及、图示铸造巨钟时告诉我们,有人鼓风、熔铜,有人将赤热铜水浇进槽道再入铸模,"甲炉既倾,乙炉疾继之,丙炉又疾继之"(《冶铸》),不但分工明确,而且要求动作迅捷、衔接不可中断。《乃粒》章还指出"今天下育民者,稻居十七",而麦及杂粮居十三,反映了当时人民的食物构成及粮食分布比例。总之,《天工开物》被称为十七世纪中国的技术百科全书,是当之无愧的。

四、《天工开物》在科学文化史中的地位

评价《天工开物》的历史地位,就要把它与前代的有关著作

加以比较,看看它提供了什么新的贡献。中国古代科学技术素称发达,有许多重要的发明与发现,而且在明中叶以前有不少领域居于世界领先地位,古人遗留下来的科学典籍也为数不少。在《天工开物》以前的农书中,主要有反映先秦科技水平的《管子·地员》篇和《吕氏春秋》中的《上农》《任地》《辨土》《审时》四篇,此后有后魏贾思勰的《齐民要术》、宋代陈旉的《农书》(1149)、元代的《农桑辑要》(1273)和王祯的《农书》(1313),还有明代人邝璠的《便民图纂》(1502)、马一龙的《农说》(1547)等。汉代的《氾胜之书》较早而重要,但久已散佚。明代徐光启的《农政全书》是总结性的农业巨著,但刊行年代(1639)比较晚。上述农书中,《齐民要术》是现存最早而完备的综合性农书,共十卷九十二篇十一万字,涉及农林牧副渔各方面,反映地域是北方黄河中下游晋、豫、鲁地区,是很有价值的。陈旉《农书》三卷一万字,总结江南水稻耕作技术,并论及蚕桑、水牛。王祯《农书》是大型农书,十一万字,有插图,综合黄河流域旱田及江南水田两方面技术,此书对农具和水利也颇注意,讨论面涉及五谷、园艺及蚕桑等。

在《天工开物》以前的工艺书中,主要有战国时成书的《考工记》,此后有南北朝时陶弘景(456—536)的《古今刀剑录》、宋代李诫(约 1060—1110)的《营造法式》(建筑技术书)、曾公亮(998—1078)编的《武经总要》(1044)、苏颂(1020—1101)的《新仪象法要》(1090,天文仪器及钟的技术)、王灼的《糖霜谱》(1154 年前)、朱翼中的《酒经》(1117)、晁贯之的《墨经》(约1110);还有元代陈椿的《熬波图》(1330)、费著的《蜀笺谱》;明代有黄成编写、杨明注释的《髹饰录》(1625,漆工专著)、王徵

(1571—1644)的《新制诸器图说》（1627）和茅元仪的《武备志》
（1621）等。唐代的《工艺六法》、五代朱遵度的《漆经》（约 950）
及北宋初年喻皓的《木经》、元代薛景石的《梓人遗制》（1261）都
很重要，但均已失传，《梓人遗制》只残存论织机的一卷。上述
工艺书中，《考工记》是现存最早的有关手工业的综合性作品，
涉及木工、金工、染色、制陶、酿酒等，但叙述过于简略。其余作
品都偏重某一局部工业生产技术。至于宋人沈括（1031—
1095）的《梦溪笔谈》、明人李时珍（1518—1593）的《本草纲目》等
历代本草书，也涉及工农业知识，但前者属内容广泛的笔记作
品，后者偏重医药，严格说不是工艺技术专著。

　　将《天工开物》与前代农书相比，会发现它虽在广度上不及
《齐民要术》及王祯《农书》，但某些地方在深度上则有过之。除
农业部分外，《天工开物》还广泛涉猎了工业各部门，这是别的
农书无法比拟的。就某一特定工艺部门而言，《天工开物》不及
前代工艺专著深入，但在广度上则超过以往任何工艺书，有的
部门，如金属工艺还填补了以往工艺书中的空白。把农业和手
工业三十个部门的技术综合在一起加以研讨，并配备大量插
图，只有《天工开物》一书而已。这是个空前的创举，仅凭这一
点，就足以使此书在科学文化史中居于重要的地位。随此书而
来的，还有从前著作中少见的以"天工开物思想"为代表的新的
技术哲学思想的出现。

　　《天工开物》是中国历史上一部有代表性的科技著作，它在
当时世界上也是少有的。当时西方虽在数理科学方面取得重
大突破，但技术界还只能以德国人阿格里科拉的《矿冶全书》
（*De re Metallica*，1556）为代表作。此书以采矿冶金为对象，

没有谈到农业和其他工业部门，在广度上不及《天工开物》。英国学者培根（Francis Bacon，1561—1626）想写一部《学术的伟大复兴》(Grand Instauration of the Sciences)，共六大部分，包括哲学、自然科学和工艺。其中第三部分为《关于工匠学问和实验的百科全书》，在规模上与《天工开物》相似，惜其计划未及完成便已辞世。在那个时代，只有《天工开物》是包括工农业许多领域的技术百科全书。无怪乎英国的李约瑟把宋应星称为"中国的狄德罗"。而狄德罗（Denis Diderot，1713—1784）是十八世纪法国启蒙学派的领袖之一、著名的《百科全书》(Encyclopédie, ou Dictionnaire raisonné des Sciences, Arts, et des Métiers, 1751—1766)的主编。

在评价《天工开物》历史地位时，还要把它与同时代的及后代的其他有关著作作一对比，以分析它们之间的相互关系。明代集大成性的科技书有朱橚（1361—1425）的《救荒本草》（1406）、李时珍的《本草纲目》（1578）、茅元仪的《武备志》（1621）和徐光启的《农政全书》（1639）等，这些书在《天工开物》前已出版或成稿，所缺的是一部广泛论述工艺技术的书，这个空缺由《天工开物》作了弥补。此书有不少地方受益于《本草纲目》，但又对之作了新的发挥。《农政全书》可与《天工开物》互相补充、各有短长。以农业方面而论，前者介绍《泰西水法》及从外国引进的甘薯，为后者所无。但后者介绍人工杂交培育新蚕种及以砒霜为农药，则为前者所缺。尤其《天工开物》还提供大量工艺方面的技术知识及插图，又扩充了《农政全书》的讨论范围。与晚明其他著作相比，《天工开物》则成为征引对象。如明末科学家方以智（1611—1671）在《物理小识》（1643）的金石部谈到铜合金冶炼时,便直接引证《天工开物》,而且将作者宋应星称为"宋奉新",颇含敬意。

自从福建书商杨素卿(1604—1681 在世)在清初顺治年间刊刻第二版《天工开物》后,又促进此书在整个清代(1644—1911)二百多年间的流传,并为社会提供了一部标准的科技读物,成为获得有关工农业技术知识的渊薮。康熙年间由进士出身的翰林院编修陈梦雷(1650—1741)主编的《古今图书集成》,雍正初又由蒋廷锡(1669—1732)续编,1726 年告成,全书共一万卷,比狄德罗在巴黎主编的《百科全书》规模更大,这是清代官修的一部空前的大百科全书,印成后颁行全国各省。该书中的《考工》《食货》等典中,大量转引《天工开物》各章的内容和插图,但插图由内府画师重绘。乾隆二年(1737),大学士张廷玉(1672—1755)又奉敕编写大型农书《授时通考》,1742 年告成,全书七十八卷,有内府殿板及各省刻本。此书也同样有许多地方引用《天工开物》。这是入清后此书第二次被大规模引用,从而流传于国内各地,甚至国外。顺治(1644—1661)、康熙(1662—1722)和雍正(1723—1735)三朝,甚至乾隆(1736—1795)前期,《天工开物》还在南北各地流通,而且成为向国外出口的书籍之一。它在长时间内的影响也就可想而知了。

但从十八世纪后半叶起,《天工开物》短时间内一度遭到厄运。乾隆三十八年(1773)设四库馆修《四库全书》后,发现《天工开物》中有"北房""东北夷"等反清字样,而该书作者之兄宋应昇的《方玉堂全集》中有更多的反清内容,故被列为"禁书",没有收入《四库全书》之中。尽管如此,读者仍可从《古今图书集成》及《授时通考》中看到该书的几乎全部内容,只不过较难见到单行本而已。乾隆末期至嘉庆(1796—1820)、道光(1821—1850)年后,有逐渐解禁的趋势,于是公开引用《天工开物》的清人著作也逐渐增多。如著名科学家吴其濬(1789—1847)在其所著《滇南矿厂图略》(1840)及《植物名实图考》(1848)中便多次引用《天工开物》中的有关部分。道光年间成书的《祝融佐治真诠》(1842—1846)这部兵书,也在序言中把《天工开物》列入参考书目。到了同治年间(1862—1875),又出现了清人引用《天工开物》的第三个高潮。我们指的是刘岳云(1849—1917)在1870年发表的《格物中法》。这位作者学贯中西,几乎把《天工开物》及其他有关科技书的主要内容都逐条摘出,再分类归入各部,并写出按语、补充说明及注释。

例如刘岳云在谈到《天工开物》中论从炉甘石炼锌时,加了按语:"炉甘石即白铅矿也,色黄者西人所谓锌养炭养二矿(按即 $ZnO \cdot CO_2$,即 $ZnCO_3$),色红者西人所谓锌养矿(ZnO)……"刘岳云是中国用科学眼光研究《天工开物》之第一人。晚清著作中转引《天工开物》的,还有岑毓英(1829—1889)主编的《云南通志·矿政》篇(1877)和卫杰(1857—1920 在世)的《蚕桑萃编》(1899)。二十世纪以来,《天工开物》继续受到重视,成为研究中国历史及传统科学文化所必须的参考读物。有些著作,如章鸿钊(1877—1951)的《石雅》(1927)和李乔苹(1895—1981)的《中国化学史》(1940),还在著书体例上仿照《天工开物》的形式,而不限于引录其文字内容及插图。

近三百年来,《天工开物》不但在中国国内产生积极的影响,而且在国外也产生良好影响。至迟在十七世纪末,此书已由商船带到日本,首先引起江户时代(1603—1868)中期著名本草学家贝原笃信(1630—1714)的注意。他在其《花谱》(1694)、《菜谱》(1704)二书中把《天工开物》列入参考书中,而其主要著作《大和本草》(1708),更直接引用《天工开物》之正文。十八世纪以来,此书汉文原著继续传到日本,像《本草纲目》那样,引起日本学者的广泛重视。引用《天工开物》的有伊藤东涯(1670—1736)的《名物六帖》(1726)、平贺鸠溪(1728—1780)的《物类品骘》(1763)、新井白石(1657—1725)的《本朝军器考》(1736)等。

由于日本学者广泛参考《天工开物》,进口的汉文原著便满足不了需要,因此社会上出现了不少传抄本,较著名的而且一直保存至今的是木村孔恭(1736—1802)的兼葭堂抄本。明和八年(1771),大阪的菅生堂更刊行和刻本《天工开物》,这就是著名的"菅本"。从此该书便在日本广泛传播开来,这是它在国外刊行的第一个版本。科学史家薮内清在谈到《天工开物》对日本学术界的影响时写道:"整个德川时代(江户时代)读过这部书的人是很多的,特别是关于技术方面,成为一般学者的优秀参考书。"①《天工开物》还影响到日本思想界,十八世纪时,日本哲学和经济学界兴起的"开物之学",就是"天工开物思想"在日本的表现形式。无怪乎三枝博音认为"天工开物思想"是包括中、日人民在内的整个东洋人所特有的技术观②。二十世纪以来,此书继续受到日本学术界重视,1952年薮内清教授主持将其全文译成日本语,从那以后一直到如今,这部日译本《天工

---

① 薮内清《关于〈天工开物〉》,载入《天工开物研究论文集》中译本,23页(商务印书馆,1961)。

② 三枝博音《支那における代表的な技术书——宋应星の天工开物》,载《支那文化谈丛》,59—63页(东京:名取书店,1942)。

开物》多次再版而仍畅销。

《天工开物》还在十八世纪引起朝鲜学者的重视。李朝（1392—1910）实学学派的思想家朴趾源（1737—1805）随使者来华时（1780）得见此书，返国后在其《热河日记·车制》（1780）一文内，热烈赞赏《天工开物》《农政全书》等中国书籍中所载灌溉水车，希望本国加以仿制。此后不久，汉文原著陆续传到朝鲜。十九世纪时，博学的李圭景（1788—1862，字五洲）于《五洲衍文长笺散稿》（约1857）、《五洲书种博物考辨》（1834）中反复引用《天工开物》，尤其关于金属及铜合金冶炼方面的技术。李朝后期，另一实学学派学者徐有榘（1764—1845）在《林园经济十六志》（约1850）内，也引用了包括《天工开物》在内的大量中国科技著作[①]。徐有榘的《十六志》是关于自然经济和博物学的巨著，全书写本达113卷52册，因为篇幅过大，而未及刊行。直到1972年才出版。可见十八世纪至十九世纪期间，《天工开物》在朝鲜也产生了良好影响。

《天工开物》早在十八世纪时就传到了欧洲，首先是法国，在今巴黎的国家图书馆中藏有早期涂本和杨本两种版本。欧美其余国家的大图书馆现也有藏本。我们从巴黎馆汉籍书目说明中得知，这批汉籍以十八世纪入藏的皇家文库藏书为基础。由于是汉文书，在巴黎似乎一时没引起注意。直到十九世纪上半叶，对中国科技感兴趣的法兰西学院著名汉学教授儒莲（Stanislas Julien，1797—1873）才注意到该书的价值。1830

[①] 全相运《韩国科学技术史》朝鲜文本，224—225页（首尔：科学世界社，1966）。

年,他首先将《丹青》章关于银朱的部分译成法文,发表于《新亚洲报》(*Nouveau Journal Asiatique*)卷五,第 205—213 页。这可能是《天工开物》部分内容被译成欧洲文的开始。该文很快便于 1832 年转译成英文刊于《孟加拉亚洲学会报》(*Journal of the Asiatic Society of Bengal*)卷一,第 151—153 页。1833 年,儒莲更将《丹青》章论制墨的部分参照别的中国著作译成法文,刊于巴黎的权威化学刊物《化学年鉴》(*Annales de Chimie*)卷五十三,第 308—315 页。同一年,这个刊物还出现了论铜合金、白铜和乐器制造的译文,出于《天工开物·五金》章,次年又转为英文刊于《孟加拉亚洲学会报》卷三,第 595—596 页,1847 年再转为德文刊于柏林的《应用化学杂志》(*Journal für Praktische Chemie*)卷四十一,第 284—285 页。白铜是中国发明的铜镍合金,欧洲人一直想仿制,但苦于不得其要领,儒莲此译文一出,便引起各国注意。

1830—1840 年间,儒莲先后将《天工开物》中的《丹青》《五金》《乃服》《彰施》及《杀青》等五章的部分内容摘译成法文,有的译文再转为英文、德文、意大利文和俄文。《天工开物》中关于银朱、养蚕、染料、造纸、铜合金等方面的技术记载引起欧洲科技界的兴趣。1869 年,他又与科学家商毕昂(Paul Champion, 1838—1884)合作用法文发表《中华帝国工业之今昔》(*Industries Anciennes Et Modernes De L'empire Chinois*)一书,将《天工开物》中《作咸》《陶埏》《冶铸》《锤锻》《燔石》《杀青》《五金》及《丹青》等工艺部分摘译出来,并加了注释。儒莲的这些工作,在中西科学文化交流中作出了贡献。英国生物学家达尔文读过儒莲译的《天工开物》《授时通考》论养蚕部分的译著后,称之为

"权威著作"。二十世纪以来，《天工开物》继续受到欧美学术界的重视。1964年，柏林学者蒂洛（Thomas Thilo）将《乃粒》《乃服》《彰施》《粹精》前四章农业部分全文译成德文并加注释。1966年，美国匹兹堡城的任以都更将该书全部译成英文，我们还看到1980年由李乔苹主持的另一个英译本由台北中华文化学院出版部出版，因此有两种英译本。1993年韩国首尔外国语大学的崔炷将此书译注成韩文，由传统文化社出版。

目前《天工开物》已成为世界科技名著而在各国流传，凡是要研究中国科技文化史的，无不引用此书，而且都给以高度评价，认为它是了解中国古代社会实态和传统科技的一把钥匙。法国的儒莲和巴参（L.Bazin，1799—1863）分别将此书称为"技术百科全书"或"实用小百科全书"。日本的三枝博音和薮内清分别把《天工开物》视为"中国有代表性的技术书"，和"足以与十八世纪后半期法国狄德罗编纂的《百科全书》相匹敌的书籍"。英国的李约瑟（Joseph Needham）将《天工开物》与西方文艺复兴的技术经典阿格里科拉的《矿冶全书》相比，称宋应星为"中国的阿格里科拉"。我们中国学者也同样高度评价此书。丁文江谈到《天工开物》作者时认为："其识之伟，结构之大，观察之富，有明一代，一人而已。"凡此种种，都说明《天工开物》无论在中国或世界的科技文化史中，都占有一席光荣的位置。

五、怎样研读《天工开物》

《天工开物》是三百多年前写作的记述中国传统技术的著作，在当时对生产活动有指导及参考价值。时至今日，有些技术已经革新而改变原有面貌,不过读起来仍令人兴趣不减。从这部书中,我们可了解前辈们如何在工农生产领域内辛勤劳动、创造社会财富的情景。但在研读时需掌握正确方法才能收有成效,我们认为下列各点是必须注意的:

第一,必须把握重点。该书有十八章,内容广泛,每章下又分若干节,各章、各节在质量和分量上都不尽相同,有重点部分,也有薄弱环节。要把握住作者写作时的着重点,作到主次分明,突出重点。《乃粒》中以稻、麦为重点,精彩详明,而其余杂粮只简单陈述,没有提到玉米及甘薯。《乃服》篇幅显得甚长,实际上是论养蚕及纺织的两章捏在一起,重点是养蚕及丝纺,其余均一般陈述。《彰施》论染色,有的地方似乎像提纲,而突出蓝淀及红花。《粹精》以稻谷加工为重点。《作咸》突出海盐、池盐、井盐。《甘嗜》重点论蔗糖,而蜂蜜、饴糖为附属。《陶埏》各节均甚好。《膏液》尤为精彩,为作者在奉新调查所得。《五金》中偏重金银铜铁锌,胡粉、黄丹抄自《本草纲目》。《冶铸》则侧重钟、釜及铜钱,其余略微提了一下。《锤锻》以锚、针、锻铜最为精彩。《燔石》以石灰、煤炭、硫、砒为主。《杀青》以造竹纸为精华。《佳兵》详于弓箭而略于火器,未提供火药配方,漏提火箭,是为不足。《曲蘖》则以红曲为主。《珠玉》各节均较薄弱。阅读时宜注意各章重点,以便抓住核心。

第二,注意版本选择。现有 13 种(不包括本书)中外版本,各本间文字、插图都有差异。明刊涂本是祖本,插图古朴而真实,是其优点,但文字多错。1927 年陶湘(1870—1940)刊本文字经校勘,但插图另绘,画蛇添足,不足取。1976 年钟广言本插图用涂本,但缩得过小,又有语译及注,原文经校勘,颇便读者,但按语多错误观点。外文本中以薮内清日文本最佳。任以都英译本插图用涂本,有译注,但技术术语翻译上间有不理想之处,李乔苹等英译本与任本各有千秋,但插图用陶本则未必妥帖。此书前四章农业部分的德文译本较为理想。

第三,注意分清良莠。此书问世于三百多年前的封建社会,像一切古书一样,虽有很多精华,但亦有糟粕。有正确精论,也有错误判断。例如,书中提到黄金初采时咬之柔软,匠人窃吞腹中亦不伤人,铁矿采后"其块逐日生长,愈用不穷",又说江南有无骨雀,认为造纸出于先秦上古,怀疑竹简纪事及外国以贝叶书经。又说珠、宝受日精月华而成,珍珠有龙神守护等,都属迷信。至于讲火药、火器发明于西域、南海诸国,"而后乃及于中国",是不少明代学者共同的错误认识。书中又说中国古不知造蔗糖,唐大历年间(766—779)始从外国传入,且误将邹和尚当成"西僧",均因一时匆忙未及详考所致。诸如此类,这些瑕玷并不足以影响全书价值。

第四,注意追查资料来源。《天工开物》虽大部分为作者调查所得,也有些地方引自前人书籍或传闻。引证《本草纲目》达二十余次,常不注明出处。如不追查资料来源,便以为是《天工开物》所特有。例如《乃粒》云:"'深耕'二字不可施之菽(豆)类,此先农之所未发者。"查《本草纲目》卷二十四《谷部·大豆》条,则知汉代《氾胜之书》便称"夏至种豆,不用深耕",则先农早有此说矣。《珠玉》论玛瑙种类列出"锦缠玛瑙",盖因将《纲目》卷八所称"锦江玛瑙,其色如锦。缠丝玛瑙,红白如丝"二句错断句点,遂将"缠丝玛瑙"误为"锦缠玛瑙"。有时《本草纲目》本身弄错,《天工开物》转引时也跟着再错。如《珠玉》说"晋人张匡邺作《西域行程记》",引自《纲目》卷八,但我们再查李时珍所引宋人苏颂(1020—1101)《图经本草》(1061),并参考《新五代史·于阗传》,始知乃后晋人高居诲作《于阗国行程记》,因而得知是《天工开物》将书名、作者及朝代均弄错了。这些例子说明,研究《天工开物》时,凡涉及史料部分,最好追查其资料来源。

第五,《天工开物》引用古书而不迷信旧说,具有批判精神,这是可取的。其批判常常是正确的,但批错之处也不乏其例,尤其对《本草纲目》中的正确论述,甚至精论,也当"妄说"来批,这些地方研读时要澄清。但我们要体谅作者宋应星的心情,他明知自己受益于《纲目》,而又相信自己正确,不敢苟同前人,所以他总是不点名地批评,因而也不明指《本草纲目》,这个心情是复杂的。比如《珠玉》章将《本草纲目》卷八所说琥珀由松脂久埋地下所化、琥珀摩擦可引拾轻芥的正确说法,当作"陋妄"来批评,这就不妥。否定《于阗国行程记》载乌玉河产玉,也出于误断。据今中外学者研究,马齿苋(*Portulaca oleracea*)叶节间含汞,已成定论。但《丹青》章却认为是"无端狂妄",乃是误评。另一种情况是,引古书某说本不足据,却未加评语而照录。如《乃粒》称"江南麦花夜发,江北麦花昼发",引自《纲目》卷二十二,此说由来已久,但现在看来并非果真如此。

第六,该书既是古典科技著作,要读懂必须掌握其中名词术语的含义,并以现代科学原理来解释。书内列举动植物种类很多,也要找出其学名及分类学上所属科名,才便于理解或进一步研究。我们在译注时尽力做到这些。应当说,有些术语至今仍在使用,且含义不变,很易理解,如大麻、水稻、蔗糖、煤炭、

玛瑙、窑变、水晶等。但还有不少术语今天已不使用，不易理
解。如"自来风"或"自风"指碎煤面或末煤，"混江龙"指水雷，
"倭铅"或"水锡"是金属锌，楮树今称构树。"纸药水汁"即植物
黏液，是抄纸时的纸浆悬浮剂。胡粉或铅粉即碱式碳酸铅
$2PbCO_3 \cdot Pb(OH)_2$，石亭脂今称硫黄，炉甘石指菱锌矿，主要
成分是碳酸锌 $ZnCO_3$。又如"矿"字与今理解不同，有时指脉
石。有些术语很难懂也很难译，如"野鸡篷""草鞋底"，其义与
字面意思不同，幸而《天工开物》作了自注，并说明这些附件在
船体内的位置，才得知其作用。最难理解的是各章"宋子曰"中
的有些词句，有些具体物品并未在文内指出，而是含蓄地隐约
暗指，如"巧者夺上清之魄"指的是铜镜。有的地方不能按字面
意义去理解，如《燔石》谈硫黄时称"石精感受火神，化出黄光飞
走"，意思是说"石内的成分受到火的作用，化成黄色气体飞
走"。如果将"石精""火神"按字面来理解，那就有失原意，玄之
又玄了。

　　第七，中国自古是多民族国家，除人数最多的汉族外，在中
原地区尤其四方边远地区还有各少数民族，他们都是中华民族
的组成部分。古时著作包括《天工开物》在内，出于历史局限
性，对少数民族多沿用错误称呼，读此书时要注意。例如书中
的"北虏"、"东北夷"、"胡虏"指东北女真族（满族）或东北地区，
正因这些，使此书在清代乾隆年修《四库全书》时没有被采录。
康熙年《古今图书集成》收此书时则改为"北边"。书中的"西
番"，时而指新疆，时而指印度，宜仔细区分。有时书中不尊重
兄弟民族，不适当地称为"缠头回子"或"夷人""夷獠"，这些用
语都是不当的。书中出现的"中国"，有时只能理解为中国内地

或中原，"夷地"指少数民族聚居地区。对于这些，宜谨慎理解。有时书中流露出封建等级观念，如从衣服来区分贵贱等，读者自会判断。对外国的称呼也如此，我们在语译时都适当加以处理，使之更为妥帖。

以上是研读《天工开物》时需注意的几个问题。现在谈谈一些具体的研究方法，供读者参考。因原著成书及刊刻在匆促间进行，作者没能理顺各章相互关系并提供一个更合理的章节安排。为使该书章节结构更严密、紧凑而有系统，我们已于此次作了调整，其理由及调整后的各章顺序见前述。每章各节的安排详见本书目录。我们还在前面指出各章重点，重点外多为一般陈述或薄弱部分。事实上要求这样内容广泛的书在各部分都平铺并重，也是不可能的。所以薄弱的章节要与其余明代书籍对读，互相取长补短，兼收诸家所长。例如《乃粒》章未提当时正在一些省推广的高产作物玉米、甘薯等，《乃服》章对种棉和棉纺叙述简略，则可从《农政全书》《本草纲目》中得到补充。《佳兵》章火药、火器部分可从《武备志》中得到充实。《杀青》章中皮纸技术，可在王宗沐（1523—1592）《江西省大志·楮书》篇看到更详记载。这样做可收相得益彰之效。《天工开物》有时标明所引某书，最好再查查原典对比，往往会发现问题。如《五金》章引"《山海经》言，出铜之山四百三十七"。但查《山海经·中山经》则称："出铜之山四百六十七"，可知原四六七被误为四三七。又《彰施》章云："老子曰，甘受和，白受彩。"但遍查老子《道德经》不见此语，而实际上此语乃出于《礼记·礼器》篇"君子曰，甘受和，白受采"，则"君子"又误作"老子"了。又《陶埏》章"万室之国，日勤千人而不足"，从字面上看就费解。

万户之地而千人制陶,怎么还供不应求呢? 此语出于《孟子·告子》:"万室之国一人陶,则可乎? 曰:不可,器不足用也。"则此处将"一人"误作"千人"矣。这些地方我们都作了改正。

为读懂原著,还要了解其所引典故的含义。在这方面,《十三经注疏》《二十四史》《佩文韵府》《辞源》等工具书会提供帮助。如《粹精》中有"杵臼之利,万民以济,盖取诸《小过》"之语,引自《易经·系辞下》:"断木为杵,掘地为臼。臼杵之利,万民以济,盖取诸《小过》。"《小过》为《易经》第六十二卦卦名,卦象是䷠,艮下震上,艮为山主静,震为雷主动,此处杵臼工作原理从"小过"卦象得到启发,臼在下静止,杵在上运动。又如《佳兵》章有"《汉书》名曰'蹶张材官'"之语,出于《汉书·申屠嘉传》:梁人申屠嘉"以材官蹶张",唐人颜师古注:"材官之多力,能踏强弩张之。"以手张曰臂张,以脚踏弩为蹶张。于是意义便明白了。还有像"天工开物""家食之问"等,都要找出原典所在,弄清真实含义。书中有些人名、地名也要查考。如《珠玉》章说金代采珠于蒲里路,查考后得知实为金代上京的蒲与路,在今黑龙江省克东,则"蒲与路"又误为"蒲里路"了。又《陶埏》讲"龙泉华琉山下有章氏造窑",查考后实为龙泉县南的琉华山,非华琉山也。《舟车》《珠玉》章提到"平江伯陈某""宋朝李招讨",必须查到其本传。前者指陈瑄(1365—1433)字彦纯,合肥人,永乐时被封为平江伯,并任总兵官,总督漕运,议造平底运粮浅船,事见《明史》本传。后者指李重诲(946—1013),金城人,宋太宗时任邓州马步军都指挥使,累官至缘边十八砦招安制置使,见《宋史》本传。经这番查考,我们的认识便提高一步。

受过科学教育的现代读者，常能用已掌握的科学知识辨明《天工开物》中的某种提法是否正确，不必受其拘束，尽可独立思考。如书中说水晶"未离穴时如绵软，见风方坚硬"，玉只有绿、白二色，有色者非玉，宝石皆出井中，日本国有造纸不用帘的，等等，今天看来都不妥当。有时要参阅专业书籍或靠专业知识，才能领会《天工开物》某处原文含义。那时没有温度计，对反应温度的描述还不能说出度数，但利用现代知识就能加深理解。如《五金》章讲以铜与炉甘石炼制黄铜时炉甘石"烟洪飞损"，后改用锌。我们知道碳酸锌从 300 ℃ 开始分解，则"烟洪飞损"时炉温必在 300 ℃ 以上，而锌的熔点 419.5 ℃，沸点 907 ℃，因此用锌更好。又书中讲造竹纸用纸药水，原文未提来自何种植物，只注曰"形同桃竹叶，方语无定名"，颇费解。但手工造纸技术的专业知识表明，此处既非桃叶也非竹叶，而是杨桃藤即猕猴桃藤（*Actinidia chinensis*）植物的枝条。古今造手工纸常用杨桃藤为纸药。而桃为蔷薇科樱桃属，竹属禾本科，二者叶形并不像杨桃藤，故此处"竹"字或系衍文。《燔石》章石灰节也曾提到杨桃藤汁作黏剂。

这里找出《天工开物》中的一些差错，不是意在贬低它，而是为了排除差错，保留其全部精华。为进一步了解此书，还可以参阅专家们写的对此书的有关研究作品及各有关专业著作。研读此书，当然首先要读懂原文全部含义，一般说书中一些文字不难看懂。遇有难字可查字典及辞书，遇到难句则需反复推敲方能理解。现在此书已有了日文、英文、韩文及部分德、法文译本，更有了汉语白话译本，看起来更方便了。这些译本可供读者参考，遇有不同理解还要以原文为准。

　　研读《天工开物》是为了了解中国古代科技实态,继承并发扬科学文化遗产,吸取其精华而剔除其糟粕。通过与古代其他中外著作对比,找出该书所作出的新贡献及其独到之处,从而评价其历史地位。也可发现其中不足,而予以补正。作为一般读者,通过文字说明和插图来阅读并欣赏这部古典科技著作,有如畅游明代科技大观园一样,会获得思想养料和乐趣。作为专业读者,阅读此书会发掘出很多科技史料及社会经济史料,供作分析、论述某一课题的素材。总之,我们希望这个译注本能对绝大多数读者来说具有可读性,这样我们便心满意足了。

潘吉星

1990 年 11 月 2 日记于京华不息斋

凡　例

1. 本书由《天工开物》原文、注释、译文三部分构成。原文校点以明崇祯十年（1637）涂绍煃原刊本为底本（涂本），参以明末清初书林杨素卿刊本（杨本）、1929 年陶湘刊本（陶本）、1939 年上海世界书局刊本及 1976 年广东钟广言（钟本）排印本，此外参考数内清日文译本及英文译本。在不动原文的前提下，为使此书体例更有系统性及严密性，考虑各章内在联系，对各章节的次序作了调整，理由见本书《导言》第一部分。

2. 校点包括对原文给以文字校勘和标点断句，校勘中将原文中异体字改为通用体，如铅→铅、炁→气等。别本已用通用体者，从之。将原文中同音借字改为正字，如妨→防、稍→梢、费→废等，注明涂本误某。将原文误刻字或颠倒字改为正字，如雨→两、土→上、尼→尾等。别本未改，则称今改某；已改者，从之，注明从某本改。凡一物有若干同音异形字者，取一字为准，如硝、釉、炮，不再用消、泑、砲。依上下文理校者，注明原误某，今改某；衍字或脱字亦标出，脱字以方括号补入。

3. 注释包括古名词或古字注音释义及对技术术语的解释。动植物标出现代学名、拉丁文命名，并指出分类学上的科、种名；矿物标出其学名及化学成分；地名则标出今名及所在地理位置；人物介绍生卒年及简传；外国名词则标出原名及今译。

凡原文所引经史典故、章句而未标出处者,尽力考出原典、原著所在,引出原文并略加解释。原文明标文献出处,则重新核对原著,遇有相异,予以注明,引错之处则依原著更正。

4. 根据此次体例调整,该书分上、中、下三卷,凡十八章,章下设节,节内分段。各以三位数字给以编号,第一位数字表章,第二位表节,第三位表段。如"18-4-1"表示第 18 章《珠玉》内第 4 节第 1 段。各章节编号及所在位置可从目录中查得。

5. 插图取自涂本。涂本插图多线条不清,此次在保持原状前提下,请中央工艺美术学院画家王存德先生勾清线条。一图占两页者,去掉中线,形成完整画面。插图置于文中相应位置,并编号,出说明文字。插图以双位数字编号,第一位为章,第二位为该章中图次。如"图 18-2"表示第 18 章《珠玉》内第 2 图。书末附《插图目录》可作检索。

天工开物序

　　天覆地载,物数号万,而事亦因之,曲成而不遗,岂人力也哉。事物而既万矣,必待口授目成而后识之,其与几何?万事万物之中,其无益生人与有益者,各载其半。世有聪明博物者,稠人推焉。乃枣梨之花未赏,而臆度"楚萍"[1];釜鬵[2]之范鲜经,而侈谈"莒鼎"[3]。画工好图鬼魅而恶犬马[4],即郑侨、晋华[5],岂足为烈哉?

【注释】

　　[1] 楚萍:典出于《孔子家语·致思篇》,言楚昭王(前515—前489在位)见江中红色圆状物,不知为何物。遣人问孔子(前551—前479),孔子说此乃萍实,可食,唯霸者可得。

　　[2] 釜鬵(xín):釜和鬵,都是古代炊具。

　　[3] 莒(jǔ)鼎:《左传·昭公七年》(前535)载晋侯赐郑国公孙侨(子产)二方鼎,是由莒国(今山东莒县)所铸的煮食器,原物早已不存。

　　[4] "画工"句:《韩非子·外储说左上》云,齐王问画师画何物最难,答曰画犬马难。又问画何物最易,答曰画鬼怪易。因犬马天天见到,画不好易为人知;鬼怪是不存在的,怎样画均可。

　　[5] 郑侨:公孙侨(约前598—前522),春秋时郑国著名政治家,字子产。　晋华:张华(232—300),字茂先,西晋时大臣、文学家,著有《博物志》(约290)。

【译文】

　　天地之间物以万计,人们要做的事因而也很多,适应事物变化而从事生产,以造成种类齐全的各种物品,这不都是人力能办到的,[还有自然力参与其中]。事物既以万计,要是都等口授、目见之后去认识,又能获得多少知识? 幸而万事万物之中,无益于人和有益于人的各占一半。[只要掌握那些有益于人的,也就够了。]世上有些聪明博学者,颇受众人推崇。不过,要是连枣、梨之花都分辨不清,却主观推测"楚萍";连铸锅的型范都很少接触,却侈谈"莒鼎"。画家好图抹鬼怪,却不愿画犬马。这等人纵使有郑国的公孙侨、西晋的张华那样的名声,又有什么值得效法呢?

　　幸生圣明极盛之世,滇南车马纵贯辽阳,岭徼宦商衡游蓟北。为方万里中,何事何物不可见见闻闻! 若为士而生东晋之初、南宋之季,其视燕、秦、晋、豫方物已成夷产,从互市而得裘帽,何殊肃慎之矢[1]也。且夫王孙帝子生长深宫,御厨玉粒正香而欲观耒耜[2],尚宫锦衣方剪而想像机丝。当斯时也,披图一观,如获重宝矣。

【注释】
　　〔1〕肃慎之矢:古代中国东北地区的部族肃慎,曾将木箭、石镞进贡于周成王。
　　〔2〕耒(lěi)耜(sì):古时的翻土农具,此处汪指农具。

【译文】
　　我们有幸生在这荣盛繁华的时代,南方云南的车马可直抵东北的辽阳,岭南一带的官吏和商人可漫游于河北。在这方圆万里的广阔天地里,不是有很多事物都需要再看看听听吗? 若读书人生活在偏安的东晋初或南宋末,就会把河北、陕西、山西和河南等地的实物看成是远处运来的物产,把互市买来的裘帽,视作古时肃慎之矢那样稀罕。同时，生长在深宫里的王孙帝子，当御厨白米烧得正香时，或想要看看生产这些粮食的农具；当宫里正在剪裁锦衣时，或会想象生产这些衣料的织机和丝帛。这个时候，要是打开这类图书一看，也许会如获得珍宝一样地感到奇罕。

年来著书一种，名曰《天工开物》[1]卷。伤哉贫也，欲购奇考证，而乏洛下之资[2]；欲招致同人商略赝真，而缺陈思之馆[3]。随其孤陋见闻，藏诸方寸而写之，岂有当哉？吾友涂伯聚[4]先生，诚意动天，心灵格物。凡古今一言之嘉，寸长可取，必勤勤恳恳而契合焉。昨岁《画音归正》[5]，蠡先生而授梓。兹有后命，复取此卷而继起为之，其亦夙缘之所召哉。

【注释】

〔1〕天工开物：天工，典出《尚书·皋陶谟》"天工人其代之"；开物，取自《易经·系辞传上》"开物成务"。作者将二词合用，赋予新的含义："以自然力配合人工技巧从自然界开发物产"，从而以此展现了杰出的技术哲学思想。

〔2〕乏洛下之资：《三国志·魏志·夏侯玄传》注引《魏略》载蒋济语："洛中（洛阳）市买，一钱不足则不行。"此处指无钱。

〔3〕陈思之馆：指曹操之子陈思王曹植（192—232）延请文人学士之宾馆。

〔4〕涂伯聚：名涂绍煃（约1582—1645），江西新建人，万历四十七年（1619）进士，历任都察院观政、四川督学、河南信阳兵备道，进广西左布政使，宋应星的友人和同学。

〔5〕《画音归正》：宋应星论音律的著作，已散佚。

【译文】

一年以来著书一种,名叫《天工开物》。遗憾的是本人处境实在太贫寒了。想要购买珍奇的书籍来加以考证,却没有足够的钱财;想邀请同道者共同讨论、鉴别真伪,又没有合适的场所。只好凭自己心中所记的孤陋见闻来写作,难免有不当之处。吾友涂伯聚先生,诚意动天,讲求实用的科技学问。凡古今一言之嘉、寸长可取者,他都勤恳地帮助发表。去年(1636)拙著《画音归正》一书,就是由这位先生帮助刊行的。现在遵照他的建议,又将这部书拿来出版。这也是我们多年友谊的结果吧。

卷分前后,乃"贵五谷而贱金玉"[1]之义。《观象》《乐律》二卷,其道太精,自揣非吾事,故临梓删去。丐大业文人弃掷案头,此书于功名进取毫不相关也。

时崇祯丁丑孟夏月,奉新宋应星书于家食之问堂[2]。

【注释】

〔1〕"贵五谷"句:《汉书·食货志》引西汉政论家晁错(前230—前154)《论贵粟疏》曰:"夫珠玉、金银,饥不可食,寒不可衣……粟米、布帛生于地,长于时,聚于力……一日弗得而饥寒至。是故明君贵五谷而贱金玉。"后魏农学家贾思勰《齐民要术序》(约538)中亦有"贵五谷而贱金玉"之语。

〔2〕家食之问堂:作者的书斋名,取自《易经·大畜》卦:"不家食,吉,养贤也。"意为给贤人以官禄,不让其在家自食。宋应星引此典,反其意而用之,主张在家自食。"家食之问"指研究在家自食其力的学问,转义为研究工农业生产技术的学问。

【译文】

本书各章前后顺序,是根据"贵五谷而贱金玉"的思想安排的。

还有《观象》《乐律》二卷，其学理太深奥，自想不是自己所长，故临出版时将其删去。恳请那些以科举为大事业的文人，干脆将本书从书桌上扔到一边，因为这部书与考取功名、追求高官厚禄毫不相关。

时在崇祯丁丑十年（1637）孟夏之月（四月），奉新人宋应星书于家食之问堂。

卷　上

1.乃粒[1]第一

1-1-1　宋子曰[2]，上古神农氏[3]若存若亡，然味其徽号，两言至今存矣。生人不能久生，而五谷生之。五谷不能自生，而生人生之。土脉历时代而异，种性随水土而分。不然，神农去陶唐[4]粒食已千年矣，耒耜之利，以教天下[5]，岂有隐焉。而纷纷嘉种必待后稷[6]详明，其故何也？

【注释】

〔1〕乃粒：此词出于《书经·益稷》："烝民乃粒，万邦作乂（yì）。"意思是民众有粮吃，天下才能治安。此处"乃粒"指谷物，并以此命名本章。

〔2〕宋子曰：宋子为本书作者宋应星的自称。《天工开物》各章前均有"宋子曰"一段作为引言。

〔3〕神农氏：传说中上古时农业和医药的创始者，又称为炎帝。

〔4〕陶唐：或唐尧，传说中父系氏族社会后期的部落联盟领袖。

〔5〕耒耜之利，以教天下：语出《周易·系辞下》，指神农氏时使用农具的技术得到推广。

〔6〕后稷：名弃，古代周族始祖，善于农作，曾在尧、舜时任农官。

【译文】

宋子说，不管上古时的神农氏是否真有其人，然而体会到这一称号的含义,也应当把创始农业的先民尊称为"神农"。人不能靠自身长期生存,要靠五谷才能活下去。五谷不能自行生长,要靠人去种植。土质经历不同时代而发生变化,作物的物种和性质则随着水土的不同而有所变异。不然的话,从神农氏到帝尧时食用粮食已有一千年了,农耕的技术已传遍天下,尽人皆知。而一定要到后稷时代才能充分阐明那些后来培育出的许多优良品种,原因不正是如此吗?

1-1-2　纨裤之子以赭衣视笠蓑,经生之家以"农夫"为诟詈。晨炊晚馕,知其味而忘其源者众矣。夫先农而系之以神,岂人力之所为哉。

【译文】

　　富贵人家的子弟把农民视同罪人,儒生之家把"农夫"当作骂人话。饱食终日,只贪享食物的美味而忘掉其从何而来的人,实在是太多了。因此我们认为把创始农业的先农们的事业奉为神圣的事业,并不是勉强的,而是很自然的。

1-2　总　名

1-2-1　凡谷无定名,百谷指成数言。五谷[1]则麻、菽、麦、稷、黍,独遗稻者。以著书圣贤起自西北也。今天下育民人者,稻居什七,而来、牟、黍、稷居什三。麻、菽二者功用已全入蔬、饵、膏馔之中,而犹系之谷者,从其朔也。

【注释】

〔1〕五谷：古籍中五谷说法不一，郑玄（127—200）注《周礼·天官·疾医》以麻、菽（豆）、麦、稷（粟，小米）及黍（黄黏米）为五谷。但赵岐（约108—201）注《孟子·滕文公上》则以稻、黍、稷、麦、菽为五谷。作者此处指前一说法。

【译文】

谷并不指某种特定的粮食名称，百谷是谷物的总体名称。而五谷则指麻、豆、麦、稷、黍，唯独漏掉了稻。这是因为称呼五谷的一些著书的圣贤都诞生在西北。但现在全国民用的口粮中，稻占十分之七，而小麦、大麦、黍、稷只占十分之三。麻、豆二者的功用现已完全列入菜蔬、糕点、油脂等食品中，其所以还归到五谷里，是沿用早期的说法。

1-3　稻

1-3-1　凡稻种最多。不粘者禾曰秔，米曰粳。粘者禾曰稌，米曰糯。南方无粘黍，酒皆糯米所为。质本粳而晚收带粘俗名婺源光之类，不可为酒、只可为粥者，又一种性也。凡稻谷形有长芒、短芒江南长芒者曰刘阳早，短芒者曰吉安早、长粒、尖粒、圆顶、扁面不一。其中米色有雪白、牙黄、大赤、半紫、杂黑不一。

【译文】

水稻的品种最多。不黏的稻叫秔（粳稻），米叫粳米。黏的稻叫稌稻，米叫糯米。南方没有黏黄米，酒都是用糯米造的。本来属于粳稻但晚熟而带黏性的米俗名为"婺源光"—类的,不能用来造酒,而只可以煮粥,这又是一种稻。稻谷在外形来看,有长芒、短芒江南将长芒稻称为"浏阳早",短芒的叫"吉安早"和长粒、尖粒以及圆顶、扁粒的不同。其中稻米的颜色还有雪白、牙黄、大红、半紫和杂黑等。

1-3-2　湿种之期,最早者春分以前,名为社种[1] 遇天寒有冻死不生者,最迟者后于清明。凡播种先以稻、麦稿包浸数日。俟其生芽,撒于田中,生出寸许,其名曰秧。秧生三十日即拔起分栽。若田亩逢旱干、水溢,不可插秧。秧过期老而长节,即栽于亩中,生谷数粒结果而已。凡秧田一亩所生秧,供移栽二十五亩。

【注释】

　〔1〕社种:社日浸种,古时以立春、立秋后的第五个戊日称为春社或秋社。此处指春社。

【译文】

　浸稻种的日期,最早在春分以前,称为"社种"这时遇到天寒,有冻死不生的,最晚是在清明以后。播种时,先用稻、麦秆包住种子在水里浸几天。待生芽后撒播在田里,长到一寸左右高时叫做秧。稻秧长到三十天后就要拔起分栽。若稻田遇到干旱或积水过多,都不能插秧。育秧期已过而仍不插秧,秧就要老而长节,即使栽到田里也不过长几粒谷,不会再结更多谷实了。一亩秧田所育出的秧,可供移栽二十五亩。

1-3-3　凡秧既分栽后，早者七十日即收获，粳有救公饥、喉下急、糯有金包银之类。方语百千，不可殚述。最迟者历夏及冬二百日方收获。其冬季播种、仲夏即收者，则广南之稻，地无霜雪故也。凡稻旬日失水，即愁旱干。夏种冬收之谷，必山间源水不绝之亩，其谷种亦耐久，其土脉亦寒，不催苗也。湖滨之田待夏潦已过，六月方栽者。其秧立夏播种，撒藏高亩之上，以待时也。

【译文】

稻秧分栽后，早熟的在七十天后即可收获，粳稻有"救公饥"、"喉下急"，糯稻有"金包银"等品种。各地名称很多，不可尽述。最晚熟的要经整夏直到冬天共二百多天后才能收获。有在冬季播种，到仲夏就能收获的，这就是广东的稻，因为此地没有霜雪。稻田十天无水，便有干旱之虞。夏种冬收的稻，必须种在有山间水源不断的田里，这种稻生长期长，地温又低，不能催苗速长。靠湖边的地要待夏天洪水过后，六月才能插秧。育这种秧的稻种要在立夏时撒播在地势高的土里，以待农时。

1-3-4　南方平原，田多一岁两栽两获者。其再栽秧俗名晚糯，非粳类也。六月刈初禾，耕治老膏田，插再生秧。其秧清明时已偕早秧撒布。早秧一日无水即死，此秧历四、五两月，任从烈日旱干无忧，此一异也。凡再植稻遇秋多晴，则汲灌与稻相终始。农家勤苦，为春酒之需也。凡稻旬日失水则死期至，幻出旱稻一种，粳而不粘者，即高山可插，又一异也。香稻一种，取其芳气，以供贵人。收实甚少,滋益全无,不足尚也。

【译文】

　　南方平原地区,多是一年两栽、两获。第二次插的秧俗名叫晚糯稻,不是粳稻之类。六月割早稻,翻耕稻茬田,再插晚稻秧。晚稻秧在清明时已和早稻秧同时播种。早稻秧一天无水即死,晚稻秧经四、五两月,任从烈日暴晒也不怕,这是个奇怪的事。种晚稻遇到秋季晴天多的时候,则始终都要灌水。农家不惜勤苦,以满足用稻米造春酒的需要。稻要是十天离水就要死,于是育出一种早稻,属于粳稻但不带黏性,即使在高山地区也可插秧,这又是一个奇特的稻。还有一种香稻,只取其香味以供贵人。但结实甚少,滋养全无,不值得崇尚。

1-4　稻　宜[1]

　　1-4-1　凡稻,土脉焦枯则穗、实萧索。勤农粪田,多方以助之。人畜秽遗、榨油枯饼、枯者,以去膏而得名也。胡麻、莱菔子为上,芸薹次之,大眼桐又次之,樟、柏、棉花又次之。草皮、木叶以佐生机,普天之所同也。南方磨绿豆粉者,取溲浆灌田肥甚。豆贱之时,撒黄豆于田,一粒烂土方三寸,得谷之息倍焉。土性带冷浆者,宜骨灰蘸稻根凡禽兽骨,石灰淹苗足,向阳暖土不宜也。土脉坚紧者,宜耕陇,叠块压薪而烧之,埴坟松土不宜也。

【注释】

　　〔1〕稻宜:即种稻的土宜,指土壤改良。

【译文】

种稻的土地要是贫瘠,稻穗、稻粒的长势就差。勤劳的农民便多施肥,想尽各种方法助苗成长。人畜的粪便、榨油的枯饼,因其中油已榨去,故称枯饼。芝麻、萝卜子榨油后的枯饼最好,油菜子饼次之,大眼桐枯饼又次之,樟树子、乌桕子和棉子饼又次之。还有草皮、树叶,这些都能帮助水稻生长,普天之下用的肥料都是相同的。南方磨绿豆粉时,用溲浆灌田,肥力很大。豆贱之时,将黄豆撒在田里,一粒豆在腐烂后可肥土三寸见方,所得谷的收益一倍于所耗黄豆。含冷水的土地,宜用骨灰蘸稻根任何禽兽的骨灰都可以,或以石灰将秧根埋上,向阳的暖土便无须如此。土质坚硬时,要耕成陇,把硬土块堆压在柴草上烧碎,但黏土、松土便无须此举。

1-5　稻　工

耕、耙、磨耙、耘籽　具图

1-5-1　凡稻田刈获不再种者,土宜本秋耕垦,使宿菁化烂,敌粪力一倍。或秋旱无水及怠农春耕,则收获损薄也。凡粪田若撒枯浇泽,恐霖雨至,过水来,肥质随漂而去。谨视天时,在老农心计也。凡一耕之后,勤者再耕、三耕(图 1-1),然后施耙(图 1-2),则土质匀碎,而其中膏脉释化也。

【译文】

稻田收割后如果不再种植,就应当在当年秋天耕垦土地,使旧稻茬烂在土里,可相当粪肥一倍之肥力。如果秋天干旱无水,或农民拖到明春才耕地,收获就会减少。如果撒枯饼或浇粪水在田里施肥,就怕连雨天的到来,雨水会把肥质冲走。要密切注视天时,这就要靠老农的心计了。耕过一次之后,勤者还可再耕、三耕。然后再耙地碎土使土质匀碎,肥分自会在土中散开。

图 1-1　耕（耕地）　　　　　　图 1-2　耙（碎土）

1-5-2　凡牛力穷者，两人以杠悬耜，项背相望而起土，两人竟日仅敌一牛之力。若耕后牛穷，制成磨耙，两人肩手磨轧，则一日敌三牛之力也。凡牛，中国惟水、黄两种，水牛力倍于黄[牛]。但畜水牛者，冬与土室御寒，夏与池塘浴水，畜养心计亦倍于黄牛也。凡牛春前力耕汗出，切忌雨点，将雨，则疾驱入室。候过谷雨，则任从风雨不惧也。

【译文】

　　没有耕牛的农户，则两人以木杠悬着犁铧，一前一后地推拉而翻土，两人一天的劳动只抵一牛之力。要是耕地以后无牛可驱，便作一磨耙，两人用肩和手拉着耙碎土，则一天的劳动可抵三牛之力。中原的牛只有水牛与黄牛两种，水牛比黄牛力大一倍。但畜养水牛，冬天要有土屋御寒，夏天还要放到池塘中浴水，则畜养水牛也比黄牛费事一倍。牛在春分前用力耕地时会出汗，切忌雨淋，将要下雨时赶快赶到室内。待过了谷雨，则任凭风吹雨淋都不怕了。

1-5-3　吴郡力田者以锄代耜，不藉牛力。愚见贫农之家，会计牛值与水草之资、窃盗死病之变，不若人力亦便。假如有牛者供办十亩，无牛用锄而勤者半之，既已无牛，则秋获之后田中无复刍牧之患，而菽、麦、麻、蔬诸种纷纷可种。以再获偿半荒之亩，似亦相当也。

【译文】

　　苏州一带的耕田人用锄代替犁，而不借牛力。依笔者愚见，贫苦农家要是核算一下买牛和水草的费用、牛被盗和病死的变故，还不如用人力便当。假如有牛的人家耕种十亩地，没有牛而用锄勤快劳动的人家耕种五亩，既然无牛，则秋收之后就无需考虑田里种饲草、放牧，而豆、麦、麻、菜等尽可种植。用第二次的所获来补偿少耕种五亩地的损失，似乎也得失相当，还是上算的。

1-5-4　凡稻分秧之后数日，旧叶萎黄而更生新叶。青叶既长，则耔可施焉俗名拔禾。（图 1-3）植杖于手，以足扶泥壅根，并屈宿田水草，使不生也。凡宿田茵草[1]之类，遇耔而屈折。而稊、稗与荼、蓼[2]非足力所可除者，则耘以继之(图1-4)。耘者苦在腰、手,辨[3]在两眸,非类既去,而嘉谷茂焉。从此泄以防潦,溉以防旱,旬月而"奄观铚刈[4]"矣。

图 1-3　耔(稻田壅根)　　　　　图 1-4　耘(稻田拔草)

【注释】

〔1〕茵(wǎng)草:禾本科茵草属 *Beckmannia erucaeformis*,又名水稗子,田中杂草。

〔2〕稊(tí):形似稗草的杂草。　稗(bài):禾本科稗草 *Echinochloa crus-galli*,稻田中的主要杂草。　荼:菊科苦菜 *Sonchus olenaceus*。蓼:蓼科 *Polygonum* 的田间杂草。

〔3〕辨:涂本作"辩",从杨本改。

〔4〕奄观铚刈(yì):语出《诗经·周颂·臣工》:"命我众人,庤乃钱

镈,奄观铚艾。"铚,古代收割用镰刀。刈,割。艾,通"刈"。

【译文】

水稻插秧几天后,旧叶便枯黄而又长出新叶。新叶长出后,就可以耔田(壅根)俗名叫"抶禾"。方法是手把着木棍,用脚把泥培在稻秧根上,并用脚把稻田里的水草踩弯,埋在泥里,使其不能生长。稻田里的茵草之类可用脚踩折。但稊、稗与茶、蓼等杂草不是用脚力可除去的,必须接着以手来耘(除草)。除草的人腰、手辛苦,而分辨秧、草要靠双眼。杂草除尽,禾苗才长得茂盛。此后便是排水防涝、灌水防旱,个把月后就要准备开镰收割了。

1-6 稻 灾

1-6-1 凡早稻种,秋初收藏,当午晒时烈日火气在内,入仓廪中关闭太急,则其谷粘带暑气勤农之家偏受此患。明年田有粪肥,土脉发烧,东南风助暖,则尽发炎火,大坏苗穗,此一灾也。若种谷晚凉入廪,或冬至数九天收贮雪水、冰水一瓮交春即不验。清明湿种时,每石以数碗激洒,立解暑气,则任从东南风暖,而此苗清秀异常矣。祟在种内,反怨鬼神。

【译文】

早稻稻种在秋初收藏时,如果正午在烈日高温下晒,稻谷内含有火气,收入仓库后又急忙关闭,则谷种黏带着热气勤劳的农家偏受此害。明年播种后,田里有粪肥使土温上升,又有东南风带来的暖热,则尽使稻子发烧,苗穗受到损坏,这是第一个灾害。如果稻种在晚上凉快时入仓,或在冬至后的数九寒天收贮一缸雪水、冰水立春后就无效了,清明浸种时每石稻种激洒几碗,则立刻消除热气,播种后任从东南暖风再吹,禾苗也长得清秀异常。这种灾害的症结在稻种内部,有人却埋怨是鬼神作怪。

1-6-2　凡稻撒种时,或水浮数寸,其谷未即沉下,骤发狂风,堆积一隅,此二灾也。谨视风定而后撒,则沉匀成秧矣。凡谷种生秧之后,防雀鸟聚食,此三灾也。立标飘扬鹰俑,则雀可驱矣。凡秧沉脚未定,阴雨连绵,则损折过半,此四灾也。邀天晴霁三日,则粒粒皆生矣。凡苗既函之后,亩土肥泽连发,南风薰热,函内生虫形似蚕茧[1],此五灾也。邀天遇西风雨一阵,则虫化而谷生矣。

【注释】

〔1〕稻的这种害虫是稻苞虫 *Parnara guttata*,其形如蚕。

【译文】

　　撒播稻种时,如果田内水深数寸,种子还未及沉下,突然刮起狂风,把稻种吹走并堆积在一角,这是第二个灾害。要看准待风停以后撒种,则均匀下沉而长出秧来。稻谷生秧后就怕雀鸟聚食,这是第三个灾害。在田里立标杆悬挂假鹰随风飘动,可驱赶鸟雀。稻秧扎根未定,遇上阴雨连绵,则损伤过半,这是第四个灾害。要是遇到天晴三日,就粒粒都成活了。秧苗长出新叶后,土里肥料不断散发,南风吹暖,稻叶上就会生虫虫形状像蚕茧,这是第五个灾害。这时盼望来一场西风阵雨,则虫死而稻谷就有长势了。

1-6-3　凡苗吐穟之后，暮夜鬼火[1]游烧，此六灾也。此火乃朽木腹中放出。凡木母火子，子藏母腹，母身未坏，子性千秋不灭。每逢多雨之年，孤野墓坟多被狐狸穿塌。其中棺板为水浸，朽烂之极，所谓母质坏也。火子无附，脱母飞扬。然阴火不见阳光，直待日没黄昏，此火冲隙而出，其力不能上腾[2]，飘游不定，数尺而止。凡禾穟、叶遇之立刻焦炎。逐火之人见他处树根放光，以为鬼也。奋梃击之，反有鬼变枯柴之说。不知向来鬼火见灯光而已化矣。凡火未经人间灯传者，总属阴火，故见灯即灭。

【注释】

〔1〕鬼火：所谓鬼火，是棺木内尸体分解后产生的磷火。作者虽不解此，但辨鬼火非鬼，亦为可贵。

〔2〕腾：涂本误作"膪"，杨本作"腾"。今改。

【译文】

稻苗吐穗后，夜晚被"鬼火"游烧，这是第六个灾害。这种火是从朽烂的木头中放出的。木生火，火藏于木中，木未坏而火便在其中永不消失。每逢多雨之年，野外坟墓多被狐狸穿塌。其中棺板被水浸而朽烂至极，使木质朽坏。木中之火没有依附，便脱木飞扬。但阴火总是避开阳光，直到日落黄昏，此火才从缝隙中冲出，又无力上升，于是在数尺范围内飘游不定。稻的穗、叶要是遇到此火便立刻烧焦。追逐这种火的人见别处树根放光，以为是鬼。挥棍猛力击之，反而有"鬼变枯柴"之说。但不知历来鬼火见灯光即灭。不是由人点灯、燃薪发出的火，都属于阴火，见灯即灭。

1-6-4　凡苗自函活以至颖栗,早者食水三斗,晚者食水五斗,失水即枯,将刈之时少水一升,谷数虽存,米粒缩小,入碾、臼中亦多断碎。此七灾也。汲灌之智,人巧已无余矣。凡稻成熟之时,遇狂风吹粒殒落;或阴雨竟旬,谷粒沾湿自烂,此八灾也。然风灾不越三十里,阴雨不越三百里,偏方厄难亦不广被。风落不可为。若贫困之家苦于无霁,将湿谷盛[1]于锅内,燃薪其下,炸去糠膜,收炒糗以充饥,亦补助造化之一端矣。

【注释】

〔1〕盛:涂本误作"升",今改。

【译文】

　　稻苗从生叶到抽穗结实,早稻每札需三斗水,晚稻需水五斗,失水即枯。将收割时如少水一升,谷粒数目虽存,但米粒缩小,入碾、臼中加工便粉碎,这是第七个灾害。这时便要灌溉,而这方面人的技巧已得到充分的发挥。稻在成熟之时,遇狂风会将稻粒吹落;或阴雨连旬而使谷粒沾湿自烂,这是第八个灾害。然而狂风不会刮过三十里,阴雨不会超过三百里方圆。局部地方成灾,不会扩及广泛地区。风吹落稻谷是无法防范的。如果贫困之家苦于阴雨,可将湿稻谷放入锅内,锅下点火,炒去糠壳,以炒熟的米来充饥,这也是补救自然灾害的一个办法。

1-7　水　利

筒车、牛车、踏车、拔车、桔槔　皆具图

1-7-1　凡稻防旱藉水,独甚五谷。厥土沙泥、硗腻,随

图 1-5　筒车汲水

方不一。有三日即干者,有半月后干者。天泽不降,则人
力挽水以济。凡河滨有制筒车(图 1-5)者,堰陂障流,绕于
车下,激轮使转,挽水入筒,一一倾于枧内,流入亩中。昼夜
不息,百亩无忧。不用水时,栓木碍止,使轮不转动。其湖、池不流
水,或以牛力转盘(图 1-6),或聚数人踏转(图 1-7)。车身长
者二丈,短者半之。其内用龙骨拴串板,关水逆流而上。
大抵一人竟日之力灌田五亩,而牛则倍之。

【译文】

　　水稻比其余谷物更需要防旱。稻田里的土有沙土、泥土、瘦土、
肥土,随地而异。有不灌水三天就干的,也有半月后才干的。天不
下雨,就要人力引水接济。靠河边的农家有造筒车的,筑坝拦水,让

图 1-6 牛力转盘车水

图 1-7 踏车汲水（人车）

水经车下冲激水轮旋转,再将水引入筒内,各个筒内的水分别倾入槽中,再流进田里。昼夜不息,不愁灌百亩稻田。不用水时,用木栓卡住,使水轮不转动。湖泊、池塘边水不流动的地方也可以用牛力牵动转盘,转盘再带动水车引水。也可以由数人踏转水车引水。水车车身长的二丈,短的一丈,水车内用龙骨拴一串串木板,带水逆行向上,再流入田里。大概一人一天之力可灌田五亩,用牛可灌十亩。

1-7-2 其浅池、小浍不载长车者,则数尺之车一人两手疾转(图1-8),竟日之功可灌二亩而已。扬郡以风帆数扇,俟风转车,风息则止。此车为救潦,欲去泽水以便栽种。盖去水非取水也,不适济旱。用桔槔(图1-9)、辘轳,功劳又甚细已。

图1-8 拔车

图1-9 桔槔

【译文】

　　浅池、小水沟无法放置长的水车，则用数尺长的拔车，一人两手握摇柄迅速转动，终日劳动只可灌二亩而已。扬州用数扇风帆，靠风力转动水车，有风则车转，风息则车停。这种拔车是排涝用的，旨在排水以便栽种。因为拔车排水，而不是取水，不适用于抗旱。用桔槔、辘轳取水，工效就小了。

1-8　麦

　　1-8-1　凡麦有数种。小麦曰来，麦之长也。大麦曰牟、曰矿。杂麦曰雀、曰荞。皆以播种同时，花形相似，粉食同功，而得麦名也。四海之内，燕、秦、晋、豫、齐鲁诸道烝民粒食，小麦居半，而黍、稷、稻、粱仅居半。西极川、云，东至闽、浙、吴、楚腹焉，方长六千里中，种小麦者二十分而一，磨面以为捻头、环饵、馒首、汤料之需，而饔飧不及焉。种余麦者五十分而一，间阎作苦以充朝膳，而贵介不与焉。

【译文】

　　麦有数种，小麦叫来，是麦中最主要的品种。大麦叫牟或矿，杂麦有叫雀麦的，有叫荞麦的。这些都是同一时间播种，花形相似，又都磨成面粉吃用，所以都称为麦。中国河北、陕西、山西、河南、山东各省居民口粮中，小麦占一半，而黍、稷、稻、粱总共只占一半。西至四川、云南，东至福建、浙江、江苏及中部的楚地（今湖北、湖南及安徽、江西一部），方圆六千里中，种小麦的占二十分之一。把小麦磨成面粉作花卷、糕饼、馒头、面条，而不作正餐。种其余麦类的，占五十分之一，贫苦人家用作早饭，而富贵人家是不吃的。

1-8-2　矿麦独产陕西,一名青稞即大麦,随土而变。而皮成青黑色者,秦人专以饲马。饥荒,人乃食之。大麦亦有粘者,河洛用以酿酒。雀麦细穗,穗中又分十数细子,间亦野生。荞麦实非麦类[1],然以其为粉疗饥,传名为麦,则麦之而已。

【注释】

〔1〕荞麦实非麦类:麦属禾本科,而荞麦属蓼科 *Fagopyrum esculentum*。

【译文】

矿麦只产于陕西,一名青稞,即大麦,随土质不同而有变种。外皮青黑色的,陕西人专用于喂马,饥荒时人才吃。大麦中也有粘的,黄河、洛水之间的地带用以酿酒。雀麦穗细,每穗又分十几个小穗,间亦有野生的。荞麦其实并不是麦类,然因其磨成面粉充饥,传称为麦,也姑且就算麦类吧。

1-8-3　凡北方小麦,历四时之气,自秋播种,明年初夏方收。南方者种与收期时日差短。江南麦花夜发,江北麦花昼发[1],亦一异也。大麦种、获期与小麦相同。荞麦则秋半下种,不两月而即收。其苗遇霜即杀,邀天降霜迟迟,则有收矣。

【注释】

〔1〕"江南麦花夜发"二句:此说见《本草纲目》卷二十二引明人顾

元庆《簷曝偶谈》，今日看来未必确切。

【译文】

北方的小麦生长期，经历一年四季的气候，秋天播种，来年初夏才收割。南方小麦从播种到收割，时间略短些。江南麦夜里开花，江北麦白天开花，这也是一件奇异的事。大麦播种和收割日期与小麦相同。荞麦在中秋时播种，不到两个月就收获。荞麦苗遇霜就死，所以希望霜降得晚些，就有收成了。

1-9 麦 工

北耕种、耨 具图

图 1-10 北耕兼种（北方麦的耕种农具）

1-9-1 凡麦与稻初耕、垦土则同，播种以后则耘、耔诸勤苦皆属稻，麦惟施耨而已。凡北方厥土坟垆易解释者，种麦之法耕具差异，耕即兼种（图 1-10）。其服牛起土者，耒不用耙，并列两铁于横木之上，其具方语曰耩[1]。耩中间盛一小斗贮麦种于内，其斗底空梅花眼。牛行摇动，种子即

从眼中撒下。欲密而多则鞭牛疾走,子撒必多。欲稀而
少,则缓其牛,撒种即少。既播种后,用驴驾两小石团压
土埋麦(图 1-11)。凡麦种压紧方生。南方地不同北[2]者,
多耕、多耙之后,然后以灰拌种,手指拈而种之。种过之
后,随以脚跟压土使紧(图 1-12),以代北方驴石也。

图 1-11　北盖种(北方压盖麦种)　　　图 1-12　南种牟麦(南方点播种麦)

【注释】

　　〔1〕耩(jiǎng):涂本误作"锸",今改。北方播种兼翻土的农具,又
叫耧。

　　〔2〕南方地不同北:涂本作"南方地不北同者",今将"北同"改为
"同北"。

【译文】

　　麦田的耕地、翻土与稻相同,播种以后稻田要勤于壅根、拔草,麦田只要锄草就行。北方土质疏松易于打碎,种麦的方法、耕具与稻有差异,是耕与种同时并举。北方驱牛翻土不用犁,而是用横木插上两个并排的铁尖,当地称为耩。耩中间放一小斗,内装麦的种子,木斗底钻些梅花眼。牛走摇动小斗,种子就从眼中撒下。想要种得密而且多,就赶牛快走,种子撒得便多。欲稀而少,则慢赶牛,撒种即少。播种后,用驴拉两个小石砫压土埋麦。麦种必须压紧方活。南方与北方不同,南方麦田必须多次耕、耙后,再用草木灰拌种,以手指掇起点播。播种后,随即以脚压土使紧,以代替北方用驴拉石砫压土。

图 1-13　耨(锄草)

　　1-9-2　耕种之后,勤议耨锄。凡耨草用阔面大镈(图 1-13)。麦苗生后,耨不厌勤有三过、四过者,余草生机尽诛锄下,则竟亩精华尽聚嘉实矣。功勤易耨,南与北同也。凡粪麦田,既种以后,粪无可施,为计在先也。陕洛之间忧虫蚀者,或以砒霜[1]拌种子,南方所用惟炊烬也俗名地灰。南方稻田有种肥田麦者,不冀麦实。当春小

麦、大麦青青之时，耕杀田中，蒸罨土性，秋收稻谷必加
倍也。

【注释】

〔1〕砒霜：氧化砷 As_2O_3，是剧烈的杀虫鼠药剂。

【译文】

　　播种以后要勤于锄草，锄草用宽面大锄。麦苗出来后，锄草不
厌其勤有三次、四次者。杂草锄尽不再生长时，地里的肥分就都用来长
麦粒了。工夫勤，草就容易锄尽，在这方面南方与北方是一样的。
麦地不必在播种以后施肥，要计划好在播种前粪田。陕西洛水地区
怕虫侵食麦种，有用砒霜拌种的，南方只用草木灰俗名地灰。南方稻
田有种肥田麦的，并不指望收麦实，而是当春天小麦、大麦长得青绿
时，将其耕翻压死，在土里腐烂肥地，秋天收稻谷时产量必增加
一倍。

　　1-9-3　凡麦收空隙可再种他物。自初夏至季秋，时
日亦半载，择土宜而为之，惟人所取也。南方大麦有既刈
之后乃种迟生粳稻者。勤农作苦，明赐无不及也。凡荞
麦，南方必刈稻、北方必刈菽、稷而后种。其性稍吸肥腴，
能使土瘦。然计其获入，业偿半谷有余，勤农之家何妨再
粪也。

【译文】

　　麦收后的空地可再种其余作物。从初夏到秋末有近半年时间
可因地制宜地选择种什么作物，由人决定。南方有在大麦收割后种

晚熟粳稻的。农民的勤苦劳动总会得到报偿。荞麦在南方要在割完稻、北方在割完豆、稷以后才播种。荞麦特性是吸收肥料较多，能使土瘦。然而要是算计一下种荞麦的收入，已经抵偿原来收获的谷物的一半有余，勤农之家又何妨再施些肥呢。

1-10 麦 灾

1-10-1 凡麦妨患，抵稻三分之一。播种以后，雪、霜、晴、潦皆非所计。麦性食水甚少，北土中春再沐雨水一升，则秀华成嘉粒矣。荆、扬以南唯患霉雨，倘成熟之时晴干旬日，则仓廪皆盈，不可胜食。扬州谚云："寸麦不怕尺水。"谓麦初长时，任水灭顶无伤。"尺麦只怕寸水"，谓成熟时寸水软根，倒茎沾泥，则麦粒尽烂于地面也。江南有雀一种，有肉无骨[1]，飞食麦田数盈千万。然不广及，罹害者数十里而止。江北蝗生，则大歉之岁也。

【注释】
〔1〕有肉无骨：指一种肥雀，并非无骨。

【译文】
麦所受的灾害只有稻的三分之一。播种以后，雪、霜、旱、涝都不必顾虑。麦的性质是需水甚少，北方在仲春时只要有一场透雨，就能开花结粒。荆州（今湖北江陵）、扬州（今江苏扬州）以南地区，只怕梅雨。如果在成熟期内连晴十天，就会麦粒满仓，吃也吃不完。扬州谚语说："寸麦不怕尺水。"这是说当麦子生长初期不怕水淹灭顶。所谓"尺麦只怕寸水"，这是说麦子成熟期一寸深的水会将麦根泡软，麦秆倒在田里沾泥，则麦粒都烂在地里了。江南有一种雀，有肉无骨，成千上万地飞到麦田食麦。但为害不广，受害地区不过方圆几十里。可是江北蝗虫一出现，便是大灾之年了。

1-11 黍、稷、粱、粟

1-11-1 凡粮食，米而不粉者种类甚多。相去数百里，则色、味、形、质随方而变，大同小异，千百其名。北人惟以大米呼粳稻，其余概以小米名之。凡黍与稷同类，粱与粟同类[1]。黍有粘有不粘粘者为酒，稷有粳无粘。凡粘黍、粘粟统名曰秫，非二种外更有秫也。黍色赤、白、黄、黑皆有，而或专以黑色为稷，未是。至以稷米为先他谷熟，堪供祭祀，则当以早熟者为稷，则近之矣。

【注释】

〔1〕"凡黍与稷同类"二句：黍稷同类，粱粟同类，这种说法接近现在的理解。黍又称黍子、糜子，禾本科黍属 *Panicum miliaceum*，黏者曰黍，脱壳后叫黄米或黄黏米，可造酒。同种的另一变种为不黏者，称为穄，古时也称稷。粱即谷子，北方叫小米，没有黏性，是粟的一种，禾本科狗尾草属 *Setaria italica*。但古时，另一说法将稷粟列为同种，指现名的谷子或小米，而黍为糜子或黄黏米，与其同种而不黏者叫穄。

【译文】

粮食作物中只碾成米而不磨成面的，有很多种类。相隔数百里，其颜色、味道、形状和品质便因地而变，大同小异，其名字以百千计。北方人只将粳稻称为大米，其余的都叫小米。黍与稷是同类，粱与粟也是同类。黍有粘的,也有不粘的粘的可以酿酒。稷只有不粘的,没有粘的。粘黍与粘粟统称为秫,并非除这两种外还有另一种秫。黍的颜色红、白、黄、黑都有,有人专将黑色的叫做稷,这是不正确的。更有因为稷米比其余谷早熟以供作祭祀,因此应将早熟的叫稷,这种说法还差不离。

1-11-2　凡黍在《诗》《书》有虋、芑、秬、秠[1]等名,在今方语有牛毛、燕颔、马革、驴皮、稻尾等名。种以三月为上时,五月熟;四月为中时,七月熟;五月为下时,八月熟。扬花、结穗总与来、牟不相见也。凡黍粒大小,总视土地肥硗、时令害育。宋儒拘定以某方黍定律,未是也[2]。

【注释】

〔1〕虋(mén)、芑、秬、秠:《尔雅·释草》:"虋,赤苗也。"郭璞(276—324)注:"今之赤粱粟。"《尔雅》又称:"芑,白苗也。"郭注:"今之白粱粟。"又《诗经·大雅·生民》:"维秬维秠。"据孔颖达(574—648)疏,秬、秠是黑粟中的两种。

〔2〕"宋儒"二句:《宋史·律历志》载仁宗时(1023—1063)定百黍排列之长为一尺,不久因黍粒参差不齐而作罢。又以 2 460 粒黍之重为一两,以山西上党黍粒为准。

【译文】

在《诗经》《书经》里,黍有虋、芑、秬、秠等名称,而现在方言中又有牛毛、燕颔、马革、驴皮、稻尾等名。黍最早在三月播种,五月成熟。其次是在四月下种,则七月成熟。五月播种是最迟的时间,要到八月才成熟。其开花、结穗总是与大麦、小麦不在同一时间。黍粒大小总由土地肥瘦、时令好坏而定,[并非总是一律的]。宋儒刻板地以某一地方的黍粒作为度量的标准，未必是正确的。

1-11-3 凡粟与粱统名黄米，粘粟可为酒。而芦粟[1]一种名曰高粱者，以其身高七尺如芦、获[2]也。粱粟种类名号之多，视黍稷犹甚。其命名或因姓氏、山水，或以形似、时令，总之不可枚举。山东人唯以谷子呼之，并不知粱粟之名也。已上四米皆春种秋获。耕耨之法与来、牟同，而种收之候则相悬绝云。

【注释】

〔1〕芦粟：又称蜀黍，即禾本科的高粱 *Sorghum vulgare*。

〔2〕芦：禾本科的芦苇 *Phragmites communis*。 获：禾本科荻草 *Miscanthus sacchariflorus*。

【译文】

粟与粱统称为黄米，黏粟可以造酒。另有一种芦粟，名为高粱，因为秆长七尺如芦、获。粱、粟的种类和名号之多，比黍、稷还要多。其命名或因姓氏、山川，或根据形状、时令，总之，不胜枚举。山东人只叫做谷子，而不知粱、粟之名。以上四种粮食，都是春种秋收。而其耕锄方法与大麦、小麦相同，但播种与收获的时间就相差悬殊了。

1-12 麻

1-12-1 凡麻可粒、可油者，惟火麻、胡麻[1]二种。

胡麻即脂麻，相传西汉始自大宛来[2]。古者以麻为五谷之一，若专以火麻当之，义岂有当哉？窃意《诗》《书》五谷之麻，或其种已灭，或即菽、粟之中别种，而渐讹其名号，皆未可知也。

【注释】

〔1〕火麻：又名大麻，中国原产桑科的大麻 *Cannabis sativa*。 胡麻：又名脂麻、芝麻，胡麻科的 *Sesamum indicum*。

〔2〕"胡麻即脂麻"二句：宋沈括（1031—1095）《梦溪笔谈》（1088）卷二十六云："胡麻直是今油麻……张骞（约前173—前114）始自大宛得油麻之种……"大宛（*Ferghana*）即今乌兹别克斯坦的费尔干纳。但二十世纪六十年代初，浙江吴兴的钱山漾新石器时代遗址出土了芝麻。

【译文】

麻类中既可作粮食又可作油料的，只有大麻和芝麻这两种。芝麻就是脂麻，相传是西汉时开始从大宛国传入的。古时把麻列为五谷之一。如果专指大麻，怎能说是恰当呢？愚意以为《诗经》《书经》所说五谷中的麻，或者是后来已经绝种的，或者是豆、粟中的别种，名称逐渐以讹传讹，亦未可知。

1-12-2　今胡麻味美而功高，即以冠百谷不为过。火麻子粒压油无多，皮为疏恶布，其值几何？胡麻数龠充肠，移时不馁。粗饵、饧饧得粘其粒，味高而品贵。其为油也，发得之而泽，腹得之而膏，腥膻得之而芳，毒厉得之而解。农家能广种，厚实可胜言哉。

【译文】

　　现在的芝麻味道好、功用大，即使将其列为百谷之首也不过分。大麻子榨油出油不多，其皮织成粗麻布，能有多少价值？吃上一些芝麻，长时间不会饿。糕饼、糖果粘上芝麻，则味美而品贵。用芝麻油抹在头发上会发亮，食入腹内则增加滋养，放在腥膻食物里会发出香味，涂在毒疮上能解毒。农家要是多种些芝麻，好处真是说也说不完。

　　1-12-3　种胡麻法，或治畦圃，或垄田亩，土碎、草净之极，然后以地灰微湿，拌匀麻子而撒种之。早者三月种，迟者不出大暑前。早种者花实亦待中秋乃结。耨草之功唯锄是视。其色有黑、白、赤三者。其结角长寸许，有四棱者房小而子少，八棱者房大而子多，皆因肥瘠所致，非种性也。收子榨油，每石得四十觔[1]余，其枯用以肥田。若饥荒之年，则留供人食。

【注释】

　　〔1〕觔：同"斤"。

【译文】

　　种芝麻方法，或在田里作畦，或者培田垄，必须土很碎并除去杂草，然后将草木灰稍微湿润一下，与芝麻种子拌匀，撒播在田里。早春三月下种，最迟也不能在大暑以后。早种的芝麻也要到中秋开花结实。除草全靠用锄。其色有黑、白、红三种。所结的蒴果长一寸左右，呈四棱形的房小而粒少，八棱的房大而粒多。这都是由土地的肥瘠造成的，与种性无关。芝麻收子榨油后，每石得油四十余斤，其枯饼用以肥田。如遇饥荒之年，则留供人食。

1-13　菽

1-13-1　凡菽种类之多，与稻、黍相等。播种、收获之期四季相承。果腹之功，在人日用，盖与饮食相终始。一种大豆[1]有黑、黄两色，下种不出清明前后。黄者有五月黄、六月爆、冬黄三种。五月黄收粒少，而冬黄必倍之。黑者刻期八月收。淮北长征骡马必食黑豆，筋力乃强。

【注释】

〔1〕大豆：豆科大豆属 *Glycine max*，有黄、黑两种，黄者俗名黄豆。

【译文】

豆类的种类与稻、黍一样多。播种、收获的时间，持续在一年四季内。作为日常生活的食物，豆类的功用始终是与饮食分不开的。有一种大豆，分黑、黄两种颜色，下种期不外是清明前后。黄豆有"五月黄""六月爆""冬黄"三种。五月黄收粒少，而冬黄则多一倍。黑豆要到八月收获。淮北跑长途的骡、马，必定要吃黑豆才能筋强力壮。

1-13-2　凡大豆视土地肥硗、耨草勤怠、雨露足悭，分收入多少。凡为豉、为酱、为腐，皆大豆中取质焉。江南又有高脚黄，六月刈早稻方再种，九、十月收获。江西吉郡种法甚妙，其刈稻竟不耕垦，每禾稿头中拈豆三四粒，以指扠之，其稿凝露水以滋豆，豆性充[1]发，复浸[2]烂稿根以滋。已生苗之后，遇无雨亢干，则汲水一升以灌之。一灌之后，再耨之余，收获甚多。凡大豆入土未出芽时，防鸠雀害，驱之惟人。

【注释】

〔1〕充：涂本误作"克"，今改。
〔2〕浸：涂本误作"侵"，今改。

【译文】

　　大豆收获多少，取决于土地的肥瘠、除草的勤惰、雨水的多少。作豆豉、豆酱、豆腐，都以大豆为原料。江南又有一种"高脚黄"，六月割早稻时下种，九、十月收获。江西吉安地区的种法甚妙，收割后的稻田竟不耕垦，在稻茬中用手放入三四粒豆种。稻茬上凝聚的露水滋润着豆种，大豆发芽后又用浸烂的稻根来滋养。出苗之后，遇干旱无雨，要浇一升水。浇水后，再将杂草除去，收获必多。大豆种入土未出芽的时候，要防备鸠、雀为害，只有靠人去驱赶。

　　1-13-3　一种绿豆[1]，圆小如珠。绿豆必小暑方种，未及小暑而种，则其苗蔓延数尺，结荚甚稀。若过期至于处暑，则随时开花结荚，颗粒亦少。豆种亦有二，一曰摘绿，荚先老者先摘，人逐日而取之；一曰拔绿，则至期老足，竟亩拔取也。凡绿豆磨、澄、晒干为粉，荡片、搓索，食家珍贵。做粉溲浆灌田甚肥。凡蓄藏绿豆种子，或用地灰、石灰,或用马蓼[2],或用黄土拌收,则四、五月间不愁空蛀。勤者逢晴频晒,亦免蛀。

【注释】

〔1〕绿豆:豆科绿豆属 *Phaseolus radiatus*。
〔2〕马蓼:蓼科的马蓼 *Polygonum lapathifolium*,其子实入药。

【译文】

另一种绿豆,圆小如珠。绿豆必须在小暑时才能种,不到小暑便种,则其苗秧蔓延数尺长,结荚甚稀。如果过期到处暑时下种,则会随时开花结荚,豆粒亦少。绿豆也有两种,一种叫摘绿,豆荚先老的先摘,每天摘取。另一种叫拔绿,要到全都熟透后整亩地拔取。将绿豆磨成粉浆,澄去浆水,晒干成绿豆粉,再作成粉皮、粉条,便成为珍贵食品。作绿豆粉剩下的溲浆灌田甚肥。贮藏绿豆种子,或用草木灰、石灰,或用马蓼,或用黄土拌收,则四、五月间不愁蛀空。勤者遇天晴经常晒一晒,也可避免虫蛀。

1-13-4 凡已刈稻田,夏秋种绿豆,必长接斧柄,击碎土块,发生乃多。凡种绿豆,一日之内遇大雨扳土,则不复生。既生之后,防雨水浸,疏沟浍以泄之。凡耕绿豆及大豆田地,耒耜欲浅,不宜深入。盖豆质根短而苗直,耕土既深,土块曲压,则不生者半矣。"深耕"二字不可施之菽类,此先农之所未发者[1]。

【注释】

〔1〕"深耕"二句:后魏人贾思勰《齐民要术·大豆第六》(约 538)引

西汉人氾胜之的《氾胜之书》已提及"大豆……戴甲而生，不用深耕"。

【译文】

　　在已收割的稻田里夏、秋时种绿豆，必须用长的斧柄去打碎土块，出苗才多。种绿豆的当天要是下大雨而土壤板结，就长不出苗了。生苗以后要防止雨水浸泡，要疏通垄沟排水。耕绿豆及大豆的田地，下犁要浅，不宜深入。因豆类根短而苗直，耕土深时豆苗被土块压弯，有一半不会生长。因此"深耕"二字不适用于豆类，这是先农们所不曾提到过的。

　　1-13-5　一种豌豆[1]，此豆有黑斑点，形圆同绿豆，而大则过之。其种十月下，来年五月收。凡树木叶［落］迟者，其下亦可种。一种蚕豆[2]，其荚似蚕形，豆粒大于大豆。八月下种，来年四月收，西浙桑树之下遍繁种之。盖凡物树叶遮露则不生，此豆与豌豆，树叶茂时彼已结荚而成实矣。襄、汉上流，此豆甚多而贱，果腹之功不啻黍稷也。

【注释】

　　〔1〕豌豆：豆科豌豆属 *Pisum sativum*。
　　〔2〕蚕豆：豆科野豌豆属 *Vicia jaba*。

【译文】

　　还有一种是豌豆，此豆上有黑斑点，形状像绿豆那样圆，但比绿豆大。十月下种，来年五月收。在落叶晚的树下也可种豌豆。另一种蚕豆，其豆荚类似蚕形，豆粒比大豆豆粒大。八月播种，来年四月收。浙江西部地区在桑树下普遍种蚕豆。所有作物被树叶遮盖都长不好，但蚕豆与豌豆在树叶茂盛时就已结英成粒。襄河、汉水上游产蚕豆甚多也很便宜，作为粮食的功用不次于黍、稷。

1-13-6　一种小豆，赤小豆〔1〕入药有奇功，白小豆〔2〕一名饭豆当餐助嘉谷。夏至下种，九月收获，种盛江、淮之间。一种〔3〕稆音吕豆，此豆古者野生田间，今则北土盛种。成粉、荡皮可敌绿豆。燕京负贩者，终朝呼稆豆皮，则其产必多矣。一种白扁豆〔4〕，乃沿篱蔓生者，一名峨眉豆。其他豇豆、虎斑豆、刀豆〔5〕与大豆中分青皮、褐色之类，间繁一方者，犹不能尽述。皆充蔬、代谷以粒烝民者，博物者其可忽诸！

【注释】

〔1〕赤小豆：红小豆，豆科菜石属 *Phaseolus calcalatus*，不但可食用，还可入药，有消炎、利尿等效，见《本草纲目》卷二十四。

〔2〕白小豆：又名饭豆，豆科菜石属 *Vigna cylindrica*。

〔3〕一种：涂本误作"二种"，今改。

〔4〕白扁豆：豆科扁豆属 *Dolichos lablab*。涂本作"白藊豆"，今改。

〔5〕豇豆：豆科豇豆属 *Vigna sinensis*。　虎斑豆：又名虎豆、黎豆，*Mucuna capitata*。　刀豆：豆科刀豆属 *Canavalia ensiformis*。

【译文】

小豆有赤小豆，入药有奇功，白小豆一名饭豆是掺在米饭里吃的好东西。小豆在夏至时播种，九月收获，在长江、淮河之间种的很多。另一种稆音吕豆，古时野生在田野里，现在北方种的很多，磨成粉作粉皮可顶绿豆。北京小贩整天吆喝穄豆皮，可见其产量必不少。还有一种白扁豆，是沿着篱笆蔓生的，又名峨眉豆。其余如豇豆、虎斑豆、刀豆以及大豆中的青皮、褐色之类，只种植在某一地区的，就不能尽述了。豆类都可充作菜蔬或代替粮食以供百姓食用，博物学者怎么能忽视呢！

2. 粹精[1]第二

2-1　宋子曰,天生五谷以育民,美在其中,有"黄裳"之意焉[2]。稻以糠为甲,麦以麸为衣。粟、粱、黍、稷毛羽隐然。播精而择粹,其道宁终秘也。饮食而知味者,食不厌精[3]。杵臼之利,万民以济,盖取诸《小过》[4]。为此者,岂非人貌而天者哉?

【注释】

〔1〕粹精:指谷物加工,此处指米面。

〔2〕"美在其中"二句:引自《周易·坤卦》:"黄裳元吉,文在中也……美在其中,而畅于四支……"此处借"黄裳"之典比喻谷粒像穿黄衣那样美在其中。

〔3〕食不厌精:引自《论语·乡党》:"食不厌精,脍不厌细。"

〔4〕"杵臼之利"三句:引自《周易·系辞下》:"臼杵之利,万民以济,盖取诸《小过》。"《小过》,为《周易》第六十二卦,震(雷)上艮(山)下,或上动下静,而杵臼工作原理也是杵在上动,臼在下静。

【译文】

宋子说,自然界生长五谷以养育人,而谷粒包藏在黄色谷壳里,像身披"黄裳"一样美。稻以糠为壳,麦以麸为皮。粟、粱、黍、稷的子实都隐藏在毛羽里面。去掉杂物而得精白的米、面就食,这种道理是显而易见的。讲求饮食味道的人,粮食不嫌舂得精,鱼肉不嫌切得细。加工谷物的杵臼,其功用有益于万民,盖取自《小过》的卦象原理。发明这类技术的人,怎能是一般人而不是天才人物呢?

2-2 攻 稻

击禾、轧禾、风车、水碓、石碾、臼、碓、筛 皆具图

2-2-1 凡稻刈获之后，离稿取粒。束稿于手而击取者半，聚稿于场而曳牛滚石以取者半。凡束手而击者，受击之物或用木桶（图 2-1），或用石板（图 2-2）。收获之时雨多霁少，田稻交湿不可登场者，以木桶就田击取。晴霁稻干，则用石板甚便也。

图 2-1 湿稻田里击稻　　　　图 2-2 稻场上击稻

【译文】

水稻收割之后，要脱秆取粒。手握一把稻秆击取稻粒的占一半，将稻都放在场上以牛拉石磙碾取稻粒的也占一半。以手击取稻粒，被击之物或用木桶，或用石板。收获时如雨天多晴天少，田间和水稻都湿，则不可上场，便用木桶在田间就地击取。晴天稻干，则用石板击稻更为方便。

图 2-3　赶稻及莜

2-2-2　凡服牛曳石滚压场中（图 2-3），视人手击取者力省三倍。但作种之谷恐磨去壳尖减削生机，故南方多种之家，场禾多藉牛力，而来年作种者，宁向石板击取也。凡稻最佳者，九穰一秕。倘风雨不时，耘籽失节，则六穰四秕者容有之。凡去秕，南方尽用风车扇去。北方稻少，用扬法，即以扬麦、黍者扬稻，盖不若风车之便也。

【译文】

用牛拉石磙压场脱粒，比以手击稻省力三倍。但留作种子的稻谷，恐怕磨去稻壳壳尖而减少发芽机会，所以南方种稻多的农家在场上脱谷多借牛力，而来年作稻种的则宁取用石板击取的。最好的稻谷每十棵中有九棵是颗粒丰满的,有一棵是谷粒不饱满的。倘风雨不调,壅根拔草不及时,则间或有六棵谷粒满、四棵谷粒不饱满。去掉秕子时,南方都用风车扇去。北方稻少,则用扬场的方法,就是用扬麦、扬黍的方法来扬稻,但不如风车方便。

2-2-3　凡稻去壳用砻[1],去膜用舂、用碾。然水碓主舂则兼并砻功,燥干之谷入碾亦省砻也。凡砻有二种,一用木为之,截木尺许质多用松,斫合成大磨形,两扇皆凿纵斜齿,下合植笋穿贯上合,空中受谷(图2-4)。木砻攻米二千余石其身乃尽。凡木砻,谷不甚燥者入砻亦不碎,故入贡军国、漕储千万,皆出此中也。一土砻(图2-5),析竹

图2-4　木砻

图2-5　土砻

匡围成圈，实洁净黄土于内，上下两面各嵌竹齿。上合笪空受谷，其量倍于木砻。谷稍滋湿者，入其中即碎断。土砻攻米二百石，其身乃朽。凡木砻必用健夫，土砻即屦妇弱子可胜其任。庶民饔飧皆出此中也。

【注释】

〔1〕砻(lóng)：农具名，破谷取米用，状如石磨，由镶有木齿或竹齿的上下臼、摇臂及支座等组成。下臼固定，上臼旋转，借臼齿搓擦使稻壳裂脱。

【译文】

稻谷去壳用砻，去皮用舂、用碾。用水碓舂谷，则兼有砻的功用，干燥的稻用碾加工也可不用砻。砻有两种，一种用木作成，截木一尺许多用松木，加工成大磨形状，两扇都凿出纵斜齿，下扇用榫与上扇接合，谷从上扇孔中进入。木砻磨米二千余石后便已损坏。用木砻时，不甚干燥的稻谷，加工后也不会磨碎。因此上缴的军粮、官粮，漕运或库存以千万石计，都用木砻加工。另一种是土砻，剖竹编成圆筐，其中实以干净的黄土，上下两扇各镶上竹齿。上扇装竹篾漏斗受谷，其量为木砻的两倍。稻谷稍湿时，入土砻中即碎断。土砻磨米二百石后便不堪用。木砻必用壮劳力，土砻则妇女儿童亦可胜任。百姓食米都用土砻加工。

2-2-4　凡既砻，则风扇以去糠秕，倾入筛中团转（图2-6）。谷未剖破者，浮出筛面，重复入砻。凡筛大者围五尺，小者半之。大者其中心偃隆而起，健夫利用。小者弦高二寸，其中平窒，妇子所需也。凡稻米既筛之后，入臼而舂,臼亦两种。八口以上之家,掘地藏石臼其上。臼量大者容五斗,小者半之。横木穿插碓头碓嘴冶铁为之,用醋淬合上,足踏其末而舂之。不及则粗,太过则粉,精粮从此出焉。晨炊无多者,断木为手杵,其臼或木或石以受舂也(图2-7)。既舂以后,皮膜成粉,名曰细糠,以供犬豕之豢。荒歉之岁,人亦可食也。细糠随风扇播扬分去,则膜尘净尽而粹精见矣。

图2-6 风扇车

图2-7 踏碓、杵臼

【译文】

　　经砻磨脱壳后,稻谷用风车去掉糠秕,再倒入筛中团团转动。

没有破壳的稻谷浮出筛面，重新倒入砻中。大筛周围五尺，小者半之。大筛中心稍隆起，壮者用之。小筛边高二寸，中心稍凹，妇女用之。稻米过筛后，入白舂捣，白亦有两种。八口以上之家，掘地埋上石白。大白可盛五斗，小者半之。横木插入碓头碓嘴以铁作成，用醋淬黏合，用脚踏横木末端舂捣。舂得不足，则米质粗，舂过分则米碎成粉。精米都用白加工出来。吃粮不多之户，用木作手杵，其白或用木制或用石制用来舂捣。舂后的稻谷皮膜变成粉，名曰细糠，用以饲养猪狗。荒歉之年，人亦可食之。细糠随风车扬去，除尽皮膜、尘土后，便得到精白的米。

2-2-5　凡水碓[1]，山国之人居河滨者之所为也（图2-8），攻稻之法省人力十倍，人乐为之。引水成功，即筒车灌田同一制度也。设白多寡不一，值流水少而地窄者，

图 2-8　水碓

或两三臼。流水洪而地室宽者,即并列十臼无忧也。江南信郡水碓之法巧绝。盖水碓所愁者,埋臼之地卑则洪潦为患,高则承流不及。信郡造法即以一舟为地,橛桩维之。筑土舟中,陷臼于其上。中流微堰石梁,而碓已造成,不烦椓木壅坡之力也。又有一举而三用者,激水转轮头,一节转磨成面,二节运碓成米,三节引水灌于稻田。此心计无遗者之所为也。

【注释】

〔1〕碓(duì):舂米的工具。最早为一臼一杵。后掘地安放石臼,架木杠,杠一端系石,另一端用脚踏,一起一落,脱去谷皮。也有借用畜力、水力的。

【译文】

水碓是住在山区靠河边的人们所使用的,加工稻谷省人力十倍,人们都乐于使用。水碓的引水构件与灌田的筒车的引水构件有同样的结构。水碓上放臼的数目多少不一,如流水少而地狭窄,便置两三个臼。水流大而地宽阔,即使并列十个臼也没问题。江南广信府(今江西上饶地区)造水碓之法巧绝。因为水碓就怕埋臼的地势低会为洪水所淹,太高则水流不到。广信府造法是以一条船当地,打桩将船围住,船中填土埋臼。要是在河的中流填石筑坝,则安装水碓便无须打桩围堤了。更有一身而三用的水碓,激水转动轮轴,水碓的第一节转磨成面,第二节带动水碓舂米,第三节引水灌于稻田。这是考虑得十分周密的人制造出来的。

图 2-9 牛碾

2-2-6　凡河滨水碓之国，有老死不见砻者，去糠去膜皆以臼相终始。惟风筛之法则无不同也。凡磑[1]砌石为之，承藉、转轮皆用石。牛犊、马驹惟人所使。（图 2-9）盖一牛之力，日可得五人。但入其中者必极燥之谷，稍润则碎断也。

【注释】

〔1〕磑（wèi）：石磨。

【译文】

河滨用水碓的地区，有老死不见砻者，稻谷脱壳、去糠都始终用石臼。只有使用风车及过筛之法，到处都一样。磑以石砌成，碾盘、石碌皆用石。由人驱使牛犊或马驹拉碾。一牛之力，一日可抵五人。但入石磨中的必须是极干燥的稻谷，稍湿则将米磨碎。

2-3　攻麦

扬、磨、罗　具图

2-3-1　凡小麦其质为面。盖精之至者，稻中再舂之

米;粹之至者,麦中重罗之面也。小麦收获时,束稿击取,
如击稻法。其去秕法,北土用扬,盖风扇流传未遍率土
也。凡扬不在宇下,必待风至而后为之。风不至,雨不
收,皆不可为也。

【译文】

　　小麦是面粉原料。稻谷加工后最精者是舂过两次的精米,小麦
加工后最上品是重复罗过的细白面粉。收获小麦时,手握一把麦秆
击取,其法如同击稻。去麦秕,在北方用扬场的方法,因为风车没有
遍布全国各地。扬麦不能在屋檐下,必待风至而后为之。风不来,
雨不停,都不能扬麦。

　　2-3-2　　凡小麦既扬之后,以水淘洗尘垢净尽,又复晒
干,然后入磨。凡小麦有紫、黄二种,紫胜于黄。凡佳者
每石得面一百二十觔,劣者损三分之一也。凡磨大小无
定形,大者用肥犍力牛曳转。其牛曳磨时用桐壳掩眸,不
然则眩晕。其腹系桶以盛遗,不然则秽也。次者用驴磨,
觔两稍轻。又次小磨,则止用人推挨者。

【译文】

　　小麦扬过之后,以水将尘垢淘洗净尽,再晒干,然后入磨。小麦
有紫、黄两种,紫胜于黄。好麦每石得面一百二十斤,劣者少得三分
之一。磨的大小没有固定形制,大磨用阉过的肥壮牛拉。牛拉磨
时,用桐壳遮眼,不然会眩晕。牛腹下系桶以盛粪便,否则不洁。小
磨重量稍轻,用驴拉。再小的磨则只用人推。

2-3-3　　凡力牛一日攻麦二石,驴半之,人则强者攻三斗,弱者半之。若水磨之法,其详已载《攻稻·水碓》中,制度相同,其便利又三倍于牛犊也。凡斗、马与水磨,皆悬袋磨上,上宽下窄,贮麦数斗于中,溜入磨眼(图 2-10)。人力所挨则不必也。

图 2-10　磨面水磨

【译文】
　　用牛一日加工二石麦,用驴则加工一石,用人则强壮者一日加工三斗,体弱者半之。水磨之法已详载《攻稻·水碓》节中,结构相同,其功效又三倍于牛犊。牛马拉的磨与水磨,都在磨上悬以上宽下窄的袋子,内装麦数斗,溜入磨眼。人力推动的磨则不必如此。

2-3-4　凡磨石有两种，面品由石而分。江南少粹白上面者，以石怀沙滓，相磨发烧，则其麸并破，故黑颣参和面中，无从罗去也。江北石性冷腻，而产于池郡之九华山[1]者美更甚。以此石制磨，石不发烧，其麸压至扁秕之极不破，则黑疵一毫不入，而面成至白也。凡江南磨二十日即断齿，江北者经半载方断。南磨破麸得面百斤，北磨只得八十斤，故上面之值增十之二，然面觔[2]、小粉皆从彼磨出，则衡数已足，得值更多焉。

【注释】

〔1〕池州府九华山：在今安徽青阳县南。
〔2〕觔：同"筋"。

【译文】

磨的石料有两种，面粉品质因石而异。江南很少细白上等面粉，因磨石石料含沙，相磨发热，则麦麸破碎，以致黑麸混入面中，无从罗去。江北石料性凉而细滑，产于池州府九华山的石料特别好。以此石制磨，石不发热，麦麸虽压得很扁，但不破裂，则黑麸皮一点也不混入，而面粉极白。江南磨用二十日即断齿，江北则半年方断齿。南方磨因磨破麸皮，每石得面百斤。北方磨只得八十斤，故上等面粉价格增加十分之二，然面筋、小粉（淀粉）均从此磨磨出，则总产量不低，收入更多。

2-3-5　凡麦经磨之后，几番入罗，勤者不厌重复（图 2-11）。罗框之底用丝织罗地绢为之。湖丝[1]所织

图 2-11　面罗

者,罗面千石不捐[2]。若他方黄丝所为,经百石而已朽也。凡面既成后,寒天可经三月,春夏不出二十日即郁坏。为食适口,贵及时也。凡大麦则就舂去膜,炊饭而食,为粉者十无一焉。荞麦则微加舂杵去衣,然后或舂或磨以成粉而后食之。盖此类之视小麦,精粗贵贱大径庭也。

【注释】

〔1〕湖丝:浙江湖州府(今吴兴)产的丝。

〔2〕捐:舍弃。杨本作"损"。

【译文】

麦经磨之后,多次入罗,勤者不厌重复。罗框底用丝织绢制作。用湖州丝所制的罗底,罗面至千石亦不用换。如用别处黄丝作罗底,则罗过百石即已坏损。面粉既成之后,寒冷天可放三个月,春夏则不出二十天即闷坏。为使食物适口,贵在及时食用。大麦舂后去膜便可烧饭,磨成面粉的不到十分之一。荞麦微加舂杵去皮,然后或舂或磨作成荞麦粉后食之。这类粮食与小麦相比,质地精粗和价格贵贱就相差很远了。

2-4 攻黍、稷、粟、粱、麻、菽

小碾、枷 具图

2-4-1 凡攻治小米，扬得其实，舂得其精，磨得其粹。风扬、车扇而外，簸法生焉。其法箕织为圆盘，铺米其中，挤匀扬播。轻者居前，撰弃地下。重者在后，嘉实存焉。凡小米舂、磨、扬、播制器，已详《稻》《麦》之中。唯小碾一制在《稻》《麦》之外。北方攻小米者，家置石墩，中高边下，边沿不开槽。铺米墩上，妇子两人相向，接手而碾之（图2-12）。其碾石圆长如牛赶石，而两头插木柄。米堕边时，随手以小箒扫上。家有此具，杵臼竟悬也。

图 2-12 小辗

【译文】

加工小米是扬得其粒，舂得其米，磨得其粉。除风扬、车扇之外，还有一种方法是用簸箕。其法是用竹篾编成长圆形盘，将米铺入其中,挤匀扬簸。轻的扬到簸箕的前面,抛弃到地上。重的在后,都是米粒。加工小米用的舂、磨、扬、播等工具,已详载于有关稻、麦加工的节中。只有小碾不载于加工稻、麦节中。北方加工小米,家中放一石墩,中间高、四边低,边沿不开槽。米铺在墩上,妇女两人面对面、相互手持石磙碾压。碾石是长圆形的,好像牛拉的石磙,而两头插木杷。米碾到边沿时,随手以小笤帚扫上去。家中有此物,就无需杵臼了。

2-4-2　凡胡麻刈获,于烈日中晒干,束为小把。两手执把相击,麻粒绽落,承藉以簟席也。凡麻筛与米筛小者同形,而目密五倍。麻从目中落,叶残、角屑皆浮筛上而弃之。凡豆菽刈获,少者用枷,多而省力者仍铺场,烈日晒干,牛曳石赶而压落之。凡打豆枷(图2-13),竹木竿为柄,其端锥圆眼,拴木一条,长三尺许,铺豆于场,执柄而击之。凡豆击之后,用风扇扬去荚叶,筛以继之,嘉实洒然入廪矣。是故舂、磨不及麻,�砻碾不及菽也。[1]

图 2-13　打枷

【注释】

〔1〕此章末原有"攻治成粮诸色图"句，后接配图。今图已插入正文中。

【译文】

芝麻收割后，在烈日下晒干，捆成小把，两手执把相击，芝麻粒就会脱落，下面用竹席承接。芝麻筛与小的米筛形状相同，但筛眼比米筛密五倍。芝麻粒从筛眼中落下，将浮在筛上的残叶、角屑等弃掉。豆类收割后，少量的用打枷脱粒。数量多时，省力方法仍是铺在场上用烈日晒干，靠牛拉石磙来脱粒。打豆枷用竹、木杆为柄，其一端钻圆眼，拴上一条长约三尺的木棍。将豆铺在场上，执枷柄而击之。豆打落后，用风车扬去荚叶，接着过筛，得到的豆粒便可入仓了。因此芝麻用不着舂和磨，豆类用不着磨和碾。

3. 作咸第三

3-1　宋子曰,天有五气,是生五味[1]。润下作咸[2],王访箕子而首闻其义焉。口之于味也,辛酸甘苦经年绝一无恙。独食盐禁戒旬日,则缚鸡胜匹,倦怠恹然。岂非天一生水[3],而此味为生人生气之源哉? 四海之中,五服而外,为蔬为谷,皆有寂灭之乡,而斥卤则巧生以待。孰知其[所]以然?

【注释】

〔1〕"天有五气"二句:根据中国古代五行说,五行包括水、火、木、金、土,是构成万物的基本"元素",由五行又产生咸、苦、酸、辛、甘五味。

〔2〕润下作咸:本章名《作咸》即由此而来,盖出于《尚书·洪范》,说水性湿润而向下流动,具有咸味,即内含盐质。五行说的最早的表述就出现于《洪范》,传为周武王灭殷后访问殷朝朝臣箕子时的对话记录。

〔3〕天一生水:语出《汉书·律历志》:"天以一生水,地以二生火。"

【译文】

宋子说,大自然有五行之气,由此又产生五味。五行中的水湿润而流动,具有盐的咸味。周武王访问箕子时,才首先得知关于五行的道理。人们吃的辣、酸、甜、苦四种味道的食物,经年缺少其中之一,都平安无事。唯独食盐,十日不吃,便身无缚鸡之力、疲倦不振。这不正好说明大自然产生水,而水中的盐质是人的活力的源泉

吗？四海之内、边荒以外，都有不能种植蔬菜五谷的不毛之地，但食
盐却巧妙地到处都出产，以待人取用。其原因何在呢？

3-2　盐　产

3-2-1　凡盐产最不一，海、池、井、土、崖、砂石，略分
六种，而东夷树叶[1]、西戎光明[2]不与焉。赤县之内，海
卤居十之八，而其二为井、池、土碱，或假人力，或由天造。
总之，一经舟车穷窘，则造物应付出焉。

【注释】

〔1〕东夷树叶：东北地区少数民族将泌盐植物叶上的盐霜刮取食
用。如吉林产柽柳科的西河柳 *Tamarix chinensis* 等。

〔2〕西戎光明：光明盐产于西北，无色透明晶体，可食用。《本草纲
目》卷十一称其多产山石上，有"开盲明目"之效。

【译文】

盐的出产来源不一，大略可分为海盐、池盐、井盐、土盐、崖盐和
砂石盐六种，而东北少数民族地区的树叶盐和西北少数民族地区的
光明盐还没算在内。中国境内海盐产量占十分之八，而井盐、池盐、
土盐等占十分之二。这些盐或借人力制取，或由天然产出。总之，
那些舟车不通、运不到盐的地方，大自然也会提供盐产的。

3-3　海　水　盐

3-3-1　凡海水自具咸质。海滨地高者名潮墩，下者

图 3-1　布灰种盐

名草荡,地皆产盐。同一海卤传神,而取法则异。一法,高堰地,潮波不没者,地可种盐(图 3-1)。种户各有区画经界,不相侵越。度诘朝无雨,则今日广布稻、麦稿灰及芦茅[1]灰寸许于地上,压使平匀。明晨露气冲腾,则其下盐茅勃发。日中晴霁,灰、盐一并扫起淋煎。

【注释】

〔1〕芦茅:禾本科的芦苇 *Phragmites communis*。将草木灰撒在海滩上,水将盐分溶解,为草木灰吸收而变浓。日晒后食盐在灰层中析出。

【译文】

　　海水本身便含盐质。海边地势高的地方叫潮墩,地势低的叫草荡,这些地方都产盐。虽然同样的盐出于海中,而制盐的方法却有不同。一种方法是,在不被海潮冲没的堤岸高地上种盐。种盐户各有划定的区域界限,互不侵越。预计次日无雨,则今天将稻、麦秆灰及芦茅灰广泛地撒在地上约一寸厚,压平使之均匀。至次日早晨露气冲腾之时,盐分便像茅草那样在灰层中长出。白天晴朗时,将灰和盐一起扫起并淋洗、煎炼。

3-3-2　一法，潮波浅被地，不用灰压。候潮一过，明日天晴，半日晒出盐霜，疾趋扫起煎炼。一法，逼海潮深地，先掘深坑，横架竹木，上铺席苇，又铺沙于苇席之上。俟潮灭顶冲过，卤气由沙渗下坑中，撤去沙苇。以灯烛之，卤气冲灯即灭，取卤水[1]煎炼。总之功在晴霁，若淫雨连旬，则谓之盐荒。又淮场地面有日晒自然生霜如马牙者，谓之大晒盐，不由煎炼，扫起即食。海水顺风飘来断草，勾取煎炼，名蓬盐。

【注释】

〔1〕卤水：含盐分的水。主要成分是食盐（氯化钠），也有少量硫酸钙、氯化镁等杂质，味苦。

【译文】

另一种方法是，在浅滩地方不用草木灰压。只等潮水一过，至次日天晴，半天便能晒出盐霜，赶快去扫取煎炼。另法是将海潮引至深处，先掘深坑，将竹或木横架在坑上，上铺席子，席上又铺沙。当海潮淹没坑顶而冲过之后，盐质便经过沙而渗入坑中。撤去沙、席，用灯放在坑内照之。盐卤气将灯火冲灭，这时便取卤水煎炼。总之，要靠天晴，如果阴雨连绵十日，则称为盐荒。又淮安、扬州产盐地面，有靠日晒自然生成像马牙那样的盐霜，谓之大晒盐，不用煎炼，从地上扫起即可食。顺风从海水中吹漂来的草类，勾取来煎炼，叫蓬盐。

3-3-3　凡淋煎法，掘坑二个，一浅一深。浅者尺许，以竹木架芦席于上。将扫来盐料不论有灰无灰，淋法皆同，铺

图 3-2　淋水先入浅坑　　　　　　图 3-3　牢盆煎炼海卤

于席上。四周隆起，作一堤挡形，中以海水灌淋，渗下浅坑中（图 3-2）。深者深七八尺，受浅坑所淋之汁，然后入锅煎炼。

【译文】

淋洗、煎炼盐的方法是，掘两个坑，一浅一深。浅者深度为一尺左右，用竹或木将芦席架在坑上。将扫来的盐料不论有灰无灰，淋法相同，铺在席上。席的四边围高些，作成堤坝形，中间部分用海水灌淋，渗入浅坑中。深的坑达七八尺深，接受浅坑所淋的卤水，然后入锅煎炼。

3-3-4　凡煎盐锅古谓之"牢盆[1]",亦有两种制度。其盆周阔数丈,径亦丈许。用铁者以铁打成叶片,铁钉拴合,其底平如盂,其四周高尺二寸。其合缝处一经卤汁结塞,永无隙漏。其下列灶燃薪,多者十二三眼,少者七八眼,共煎此盘(图3-3)。南海有编竹为者,将竹编成阔丈深尺,糊以蜃灰[2],附于釜背。火燃釜底,滚沸延及成盐,亦名盐盆,然不若铁叶镶成之便也。凡煎卤未即凝结,将皂角[3]椎碎和粟米糠二味,卤沸之时投入其中搅和,盐即顷刻结成。盖皂角结盐,犹石膏之结腐也。

【注释】

〔1〕牢盆:《本草纲目》卷十一食盐条云:"其煮盐之器,汉谓之牢盆。今或鼓铁为之,南海人编竹为之。"

〔2〕蜃(shèn)灰:蛤蜊壳烧成的灰,含氧化钙 CaO。

〔3〕皂角:豆科皂角树 *Gleditsia sinensis* 的荚果,又名皂荚。能发泡,用以絮聚卤水中杂质,促进食盐结晶。

【译文】

熬盐锅古时叫"牢盆",也有两种形式。牢盆周围数丈,直径也有一丈左右。如用铁作成,则将铁打成薄片,再用铁钉拴合,其底平如盆,边高一尺二寸。接缝处一经卤水内盐分堵塞,便不再漏。锅下一排灶同时点火,多的有十二三眼灶,少的也有七八个灶,共同烧火。南方沿海地区有用竹作成的,将竹编成阔一丈、深一尺的盆,糊上蜃灰,附于锅背。锅下烧火,卤水滚沸便逐渐成盐,也称为盐盆,但没有铁片镶成的牢盆便利。熬卤水未待其凝结时,将皂角捣碎,混合粟米糠,卤水沸时投入其中搅和,食盐便顷刻结成。用皂角结盐,就像用石膏点豆腐一样。

3-3-5　凡盐淮、扬场者，质重而黑，其他质轻而白。以量较之，淮场者一升重十两，则广、浙、长芦者，只重六七两。凡蓬草盐不可常期，或数年一至，或一月数至。凡盐见水即化，见风即卤，见火愈坚。凡收藏不必用仓廪，盐性畏风不畏湿，地下叠稿三寸，任从卑湿无伤。周遭以土砖泥隙，上盖茅草尺许，百年如故也。

【译文】

淮安、扬州盐场的盐，质重而黑，别处的盐质轻而白。如以重量来对比，淮安盐场的盐一升重十两，而广东、浙江、长芦盐场的盐只重六七两。不能总期待有蓬草盐，或数年来一次，或一月来数次。盐见水即化，见风即卤，见火愈坚。收藏盐不必用仓库，盐性怕风不怕湿。地上铺稻草三寸，即令在低湿之处亦无妨。如四周砌土砖以泥塞缝，上盖一尺厚的茅草，则保存一百年也不会变质。

3-4　池　盐

3-4-1　凡池盐宇内有二。一出宁夏，供食边镇。一出山西解池，供晋、豫诸郡县。解池界安邑、猗氏、临晋之间[1]，其池外有城堞，周遭禁御。池水深聚处，其色绿沉。土人种盐者池傍耕地为畦陇（图3-4），引清水入所耕畦中，忌浊水参入，即淤淀盐脉。

【注释】

〔1〕"解池界"句：实际上解池位于晋南的安邑、解州（今运城地区）

之间。

【译文】

　　池盐国内有两个产地。一出宁夏，供边镇食用。另一处在山西解池，供应山西、河南诸郡县。解池位于安邑、猗氏、临晋之间，池外有城墙，周围被护卫。池水深处，其色暗绿。当地制盐者在池旁将地犁成畦垄，将池内清水引入所犁的畦中，切忌浊水混入，否则就会淤塞盐脉。

图3-4　池盐

　　3-4-2　凡引水种盐，春间即为之，久则水成赤色。待夏秋之交，南风大起，则一宵结成，名曰颗盐，即古志所谓大盐也。凡海水煎者细碎，而此成粒颗，故得大名。其盐凝结之后，扫起即成食味。种盐之人积扫一石交官，得钱数十文而已。其海丰、深州[1]引海水入池晒成者，凝结之时，扫食不加人力，与解盐同。但成盐时日与不藉南风，则大异也。

【注释】

　　〔1〕海丰：今河北盐山。　深州：今河北深州，按此地距海甚远，是否产海盐，有疑。

【译文】

　　引池水种盐在春季进行,迟则水成红色。待夏秋之交,南风大起,则一夜之间即结成盐,名曰颗盐,即古书所谓大盐。因为从海水熬出的盐细碎,而池盐颗粒较大,故名大盐。此盐凝结之后,扫起即可食用。种盐的人要将积扫的一石盐交官府,自己只得几十个铜钱而已。海丰、深州引海水入池晒成的盐,不用煎炼,凝结之时,扫取即食,与解盐同。但成盐时间不靠南风,则与解盐大不相同。

3-5　井　盐

　　3-5-1　凡滇、蜀两省远离海滨,舟车艰通,形势高上,其咸脉即蕴藏地中。凡蜀中石山去河不远者,多可造井取

图 3-5　四川井盐

盐。盐井周圆不过数寸,其上口一小盂覆之有余(图3-5),深必十丈以外乃得卤信,故造井功费甚难。其器冶铁锥,如碓嘴形[1],其尖使极刚利,向石山舂凿成孔。其身破竹缠绳,夹悬此锥。每舂深入数尺,则又以竹接其身,使引而长。初入丈许,或以足踏碓梢,如舂米形。太深则用手捧持顿下。所舂石成碎粉,随以长竹接引,悬铁盏挖之而上。大抵深者半载,浅者月余,乃得一井成就。

【注释】

〔1〕碓嘴形:即打钻工具的钻头,相当于顿钻,即冲击式钻井工具。

【译文】

　　云南、四川远离海滨,舟车难通,地势较高,故其盐脉即蕴藏于地中。四川境内离河不远的石山,多可凿井取盐。盐井口径不过数寸,其上口盖一个小盆尚且有余,但深度必在十丈以上,才能得到卤信(盐层),故凿井特别费工夫。凿井器具用碓嘴形的铁锥,要使其尖部极其刚利,足以能将石层冲凿成孔。夹悬此锥的锥身(锥柄)用破成两半的竹作成,以绳缠紧。每钻深进数尺,则以竹将其接长。最初凿入一丈深,可用脚踏碓梢,就像舂米那样。太深时则用手持锥向下冲凿。所舂的岩石已成碎粉,随时接引长竹悬铁夹将碎石挖取上来。大抵深井要半年,浅井要一月多才能凿成一口。

3-5-2　盖井中空阔,则卤气游散[1],不克结盐故也。井及泉后,择美竹长丈者,凿净其中节,留底不去。其喉下安消息[2],吸水入筒,用长绠系竹沉下,其中水满。井上悬桔槔、辘轳诸具,制盘驾牛。牛拽盘转,辘轳绞绁,汲水而上。入于釜中煎炼只用中釜,不用牢盆,顷刻结盐,色成至白。

【注释】

〔1〕"盖井中空阔"二句:井口宽,则井下易遇淡水,卤水难以结盐。

〔2〕消息:相当于阀门,俗称皮钱。竹筒至井下,其下部阀门受卤水压力而张开,卤水进入筒内。提升竹筒,筒中卤水又将阀门关闭。这是用唧筒原理制成的提卤装置。

【译文】

井口宽阔会使盐卤流散,不能结盐。盐井凿到盐卤泉水时,选用一丈长的好竹,将竹筒内中节凿穿,保留最下一节不去掉。在节端安上消息以便吸盐水入筒,用长的粗绳索将竹筒系住沉入井下,筒内水满。井上悬桔槔、辘轳等工具,架起转盘并套上牛。牛拉盘转,辘轳绞绳,吸水而上。将卤水放入锅中煎炼只用中号锅,不用大号的牢盆,则很快就结盐,颜色很白。

3-5-3 西川有火井[1],事奇甚。其井居然冷水,绝无火气。但以长竹剖开去节,合缝漆布,一头插入井底。其上曲接,以口紧对釜脐,注卤水釜中,只见火意烘烘,水即滚沸。启竹而视之,绝无半点焦炎意。未见火形而用火神,此世间大奇事也。凡川、滇盐井逃课掩盖至易,不可穷诘。

【注释】

〔1〕火井:天然气井,主要含沼气或甲烷CH_4,易燃。四川临邛一

带在汉代已有火井。

【译文】

四川有火井,很奇妙。井内居然全是冷水,并没有火。但以长竹筒剖开去掉中节,借漆与布将合缝封闭,一头插入井底。另一头接以曲管,其口紧对锅底正中,将卤水注入锅中,只见火焰烘烘,卤水即刻滚沸。打开竹筒而视之,绝无半点烧焦的痕迹。火井中的气没有火的形状,但引燃后却有火的功用,这是世间的一大奇事。四川、云南的盐井,逃税很容易,没办法追究。

3-6 末盐、崖盐

3-6-1　凡地碱煎盐,除并州末盐外,长芦分司[1]地土人亦有刮削煎成者,带杂黑色,味不甚佳。凡西省阶、凤等州邑,海、井交穷。其岩穴自生盐,色如红土,恣人刮取,不假煎炼。

【注释】

〔1〕长芦分司:明廷驻北海长芦盐场盐运使在沧州与青州设二分司(两个派出机构),掌握盐业。

【译文】

由地碱熬出的盐,除山西并州(今太原一带)的末盐(土盐)以外,长芦盐场盐运使分司管辖的地区内,也有人刮土熬成盐的,这种盐有杂质,而且色黑,味不甚美。阶州(今甘肃武都)、凤州(今陕西凤县)等地,既没有海盐,也没有井盐。但其当地岩穴中却自成岩盐,色如红土,任人刮取,不必熬炼。

4. 甘嗜[1]第四

4-1　宋子曰，气至于芳，色至于艳，味至于甘，人之大欲存焉。芳而烈，艳而艳，甘而甜，则造物有尤异之思矣。世间作甘之味，十八产于草木，而飞虫竭力争衡，采取百花酿成佳味，使草木无全功。孰主张是，而颐养遍于天下哉？

【注释】

〔1〕甘嗜(shì)：此词出于《书经·甘誓》："太康失邦……甘酒嗜音。"汉人刘熙《释名》云："豉嗜也，五味调和须之而成，乃甘嗜也。"甘嗜即爱好甜味，此处指制糖酿蜜或泛指制糖。

【译文】

宋子说，芬芳的香气、鲜艳的颜色、香甜的滋味，都是人们所欲望的。有些天然产物香气甚为强烈，有些颜色鲜艳，另有些则味道甜美，这都是大自然的特别的安排。世间产生甜味之物，十分之八来自甘蔗，但蜜蜂也竭力一争高下，采集百花而酿成蜂蜜，使甘蔗不能独占全功。是哪种自然力的作用使甘蔗和蜜蜂产生甜味而滋养天下人呢？

4-2　蔗　种

4-2-1　凡甘蔗有二种，产繁闽、广间，他方合并得其十一而已。似竹而大者为果蔗[1]，截断生噉，取汁适口，不可以造糖。似荻[2]而小者为糖蔗[3]，口噉即棘伤唇舌，人不敢食，白霜、红砂皆从此出。凡蔗古来中国不知造糖，唐大历间西僧邹和尚游蜀中遂宁始传其法。今蜀中种盛，亦自西域渐来也[4]。

【注释】

〔1〕果蔗：禾本科的竹蔗 Saccharum sinensis。

〔2〕荻：禾本科芒属 Miscanthus sacchariflorus。

〔3〕糖蔗：禾本科的荻蔗 Saccharum officinarum。

〔4〕"凡蔗古来中国不知造糖"一段：宋人王灼《糖霜谱》(约 154)称唐大历年间(766—779)有邹和尚至四川遂宁传制糖法。只能理解为遂宁造糖之始，且邹和尚为华人，非西域人。梁人陶弘景(456—536)《本草经集注》(500)云："取蔗汁以为沙糖。"则唐以前中国已知制糖。

【译文】

甘蔗有两种，盛产于福建、广东一带，其余地方产蔗加起来也只有这两地的十分之一。甘蔗中像竹但比竹大的，是果蔗，切断后生吃，汁液可口，但不能制糖。像是荻但比荻小的是糖蔗，口嚼则棘伤唇舌，人不敢生吃，白糖、红砂糖都是由糖蔗生产的。古代中国不知用蔗造糖，唐代大历年间(766—779)佛僧邹和尚游经四川遂宁，始传制糖之法。现在四川种植很多甘蔗，也是从西域逐渐传来的。

4-2-2　凡种荻蔗，冬初霜将至，将蔗砍伐，去杪与根，埋藏土内土忌窒聚水湿处。雨水前五六日，天色晴明即开出，去外壳，砍断约五六寸长，以两个节为率。密布地上，

微以土掩之，头尾相枕，若鱼鳞然。两芽平放，不得一上
一下，致芽向土难发。芽长一二寸，频以清粪水浇之。俟
长六七寸，锄起分栽。

【译文】

　　种植荻蔗都是在冬初快降霜时，将蔗砍下，去除其梢及根后埋
在土内不要埋在低洼积水的土内。雨水节气前五六日天气晴朗时，将蔗
取出并去其外壳，砍断约五六寸长，每段要有两个节，密排在地上，
用少许土盖上，使头尾相叠，像鱼鳞似的。每段蔗上的两个芽要平
放，不得一上一下，致使向下的芽难以萌发。芽长到一二寸时，经常
以清粪水浇，待长到六七寸时，便挖出来分栽。

　　4-2-3　凡栽蔗必用夹沙土，河滨洲土为第一。试验
土色，掘坑尺五许，将沙土入口尝味，味苦者不可栽蔗。
凡洲土近深山上流河滨者，即土味甘亦不可种。盖山气
凝寒，则他日糖味亦焦苦。去山四五十里，平阳洲土择佳
而为之黄泥脚地，毫不可为。

【译文】

　　栽蔗必须用夹沙土，靠近江河边的土地最好。试验土质时，掘
一尺五寸左右的坑，将其中沙土入口中尝味，味苦者不可栽蔗。但
靠近深山河流上游的河边土，即使土甜也不可栽种蔗。这是因为山
地气候寒冷，他日用蔗制成的糖也会味苦。在离山四五十里的平
坦、向阳的河边土地，选择最好的地段进行种植黄泥土不适于种植。

4-2-4　凡栽蔗治畦，行阔四尺，犁沟深四寸。蔗栽沟内，约七尺列三丛，掩土寸许，土太厚则芽发稀少也。芽发三四个或六七个时，渐渐下土，遇锄耨时加之。加土渐厚，则身长根深，蔗免欹倒之患。凡锄耨不厌勤过，浇粪多少视土地肥硗。长至一二尺，则将胡麻或芸薹枯［饼］浸和水灌，灌肥欲施行内。高二三尺，则用牛进行内耕之。半月一耕，用犁一次垦土断傍根，一次掩土培根。九月初培土护根，以防砍后霜雪。

【译文】

　　栽蔗时要整地作畦，每行宽四尺，犁四寸深的沟。将蔗栽在沟内，大约七尺栽三棵，盖上一寸厚的土，土太厚时发芽便少。每棵长出三四个或六七个芽时，逐渐培土，每逢中耕除草时都要培土。培土逐渐加厚，则蔗秆高而根深，可避免倒伏之患。中耕除草不厌其勤，浇粪多少视土地肥瘠而定。待长至一二尺高时，则将芝麻枯饼或油菜子枯饼泡水浇肥，肥料要施在行内。蔗高至二三尺时，用牛在蔗田行内耕作。每半月犁一次，一次用来翻土并犁断旁根，一次用来掩土培根。九月初则培土护根，以防砍后蔗根被霜雪冻坏。

4-3　蔗　品

4-3-1　凡荻蔗造糖，有凝冰、白霜、红砂三品。糖品之分，分于蔗浆之老嫩。凡蔗性至秋渐转红黑色，冬至以后由红转褐，以成至白。五岭以南[1]无霜国土，蓄蔗不伐，以取糖霜。若韶、雄以北[2]，十月霜侵，蔗质遇霜即杀,其身不能久待以成白色,故速伐以取红糖也。凡取红糖,穷十日之力而为之。十日以前,其浆尚未满足。十日以后恐霜气逼侵,前功尽弃。故种蔗十亩之家,即制车、釜一付以供急用。若广南无霜,迟早惟人也。

【注释】

〔1〕五岭以南:指广东、广西一带。五岭,即跨越湘、赣二省及广东的五岭山脉。

〔2〕北:涂本误作"化",今改。

【译文】

获蔗造出的糖有凝冰糖、白霜糖、红砂糖三种。糖的品种由蔗浆的老嫩来决定。获蔗外皮到秋天逐渐变成深红色,冬至后由红色转褐色,最后成为白色。五岭以南无霜地区,获蔗放在田里不砍,用以造白糖。但广东韶关、南雄以北,十月即降霜,蔗质遇霜即遭破坏,不能在田里久放以成白色,故速伐以取红糖。造红糖要尽力在霜降前十天内完成。再早则蔗浆还没生得充足,再晚则又怕霜冻侵袭而前功尽弃。故种十亩蔗的人家应制一套造糖用的糖车和锅以供急用。像广南无霜地区,则砍蔗早晚由人决定。

4-4　造[红]糖

具图

4-4-1　凡造糖车(图 4-1),制用横板二片,长五尺,厚五寸,阔二尺,两头凿眼安柱。上笋出少许,下笋出板二三尺,埋筑土内,使安稳不摇。上板中凿二眼,并列巨轴两根木用至坚重者，轴木大七尺围方妙。两轴一长三尺，一长四尺五寸，其长者出笋安犁担。担用屈木，长一丈五尺，以便驾牛团转走。轴上凿齿，分配雌雄，其合缝处须直而圆，圆而缝合。夹蔗于中，一轧而过，与棉花赶车同义。

图 4-1　轧蔗取浆

【译文】

　　制造糖车要用两块横板，各长五尺，厚五寸，宽二尺，板的两端凿孔安柱。柱上部的榫露出横板外一些，下榫穿过下横板外露二三尺，埋在地下，使糖车安稳不摇动。上横板中部凿二眼，并列安上两根大木辊用极硬而重的木料，木辊周长大于七尺的才适合。两辊中一个长三尺，另一个长四尺五寸。长辊的榫露出横板以便安装犁担。犁担用长一丈五尺的曲木作成,以便驾牛转圈走动。辊上凿有互相咬合的凹凸齿,两辊相遇之处必须直而圆,使之密合。把蔗夹在两辊之间一轧而过,这与轧棉花的赶车是同样的道理。

4-4-2　蔗过浆流,再拾其滓,向轴上鸭嘴扱入,再轧而三轧之,其汁尽矣,其滓为薪。其下板承轴,凿眼只深一寸五分,使轴脚不穿透,以便板上受汁也。其轴脚嵌安铁锭于中,以便揆转。凡汁浆流板有槽枧,汁入于缸内。每汁一石下石灰五合[1]于中。凡取汁煎糖,并列三锅如"品"字,先将稠汁聚入一锅,然后逐加稀汁两锅之内。若火力少束薪,其糖即成顽糖[2],起沫不中用。

【注释】
　〔1〕下石灰五合:蔗汁内杂质妨碍糖分结晶,加石灰可令杂质沉淀。五合,半升,一升为十合。
　〔2〕顽糖:难以结晶的胶状糖质。

【译文】
　　蔗经木辊压榨后便流出蔗浆,再拾起榨过的蔗插入辊上的鸭嘴中再三榨之,蔗汁便榨尽,剩下的蔗渣可当柴烧。支承双辊的下面横板上凿两个深一寸五分的眼,使辊轴不穿过下横板,以便在板上接受蔗汁。辊轴下端要镶铁以便于转动。接收蔗汁的下横板上有槽,蔗汁通过槽流入缸内。每一石蔗汁要加入五合石灰在其中。取汁熬糖时,将三口铁锅排成"品"字形,先将熬浓的蔗汁集中在一口锅内,再逐步将稀汁加入另二锅。如火力不足,即令少一把柴,也会把糖汁熬成顽糖,只起泡沫而不中用。

4-5 造 白 糖

4-5-1 凡闽、广南方经冬老蔗,用车同前法。笮汁入缸,看水花为火色。其花煎至细嫩,如煮羹沸,以手捻试,粘手则信来矣。此时尚黄黑色,将桶盛贮,凝成黑沙[1]。然后以瓦溜[2]教陶家烧造置缸上(图4-2)。其溜上宽下尖,底有一小孔,将草塞住,倾桶中黑沙于内。待黑沙结定,然后去孔中塞草,用黄泥水[3]淋下。其中黑滓[4]入缸内,溜内尽成白霜。最上一层厚五寸许,洁白异常,名曰洋糖西洋糖绝白美,故名。下者稍黄褐。

图4-2 澄结糖霜瓦器

【注释】

　〔1〕黑沙:蔗汁熬煮后的浓液冷却时呈黑色,即黑色糖膏。

　〔2〕瓦溜:用糖膏重力分离糖蜜以取得砂糖的陶制工具,类似过滤漏斗。

　〔3〕黄泥水:取黄泥水上层溶液,起脱色、除蜜作用。

　〔4〕黑滓:糖蜜,从糖膏中分出砂糖后的母液。

【译文】

　　福建、广东南部整个冬天放在田里的老蔗,用糖车压榨与前述方法相同。榨出的蔗汁流入缸中,熬糖时观察糖汁沸腾时的水花来掌握火候。当熬到水花呈小泡像煮沸的肉羹那样时,用手捻试,如果粘手就说明火候到了。此时仍是黄黑色,用桶盛贮,凝成黑沙。然后将瓦溜请陶工烧造放在缸上。瓦溜上宽下尖,底部有一小孔,用草将孔塞住,把桶内的黑沙倒入瓦溜内。待黑沙凝固,然后除去孔中塞草,用黄泥水从上淋下。其中黑滓淋入缸内。瓦溜内则尽成白糖。最上一层厚五寸许,洁白异常,叫洋糖因为西洋糖特别白,故得此名。下面的稍带黄褐色。

4-5-2　造冰糖者,将洋糖煎化,蛋青澄去浮滓,候视火色。将新青竹破成篾片,寸斩撒入其中。经过一宵,即成天然冰块。造狮、象、人物等,质料精粗由人。凡冰糖[1]有五品,"石山"为上,"团枝"次之,"瓮鉴"次之,"小颗"又次,"沙脚"为下[2]。

【注释】

　〔1〕冰糖:诸本作"白糖",今据文意改。

　〔2〕"凡冰糖有五品"一段:这种按结晶形状的分类,见于宋人王灼

的《糖霜谱》。

【译文】

　　制造冰糖时,将白砂糖熬化,用鸡蛋清澄去浮滓,看火候是否合适。将新竹破成一寸长的篾片撒入糖汁中,经过一夜便成为像天然冰块那样的冰糖。做成狮子、象和人物等形状的糖,质料粗细可随人决定。冰糖有五个品种,"石山"是上等品,"团枝"次之,"瓮鉴"次之,"小颗"又次之,而"沙脚"是下等品。

4-6 造 兽 糖

　　4-6-1　凡造兽糖者,每巨釜一口受糖五十斤,其下发火慢煎。火从一角烧灼,则糖头滚旋而起。若釜心发火,则尽尽沸溢于地。每釜用鸡子三个,去黄取青,入冷水五升化解。逐匙滴下用火糖头之上,则浮沤、黑滓尽起水面,以笊篱捞去,其糖清白之甚。然后打入铜铫,下用自风慢火温之,看定火色然后入模。凡狮、象糖模,两合如瓦为之。杓写[1]糖入,随手覆转倾下。模冷糖烧,自有糖一膜靠模凝结,名曰享糖,华筵用之。

【注释】

　　〔1〕写(xiè):倾泻。

【译文】

　　造兽形糖时,在每口大锅里放糖五十斤,锅下点火慢熬。火从

锅的一角烧热,则熔化的糖液便滚旋而起。如果火在锅心燃起,则
糖液便全面沸腾而溅溢到地上。每锅用鸡蛋三个,去黄取青,入冷
水五升化开。将蛋白水一勺一勺地浇在糖液滚沸之处,泡沫和黑滓
便浮在水面上,用笊篱捞去,这时糖液就特别清白。然后将糖液放
入有柄及出水口的小铜釜内,下面用煤粉慢火保温,看准火候后倒
入模子中。作狮、象形状糖的模子,由两块像瓦一样的模件构成。
用杓将糖液倒入模内,随手翻转模子,将兽糖倒出。因为模子冷而
糖液热,自然会有一层靠近模子的糖膜凝结成相应形状,称为"享
糖",盛大的宴会上用之。

4-7　蜂　蜜

4-7-1　凡酿蜜蜂普天皆有,唯蔗盛之乡则蜜蜂自然
减少。蜂造之蜜,出山岩、土穴者十居其八,而人家招蜂
造酿而割取者,十居其二也。凡蜜无定色,或青或白,或
黄或褐,皆随方土、花性而变。如菜花蜜、禾花蜜之类,百
千其名不止也。凡蜂不论于家于野,皆有蜂王。王之所
居造一台如桃大,王之子世为王[1]。王生而不采花,每日
群蜂轮值分班采花供王。王每日出游两度春秋造蜜时,游
则八蜂轮值以待。蜂王自至孔隙口,四蜂以头顶腹,四蜂
傍翼,飞翔而去。游数刻而返,翼顶如前。

【注释】

〔1〕"王之所居"二句:此说引自《本草纲目》卷三十九《蜜蜂》条,李
时珍录王元之《蜂记》云:"蜂王无毒,窠之始营必造一台,大如桃李。王
居台上生子于中,王之子复为王。"所谓"王台",指王蜂(母蜂)房,王之

子世代为王之说欠妥。

【译文】

　　酿蜜的蜜蜂到处都有,惟独盛产甘蔗的地方蜜蜂自然减少。蜂酿的蜜,出自山崖、土穴的野蜂占十分之八,而人工饲养的蜂占十分之二。蜂蜜没有固定颜色,或青或白,或黄或褐,皆随各地花性而变。如菜花蜜、禾花蜜之类,名目成百上千也不止。所有蜜蜂,不管是家蜂或野蜂,都有蜂王。蜂王所在之处,构筑一个如桃一样大的台。蜂王之子世代为王。蜂王生来就不采花,每日群蜂轮流分班采花供蜂王食用。蜂王每日出游两次_{在春夏造蜜季节},出游时由八只蜂轮换服侍。蜂王行至巢口,有四只蜂以头顶蜂王腹部,另四只蜂围着蜂王飞翔而去。游不多久就返回,照先前那样顶着腹部、护卫蜂王回巢。

4-7-2　畜家蜂者或悬桶檐端,或置箱牖下。皆锥圆孔眼数十,俟其进入。凡家人杀一蜂、二蜂皆无恙,杀至三蜂则群起而螫之,谓之蜂反。凡蝙蝠最喜食蜂,投隙入中,吞噬无限。杀一蝙蝠悬于蜂前,则不敢食,俗谓之"枭令"。凡家畜蜂,东邻分而之西舍,必分王之子而去为君,去时如铺扇拥卫。乡人有撒酒糟香而招之者。

【译文】

　　养家蜂的人将桶悬挂在屋檐一头,或者将箱子置于窗下。桶或箱上要钻几十个圆孔,让蜂进入其中。家人打死一、二只蜂都无妨,但打死三只蜂以上时,蜜蜂就会群起螫人,叫做"蜂反"。蝙蝠最喜欢吃蜜蜂,如乘机钻进蜂巢,便会吃掉无数蜜蜂。杀一蝙蝠悬于蜂桶前,别的蝙蝠就不敢再食,俗话叫"枭令"(_{杀一儆百})。家养蜂分群到另一处时,必须把新的母蜂分出去成为蜂王,群蜂排成扇形拥卫新的蜂王飞走。乡人有撒酒糟的,用其香气招引蜂群分房。

4-7-3　凡蜂酿蜜,造成蜜脾[1],其形鬗鬗然。咀嚼花心汁吐积而成,润以人小遗,则甘芳并至,所谓"臭腐神奇"[2]也。凡割脾取蜜,蜂子多死其中[3],其底则为黄蜡。凡深山崖石上有经数载未割者,其蜜已经时自熟,土人以长竿刺取,蜜即流下。或未经年而扳缘可取者,割炼与家蜜同也。土穴所酿多出北方,南方卑湿,有崖蜜而无穴蜜[4]。凡蜜脾一斤炼取十二两。西北半天下,盖与蔗浆分胜云。

【注释】

〔1〕蜜脾:蜂蜜营造的用以酿蜜的巢房。

〔2〕臭腐神奇:《本草纲目》卷三十九《虫部·蜂蜜》条云:"蜂采无毒之花,酿以大便而成蜜,所谓臭腐生神奇也。"按蜂有时飞至粪便处,以摄取水分或盐分,与酿蜜无关。语出《庄子·知北游》:"腐朽复化为神奇。"

〔3〕"凡割脾取蜜"二句:指用布包巢脾绞出蜜汁,巢中幼虫、蜂蛹多致死。

〔4〕崖蜜:野蜂在石崖中作巢后所生的蜜,又叫石蜜。　穴蜜:北方野蜂在土穴中作巢酿蜜,又叫土蜜。

【译文】

蜜蜂酿蜜时,先造成蜜脾,其形状像排列整齐的鬗毛。蜜蜂嘴嚼花心汁液,吐积而成蜜,再以人尿滋润,则蜂蜜甘甜而芳香,这就是所谓"臭腐生神奇"。取下蜜脾提制蜂蜜时,幼蜂多死于其中,底部则为黄色蜂蜡。深山岩石上有经数年未割取下来的蜜脾,其中的蜜已早就成熟了。当地人用长竿子将其刺破,蜜就会流下来。也有的蜜脾不足一年,而人可爬上去割取,与家蜂蜜的割炼方法相同。土穴中所酿的蜜多出于北方,南方地势低又潮湿,只有崖蜜而无穴蜜。一斤蜜脾可炼取十二两蜜。西北地区产的蜂蜜占全国一半,可与南方的蔗浆匹敌。

4-8　饴　饧

4-8-1　凡饴饧[1],稻、麦、黍、粟皆可为之。《洪范》云:"稼穑作甘。"[2]及此乃穷其理。其法用稻、麦之类浸湿,生芽暴干,然后煎炼调化而成。色以白者为上。赤色者名曰胶饴,一时宫中尚之,含于口内即溶化,形如琥珀。南方造饼饵者谓饴饧为小糖,盖对蔗浆而得名也。饴饧人巧千方以供甘旨,不可枚述。惟尚方用者名"一窝丝"[3],或流传后代,不可知也。

【注释】

〔1〕饴饧(yí xíng):古时用麦芽或谷芽熬成的糖。

〔2〕稼穑(sè)作甘:语出《尚书·洪范》:"稼穑作甘。"言甜味出自百谷。稼穑,播种并收获粮食。

〔3〕一窝丝:从饴糖制成的拔丝糖,酥松而可口。

【译文】

饴饧用稻、麦、黍、粟都可以制造。《尚书·洪范》篇云:"粮食可以产生甜味。"从这里可了解其中的道理。方法是将稻、麦之类浸湿,生芽后晒干,然后煎炼调化而成。白色的是上等品。赤色的叫胶饴,一时在宫中受到重视,含在口中即溶化,形状像琥珀。南方制造糕点的人,把饴糖叫做小糖,这是针对蔗糖而取的名。人通过技巧将饴糖制成很多甜食品,不胜枚举。惟有宫内食用的名为"一窝丝"的品种,是否流传下来便不知道了。

5. 膏液第五

5-1　宋子曰,天道平分昼夜,而人工继晷以襄事,岂好劳而恶逸哉? 使织女燃薪、书生映雪,所济成何事也[1]? 草木之实,其中韫藏膏液,而不能自流。假媒水火,凭藉木石,而后倾注而出焉。此人巧聪明,不知于何禀度也。人间负重致远,恃有舟车。乃车得一铢而辖转,舟得一石而罅完,非此物之为功也不可行矣。至菹蔬之登釜也,莫或膏之,犹啼儿之失乳焉。斯其功用一端而已哉。

【注释】

〔1〕"使织女燃薪"几句:这段话暗示,在夜间工作靠燃薪、映雪是无济于事的,只有点油灯才是最好的照明方法。书生映雪,指晋人"孙康家贫,常映雪读书",借雪的反光读书,见唐人李善《文选注》引《孙氏世录》。

【译文】

宋子说,按自然规律一天要平分为白昼与黑夜,而人们却点油灯夜以继日地工作,是否可理解为爱好劳动而厌恶安逸? 如果让织女借燃柴的光亮而织布,让书生在雪光映照下读书,又能作成什么事呢? 草木的果实中蕴藏着油脂,但不会自行流出,要通过人借助水火之力,凭借木榨和石磨作用于草木子实,而后才能倾注而出油。人的这些技巧和聪明,也不知是如何传下来的。人间将重物运到远处,要靠舟车。而车要有一点油润滑,轮子才可转动;船要用大量油类才能堵塞缝隙。没有油是做不到这些的。至于在锅内烹饪,要是没有油,就像婴儿失奶一样,不能烧菜。这不过是油料功用的一个方面而已。

5-2 油 品

5-2-1 凡油供馔食用者,胡麻[1]—名脂麻、莱菔[2]子、黄豆、菘菜[3]子—名白菜为上。苏麻[4]形似紫苏[5],粒大于胡麻、芸薹[6]子江南名菜子次之,茶[7]子其树高丈余,子如金樱子[8],去肉取仁次之,苋菜[9]子次之,大麻[10]仁粒如胡荽[11]子,剥取其皮,为绊索用者为下。

【注释】

〔1〕胡麻:即芝麻,又名脂麻,*Sesamum orientale*,胡麻科油料植物,供食油用名为香油。

〔2〕莱菔:即萝卜,十字花科,*Raphanus sativus L*。

〔3〕菘菜:白菜,十字花科芸薹属,*Brassica chinensis*。

〔4〕苏麻:又称荏,或白苏,唇形科,*Perilla frutescens* 种子油可食用,亦作为干性油用于漆器制造业。

〔5〕紫苏:唇形科一年生草本,*Perilla frutescens var. arguta*。

〔6〕芸薹:油菜,十字花科,*Brassica campestris L*。

〔7〕茶(chá):油茶,茶科,*Camellia oleifera*。

〔8〕金樱子:蔷薇科,*Rosa laevigata*。涂本作"金罂子",今改。

〔9〕苋(xiàn)菜:苋科植物,*Amaranthus tricolor L*。

〔10〕大麻:中国原产,大麻科,*Cannabis sativa*。

〔11〕胡荽(suí):伞形科植物 *Cariandrum sativa*。

【译文】

食用的油以芝麻—名脂麻、萝卜子、黄豆、菘菜子—名白菜为上品,而苏麻形似紫苏,粒大于芝麻,芸薹子江南名菜子次之,柠子其树高丈余,子如金樱子,去肉取仁次之,苋菜子次之,大麻仁粒如胡荽子,剥取其皮,皮可制绳索为下品。

5-2-2　燃灯则桕[1]仁内水油为上,芸薹次之,亚麻子[2]陕西所种,俗名壁虱脂麻,气恶不堪食次之,棉花子次之,胡麻次之燃灯最易竭,桐油与桕混油为下桐油毒气熏人,桕油连皮膜则冻结不清。造烛则桕皮油为上,蓖麻[3]子次之,桕混油每斤入白蜡冻结次之,白蜡结冻诸清油又次之,樟树[4]子油又次之其光不减,但有避香气者,冬青[5]子油又次之韶郡[6]专用,嫌其油少,故列次。北土广用牛油,则为下矣。

【注释】

〔1〕桕(jiù):乌桕,大戟科木本,*Sapium sebiferum*。涂本作"槵",同"柩"。今据文意改。下同。

〔2〕亚麻:亚麻科,*Linum usitassimum*。

〔3〕蓖麻:大戟科,*Ricinus communis*。

〔4〕樟树:樟科乔木,*Cinnamomum camphora*。

〔5〕冬青:冬青科植物,*Ilex rotunda*。

〔6〕韶郡:今广东韶关地区。

【译文】

燃灯用的油以桕仁中的水油为上品,其次是油菜子油、亚麻子油陕西所种的,俗名"壁虱脂麻",气味不好,不堪食用,其次是棉花子油、芝麻油点灯最易消耗。桐油与桕的混油为最次桐油毒气熏人,桕油带皮膜则凝结而不清。造蜡烛则以桕皮油为最好,其次是蓖麻子油、桕混油每斤加入白蜡而凝结的,再其次是加白蜡而凝结的各种清油,樟树子油又次之,点燃时其光不弱,但有人不喜欢其气味。冬青子油又次之。韶州府专用,嫌其含油量少,故列入次等。北方蜡烛广泛用牛油,则为下等油。

5-2-3　凡胡麻与蓖麻子、樟树子,每石得油四十斤。莱菔子每石得油二十七斤甘美异常,益人五脏。芸薹子每石得油三十斤,其耨勤而地沃、榨法精到者,仍得四十斤陈历一年,则空内而无油。桊子每石得油一十五斤油味似猪脂,甚美,其枯则止可种火及毒鱼用。桐子仁每石得油三十三斤。柏子分打时,皮油得二十斤、水油得十五斤。混打时共得三十三斤此须绝净者。冬青子每石得油十二斤。黄豆每石得油九斤吴下[1]取油食后,以其饼充豕粮。菘菜子每石得油三十斤油出清如绿水。棉花子每百斤得油七斤初出甚黑浊,澄半月清甚。苋菜子每石得油三十斤味甚甘美,嫌性冷滑。亚麻、大麻仁每石得油二十余斤。此其大端,其他未穷究试验,与夫一方已试而他方未知者,尚有待云。

【注释】

〔1〕吴下:今江苏南部及浙江北部地区。

【译文】

　　用芝麻、蓖麻子与樟树子每石可榨油四十斤。萝卜子每石得油二十七斤味甘美异常,益人五脏。油菜子每石得油三十斤,如除草勤而地肥沃、榨法精到者,仍得油四十斤要是放置一年,则子实内空而无油。桊子每石得油十五斤油味似猪油,甚美,其枯饼则只可引火及毒鱼用。桐子仁每石得油三十三斤。将乌桕子实及外壳分开榨油,则得皮油二十斤、水油十五斤;混在一起榨油,则共得三十三斤子皮必须很干净。冬青子每石得油十二斤。黄豆每石得油九斤吴下地区取油食用,以豆饼作猪饲料。白菜子每石得油三十斤油澄清后像绿水似的。棉子每百斤得油七斤刚出油时色甚黑浊,放半月后便澄清。苋菜子每石得油三十斤味甚甘美,但嫌性滑。亚麻、大麻仁每石得油二十余斤。以上这些是大致情况,其他未做穷究试验,或者有的在某地已做试验而在其他地方还不知道的,尚有待查考。

5-3　法　具

5-3-1　凡取油,榨法而外,有两镬煮取法以治蓖麻与苏麻。北京有磨法、朝鲜有舂法,以治胡麻。其余则皆从

图 5-1　南方榨

榨出也。凡榨,木巨者围必合抱,而中空之(图5-1)。其木樟为上,檀、杞[1]次之杞木为者防地湿,则速朽。此三木者脉理循环结长,非有纵直文。故竭力挥椎,实尖其中,而两头无璺拆之患。他木有纵文者不可为也。中土江北少合抱木者,则取四根合并为之,铁箍裹定,横栓串合而空其中,以受诸质。则散木有完木之用也。

【注释】

〔1〕檀:亦称黄檀,豆科落叶乔木,*Dalbergia hupeanca*。 杞:或称杞柳,杨柳科乔木,*Salix purpurea*。

【译文】

制取油料时,除榨法而外,还有用两口锅煮以处理蓖麻与苏麻的方法。北京有磨法、朝鲜有舂法来处理芝麻。其余的都是用榨法来制取。用巨木作的榨,围粗必须用双手可以合抱的,将其中间挖空,木料以樟木为上,其次是檀与杞杞木作的榨,怕地面潮湿,易于腐朽。这三种木料的纹理呈长圆形圈状,一圈围着一圈,没有纵直纹。这样将尖楔插入其中,极力捶打,两端才没有断裂之患。其他木料有纵纹的,则不可用。中原江北地区较少有合抱木,则取四根木拼合成榨,用铁箍包紧,再用横栓串合起来,并将其中间挖空,以放各种榨油原料。因此散木也有完木的功用。

5-3-2 凡开榨空中,其量随木大小,大者受一石有余,小者受五斗不足。凡开榨辟中凿划平槽一条,以宛凿入中,削圆上下,下沿凿一小孔,剜一小槽,使油出之时流入承藉器中。其平槽约长三四尺,阔三四寸,视其身而为之,无定式也。实槽尖与枋[1]唯檀木、柞子木[2]两者宜为之,他木无望焉。其尖过斤斧而不过铇,盖欲其涩,不欲其滑,惧报转也。撞木与受撞之尖,皆以铁圈裹首,惧披散也。

【注释】

　〔1〕枋:四棱矩形木块,装入榨槽中间,以楔打紧,用以挤压油料出油。

　〔2〕柞子木:大风子科木本,*Xylosma japonicum*。

【译文】

　作榨时要将木料中间掏空,中间挖空多少要看木料的大小,大的可装料一石多,小的装不到五斗。作榨时还要在木料中空部分开一条平槽,用弯凿在木料里面上下削圆,下沿再凿出一个小孔。再削出一个小槽,使油榨出时流入承受器中。平槽约长三、四尺,宽三、四寸,视木料大小而定,没有固定的形式。装在槽里的尖楔与枋,只有用檀木、柞木做才合适,其他木料是不行的。尖楔用刀斧砍成,不必铇过,取其粗涩而不令其光滑,以免滑动。撞木与受撞的尖楔都要用铁圈包住头部,以免木料披散。

5-3-3　榨具已整理,则取诸麻、菜子入釜,文火慢炒凡柏、桐之类属树木生者,皆不炒而碾蒸,透出香气然后碾碎受蒸。凡炒诸麻、菜子,宜铸平底锅,深止六寸者,投子仁于内,翻拌最勤(图5-2)。若釜底太深,翻拌疏慢,则火候交伤,减丧油质。炒锅亦斜安灶上,与蒸锅大异。凡

同皆胡薹芸诸及油皮槽
麻

饭

此釜平底深不

图 5-2 炒、蒸油料

碾埋槽土内木为者以铁片掩之，其上以木杆衔铁陀，两人对举而推之。资本广者则砌石为牛碾，一牛之力可敌十人。亦有不受碾而受磨者，则棉子之类是也。既碾而筛，择粗者再碾，细者则入釜甑受蒸。蒸气腾足取出，以稻秸与麦秸包裹如饼形，其饼外圈箍或用铁打成，或破篾绞刺而成，与榨中则寸相稳合。

【译文】

　　榨具既已整备，则将各种麻子或菜子放入锅中，用文火慢炒凡柏、桐之类树上生的，均不必炒，而是碾碎后蒸之。待透出香气，然后碾碎再蒸。炒各种麻子、菜子时，宜用铸造的平底锅，止深六寸左右。将子仁投入锅中，不停地翻拌。如果锅底太深、翻拌疏慢，则火候不匀，会损伤油质。炒锅斜安在灶上，与蒸锅大不相同。碾槽埋在土内木制的则用铁片包起，上面用木杆穿个圆铁饼，两人对举而推碾。资本宽裕的则用石料作成碾，再用牛拉。一牛之力可抵十人。也有不用碾而用磨的，如棉子之类。碾后过筛，择粗的再碾，细的则入锅受蒸。蒸气透足物料后取出，将其用稻秸或麦秸包裹成饼状。饼外边的圆箍用铁打成，或用竹篾绞成。饼箍尺寸要与榨的中间空槽大小相符合。

5-3-4　凡油原因气取，有生于无。出甑之时包果[1]怠缓，则水火郁蒸之气游走，为此损油。能者疾倾、疾裹而疾箍之，得油之多，诀由于此。榨工有自少至老而不知者。包果既定，装入榨中，随其量满，挥撞挤轧，而流泉出焉矣。包内油出滓存，名曰枯饼。凡胡麻、莱菔、芸薹诸饼，皆重新碾碎，筛去秸芒，再蒸、再果而再榨之。初次得油二分，二次得油一分。若柏、桐诸物，则一榨已尽流出，不必再也。

【注释】

〔1〕果：通"裹"。

【译文】

油料中的油是通过气提取出来的，似乎是油生于气。出甑的时候，若包裹缓慢，则水火集结之气逸走，这样便会使油损失。操作熟练的人则快倒、快裹、快箍，得油较多的诀窍便在这里。榨工有从小到老都不知此理的。包裹完毕，便可装入榨中，根据其量大小而装满榨槽。然后挥撞挤压，油就像泉水那样流出。包裹里面的油出尽后，剩下油滓，名曰"枯饼"。芝麻、萝卜子、油菜子等的枯饼，都可以重新碾碎，筛去秸芒后再蒸、再裹、再榨。第二次得油为初次的一半。如是柏、桐等物，则榨一次油已流尽，不必再榨。

5-3-5　若水煮法，则并用两釜。将蓖麻、苏麻子碾碎，入一釜中注水滚煎，其上浮沫即油。以杓掠取，倾于干釜内，其下慢火熬干水气，油即成矣。然得油之数毕竟减杀。北磨麻油法，以粗麻布袋捩绞，其法再详。

【译文】

如果用水煮法，则并用两口锅。将蓖麻、苏麻子碾碎，放入一口锅中，加水煮沸，其上浮沫便是油。用杓取出，倒入另一口干的锅中，锅下用慢火熬干水分，便成油了。然而得油的数量毕竟减少。北方用磨提取芝麻油，将磨过的油料放入粗麻布袋中扭绞，其法待日后详考。

5-4 皮 油

5-4-1 凡皮油造烛，法起广信郡。其法取洁净柏子，囫囵入釜甑蒸，蒸后倾于臼内受舂（图5-3）。其臼深约尺五寸，碓以石为身，不用铁嘴。石取深山结而腻者，轻重

图5-3 轧柏子黑粒去壳取仁

斫成限四十斤，上嵌衡木之上而舂之。其皮膜上油尽脱骨而纷落，挖起，筛于盘内，再蒸，包果、入榨皆同前法。皮油已落尽，其骨为黑子。用冷腻小石磨不惧火煅者此磨亦从信郡深山觅取，以红火矢围壅煅热，将黑子逐把灌入疾磨。磨破之时，风扇去其黑壳，则其内完全白仁，与梧桐子无异。将此碾、蒸，包果、入榨与前法同。榨出水油清亮无比，贮小盏之中，独根心草燃至天明，盖诸清油所不及者。入食馔即不伤人，恐有忌者宁不用耳。

【译文】

用柏皮油造蜡烛的方法，起于广信（今江西上饶）。其方法是将洁净的柏子整个儿地放入甑里面蒸。蒸后倒在臼内舂捣。臼深约一尺五寸，碓身为石制，不用铁嘴。石料取自深山中结实而细滑的，斫成后重量限定为四十斤，上部嵌在横木之上，便可舂捣。其表皮内油脂层都离开柏实而脱落，拾起，在盘内过筛后，再蒸。包裹、入榨，皆同前述之法。表皮的油脂层脱落后，其内核为黑子。用不怕火烧的冷滑的小石磨作磨的石料，也是在广信府的深山中找到的，周围堆起烧红的炭火烘热，再将黑子逐把地投入磨中迅速磨破。在磨破时，用风扇去其黑壳，则剩下的全是里面的白仁，像梧桐子一样。将这种白仁碾碎、上蒸，包裹与入榨都与前法同。榨出的油叫水油，清亮无比。放在小灯盏中，用一根灯心草就可燃至天明，这种油为各种清油所不及。供作食用亦不伤人。但也有人忌食，宁肯不用。

5-4-2　其皮油造烛，截苦竹[1]筒两破，水中煮涨不然则粘带，小篾箍勒定，用鹰嘴铁杓挽油灌入，即成一枝。插心于内，顷刻冻结，捋箍开筒而取之。或削棍为模，裁纸一方，卷于其上而成纸筒，灌入亦成一烛。此烛任置风尘中，再经寒暑，不敝坏也。

【注释】

〔1〕苦竹：禾本科竹类，*Pleioblastus amarus*，秆圆筒形。

【译文】

用皮油造蜡烛的方法是，将苦竹筒竖破成两半，在水中煮涨_{否则会粘带皮油}，用小篾箍箍紧，用鹰嘴铁杓舀油灌入竹筒中，再将烛心插入于其中，就成一支蜡烛。很快就凝结，将箍取下，打开竹筒将蜡烛取出。也可将木棍削成烛模。裁一张纸卷在木棍上作成纸筒，灌入皮油，也能制成蜡烛。这种蜡烛即使放在风尘中，历经寒暑，都不会变坏。

6. 乃服^[1]第六

6-1-1　宋子曰，人为万物之灵，五官百体，赅而存焉。贵者垂衣裳；煌煌山龙^[2]，以治天下。贱者裋褐、枲裳，冬以御寒，夏以蔽体，以自别于禽兽。是故其质则造物之所具也。属草木者为枲、麻、苘^[3]、葛^[4]，属禽兽与昆虫者为裘、褐、丝、绵。各载其半，而裳服充焉矣。

【注释】

〔1〕乃服：即衣服，梁人周兴嗣次韵《千字文》（约509）中有"乃服衣裳"之句。

〔2〕煌煌山龙：指古代高贵者衣服上所装饰的山、龙等华丽图案，典出《书经·益稷》。

〔3〕苘（qīng）：锦葵科苘麻 *Abutilon theophrasti*，俗称青麻。

〔4〕葛：豆科葛属 *Pueraia lobata*，藤本，茎皮纤维可织葛布。

【译文】

宋子说，人为万物之灵，各种器官和肢体生得最为齐全。高贵的人穿着饰有山、龙等图案的华服以统治天下。卑贱者身着粗麻布衣服，冬以御寒，夏以蔽体，以有别于禽兽。这些衣服的原料都是大自然所提供的。属于植物一类的有棉、大麻、苘麻和葛，属于禽兽与昆虫之类的有皮、毛、丝、绵，两类各占一半，足够做衣服了。

6-1-2 天孙机杼[1]，传巧人间。从本质而见花，因绣濯而得锦。乃杼柚遍天下，而得见花机之巧者，能几人哉？"治乱经纶"字义，学者童而习之，而终身不见其形像，岂非缺憾也！先列饲蚕之法，以知丝源之所自。盖人物相丽，贵贱有章，天实为之矣。

【注释】

〔1〕天孙机杼(zhù)：神话传说中天帝之孙女，善织造，又称织女。机杼，织机。

【译文】

像天上仙女织布那样的技巧，已在人间普及。从原料纺织成带有花纹的织物，更通过染色、刺绣而得到锦缎。虽然织机已遍布于天下，然而见过提花机纺织技巧的有多少人呢？与纺织有关的"治乱经纶"的词义，读书人从小就学过，而终生不见其形象，岂非遗憾啊！此处我们先叙述养蚕的方法，以使读者知道丝是从哪里来的。〔其次叙述纺织技术，以说明衣料是怎样制造出来的。〕因为人和衣服相称，贵贱从衣服可以标志出来，这是自然的配合。

6-2 蚕种、蚕浴、种忌、种类

6-2-1 **蚕种：**凡蛹变蚕蛾，旬日破茧而出，雌雄均等。雌者伏而不动，雄者两翅飞扑，遇雌即交，交一日、半日方解。解脱之后，雄者中枯而死，雌者即时生卵。承藉卵生者，或纸或布，随方所用。嘉、湖用桑皮厚纸，来年尚可再用。一蛾计生卵二百余粒，自然粘于纸上，粒粒匀铺，天然无一堆积。蚕主收贮，以待来年。

【译文】

　　蚕卵：蚕蛹变成的蚕蛾，经十天才破茧而出，雌蛾和雄蛾数目均等。雌蛾伏着不爱活动，雄蛾则两翅飞扑，遇到雌蛾就交配。雌雄交配要经一日、半日才相互解脱。解脱之后，雄蛾体内枯竭而死，雌蛾则即时生卵。承接蚕卵的材料，或者用纸，或者用布，因地制宜。嘉兴、湖州用厚的桑皮纸，次年还可再用。一只蛾产卵二百余粒，这些卵会自然地粘在纸上，粒粒均匀铺开，天然地没有堆积在一起。养蚕的人将蚕卵收贮起来，以待来年之用。

　　6-2-2　**蚕浴**：凡蚕用浴法，唯嘉、湖两郡。湖多用天露、石灰[1]，嘉多用盐卤水[2]。每蚕纸一张，用盐仓走出卤水二升，掺水浸于盂内，纸浮其面石灰仿此。逢腊月十二即浸浴，至二十四日，计十二日，周即漉起，用微火炡[3]干。从此珍重箱匣中，半点风湿不受，直待清明抱产。其天露浴者，时日相同。以筬盘盛纸，摊开屋上，四隅小石镇压。任从霜雪、风雨、雷电，满十二日方收。珍重、待时如前法。盖低种经浴，则自死不出，不费叶故，且得丝亦多也。晚种不用浴。

【注释】

　　[1] 湖多用天露、石灰：用此法处理蚕卵，可淘汰劣种，又有消毒作用，是人工选择之一例。

〔2〕盐卤水：制盐时产生的含钠、镁等盐类的苦味溶液，用作消毒。

〔3〕炡（zhēng）：煤，放入汤或沸油里处理。此处可理解为"烘烤"。

【译文】

浴种：蚕种用浴洗方法处理的，只有嘉兴、湖州两地。湖州多用天露（天然露水）、石灰浴蚕，而嘉兴则多用盐卤水浴。每张粘有蚕卵的纸，用盐仓内流出的卤水二升，掺水倒入盆内，让纸浮在水面上_{石灰浴也仿照此法}。每逢腊月十二日即开始浸浴，至二十四日为止，共十二天，到时捞起蚕纸滴干水，用微火烘干。然后珍藏在箱盒里，不让半点风寒、湿气侵入，直待清明时孵化。用天然露水浴蚕，时间同上。用竹盘盛蚕纸，摊开放在屋顶上，四角用小石头压上。任其经受霜雪、风雨、雷电，满十二天后收起。保存方式、时间与前述方法同。因为劣种经过浴洗，会自然死亡而不出幼蚕。这样处理后，不致浪费桑叶，收茧得丝也较多。二化性蚕种不用浴法。

6-2-3　种忌：凡蚕纸用竹木四条为方架，高悬透风避日梁枋之上。其下忌桐油、烟煤火气。冬月忌雪映，一映即空。遇大雪下时，即忙收贮。明日雪过，依然悬挂，直待腊月浴藏。

【译文】

蚕卵禁忌：用四条竹木棍作成方架，把蚕纸高挂在通风、避阳光的房梁上。其下部不要有桐油、烟煤火气，冬天忌雪光映照，否则蚕种就会变成空卵壳。遇下大雪时，赶快收贮起来。明日雪过，依然悬挂，直到腊月浴种后收藏。

6-2-4　**种类：**凡蚕有早、晚二种[1]。晚种每年先早种五六日出川中者不同，结茧亦在先，其茧较轻三分之一。若早蚕结茧时，彼已出蛾生卵，以便再养矣晚蛹戒不宜食。凡三样浴种，皆谨视原记。如一错误，或将天露者投盐浴，则尽空不出矣。凡茧色唯黄、白二种，川、陕、晋、豫有黄无白，嘉、湖有白无黄。若将白雄配黄雌，则其嗣变成褐茧。黄丝以猪胰[2]漂洗，亦成白色，但终不可染缥白[3]、桃红二色。

【注释】

〔1〕早、晚二种：早蚕、晚蚕。早蚕，一化性蚕，即一年孵化一次的蚕。晚蚕，二化性蚕，一年孵化两次。

〔2〕猪胰：从猪脂肪中提制的肥皂。

〔3〕缥白：诸本作"漂白"，漂疑为"缥"，今改。

【译文】

蚕的种类：蚕有早蚕、晚蚕两种。晚蚕每年比早蚕先孵出五、六天四川的蚕与此不同，其结茧也在早蚕之前，但其茧比早蚕茧轻三分之一。当早蚕结茧时，晚蚕已出蛾产卵，以供再养了晚蚕蚕蛹不可食用。用上述三种方法浴种，都要细心注意原来的标记，万一弄错，比如将已用天露水浴过的蚕种再行盐溶，则蚕种尽空而不会出蚕了。蚕茧有黄、白两种颜色，四川、陕西、山西、河南只有黄茧而无白茧，嘉兴、湖州有白茧而无黄茧。如将白茧蚕雄蛾和黄茧蚕雌蛾交配，则其后代结出褐色茧。黄色的丝用猪胰漂洗，也可变成白色，但始终不能染成青白和桃红二色。

6-2-5　凡蚕形亦有数种。晚茧结成亚腰葫芦样，天露茧尖长如榧子形，又或圆扁如核桃形。又一种不忌泥涂叶者，名为贱蚕，得丝偏多。凡蚕形亦有纯白、虎斑、纯黑、花纹数种，吐丝则同。今寒家有将早雄配晚雌者，幻出嘉种，一异也。野蚕[1]自为茧，出青州、沂水[2]等地，树老即自生。其丝为衣，能御雨及垢污。其蛾出即能飞，不传种纸上。他处亦有，但稀少耳。

【注释】

〔1〕野蚕：即柞蚕，鳞翅目天蚕蛾科柞蚕 *Antheraea pernyi*，以山毛榉科栎属（辽东柞、麻栎等）树叶为食料。原文称"野蚕"，以对应于桑蚕（*Bombyx mori*）或"家蚕"而言。

〔2〕青州、沂水：今山东益都、沂水。

【译文】

蚕茧的形状也有好几种。晚蚕（二化性蚕）结成束腰像葫芦形的茧，天然露水溶过的蚕结成尖长像榧子形状的茧，或扁圆像核桃形的茧。还有种蚕不怕吃沾泥的桑叶，叫"贱蚕"，得丝反而多。蚕的皮色也有纯白、虎斑、纯黑、花纹数种，吐丝则同。现在贫寒农家有将一化性蚕雄蛾与二化性蚕雌蛾交配，而培育出良种，是令人惊奇的。柞蚕无须饲养而能自行结茧，出于青州、沂水等地，树叶枯黄时即自生蛾。用柞蚕丝作衣，能防雨及耐脏。其蛾钻出茧壳即能飞，不在纸上产卵传种。其他地方也有这种柞蚕，但很稀少。

6-3　抱养、养忌、叶料、食忌、病症

6-3-1　**抱养**：凡清明逝三日，蚕妙即不偎衣、衾暖气，

自然生出。蚕室宜向东南,周围用纸糊风隙,上无棚板者宜顶格。值寒冷则用炭火于室内助暖。凡初乳蚕,将桑叶切为细条。切叶不束稻麦稿为之,则不损刀。摘叶用瓮坛盛,不欲风吹枯悴。

【译文】

蚕的饲养:清明节过后三天,不必用衣、被来保暖,幼蚕就会自然生出。蚕室宜面向东南,周围透风的缝隙用纸糊好,室内顶部无棚板的要加上顶棚。遇寒冷天则用炭火在室内取暖。喂幼蚕要将桑叶切成细条。切叶墩子用稻麦秆扎成,则不损坏刀口。摘下的桑叶用瓮坛盛放,不要让风吹干枯。

6-3-2　二眠以前,腾筐[1]方法皆用尖圆小竹快[2]提过。二眠以后则不用箸,而手指可拈矣。凡腾筐勤苦,皆视人工。怠于腾者,厚叶与粪湿蒸,多致压死。凡眠齐时,皆吐丝而后眠。若腾过,须将旧叶些微拣净。若粘带丝缠叶在中,眠起之时,恐其即食一口则其病为胀死。三眠已过,若天气炎热,急宜搬出宽亮所,亦忌风吹。凡大眠后,计上叶十二餐方腾,太勤则丝糙。

【注释】

〔1〕腾筐:饲养在竹筐中的蚕,要有清洁的环境。因此要经常清除筐内的残叶、蚕粪等不洁物,将原筐中的蚕转移到另一干净的筐内,这项操作又称"除沙"。腾,涂本、杨本作"腾",从陶本改为腾,以下同此。

〔2〕快:同"筷",筷子。

【译文】

在蚕二眠以前，腾筐（除沙）方法都是用尖圆小竹筷将蚕提过去。二眠以后可不用筷，直接用手指拈了。腾筐是否勤，全在人工。腾筐不勤，则桑叶与蚕粪堆得较厚，又湿又热，常常会将蚕压死。蚕入眠时，都是先吐丝而后眠。如这时腾筐，须将旧叶拣得一干二净。如果有丝粘带的桑叶在里面，则眠起后的蚕哪怕只吃一口残叶，也会得病而胀死。三眠以后，如果天气炎热，应尽快将蚕搬到宽敞而凉爽的地方。但也怕风吹。大眠过后，要上十二次桑叶再腾筐，腾筐太勤则蚕丝粗糙。

6-3-3　**养忌：凡蚕畏香复畏臭。若焚骨灰、淘毛圊者顺风吹来，多致触死。隔壁煎鲍鱼、宿脂亦或触死。灶烧煤炭，炉爇沉、檀亦触死。懒妇便器摇动气侵，亦有损伤。若风则偏忌西南，西南风太劲，则有合箔皆僵者。凡臭气触来，急烧残桑叶烟以抵之。**

【译文】

饲养禁忌：蚕既怕香的气味，又怕臭的气味。如果有烧骨头或掏厕所的气味顺风吹来，触到蚕则往往造成死亡。隔壁煎咸鱼和不新鲜的油脂，也会使蚕致死。灶里烧煤炭、炉中点燃沉香、檀香，这些气味也会使蚕致死。懒惰的妇女摇动装有粪便的便桶发出的臭味，对蚕也有损害。如果刮风，蚕只怕西南风，西南风吹得太猛，会全筐蚕都僵死的。遇有臭气袭来，要赶紧燃烧残桑叶，用烟来抵挡。

6-3-4　**叶料：凡桑叶无土不生。嘉、湖用枝条垂压，**

今年视桑树傍生条，用竹钩挂卧，逐渐近地面，至冬月则抛土压之。来春每节生根，则剪开他栽。其树精华皆聚叶上，不复生葚与开花矣。欲叶便剪摘，则树至七八尺即斩截当顶，叶则婆娑可扳伐，不必乘梯缘木也。其他用子种者，立夏桑葚紫熟时取来，用黄泥水搓洗，并水浇于地面，本秋即长尺余，来春移栽。倘灌粪勤劳，亦易长茂。但间有生葚与开花者，则叶最薄少耳。又有花桑，叶薄不堪用者，其树接过，亦生厚叶也。

【译文】

桑叶: 桑树各处都可以种植。嘉兴、湖州用压条法繁殖，选当年桑树上长的侧枝用竹钩拉下来，使之逐渐接近地面，到冬天用土压住枝条。第二年春天每节都会生根，就可剪开分别移栽。用这种方法栽的桑树，精华都聚在叶上，不再结葚、开花了。要想使叶便于剪摘，则当树长至七八尺高时，斩截其树顶，树叶便披散下来，可扳枝摘取，不必登梯爬树。此外，用种子种的桑树，立夏时摘下熟得发紫的桑葚，用黄泥水搓洗，与水一块浇到地里，当年秋天就可长得一尺多高，来年春天再移栽。如果勤于浇粪，也容易长得茂盛。但也间有结葚、开花的，叶子则又薄又少。还有一种花桑，叶薄不能用，经过嫁接也能长出厚叶。

6-3-5　又有柘[1]叶一种[2]，以济桑叶之穷。柘叶浙中不经见，川中最多。寒家用浙种，桑叶穷时仍啖柘叶，则物理一也。凡琴弦、弓弦丝，用柘养蚕名曰棘茧，谓最坚韧。凡取叶必用剪，铁剪出嘉郡桐乡者最犀利，他乡未得其利。剪枝之法，再生条次月叶愈茂，取资既多，人工复便。凡再生叶条，仲夏以养晚蚕，则止摘叶而不剪条。二叶摘后，秋来三叶复茂，浙人听其经霜自落，片片扫拾以饲绵羊，大获绒毡之利。

【注释】

〔1〕柘：桑科柘树 *Cudranie tricuspidata*，又称黄桑，叶可饲蚕。

〔2〕一种：涂本等作"三种"，误，当为一种。

【译文】

又有柘叶一种，用以接济桑叶之不足。柘树在浙江不常见，但四川最多。贫寒人家饲养浙江蚕种，在桑叶不够时，乃用柘叶充之，原理是一样的。琴弦、弓弦所用的丝，来自用柘叶养的蚕，名叫"棘茧"，据说其蚕丝最坚韧。采桑叶必须用剪刀，嘉兴府桐乡县所出产的铁剪最为锋利，别处的剪刀都比不过它。剪枝得法，当桑树再长出枝条后，第二个月就能长出很多叶。这样取得的桑叶又多，摘取也方便。再生枝条的叶，农历五月用以饲养二化性晚蚕，则只是摘叶而不剪枝。第二茬叶子摘取后，到秋天第三茬叶子又茂盛起来，浙江人任其经霜自落，一片片地扫拾起来饲养绵羊，可大获羊毛绒毡的收益。

6-3-6　**食忌**：凡蚕大眠以后，径食湿叶。雨天摘来者，任从铺地加餐。晴天摘来者，以水洒湿而饲之，则丝有光泽。未大眠时，雨天摘叶用绳悬挂透风檐下，时振其绳，待风吹干。若用手掌拍干，则叶焦而不滋润，他时丝亦枯色。凡食叶，眠前必令饱足而眠，眠起即迟半日上叶无妨也。雾天湿叶甚坏蚕,其晨有雾切勿摘叶。待雾收时,或晴或雨,方剪伐也。露珠水亦待盰干而后剪摘。

【译文】

食忌:蚕经大眠以后,就可直接吃湿的桑叶。雨天摘取的叶子,可随便摊开喂蚕。晴天摘取的叶,要以水洒湿后喂蚕,得到的丝就有光泽。蚕在未大眠时,雨天摘取的叶要用绳悬挂在透风的屋檐下,不时地振动绳子,让风吹干叶子。若用手掌拍干,则叶焦而不滋润,以后蚕吐出的丝也不光泽。喂叶时,蚕眠前必须令其饱足而后眠。眠起后,即使迟半日上叶也无妨。雾天的湿叶特别危害蚕,早晨有雾时切勿摘叶。待雾散后,不论晴雨方可摘叶。有露水珠时,也要等晒干后再摘叶。

6-3-7　**病症:**凡蚕卵中受病,已详前款。出后湿热、积压,防忌在人。初眠腾时用漆盒者,不可盖掩逼出气水。凡蚕将病,则脑上放光,通身黄色,头渐大而尾渐小。并及眠之时,游走不眠,食叶又不多者,皆病作也。急择而去之,勿使败群。凡蚕强美者必眠叶面,压在下者或力弱或性懒,作茧亦薄。其作茧不知收法,妄吐丝成阔窝者,乃蠢蚕,非懒蚕也。

【译文】

蚕病:蚕卵所遇到的病害,前已述及。蚕从卵中孵出后遇到的湿热、积压,要靠人来防止。初眠腾筐时,用漆器作盖物的,要打开盖,以免捂出水气。蚕要生病时,胸部发光,周身黄色,头渐大而尾渐小。而且该入眠时游走不眠,吃叶又不多,这都是病态。应当将其急速淘汰除去，勿使害群。健美的蚕必会眠在叶面上，压在下面的蚕不是体弱，便是懒惰，结茧亦薄。作茧不得法，胡乱吐丝结成松散的窝者，是蠢蚕而非懒蚕。

6-4　老足、结茧、取茧、物害、择茧

6-4-1　**老足：**凡蚕食叶足候，只争时刻。自卵出蚋多在辰、巳二时，故老足结茧亦多辰、巳二时。老足者喉下两峡通明。捉时嫩一分则丝少，过老一分又吐去丝，茧壳必薄。捉者眼法高，一只不差方妙。黑色蚕不见身中透光，最难捉。

【译文】
蚕的成熟：蚕吃足桑叶，要力争尽早捉蚕作茧，时间不可耽误。蚕卵孵化多在辰（上午七至九时）、巳（上午九至十一时）这两个时辰，所以蚕发育成熟而结茧也多在这个时间。老熟的蚕喉下两颊透明。捉蚕时要是未完全成熟的，吐丝就少。要捉到过于老熟的，已吐一部分丝，其茧壳必薄。捉蚕的人眼法高明，捉的一只也不差才妙。黑色蚕老熟时，不见其体内透明，最为难捉。

6-4-2a　**结茧：**（结茧、山箔　具图）凡结茧必如嘉、湖，方尽其法。他国不知用火烘，听蚕结出。甚至丛秆之内、箱匣之中，火不经，风不透。故所为屯、漳等绢，豫、蜀等绸，皆易朽烂。若嘉、潮产丝成衣，即入水浣濯百余度，其质尚存。其法

析竹编箔，其下横架料木约六尺高，地下摆列炭火炭忌爆炸，方圆去四五尺即列火一盆（图 6-1）。初上山[1]时，火分两略轻少，引他成绪，蚕恋火意，即时造茧，不复缘走。

【注释】

〔1〕上山：上簇，将熟蚕引至结茧的箔（筛或席）上。

【译文】

结茧：结蚕茧时，必须按嘉兴、湖州采用的方法行事，才达到完善的地步。其他地方不知

图 6-1　山箔（蚕在筛席上结茧）

用火烘，只听任蚕结茧。甚至让茧结到秆把上或箱匣里，既不用火烘，也不通风。因此，屯溪、漳州用这种丝织的绢和河南、四川的绸，都易于朽烂。要是用嘉兴、湖州产的丝作衣，即令在水中洗涤百次以上，丝质还是完好的。嘉兴、湖州的方法是劈竹编成竹席状的蚕箔，下面用木料搭架，离地面约六尺高，地面摆列着炭火防止炭爆出，前后左右每隔四五尺即放一火盆。蚕初上山（上簇）时，火力稍小些，引蚕吐丝，因为蚕喜欢温暖，便即时造茧，不再游走。

6-4-2b　茧绪既成，即每盆加火半斤，吐出丝来随即干燥，所以经久不坏也。其茧室不宜楼板遮盖，下欲火而

上欲风凉也。凡火顶上者,不以为种,取种宁用火偏者。其箔上山用麦稻稿斩齐,随手纠掞成山(图 6-1),顿插箔上。做山之人最宜手健。箔竹稀疏用短稿略铺洒,防蚕跌坠地下与火中也。

【译文】

茧结成后,每盆火再加半斤炭,则吐出来的丝随即干燥,所以丝就能经久不坏。茧室不应当用楼板遮盖,因为结茧时下面要火烘,上面要通风。火盆顶上的茧不用作蚕种,取蚕种宁要用远离火盆的。蚕箔上的山簇用切齐的稻麦秆随手拧成,垂直插在蚕箔上。作山簇的人最好手力要大。蚕箔上的竹条稀疏时,可用短竹条略微补密,以防蚕掉到地上和火中。

6-4-3　**取茧**:凡茧造三日,则下箔而取之。其壳外浮丝一名丝匡者,湖郡老妇贱价买去每斤百文,用铜钱坠打成线,织成湖绸。去浮之后,其茧必用大盘摊开架上,以听治丝、扩绵。若用厨箱掩盖,则浥郁而丝绪断绝矣。

【译文】

取茧:蚕结茧三天后,便取下蚕箔而取茧。茧壳外面的浮丝叫"丝匡"(茧衣),被湖州老妇以贱价买去每斤百文,用铜钱坠作纺锤将其打成线,再织成湖绸。去掉浮丝后的茧,在大盘里摊开并放在架子上,以待缫丝和制丝绵。如用橱柜、箱子装蚕茧,会使其郁闷受潮,造成断丝。

6-4-4　**物害**：凡害蚕者有雀、鼠、蚊三种。雀害不及茧，蚊害不及早蚕，鼠害则与之相终始。防驱之智，是不一法，唯人所行也。雀屎粘叶，蚕食之立刻死烂。

【译文】

　　害物：危害蚕的有麻雀、老鼠和蚊子三种害物。但麻雀害不到茧，蚊子害不到早蚕，而鼠害则自始至终存在。防除方法各种各样，因人施行。麻雀屎粘到桑叶上，蚕食后立刻死烂。

6-4-5　**择茧**：凡取丝必用圆正独蚕茧，则绪不乱。若双茧并四五蚕共为茧，择去取绵用。或以为丝，则粗甚。

【译文】

　　择茧：缫丝时必须用端正的独头茧，则丝绪不乱。若有两个蚕或四五条蚕共结的茧，要挑出来作丝绵用。如用这类茧缫丝，丝就会很粗。

6-5　造　绵

6-5-1　凡双茧并缫丝锅底零余，并出种茧壳，皆绪断乱不可为丝，用以取绵。用稻灰水煮过不宜石灰，倾入清水盆内。手大指去甲净尽，指头顶开四个，四四数足，用拳顶开又四四十六拳数，然后上小竹弓。此《庄子》所谓"洴澼絖"[1]也。

【注释】

〔1〕洴澼絖(píng pì kuàng)：意为在水中击絮。《庄子·逍遥游》云："宋人有善为不龟手之药者,世世以洴澼絖为事。"

【译文】

双宫茧和缫丝时留在锅底的碎丝断茧以及种茧壳,都是丝绪断乱而无法缫丝的,却可以造丝绵。将其用稻草灰水煮后不宜用石灰,倾入清水盆内。将大拇指指甲修干净,用拇指顶开四个蚕茧,连续叠套在其余指头上,四个手指中每个手指都叠套四个蚕茧,用拳将茧顶开,这样每次用一只手的四指可顶开十六个蚕茧,然后用小竹弓敲打。这就是《庄子》所说的"洴澼絖"吧。

6-5-2　湖绵独白净清化者,总缘手法之妙。上弓之时惟取快捷,带水扩开。若稍缓水流去,则结块不尽解,而色不纯白矣。其治丝余者名锅底绵,装绵衣、衾内以御重寒,谓之挟纩〔1〕。凡取绵人工,难于取丝八倍,竟日只得四两余。用此绵坠打线织湖绸者,价颇重。以绵线登花机者名曰花绵,价尤重。

【注释】

〔1〕挟纩(kuàng)：指里面装有丝绵的衣或被。

【译文】

湖州的丝绵特别洁白、纯净,是因为造绵的手法巧妙。上弓操作时贵在动作敏捷,带水将丝绵打开。如动作稍慢,水已流去,则丝绵结块而不能完全松开,看起来颜色也不纯白。缫丝剩下的东西叫锅底绵,将其装入绵衣、被中用来御寒,称为"挟纩"。造丝绵所费的人工,八倍于缫丝,劳动一日每人只能得四两多丝绵。用这种丝绵坠打成线来织"湖绸",价钱颇贵。用绵线在提花机上织出的产品叫"花绵",价钱更贵。

6-6 治丝、缫车

具图

6-6-1 凡治丝,先制丝车[1]。其尺寸、器具开载后图(图6-2)。锅煎极沸汤,丝粗细视投茧多寡。穷日之力,一人可取三十两。若包头丝,则只取二十两,以其苗长也。凡绫罗丝,一起投茧二十枚,包头丝只投十余枚。凡茧滚沸时,以竹签拨动水面,丝绪自见。提绪入手,引入竹针眼[2],先绕星丁头[3]以竹棍做成,如香筒样,然后由送丝竿[4]勾挂,以登大关车。

图6-2 治丝(缫车缫丝)

【注释】

〔1〕丝车：即缫车。

〔2〕竹针眼：即集绪眼，将多个茧的绪集聚起来的部件。

〔3〕星丁头：导丝用的滑轮。

〔4〕送丝竿：即移丝竿。竿，涂本作"干"，从陶本改为"竿"。

【译文】

　　缫丝要先制缫车，其尺寸、部件都列在后面的插图中。缫丝时将锅内的水煮至极沸，将茧投入锅中。丝的粗细要看投茧多少，一人工作一天，可缫丝三十两。如果缫包头巾用的丝，只能得到二十两，因为这种丝比较细长。缫绫罗用的丝，一次投入锅内二十个茧，缫头巾用的丝只投十多个茧。当茧在锅内滚沸时，用竹签拨动水面，绪丝自会出现，用手牵住绪丝引入竹针眼，先绕过星丁头（导丝的滑轮）用竹棍做成的像香筒形状的部件，然后将丝钩挂在送丝竿上，再接到"大关车"（脚踏转动的绕丝部件）上。

　　6-6-2　断绝之时，寻绪丢上，不必绕接。其丝排匀、不堆积者，全在送丝竿与磨不[1]之上。川蜀丝车制稍异，其法架横锅上，引四五绪而上，两人对寻锅中绪，然终不若湖制之尽善也。凡供治丝薪，取极燥无烟湿者，则宝色不损。丝美之法有六字，一曰出口干，即结茧时用炭火烘；一曰出水干，则治丝登车时，用炭火四五两盆盛，去关车[2]五寸许。运转如风时，转转火意照干，是曰出水干也。若晴光又风色，则不用火。

【注释】

〔1〕磨不(dūn)：涂本插图中作"磨不"，后诸本改作"磨木"，误，今仍作磨不(磨墩)，参见图6-2。此为使移丝竿摆动的脚踏摇柄。

〔2〕关车：原文作"车关"，当为关车之误，今改。

【译文】

丝断时，找出绪头放上去，不必绕接原来的丝。使丝排列均匀而不堆在一起，全靠送丝竿和磨不(带送丝竿的摇柄)的作用。四川缫车形式稍有不同，其方法是把缫车架在锅上，两人面对面地各自寻找锅中的绪丝，一次牵出四、五根绪丝上车，但终究不如湖州缫车完善。缫丝用的薪柴，要干透而无烟湿之气的，这样才不致损害丝的色泽。使丝质美好的办法有六个字，一曰"出口干"，就是说在结茧时用炭火烘。一曰"出水干"，就是说在缫丝上车时盆装四、五两炭火，放在离大关车五寸之处，当关车飞速转动时，生丝借火温边转边干，此即出水干。如天晴又有风，就不用火烘。

6-7　调丝、纬络、经具、过糊

6-7-1　**调丝：**凡丝议织时，最先用调。透光檐端宇下以木架铺地，植竹四根于上，名曰络笃（图6-3）。丝匡竹上，其傍倚柱高八尺处，钉具斜安小竹偃月挂钩。悬搭丝于钩内，手中执纂旋缠，以俟牵经、织纬之用。小竹坠石为活头，接断之时，扳之即下。

【译文】

绕丝：即将织丝时，首先要绕丝。在光线好的屋檐下把木架铺在地上，木架上直插四根竹竿，名曰络笃。将丝围绕在竹上，络笃旁

图 6-3　调丝（绕丝）

图 6-4　纺纬

边的立柱上高八尺的地方，用铁钉钉上一根带有半月形挂钩的倾斜的小竹竿。将丝悬挂在半月形钩内，手中持篗（绕丝棒）旋转绕丝，以备牵经、织纬。小竹竿一端挂一小石块作为活头，断丝时一拉绳，挂钩就下来了。

6-7-2　**纬络**[1]：（纬络、纺车　具图）凡丝既篗之后，以就经纬。经质用少，而纬质用多。每丝十两，经四纬六，此大略也。凡供纬篗，以水沃湿丝，摇车转锭[2]而纺于竹管之上竹用小箭竹[3]。（图 6-4）

【注释】

〔1〕纬络:即卷纬,卷绕供织丝用的纬线。

〔2〕锭(dìng):锭子,纺纱机上加捻卷绕机构的重要部件。

〔3〕箭竹:禾本科苦竹属 *Phyllostachys bambusoides*。

【译文】

卷纬:丝在篗上绕好后,就可作经纬线了。经线用丝少,而纬线用丝多。每十两丝,经线用四两,纬线用六两,这是大致情况。供卷纬线用的篗(绕丝棒),要将上面的丝用水湿润,再摇卷纬车带动锭子转动,把丝绕在竹管上竹管以小箭竹作成。

6-7-3　　**经具:**(经具、溜眼、掌扇、经耙、印架　皆有图)

凡丝既篗之后,牵经就织。以直竹竿穿眼三十余,透过篗圈,名曰溜眼。竿横架柱上,丝从圈透过掌扇,然后缠绕经耙之上。度数既足,将印架捆卷。既捆,中以交竹二度,一上一下间丝,然后扱于筘内此筘非织筘[1](图6-5),扱筘之后,以的杠[2]与印架相望,登开五七丈。或过糊者,就此过糊。或不过糊,就此卷于的杠,穿综[3]就织。

【注释】

〔1〕筘:织机上的筘也呈梳子形状,将经线穿入梳齿,使其均匀排列至一定宽度,控制织物幅度,又称定幅筘。

〔2〕的杠:织机上卷绕经丝的经轴。

〔3〕综:织机上使经线上下交错以受纬线的部件。

图 6-5　牵经工具

【译文】

　　牵经工具: 当丝线绕在篗(绕丝棒)上之后,便可牵经就织。在一根直竹竿上穿三十多个小眼,眼内穿上竹圈,名曰溜眼。将这根竹竿横架在木柱子上,丝通过竹圈再穿过"掌扇"(分丝筘)然后缠绕在"经耙"(牵纬架)之上。丝达到足够长度时,就卷在"印架"(卷经架)上。卷好后,中间用两根"交竹"(经线分交棒)把丝分一上一下,然后插于梳丝筘内此筘不是织机上的筘。穿过梳丝筘后,把"的杠"与"印架"(卷丝架)相对拉开五至七丈远。需要浆丝的就此浆丝,不需浆丝的则就此卷在的杠上,即可穿综织丝了。

　　6-7-4　**过糊:** 凡糊用面觔内小粉为质。纱、罗所必用，绫、绸或用或不用。其染纱不存素质者，用牛胶水为之，名曰清胶纱。糊浆承于筘上，推移染透，推移就干（图6-6）。天气晴明[1]，顷刻而燥，阴天必借风力之吹也。

【注释】

〔1〕晴明：涂本、杨本误作"暗明"，陶本作"晴明"，今改。

【译文】

浆丝：浆丝用的糊以面筋里面的小粉（淀粉）为原料。

图6-6 过糊（浆丝）

织纱、罗必须要浆丝，织绫、绸可浆可不浆。用染过的丝织纱，因丝已失掉原来本性，要用牛胶水过浆，名曰清胶纱。浆料放在梳丝筘上，推移梳丝筘将丝浆透，随推随干。天气晴明，顷刻即干，阴天必借风力吹干。

6-8 边维、经数

6-8-1 **边维：**凡帛不论绫、罗，皆别牵边，两傍各二十余缕。边缕必过糊，用筘推移梳干。凡绫、罗必三十丈、五六十丈一穿，以省穿接繁苦。每匹应截画墨于边丝之上，即知其丈尺之足。边丝不登的杠，别绕机梁之上。

【译文】

　　织边：丝织物不论是厚的绫或薄的罗，纺织时都要另行织边。其两个边各牵经线二十余根，边经线必须过浆，用箬推移梳干。绫罗必三十丈或五六十丈穿一次箬，以省去穿接的繁苦。每织一匹（四丈）应在边经上用墨划记号，以掌握长度。织边的丝线不绕在的杠（经轴）上，而是另外绕在织机横梁上。

　　6-8-2　**经数**：凡织帛，罗、纱箬以八百齿为率，绫、绢箬以一千二百齿为率。每箬齿中度经过糊者，四缕合为二缕，罗、纱经计三千二百缕，绫、绸经计五千、六千缕。古书八十缕为一升[1]，今绫、绢厚者，古所谓六十升布也。凡织花文必用嘉、湖出口、出水皆干丝为经，则任从提掣，不忧断接。他省者即勉强提花，潦草而已。

【注释】

　　〔1〕古书八十缕为一升：《仪礼·丧服》云："缌者十五升，抽其半，有事其缕，无事其布曰缌。"东汉郑玄注曰："云缌者十五升抽其半者，以八十缕为升。"六十升布即 2.2 尺幅内有 4 800 根线。

【译文】

　　经线数目：织纱罗的箬以八百个齿为标准。织绫绢的箬以一千二百齿为标准。每个箬齿中穿入上浆的经线，四根合为二根。罗纱的经丝共三千二百根，绫绸的经丝共五、六千根。古书称八十根为一升，现在较厚的绫绢就是古时所说的六十升布。织花纹时必须用嘉兴、湖州所产结茧和缫丝时都用火烘干的丝作经线,则任从提拉也不愁断头。其他省所出的丝,即使可勉强提花,也不精致。

6-9 花机式、腰机式、结花本

6-9-1a [花]机式[1](具图):凡花机通身度长一丈六尺,隆起花楼[2],中托衢盘[3],下垂衢脚[4]。水磨竹棍为之,计一千八百根。对花楼下掘坑二尺许,以藏衢脚。地气湿者,架棚二尺代之。提花小厮坐立花楼架木上(图6-7)。机末以的杠卷丝,中用叠助木两枝直穿二木,约四尺长,其尖插于筘两头。

图6-7 提花机

【注释】

〔1〕花式机:原作"机式",脱一"花"字,今补。
〔2〕花楼:控制提花机上经线起落的机件。
〔3〕衢盘:调整经线开口部位的机件。
〔4〕衢脚:使经线复位的提花机部件。

【译文】

　　提花机构造:提花机通长一丈六尺,其高高隆起的部分是花楼,中间托着衢盘,下面垂吊着衢脚。用加水磨光的竹棍作成,共一千八百根。对着花楼的地下挖二尺深的坑,以容纳衢脚。地下潮湿时,可架二尺高的棚代替地坑。提花的徒工坐立在花楼的木架上。提花机末端以的杠(经轴)卷丝,机的中部用两根叠助木(打纬的摆杆)来穿接两根约四尺长的木棍,棍尖插入织筘的两端。

　　6-9-1b　叠助,织纱、罗者视织绫、绢者减轻十余觔方妙。其素罗不起花纹,与软纱、绫绢踏成浪、梅小花者,视素罗只加桄两扇。一人踏织自成,不用提花之人闲住花楼,亦不设衢盘与衢脚也。其机式两接,前一接平安,自花楼向身一接斜倚低下尺许,则叠助力雄。若织包头细软,则另为均平不斜之机。坐处斗二脚,以其丝微细,防遏叠助之力也。

【译文】

　　织纱罗用的叠助木,比织绫绢的最好轻十几斤。织素罗不起花纹,要在软纱、绫绢上织出波浪、梅花等小花,比织素罗只多加两扇综框,一个人踏织即成,不用提花的人闲待在花楼上,亦不设衢盘与衢脚。其织机形式分为两段,前一段平放,从花楼向织工的一段向下倾斜一尺许,这样叠助木(筘座摆杆)的冲力大些。若织包头巾之类细软的丝织物,则应另作一个水平而不倾斜的织机。人坐的地方安二个脚架,因织头巾的丝很细,要防止叠助木力猛。

6-9-2　腰机式(具图):凡织杭西、罗地等绢,轻素等绸,银条、巾帽等纱,不必用花机,只用小机(图 6-8)。织匠以熟皮一方置坐下,其力全在腰、尻之上,故名腰机。普天织葛、苎、棉布者,用此机法,布帛更整齐、坚泽,惜今传之犹未广也。

图 6-8　腰机式

【译文】

腰机构造:织杭西、罗地等绢,轻素等绸,以及银条、巾帽等纱,不必用提花机,只用小机。织匠用一块熟皮作靠背,其力全在腰和臀部,所以叫腰机。各地织葛、苎麻、棉布的,都用这种织机。织出的布、帛更整齐、结实而有光泽,可惜至今还没有普遍流传。

6-9-3　[结]花本[1]:凡工匠结花本者,心计最精巧。

画师先画何等花色于纸上，结本者以丝线随画量度，算计分寸秒忽而结成之。张悬花楼之上，即结者不知成何花色，穿综带经，随其尺寸、度数提起衢脚[2]，梭过之后居然花现。盖绫绢以浮经而现花，纱罗以纠纬而现花。绫绢一梭一提，纱罗来梭提，往梭不提。天孙机杼，人巧备矣。

【注释】

　〔1〕结花本：原作"花本"，脱一"结"字。挑花结本，根据画稿花纹图案，用经纬交织挑制出花纹，其中最重要工序是挑花。

　〔2〕衢脚：使提花机上经线复位的机件。

【译文】

　结花本：担任织花纹工序的工匠，心计最为精巧。画师先将某种花纹图案画在纸上，工匠能用丝线按照图样度量，精确算计得毫无差错而织结成纹样。花样悬挂在花楼上，即使织者不知会织成什么样的花纹，但穿综带经，按照纹样尺寸度数，提起衢脚，穿梭织造后，花样居然会显现出来。因为绫绢以浮起经线而显花纹，纱罗是纠集纬线而显现花纹。因此织绫绢是一梭一提，织纱罗是来梭时提花，回梭时不提。天上织女的纺织技术，人间的巧手均已掌握。

6-10　穿经、分名、熟练

　6-10-1　**穿经：**凡丝穿综度经，必用四人列坐。过筘之人手执筘耙先插，以待丝至。丝过筘，则两指执定，足五七十筘，则绦结之。不乱之妙，消息全在交竹。即接断，就丝一扯即长数寸。打结之后，依还原度，此丝本质自具之妙也。

【译文】

　　经线穿综、穿筘：将经线穿过综和织筘，需要四个人并坐着操作。穿织筘的人手持筘把先插入筘中，等待另一人将丝递过来。丝过筘后，用两指握住，穿好五十至七十筘后把丝扭结起来。丝之所以不乱的奥妙，机能在于可将丝上下分开的"交竹"。接断丝时，将丝一拉就能拉长几寸。打好结后又缩到原来长度。这是丝自身所具有的妙用。

　　6-10-2a　　**分名**：凡罗，中空小路以透风凉，其消息全在软综之中。衮头[1]两扇打综，一软一硬[2]。凡五梭、三梭最厚者七梭之后，踏起软综，自然纠转诸经，空路不粘。若平过不空路而仍稀者曰纱，消息亦在两扇衮头之上。直至织花绫绸，则去此两扇，而用桄综[3]八扇。

【注释】

　　〔1〕衮头：相当6-9-1节花机图中的老鸦翅，即织地纹的提综杠杆。
　　〔2〕一软一硬：软综，用线绳作的综，又称绞综，织平纹。硬综，织纠纹或网纹。两综并用可织平纹，又可起绞孔，从钟本注。
　　〔3〕桄综：辘踏牵动的综，八扇桄综可起伏织成花纹。

【译文】

　　丝织物的名分：罗之类的丝织物有中空的小孔以透风取凉，其织造的关键在于用线绳作成的软综（绞综）。用两扇衮头打综，一个是软综，一个是硬综。织过五梭、三梭最厚的七梭纬线之后，踏起软综，自然会使两股经丝绞组成绞纱孔，而不并合起来，形成网眼。如果一直织下去，不起条纹而普遍有孔的，就叫纱，织纱的关键也在两扇衮头。直到织花绫绸时，才去掉两扇衮头，而用八扇枕综。

6-10-2b　凡左右手各用一梭交互织者，曰绉纱。凡单经曰罗地，双经曰绢地，五经曰绫地。凡花分实地与绫地，绫地者光，实地者暗。先染丝而后织者曰缎北地屯绢亦先染过。就丝绸机上织时，两梭轻、一梭重，空出稀路者，名曰秋罗，此法亦起近代。凡吴越秋罗，闽、广怀素，皆利搢绅当暑服，屯绢则为外官、卑官逊别锦绣用也。

【译文】

左右手各用一梭交互织成的叫绉纱。经线单起单落织出的叫罗地，用经线双起双落织出的叫绢地，经线每隔四根提起一根织成的织物叫绫地。提花织物分为平纹实地（素地）与斜纹绫地（花地），绫地光亮，实地较暗。先染丝而后织成质地较厚密的织物叫缎。北方的屯绢也是先染丝。丝在织机上如织两梭平纹、一梭起绞综，形成一排排纱孔的，叫做秋罗，这种织法也起于近代。江苏、浙江的秋罗，福建、广东的熟罗，都是供官绅作夏服用的，而屯绢则为地方小官用作锦绣的代用品衣料。

6-10-3　**熟练：**凡帛织就犹是生丝，煮练方熟。练用稻稿灰入水煮[1]。以猪胰脂[2]陈宿一晚，入汤浣之，宝色烨然。或用乌梅者，宝色略减。凡早丝为经、晚丝为纬者，练熟之时每十两轻去三两。经、纬皆美好早丝，轻化只二两。练后日干张急,以大蚌壳磨使乖钝,通身极力刮过,以成宝色。

【注释】

〔1〕练用稻稿灰入水煮:用草木灰水煮练生丝,可除去其中所含的丝胶等杂质。

〔2〕猪胰脂:从猪脂肪中提制的肥皂。

【译文】

　　煮练:丝织物织成后仍是生丝,要经过煮练(即脱胶)才成为熟丝。煮练的方法是先将生丝用稻草灰加水煮,再加上猪胰脂陈放一晚,更在热水中洗涤,则色泽鲜明。如用乌梅水煮,色泽就差些。用一化性蚕的丝为经线并以二化性蚕的丝为纬线而织成的丝,煮练后每十两会减轻三两。经纬线都用上好的一化性蚕的丝所织的,只减轻二两。煮练后晒干绷紧,再用磨光滑的大蚌壳用力将丝织物全面地刮磨一遍,使之显出光泽。

6-11　龙袍、倭缎

　　6-11-1　**龙袍**:凡上供龙袍,我朝局在苏、杭。其花楼高一丈五尺,能手两人扳提花本,织过数寸即换龙形。各房斗合不出一手。赭、黄亦先染丝,工器原无殊异,但人工慎重与资本皆数十倍,以效忠敬之谊。其中节目微细,不可得而详考云。

【译文】

　　龙袍:供皇帝用的龙袍,我朝(明朝)的织造局设在苏州和杭州。

生产龙袍的织机的花楼高达一丈五尺,由两名技术能手拿着设计好的花样提花,每织过几寸之后,便变换提织龙形图案的另一部分。龙袍由机房各部分工织造单独部分再拼合而成,不是出于一人之手。所用的丝先染成红、黄等色,所用工具没有什么特别之处,只是人工和成本要增加数十倍,以表示忠敬之意。其中细节繁多,不可详考。

6-11-2　**倭缎:**凡倭缎[1]制起东夷,漳、泉海滨效法为之。丝质来自川蜀,商人万里贩来,以易胡椒归里。其织法亦自夷国传来。盖质已先染,而斫线[2]夹藏经面,织过数寸即刮成黑光。北房互市者见而悦之。但其帛最易朽污,冠弁之上顷刻集灰,衣领之间移日捐坏。今华夷皆贱之,将来为弃物,织法可不传云。

【注释】

〔1〕倭缎:此处指带有金属线的天鹅绒,或称漳绒。其制法是否起于日本国,恐有疑问。1956—1958年,在明神宗朱翊钧(1563—1620)的皇陵定陵中曾出土天鹅绒类织物。

〔2〕线:原文作"绵",误。从技术上看,此处应剪(斫)铜线夹织到经线里,故应改作线,为铜线之省义。

【译文】

倭缎:倭缎制法起自日本国,福建漳州、泉州沿海地区曾加以仿制。其丝的原料来自四川,由商人万里贩来,换易胡椒而归。其织法亦自日本国传来,先将丝料染色作为纬线,再将剪断的铜线夹织到经线中,织过数寸丝后将织物刮成黑光。东北满族地区的商人见到这种织物很是喜欢。但因其最易污损,作成的帽子戴上后很快积聚灰尘,作成衣领穿不几天就损坏。现在各地都不看重,将来或许被淘汰,其织法也未必会流传下去。

6-12 布衣、枲著、夏服

6-12-1a 布衣:(布衣、赶、弹、纺 具图)凡棉衣御寒,贵贱同之。棉花,古书名枲麻[1],种遍天下。种有木棉、草棉[2]两者,花有白、紫二色。种者白居十九,紫居十一。凡棉春种秋花,花先绽者逐日摘取,取不一时。其花粘子于腹,登赶车而分之(图6-9)。去子取花,悬弓弹化(图6-10)。

图6-9 赶棉车(轧花车)

图6-10 弹棉

图 6-11　擦条(搓棉条)　　　　　图 6-12　纺缕(纺棉纱)

为挟纩温衾、袄者,就此止功。弹后以木板擦成长条以登纺车
(图 6-11),引绪纠成纱缕(图 6-12)。然后绕篗、牵经就织。
凡纺工能者一手握三管纺于锭上捷则不坚。

【注释】

〔1〕枲麻:指大麻的雄株,不是棉花。古书称棉为白叠(《汉书》)、
吉贝(《南州异物志》)等。

〔2〕木棉:木棉科树棉 *Gossampinus malabarica*。　　草棉:锦葵科
棉属草本 *Gossypium herbaceum*。

【译文】

　　棉布:用棉衣御寒,不分贵贱。棉花在古书中叫枲麻,各地都种

植。有木棉、草棉两种，花有白、紫两色。种白棉的占十分之九，紫棉占十分之一。棉花在春天播种，秋天结花，棉桃先裂开的逐天摘取，不是在同时摘取。棉花絮与棉子粘在棉桃内，需要用轧花、脱子的赶车才能将二者分开。棉花去子后用弹弓弹松。作棉被、棉衣的棉花，就加工到这一步而止。弹后在木板上将棉花搓成长条，再在纺车上牵引棉绪纺成棉纱。然后将棉纱绕到篗子上，就可牵经织布了。纺织能手一人手握三个纺锤，把三根棉纱纺在锭子上纺得太快则棉纱不坚。

6-12-1b　凡棉布寸土皆有，而织造尚淞江，浆染尚芜湖。凡布缕紧则坚，缓则脆。碾石取江北性冷质腻者每块佳者值十余金，石不发烧，则缕紧不松泛。芜湖巨店首尚佳石。广南为布薮，而偏取远产，必有所试矣。为衣敝浣，犹尚寒砧捣声，其义亦犹是也。外国朝鲜造法相同，惟西洋则未核其质，并不得其机织之妙。凡织布有云花、斜文、象眼等，皆纺花机而生义。然既曰布衣，太素足矣。织机十室必有，不必具图。

【译文】

棉布各地都生产，但织造技术以淞江为最高，浆染以芜湖为最高。棉纱纺得紧密，布就结实，纺得松，布就不结实。浆染布时用的碾石采用江北所产性冷而质细的石料每块好的碾石值十两银子。用这种碾石碾布时不易发热，而且纱线紧密而不松散。芜湖的大染店特别注重用好的碾石。广东是棉布的集中地，却偏偏用远处产的碾石，一定是经过试验后才这样做的。衣服穿旧时浆洗，也习惯在性冷的石板上捶打，其道理也是一样的。外国朝鲜织布方法也与中国一样，只有西洋布没有查明其原料，也不知其机织技术。棉布可织出云花、斜纹、象眼等花纹，都是仿照花机原理而制成。但既然称为布衣，织成平纹也就够了。十户人家中必有织机，不必附图于此。

6-12-2　枲著[1]：凡衣、衾挟纩御寒，百人之中，止一人用茧绵，余皆枲著。古缊袍，今俗名胖袄。棉花既弹化，相衣、衾格式而入装之。新装者附体轻暖，经年板紧，暖气渐无，取出弹化而重装之，其暖如故。

【注释】

　〔1〕枲著：本指麻衣，因作者将枲误为棉之古称所致。此处改译为棉衣。

【译文】

　棉衣：以棉衣、棉被御寒的，百人之中只有一人在其中装入丝绵，其余都用棉花。古时的缊袍今俗称为胖袄（棉袄）。棉花弹好后，便依据衣服、被子的形状将棉花放进去。新作的棉衣穿在身上显得轻暖，但穿得久就会板紧，逐渐不保暖。将其中棉花取出弹松，再重新装入衣内，仍像原来一样暖和。

6-12-3a　夏服：凡苎麻[1]无土不生。其种植有撒子、分头两法。池郡[2]每岁以草粪压头，其根随土而高，广南青麻[3]撒子种田茂甚。色有青、黄两样。每岁有两刈者、有三刈者，绩为当暑衣裳、帷帐。凡苎皮剥取后，喜日燥干，见水即烂。破析时则以水浸之，然只耐二十刻，久而不析亦烂。

苎质本淡黄,漂工化成至白色。先取稻灰、石灰水煮过,入长流水再漂,再晒,以成至白。纺苎纱能者用脚车,一女工并敌三工。惟破析时穷日之力只得三五铢重。织苎机具与织棉者同。凡布衣缝线、革履串绳,其质必用苎纠合。

【注释】

　〔1〕苎麻:荨麻科苎麻属 *Boehmeria nivea*。
　〔2〕池郡:今安徽贵池地区。
　〔3〕青麻:苎麻的一种,此处非苘麻。

【译文】

　　夏服:苎麻到处都可以生长。其种植有播种和分根两种方法。池州每年将草粪压在根部,麻根顺着压土而长高。广东的青麻以种子撒在田地,长得颇茂盛。苎麻有青、黄两种颜色。每年有收割两次、三次的,织成夏天用的衣服和帷帐。苎麻剥皮后,最好在阳光下晒干,否则见水就烂。将麻皮撕破时要用水浸泡,但只能浸二十刻(五小时),浸久时不撕也要烂。苎麻本是淡黄色的,经过漂洗才成为白色。先用稻草灰水或石灰水煮过,再在流动的水中漂洗,晒干后就成白色。纺苎纱的能手用脚踏纺车,一女工可抵三人。但撕裂麻皮则一日只得三五铢重纤维。织苎麻的机具与织棉相同。缝布衣的线和作皮鞋的串绳,都用苎麻搓成。

　　6-12-3b　　凡葛[1]蔓生,质长于苎数尺。破析至细者,成布贵重。又有苘麻[2]一种,成布甚粗,最粗者以充丧服。即苎布有极粗者,漆家以盛布灰,大内以充火炬。又有蕉纱,乃闽中取芭蕉[3]皮析、缉为之,轻细之甚,值贱而质枵,不可为衣也。

【注释】

〔1〕葛：豆科藤本 *Pueraria lobata*，茎皮纤维可织葛布。

〔2〕苘麻：锦葵科一年生草本 *Abutilon theophrasti*。

〔3〕芭蕉：芭蕉科芭蕉属 *Musa basjoo*。

【译文】

葛是蔓生的，其纤维长于苎麻数尺。用破析得很细的葛纤维织布，十分贵重。还有一种苘麻，织成布较粗，最粗的布用作丧服。即使是苎布，也有很粗的，漆工用以蘸灰擦磨漆器，而宫内则用以作火把。还有一种蕉纱，是福建地区取芭蕉的韧皮破析、纺织而成，轻细之甚，不值钱也不结实，不堪做衣服。

6-13　裘

6-13-1　凡取兽皮制服，统名曰裘。贵至貂〔1〕、狐，贱至羊、麂〔2〕，值分百等。貂产辽东外徼建州〔3〕地及朝鲜国。其鼠好食松子，夷人夜伺树下，屏息悄声而射取之。一貂之皮方不盈尺，积六十余貂仅成一裘。服貂裘者立风雪中，更暖于宇下。眯入目中，拭之即出，所以贵也。色有三种，一白者曰银貂，一纯黑，一黯黄。黑而长毛者，近值一帽套已五十金。凡狐、貉〔4〕亦产燕、齐、辽、汴诸道。纯白狐腋裘价与貂相仿，黄褐狐裘值貂五分之一，御寒温体功用次于貂。凡关外狐，取毛见底青黑，中国者吹开见白色，以此分优劣。

【注释】

〔1〕貂(diāo)：紫貂，哺乳纲食肉目鼬科 *Martes zibellina*。毛皮极珍贵，分布于中国东北。貂皮与人参、鹿茸称为"关东三宝"。

〔2〕麂(jǐ)：黄麂，哺乳纲鹿科 *Muntiacus veevesi*。

〔3〕建州：明代奴儿干都司建州女真部，在今吉林、辽宁境内。

〔4〕貉(hé)：即狸，哺乳纲犬科 *Nyctereutes procyonides*，亦称狗獾。

【译文】

凡用兽皮作的衣服统名之为裘。贵重的有貂皮、狐皮，便宜的有羊皮、麂皮，价格的等级有百种之多。貂产于辽东塞外的建州地区及朝鲜国。貂鼠喜欢吃松子，满族地区的猎人晚间悄悄地藏在松树下伺机射取。一张貂皮不到一尺见方，积六十多张貂皮仅成一件皮衣。穿貂皮衣的人站在风雪之中，比在室内还觉得暖和。灰沙眯眼时用貂皮一擦即出。此其所以贵重的原因。貂皮有三种颜色，一种色白的叫银貂，一种是纯黑色，另一种是暗黄色。近来一顶黑色长毛的貂皮帽值五十两银子。狐和貉也产于北方的河北、山东、辽宁、河南等地。纯白的狐腋皮衣与貂皮衣相仿。黄褐色的狐皮衣价值为貂皮衣的五分之一，御寒暖体的功用次于貂皮。关外狐皮拨开毛见皮板是青黑色，内地的吹开毛露出白色皮板，用这种方法区分优劣。

6-13-2　羊皮裘母贱子贵。在腹者名曰胞羔毛文略具，初生者名曰乳羔皮上毛似耳环脚，三月者曰跑羔，七月者曰走羔毛文渐直。胞羔、乳羔为裘不膻。古者羔裘为大夫之服，今西北搢绅亦贵重之。其老大羊皮硝熟〔1〕为裘，裘质痴重，则贱者之服耳。然此皆绵羊所为。若南方短毛革，硝其鞟如纸薄，止供画灯之用而已。服羊裘者，腥膻之气习久而俱化,南方不习者不堪也。然寒凉渐杀,亦无所用之。

【注释】

〔1〕硝熟:用石灰、芒硝($Na_2SO_4 \cdot 10H_2O$)鞣制皮革。

【译文】

羊皮衣中老羊皮贱而羊羔皮贵。怀在腹中的羊羔叫胞羔刚刚长毛,刚出生的叫乳羔皮上的毛像耳环钩,弯弯曲曲的。长三个月后的叫跑羔,长七个月的叫走羔皮上的毛渐渐变直。用胞羔、乳羔的皮作衣没有膻味。古时羔皮衣为大夫之服,现在西北的官绅也很看重它。老羊皮经过硝熟之后作衣,穿起来显得笨重,是下层人的衣服。然而这些皮衣都是绵羊皮做成的。南方的短毛羊皮,其去毛的皮在硝熟之后薄得像纸,只能用来作画灯而已。穿羊皮衣的人,对腥膻之气日久便习惯而无所谓了,但南方不习惯于此味的人便受不了。不过往南气候渐暖,皮衣也就派不上用场了。

6-13-3　麂皮去毛,硝熟为袄、裤,御风便体,袜、靴更佳。此物广南繁生外,中土则积集楚中,望华山为市皮之所。麂皮且御蝎患,北人制衣而外,割条以缘衾边,则蝎自远去。虎豹至文,将军用以彰身。犬、豕至贱,役夫用以适足。西戎尚獭[1]皮,以为毳衣领饰。襄黄之人穷山越国射取而远货,得重价焉。殊方异物如金丝猿[2],上用为帽套。扯里狲[3]御服以为袍,皆非中华物也。兽皮衣人,此其大略,方物则不可殚述。飞禽之中有取鹰腹、雁胁毳毛,杀生盈万乃得一裘,名天鹅绒者,将焉用之?

【注释】

　　〔1〕獭(tǎ):水獭,哺乳纲鼬科水獭 *Lutra lutra*,毛皮珍贵。

　　〔2〕金丝猿:哺乳纲疣猴科 *Rhinopithecus roxellanae*,珍贵毛皮动物。

　　〔3〕扯里狲:即猞猁狲、猞猁,哺乳纲猫科 *Filis lynx*。

【译文】

　　麂皮去毛用芒硝鞣制后做成袄、裤,穿起来遮风蔽体,做成鞋、袜更好。这种动物除繁生于广东外,中原地区集中于湖南、湖北,望华山是毛皮交易的场所。麂皮还能防止蝎患,北方人除作衣之外,还剪成长条镶被边,这样蝎子就不能接近。虎、豹皮纹理最美,将军们用来作战服。猪、狗皮最便宜,役夫们用来作鞋穿。西北少数民族地区看重水獭皮,用来镶饰细毛皮衣的领子。东北女真襄黄旗人翻山越岭猎取水獭后,卖到远方可得重价。不同地方的异兽,如金丝猴,其毛皮供皇帝做帽子。扯里狲的毛皮也供皇帝用作御袍,这都不是中原所出产的。用兽皮作衣的大致情况便是如此,各地特产不可尽述。飞禽之中有取鹰腹、雁腋的细毛作衣料的,杀生盈万乃得一裘,名为"天鹅绒",如何忍心穿呢!?

6-14　褐、毡

　　6-14-1　凡绵羊有二种,一曰蓑衣羊[1],剪其毳为毡、为绒片,帽、袜遍天下,胥此出焉。古者西域羊未入中国,作褐为贱者服,亦以其毛为之。褐有粗而无精,今日粗褐亦间出此羊之身。此种自徐、淮以北州郡,无不繁生。南方唯湖郡饲畜绵羊，一岁三剪毛夏季稀草不生。每羊一只岁得绒袜料三双。生羔牝牡合数得二羔，故北方家畜绵羊百只，则岁入计百金云。

【注释】

〔1〕襃（suō）衣羊：绵羊是哺乳纲牛科绵羊 *Ovis aries*，毛绵密，多白色，有细毛、半细毛、粗毛等类型。此处所说襃衣羊即蒙古羊，是中国分布最广的绵羊品种，外毛披散得像襃衣一样。

【译文】

绵羊有两种，一曰襃衣羊，将其细毛剪下作成毛毡、绒片，遍布各地的毛线帽子和袜子，都以此为原料的。古时西北的羊没有传入中原，下层人作衣用的毛布，也是这种羊毛作的。毛布只有粗的而没有细的，今天粗毛布也有用这种羊毛作的。这种羊从徐州地区和淮河以北各地都大量饲养。南方只有湖州饲养绵羊，一年剪三次毛夏天毛稀，不长新毛。一只羊每年所剪的毛可作三双毛袜用料。能生羔的公母羊交配可生二只小羊，故北方家养百只绵羊，一年可收入百两银子。

6-14-2　一种矞芧[1]羊[2]番语，唐末始自西域传来，外毛不甚襃长，内毳细软，取织绒褐，秦人名曰山羊，以别于绵羊。此种先自西域[3]传入临洮，今兰州独盛，故褐之细者皆出兰州，一曰兰绒，番语谓之孤古绒，从其初号也。山羊毳绒亦分两等，一曰搯绒，用梳栉搯下，打线织帛，曰褐子、把子诸名色。一曰拔绒，乃毳毛精细者，以两[4]指甲逐茎搯下，打线织成褐。此褐织成，揩面如丝帛滑腻。

每人穷日之力打线只得一钱重，费半载工夫方成匹帛之料。若挈绒打线，日多拔绒数倍。凡打褐绒线，冶铅为锤坠于绪端，两手宛转搓成。

【注释】

〔1〕矞芳(yù lè)：当为瀹芳(yù lè)。芳，涂本作"芳"，当为芳。

〔2〕矞芳羊：即羖䍶(gǔ lì)羊，《本草纲目》卷五十《兽部·羊》引宋人苏颂《图经本草》云："羊之种类甚多，而羊亦有褐色、黑色、白色者，毛长尺余，亦谓之羖䍶羊。"又宋人寇宗奭《本草衍义》(1116)云："羖䍶羊出陕西、河东。"

〔3〕西域：指今新疆境内，唐代(618—907)时新疆少数民族东迁，将哈萨克种肥尾绵羊引入甘肃、陕西。

〔4〕两：涂本作"雨"，从杨本改。

【译文】

另一种绵羊叫羖䍶羊少数民族语。唐代末年从西北(今新疆)传来，外毛披散得不很长，但内毛细而柔软，可用来织绒毛布。陕西人叫山羊，以区别于绵羊。这种羊先从西北(今新疆)传到临洮(甘肃)，现在唯独兰州养得最多，故细毛布均出于兰州，又叫兰绒，西北少数民族语叫孤古绒，是根据早期的叫法。山羊细毛绒也分两等，一曰挈绒，是用梳篦从羊身上梳下的，打线织成毛布叫褐子、把子等名称。另一种叫拔绒，是细毛中的精细的，用两指甲逐根从羊身上拔下，再打线织成绒毛布。这种毛布织成后，手摸布面就像丝帛那样光滑细腻。每人拔一天只能打出一钱重的线，费半年工夫才凑成一匹绒布用的毛料。若用梳梳绒打线，每天比拔绒多数倍。打毛布绒线用铅作成锤坠在线头上，用两手转动搓成绒线。

6-14-3　凡织绒褐机大于布机，用综八扇，穿经度缕，下拖四踏轮,踏起经隔二抛纬,故织出文成斜现。其梭长一尺二寸。机织、羊种皆彼时归夷传来名姓再详,故至今织工皆其族类,中国无与也。凡绵羊剪毳,粗者为毡,细者为绒。毡皆煎烧沸汤投于其中搓洗,俟其粘合,以木板定物式,铺绒其上,运轴赶成。凡毡绒白、黑为本色,其余皆染也。其氍俞[1]、氆鲁[2]等名称,皆华夷各方语所命。若最粗而为毯者,则驽马诸料杂错而成,非专取料于羊也。

【注释】

〔1〕氍俞(qú yú):即氍毹,新疆地区少数民族制造的有花纹的毛织地毯。此词于汉代已出现,《三辅黄图·未央宫》云:"规地以罽宾氍毹。"罽宾(Kashmir)即与新疆交界的克什米尔一带。

〔2〕氆鲁(pǔ lǔ):即氆氇,藏语音译,藏族生产的斜纹毛织物,用作衣料,唐代以来为藏族地区主要毛织品。

【译文】

织绒毛布的织机大于织布机,用八片综,让经线从此通过,下面与四个踏轮相连,每踏起二根经线,过一次纬线,所以织成斜纹。织机的梭子长一尺二寸。这种织机和羊种都是当时过来的新疆少数民族传来的姓名待详考,故至今织工皆其族类,很少有内地的人参与这一行业。从绵羊身上剪下的细毛,粗的作毡,细的作绒。作毡时将烧沸的水浇在羊毛中搓洗,待其相互黏合后,将其铺在具有一定大小的木板上,用转轴赶压而成。白色和黑色是毡绒的本色,其余颜色都是染成的。氍毹、氆氇等名称,都是根据各地方言命名的。作毯子所用的最粗的毛,里面掺杂了劣种马的毛等料,并非都是取料于羊毛。

7. 彰施第七

7-1 宋子曰，霄汉之间云霞异色，阎浮之内花叶殊形。天垂象而圣人则之[1]，以五采彰施于五色[2]，有虞氏岂无所用其心哉？飞禽众而凤则丹，走兽盈而麟则碧。夫林林青衣望阙而拜黄朱也，其义亦犹是矣。君子曰，甘受和，白受采[3]。世间丝、麻、裘、褐皆具素质，而使殊颜异色得以尚焉。谓造物而不劳心者，吾不信也。

【注释】

〔1〕天垂象而圣人则之：语出《周易・系辞上》："天垂象，见吉凶，圣人象之。河出图，洛出书，圣人则之。"

〔2〕以五彩彰施于五色：语出《书经・益稷》："帝（虞舜）曰：予欲宣力于四方，汝为……以五彩彰施于五色作服，汝明。"这是上古传说中的帝王虞舜召见禹时所说的一段话。作者从《书经》中引此典故，并以"彰施"命名本章。

〔3〕"君子曰"三句：《礼记・礼器》云："君子曰，甘受和，白受采。"君子曰，涂本及诸本均作"老子曰"，查老子《道德经》无此语，今从《礼记》改。

【译文】

宋子说，天上的云霞五颜六色，地上的花叶千姿百态。大自然呈现的这些彩色缤纷的景象，古代的圣人便加以摹仿，以染料把衣服染成青、黄、赤、白、黑等颜色穿在身上。虞舜当初就是有意这样做的。飞禽众多而只有凤凰丹红超群，走兽遍野而只有麒麟青碧异常。让许多百姓身着黑衣，望见皇宫里穿黄带朱的权贵而敬拜，也含有这层意思。君子说，"甘甜可调和众味，白料能染成诸色"。世上丝、麻、皮、布都是素料，因而可以染成各种不同的颜色而受到珍重。我不相信这不是大自然作出的精心安排。

7-2　诸色质料

7-2-1　**大红色**：其质红花饼[1]一味，用乌梅[2]水煎出，又用碱水澄数次。或稻稿灰代碱，功用亦同。澄得多次，色则鲜甚[3]。染房讨便宜者先染芦木[4]打脚。凡红花最忌沉、麝[5]，袍服与衣香共收，旬月之间其色即毁。凡红花染帛之后，若欲退转，但浸湿所染帛，以碱水、稻灰水滴上数十点，其红一毫收转，仍还原质。所收之水藏于绿豆粉内，放出染红[6]，半滴不耗。染家以为秘诀，不以告人。**莲红、桃红色、银红、水红色**：以上质亦红花饼一味，浅深分两加减而成。是四色皆非黄茧丝所可为，必用白丝方现。

【注释】

〔1〕红花饼：由菊科的红花 *Carthamus tinctorius* 的花制成饼，用以染红。制法详见本章《造红花饼法》。

〔2〕乌梅：酸梅，蔷薇科 *Prumus mume*，其果汁煮后呈酸性，可除去红花中的黄色素。

〔3〕色则鲜甚：红花含红色素染料，用碱性溶液可提高其溶度，使

颜色鲜明。

〔4〕栌木:漆科 *Cotinus coggygria*,其木可作黄色染料。

〔5〕沉、麝:沉香,瑞香科香料木材,*Aquilaria agallocha*。麝香,雄麝香鹿 *Moschus moscjiferus* 香腺的分泌物,为贵重香料。

〔6〕"所收之水"二句:绿豆粉或可吸附红色素,但再染时需加乌梅水等酸性溶液。

【译文】

染大红色:原料只有红花饼一种,用乌梅水煎煮红花饼,再用碱水澄清几次。也可以用稻草灰代替碱,作用是一样的。澄清多次后,颜色便特别鲜艳。染房为图便宜,先用栌木水打底色,再用红花水染。红花最忌与沉香、麝香相遇。如果红色的衣服与熏衣的这些香料收藏在一起,个把月内衣服就要褪色。用红花染丝织物以后,若想退还本色,只要将染过的丝织物浸湿,并滴上数十滴碱水或稻灰水,红色就一点也没有了,仍恢复到原来的素色。剩下的红水在绿豆粉内收藏,取出来再染红,一点都不损失。染房把这一招当作秘方,不肯告人。**染莲红、桃红色、银红、水红色**:染以上四种颜色的原料,也是用红花饼,色的深浅视染料用量的增减而定。这四种颜色都不能用黄茧丝来染,必须用白丝才能呈色。

7-2-2　**木红色**:用苏木[1]煎水,入明矾、梧子[2]。**紫色**:苏木为地,青矾尚之。**赫黄色**:制未详。**鹅黄色**:黄蘗煎水染,靛水盖上。**金黄色**:芦木煎水染,复用麻稿灰淋,碱水漂。**茶褐色**:莲子壳[3]煎水染,复用青矾[4]水盖。**大红官绿色**:槐花[5]煎水染,蓝淀盖,浅深皆用明矾。**豆绿色**:黄蘗[6]水染,靛水盖。今用小叶苋蓝[7]煎水盖者名草豆绿,色甚鲜。**油绿色**:槐花薄染,青矾盖。

【注释】

〔1〕苏木:苏枋木,豆科木本 *Caesalpinia sappan*,根可提出黄色染料,枝干含红色染料。

〔2〕明矾:白矾,硫酸钾铝 $KAl(SO_4)_2 \cdot 12H_2O$,是一种媒染剂,与染料形成色淀而固着在织物上。 桔子:即五倍子,又名没食子,寄生在漆科盐肤木 *Rhus chinensis* 树叶上的虫瘿,含鞣酸,可作媒染剂。

〔3〕莲子壳:睡莲科的莲 *Nelumbo nucitera* 的果皮,水煮后与媒染剂染成茶褐色。

〔4〕青矾:绿矾,又名皂矾,硫酸亚铁 $FeSO_4 \cdot 7H_2O_2$,也是媒染剂。

〔5〕槐花:豆科槐树 *Sophora japonia* 的花,可染成黄色。

〔6〕黄蘖:芸香科黄柏 *Phellodendron amurense*,内皮含黄色染料。除染衣料外,还可染纸。

〔7〕小叶苋蓝:小叶蓼蓝,详见 7-3-1。

【译文】

染木红色:用苏木煎水,加入明矾、五倍子。**染紫色**:用苏木水打底,再配上青矾。**染赭黄色**:方法不详。**染鹅黄色**:用黄蘖水先染,再用蓝淀水套染。**染金黄色**:用栌木煮水染,再用麻秆灰淋出的碱水漂洗。**染茶褐色**:用莲子壳煮水染,更用青矾水媒染。**染大红官绿色**:用槐花煮水染,以蓝淀套染。不管颜色是深是浅,都要用明矾。**染豆绿色**:用黄蘖水染,再以蓝靛套染。现在用小叶苋蓝煮水套染的名叫草豆绿色,很鲜艳。**染油绿色**:用槐花水薄染,再用青矾水媒染。

7-2-3 **天青色**:入靛缸浅染,苏木水盖。**蒲萄青色**:入靛缸深染,苏木水盖。**蛋青色**:黄蘖水染,然后入靛缸。**翠蓝、天蓝**:二色俱靛水分深浅。**玄色**:靛水染深青,芦木、杨梅皮[1]等分煎水盖。又一法,将蓝芽叶水浸,然后下青矾、栲子同浸，令布帛易朽。**月白、草白二色**：俱靛水微染，今法用苋蓝煎水，半生半熟染。**象牙色**：芦木煎水薄染，或用黄土。**藕褐色**：苏木水薄染，入莲子壳、青矾水薄盖。**附染包头青色**：此黑不出蓝靛，用栗壳[2]或莲子壳煎煮一日，漉起，然后入铁砂、皂矾锅内，再煮一宵即成深黑色。

【注释】

〔1〕杨梅皮：杨梅科杨梅树 *Myrica rubra* 的树皮，含单宁，有固色作用。

〔2〕栗壳：壳斗科板栗 *Castanea mallessima* 的果壳。

【译文】

　　染天青色：在靛缸中染成浅蓝色，再用苏木水套染。**染蒲萄青色**：在靛缸中深染，再用浓苏木水套染。**染蛋青色**：用黄蘖水染，然后入靛缸中再染。**染翠蓝、天蓝色**：这两种颜色都用蓝淀水染成，只是略分深浅。**染玄色**：用蓝淀水染成深蓝色，再用等量栌木、杨梅皮水煮后套染。另一种方法是用蓝的嫩叶作成的染液浸染，然后下青矾、五倍子一起浸染。但用这种方法容易使布和丝料朽烂。**染月白、草白两种颜色**：都用蓝淀水轻轻一染。现在的方法是将苋蓝煮到半生半熟时染之。**染象牙色**：用栌木煮水微染，或用黄土染。**染藕褐色**：用苏木水微染，再用莲子壳、青矾水微染。**附染包头巾用的青色**：这种黑色不是用蓝靛染成的，而是将栗壳或莲子壳用水煮一天，滤出，然后放在锅内，加入铁砂、皂矾，再煮一个晚上，就成为黑色。

7-2-4　附染毛青布色法：布青初尚芜湖千百年矣，以其浆碾成青光,边方外国皆贵重之。人情久则生厌。毛青乃出近代,其法取淞江美布染成深青,不复浆碾,吹干,用胶水参豆浆水一过。先蓄好靛,名曰标缸,入内薄染即起。红焰之色隐然,此布一时重用。

【译文】

　　附毛青布染色法:布青色最初是在芜湖流行起来的,至今已有千百年了。因为浆碾后发出青光,边远地区和外国都很贵重它。但看惯了的东西久则生厌,这是人之常情。于是近世又推出了毛青布,其制法是用松江好布染成深青色,不要浆碾,吹干后在胶水和豆浆中过一次。事先存放最好的蓝淀,将布在其中轻轻一染,然后取出。青布中便隐现出红光,这种布曾一时被看重。

7-3　蓝　淀

　　7-3-1　凡蓝五种皆可为淀[1]。茶蓝[2]即菘蓝,插根活。蓼蓝、马蓝、吴蓝[3]等皆撒子生。近又出蓼蓝小叶者,俗名苋蓝,种更佳。

【注释】

　　〔1〕淀:蓝靛,简称靛,蓝色植物染料,主要成分是靛蓝(Indigotin),将染料蓝的叶子发酵,再用石灰水处理而制成。

　　〔2〕茶蓝:菘蓝,十字花科 *Isatis tinctoria*。

　　〔3〕蓼蓝:中国原产,蓼科 *Polygonum tinctorium*。　　马蓝:又名山蓝或大叶冬蓝,爵床科 *Strobilanthes flaccidifolius*。　　吴蓝:豆科的木蓝 *Indigofera tinctoria*。

【译文】

　　植物中蓝共有五种，都可以作蓝淀。茶蓝也就是菘蓝，只要插根就能成活。但蓼蓝、马蓝、吴蓝等，则必须撒子而生。近来又出现一种小叶蓼蓝，俗名为苋蓝，是更好的品种。

　　7-3-2　凡种茶蓝法，冬月割获，将叶片片削下，入窖造淀。其身斩去上下，近根留数寸，熏干，埋藏土内。春月烧净山土，使极肥松，然后用锥锄其锄勾末向身，长八寸许刺土打斜眼，插入于内，自然活根生叶。其余蓝皆收子撒种畦圃中。暮春生苗，六月采实，七月刈身造淀。

【译文】

　　种茶蓝（菘蓝）的方法是，在立冬之月（农历十月）收割，将茶蓝上的叶子一片一片地摘下来，放入窖中造蓝淀。剩下的茶蓝茎秆的上下部要切去，只留靠根的部位数寸，晒干后埋在土里。来年春天时，烧掉山上的杂草，使土地肥沃、疏松，然后用锥锄其锄勾勾头向内弯曲，锄长八寸掘土，打成斜洞，将茶蓝茎段插入其中，根部自然会成活而生出叶子。其余各种蓝都是收子作种，撒在畦圃里。春末出苗，六月采子，七月割蓝造淀。

　　7-3-3　凡造淀，叶与茎多者入窖，少者入桶与缸。水浸七日，其汁自来。每水浆一石下石灰五升，搅冲数十下，淀信即结。水性定时，淀澄于底。近来出产，闽人种山皆茶蓝，其数倍于诸蓝。山中结箬篓输入舟航。其掠出浮抹晒干者,曰靛花。凡蓝入缸,必用稻灰水先和,每日手执竹棍搅动,不可计数。其最佳者曰标缸。

【译文】

造蓝淀时,要是叶与茎很多,便放在窖里,少的放入桶内或缸内。用水浸泡七天,自然会浸出蓝液。每一石蓝液放入石灰五升,搅动数十下,蓝淀很快就会结成。静放后,蓝淀便沉于底部。近来所生产的蓝淀,多是用福建人在山上遍种的茶蓝制得,其数量比其余各种蓝的总和还要多好几倍。他们在山上将茶蓝装入竹篓内,由船运到外地出售。制造蓝淀时,将漂在上面的浮沫取出晒干,名曰靛花。放在缸内的蓝淀,必须先和以稻灰水,每天手持竹棍不计次数地搅动,其中最好的叫做标缸。

7-4 红 花

7-4-1 红花场圃撒子种,二月初下种。若太早种者,苗高尺许即生虫如黑蚁,食根立毙。凡种地肥者,苗高二三尺。每路打橛,缚绳横阑,以备狂风拗折。若瘦地,尺五以下者,不必为之。

【译文】

红花是在园圃中用种子种的,二月初下种。如果种得太早,待苗高一尺时,就会有黑蚂蚁般的虫子将根吃掉,使苗死亡。种红花的土地肥沃时,苗可长到二三尺高。这就要在每行打桩,绑上绳子将苗横拦起来,以防狂风折断。如土地不肥,苗只长到一尺五寸以下时,就不必这样做了。

7-4-2　红花入夏即放绽,花下作梂汇多刺,花出梂上。采花者必侵晨带露摘取。若日高露旰,其花即结闭成实,不可采矣。其朝阴雨无露,放花较少,旰摘无妨,以无日色故也。红花逐日放绽,经月乃尽。入药用者不必制饼。若入染家用者,必以法成饼然后用,则黄汁净尽,而真红乃现也。其子煎压出油,或以银箔贴扇面,用此油一刷,火上照干,立成金色。

【译文】

　　红花一入夏就开花,花下面是多刺的球状花苞。采花的人必须在凌晨带露水时摘取,若等太阳升起、露水干时,花就已经闭合而不能采了。当早晨阴雨而没有露水时,花开得较少,晚一点摘也无妨,因为没有太阳照射。红花逐日开放,经一个月才开尽。红花作药用时,不必作成饼。若在染房中使用,则必须依法作成饼而后用。作成饼后,其中的黄液除尽,才能显出真正的红色。用红花子实煎煮后榨出的油,刷在贴有银箔的扇面上,在火上烘干,立即成为金色。

7-4-3　**造红花饼法**:带露摘红花,捣熟,以水淘,布袋绞去黄汁[1]。又捣以酸粟或米泔清。又淘,又绞袋去汁。以青蒿[2]覆一宿,捏成薄饼,阴干收贮。染家得法,"我朱孔阳"[3],所谓猩红也。染纸吉礼用,亦必用制饼,不然全无色。

【注释】

　　〔1〕"带露摘红花"几句:红花中除红色素外,还有黄色素。后者起

干扰作用,因其溶于水及酸性溶液,故可除去,而剩下有效成分。红色素溶于碱性溶液。

〔2〕青蒿:菊科植物 *Artemisia apiacea*,有抑菌作用。

〔3〕我朱孔阳:语出《诗经·豳风·七月》:"我朱孔阳,为公子裳。"意思是:我用鲜红色的料子为公子做衣裳。

【译文】

造红花饼法:将带着露水摘取的红花捣烂,放入布袋中用水淘洗,并绞去黄色液体。然后取出来再捣,放入布袋中用发酸的淘米水再次淘洗,再绞去汁液。用青蒿在上面盖一夜,捏成薄饼,阴干后收藏起来。如染法得当,就会染出鲜红的颜色,即所谓猩红色。染贺帖用的大红纸,也必须用红花饼来染,否则染不出大红色来。

7-5 附:燕脂、槐花

7-5-1 **燕脂**:燕脂〔1〕古造法以紫矿〔2〕染绵者为上,红花汁及山榴〔3〕花汁者次之。近济宁路但取染残红花滓为之,值甚贱。其滓干者名曰紫粉。丹青家或收用,染家则糟粕弃也。

【注释】

〔1〕燕脂:又名燕支、胭脂、燕脂,红色颜料及化妆品。明人张自烈《正字通》(约 1645)云:"燕脂以红蓝花汁凝脂为之,燕国所出。"

〔2〕紫矿:紫胶或虫胶,紫胶虫 *Lacci fer Lacca* 的分泌物,呈鲜朱红色,可作颜料。

〔3〕山榴:石南科植物 *Rhododendron indicum*,其花红色。

【译文】

　　燕脂:制造燕脂的古方以染丝的紫矿为上料,而红花汁及山石榴花次之。近来山东济宁只用染剩的红花滓来作燕脂,价钱很便宜。干的红花滓叫紫粉,画家或可用上,但染房便当作糟粕扔掉。

　　7-5-2　槐花:凡槐树十余年后方生花实。花初试未开者曰槐蕊,绿衣所需[1],犹红花之成红也。取者张度篓[2]稠其下而承之。以水煮一沸,漉干捏成饼,入染家用。既放之花色渐入黄,收用者以石灰少许洒[3]拌而藏之。

【注释】

　　〔1〕绿衣所需:以槐花染绿需用青矾作媒染剂,或将其与蓝淀套染,以明矾为媒染剂。见本章第二节中染大红官绿色及油绿色条(7-2-2)。
　　〔2〕篓(yú):竹筐。涂本、杨本作"與",陶本作"篓",据陶本改。
　　〔3〕洒:涂本作"晒",从钟本改。

【译文】

　　槐花:槐树要在生长十多年后才开花结实。含苞待放的槐花叫槐蕊,染绿色衣料时所必需,就像红花可以染成红色一样。采取槐花时要用竹筐密布在树下来接取,将槐花用水煮沸,取出滤干并捏成饼,放染房中用。已开过的花,颜色逐渐变黄,收用槐花时必须洒拌少量石灰,然后贮藏。

卷　中

8. 五金第八

8-1　宋子曰，人有十等[1]，自王、公至于舆、台，缺一焉而人纪不立矣。大地生五金[2]以利天下与后世，其义亦犹是也。贵者千里一生，促亦五六百里而生。贱者舟车稍艰之国，其土必广生焉。黄金美者，其值去黑铁一万六千倍，然使釜鬵、斤斧不呈效于日用之间，即得黄金，值高而无民耳。贸迁有无，货居《周官》泉府[3]，万物司命系焉。其分别美恶而指点重轻，孰开其先，而使相须于不朽焉？

【注释】

〔1〕人有十等：典出《左传·昭公七年》，将人分为王、公、大夫、士、皂、舆、隶、僚、仆、台十等，以体现封建等级制度。

〔2〕五金：指金、银、铜、铁、锡，有时亦泛指金属。

〔3〕《周官》泉府：指《周礼·地官》载，泉府官吏掌握金融贸易事项。

【译文】

宋子说，人有十个等级，从高贵的王、公直到低贱的舆、台，缺其中之一，则等级制度便无从建立。大地产生出五金，以利于天下与后世，其道理也和人分成贵贱是一样的。贵金属要隔千里才有一处产地,近的也要隔五六百里才有一处。贱金属就是在舟车难通之处,也必广泛出产。上好的黄金价值比黑铁高一万六千倍,然而如果没有铁制的锅、斧应用于日常生活中,即使有黄金,价值虽高,并不有益于人民。在互通有无的贸易中,金属货币居于《周礼·地官》所载泉府那样的地位,掌握着万物的命脉。至于分辨金属的优劣、品评其价值的轻重,是谁开的头,而使金属永远是必须之物呢?

8-2 黄 金

8-2-1 凡黄金为五金之长,熔化成形之后,住世永无变更。白银入洪炉虽无折耗,但火候足时,鼓鞲而金花闪烁,一现即没,再鼓则沉而不现。惟黄金则竭力鼓鞲,一扇一花,愈烈愈现,其质所以贵也[1]。凡中国产金之区大约百余处,难以枚举。山石中所出,大者名马蹄金,中者名橄榄金、带胯金[2],小者名瓜子金。水沙中所出,大者名狗头金,小者名麸麦金、糠金。平地掘井得者名面沙金,大者名豆粒金。皆待先淘洗后、冶炼而成颗块。

【注释】

〔1〕"惟黄金则竭力鼓鞲"几句:黄金在烈火中亦不易氧化,而银或其他一般金属在高温下会氧化而变质。

〔2〕带胯金:腰带上装饰的金。

【译文】

黄金是五金之首,熔化成形之后,永远不发生变化。白银入熔炉熔化虽无折耗,但火候足时,用风箱鼓风会闪烁出金属的火花,但一现即没，再次鼓风则消失而不出现。只有黄金当极力鼓风时，一鼓则金属火花闪现一次，火力越猛烈，金花越多，这是黄金之所以珍贵的原因。中国产金的地区大约有百余处，难以枚举。山石中所出之金，大的叫"马蹄金"，中等的叫"橄榄金"、"带胯金"，小的叫"瓜子金"。从水沙中所出的，大的叫"狗头金"，小的叫"麸麦金"、"糠金"。在平地掘井而得到的金叫"面沙金"，大块的叫"豆粒金"。都要先经淘洗后，再冶炼而成颗块形的金。

8-2-2　金多出西南，取者穴山至十余丈见伴金石，即可见金。其石褐色，一头如火烧黑状。水金多者出云南金沙江_{古名丽水}，此水源出吐蕃[1]，绕流丽江府，至于北胜州，回环五百余里，出金者有数截。又川北潼川等州邑与湖广沅陵、溆浦等，皆于江沙水中淘沃取金。千百中间有获狗头金一块者，名曰金母，其余皆麸麦形。

【注释】

〔1〕此水源出吐蕃：按金沙江实发源于青海省，而非西藏（吐蕃）。

【译文】

金多半出产于西南，采金人在山上挖至十余丈深见到伴金石时，便可见金。其石呈褐色，一头像火烧黑了似的。水金多产于云南金沙江_{古代叫丽水}，此水发源于吐蕃（西藏），绕过云南丽江府，再到云南永胜，曲折五百余里，出金处有几段地方。此外四川北部潼川（今梓潼）等地与湖广（湖南）沅陵、溆浦等地，都可在江沙水中淘得砂金。在千百次淘取中，偶尔才会获得一块狗头金，名叫"金母"，其余都是麸麦形的小粒。

8-2-3 入冶煎炼，初出色浅黄，再炼而后转赤也。儋、崖[1]有金田，金杂沙土之中，不必求深而得。取太频则不复产，经年淘、炼，若有则限。然岭南夷獠洞穴中，金初出如黑铁落，深挖数丈得之黑焦石下。初得时咬之柔软，夫匠有吞窃腹中者，亦不伤人。河南蔡、巩等州邑，江西乐平、新建等邑，皆平地掘深井取细沙淘炼成，但酬答人功，所获亦无几耳。大抵赤县之内，隔千里而一生。《岭表录[异]》[2]云，居民有从鹅鸭屎中淘出片屑者，或日得一两，或空无所获。此恐妄记也。

【注释】

〔1〕儋、崖：今海南儋州、崖县。

〔2〕《岭表录异》（约890）：唐人刘恂所著，载岭南风俗、物产等较详。

【译文】

金在入炉冶炼后，刚出炉时呈浅黄色，再炼后才转变成赤色。儋、崖两地有金田，金夹杂在沙土之中，不必挖太深即可取得。但取得太频繁，则不复出产。多年淘炼，如果有金也是有限的。然而五岭以南少数民族地区的洞穴中，初采出的金像黑铁粉，深挖数丈得之于黑焦石下面。初得的金咬起来柔软，匠人有偷吞到腹中的，亦不伤人。河南上蔡、巩义市和江西乐平、新建等地，都在平地挖深井，取出细沙淘炼而成，但耗费人工很多，所获无几。大体说，中国境内每隔千里有一处产金。《岭表录异》云，居民有从鹅鸭屎中淘出金屑者，或一日得一两，或空无所获。这恐怕是荒诞的记载吧。

8-2-4　凡金质至重。每铜方寸重一两者,银照依其则,[方]寸增重三钱。银方寸重一两者,金照依其则,[方]寸增重二钱[1]。凡金性又柔,可屈折如柳枝。其高下色分七青、八黄、九紫、十赤。登试金石[2]此石广信郡河中甚多,大者如斗,小者如拳。入鹅汤中一煮,光黑如漆上立见分明。凡足色金参和伪售者,唯银可入,余物无望焉。欲去银存金,则将其金打成薄片剪碎。每块以土泥裹涂,入坩埚中硼砂熔化[3],其银即吸入土内,让金流出以成足色。然后入铅少许,另入坩埚内,勾出土内银[4],亦毫厘具在也。

【注释】

[1]"银方寸重一两者"几句:这里指出的每立方寸金、银、铜重量是假定值,但可看出作者已有了比重的概念。当温度为 20 ℃时,三者的现代比重值为:金 19.3,银 10.5,铜 8.9。

[2]试金石:黑色硅岩石,根据金在其上刻画所留条迹的颜色深浅,来检验金的纯度。这是早期的比色测定法。

[3]硼砂熔化:硼砂,涂本作"鹏砂",今改。成分是硼酸钠 $Na_2B_4O_7 \cdot 10H_2O$,放入金银中起助熔作用。杂银的金熔化后,因银熔点低,先吸入土中,达到二者分离。

[4]"然后入铅少许"几句:将铅与含银泥土熔炼,铅可将其中的银流出。

【译文】

金是很重之物。假定一寸见方的铜重一两,照这样来算,则一寸见方的银要增重三钱。假定一寸见方的银重一两,则一寸见方的金要增重二钱。金又有柔性,可屈折如柳枝。区分金的成色高低,大抵七成金呈青色，八成金呈黄色，九成金呈紫色，十成足金呈赤色。将金放在试金石此石在江西广信府(今上饶地区)河中甚多，大者如斗，小者如拳。将其放入鹅汤中一煮，则光黑如漆上测试，则成色立见分明。在足色金中掺和作伪而出售，只可加入银，加其余金属都不可。要想将其中的银除去而只存金，便要将金打成薄片并剪碎。每片用泥土裹涂，放入坩埚中加硼砂熔化，金中的银即吸入土内，让金流出以成足色。然后入铅少许，将土另入坩埚内熔化，就可从土中再提出银，丝毫也不会损失。

8-2-5　凡色至于金，为人间华美贵重，故人工成箔而后施之。凡金箔每金七分[1]造方寸金一千片，粘补物面可盖纵横三尺。凡造金箔，既成薄片后，包入乌金纸内，竭力挥椎打成打金椎短柄，约重八觔。凡乌金纸由苏、杭造成，其纸用东海巨竹膜[2]为质。用豆油点灯，闭塞周围，止留针孔通气，熏染烟光而成此纸。每纸一张打金箔五十度，然后弃去，为药铺包朱用，尚未破损。盖人巧造成异物也。

【注释】

〔1〕七分：原作"七厘"，依钟本改。明代一尺为31.1厘米，一两为37.3克，金密度为19.3克/立方厘米。至少要用七分重(2.61克)金，才能打成一平方寸的金箔一千片，而用七厘则肯定不行。

〔2〕东海巨竹膜：从数本译为巨竹纤维。

【译文】

金的颜色是人间华美而贵重的颜色，所以用人工打成金箔而后用于装饰。每七分黄金可打成一平方寸的金箔一千片，将其粘贴在器物表面，可覆盖纵横三尺的面积。制造金箔时，先将金打成薄片，再包在乌金纸中，极力挥槌打成打金箔的槌子是短柄的，约重八斤。乌金纸由苏州、杭州造成，这种纸用东海的巨竹纤维为原料。用豆油点灯，将灯周围封闭，只留一针眼大的通气孔，用灯烟将纸熏染成乌金纸。每张纸可打金箔五十槌，然后弃去。弃去的纸供药铺包朱砂用，尚未破损。靠人的技巧能造出来奇异之物。

8-2-6　凡纸内打成箔后，先用硝熟猫皮绷急为小方板。又铺线香灰撒墁皮上，取出乌金纸内箔覆于其上，钝刀界画成方寸。口中屏息，手执轻杖，唾湿而挑起，夹于小纸之中。以之华物，先以熟漆布地，然后粘贴贴字者多用楮树浆。秦中造皮金者，硝扩羊皮使最薄，贴金其上，以便剪裁服饰用，皆煌煌至色存焉。凡金箔粘物，他日敝弃之时，刮削火化，其金仍藏灰内。滴清油数点，伴落聚底，淘洗入炉，毫厘无羡。

【译文】

金子在乌金纸内打成金箔后，先将芒硝鞣制的猫皮绷紧成为小方形皮板，再将香灰铺撒在皮面上，将乌金纸里面的金箔覆盖在上面，用钝刀画出一平方寸的方格。这时操作的人口中暂停呼吸，手持轻棍用唾液沾湿金箔，将其挑起并夹在小纸之中。用金箔装饰物件，先以熟漆铺底，再将金箔粘贴上去贴字时多用楮树汁。陕西造皮金的人则用鞣过的羊皮拉紧至极薄，将金箔粘贴在上面，以便剪裁供服饰用，都显出辉煌的金色。金箔粘贴的物件，当他日破旧不用时，将其削刮下来以火烧之，其金质仍残留在灰内。滴上几滴菜籽油,金质又聚积在下面,淘洗后再熔炼,一点都不会损失。

8-2-7　凡假借金色者,杭扇以银箔为质,红花子油刷盖,向火薰成。广南货物以蝉蜕壳调水描画,向火一微炙而就,非真金色也。其金成器物,呈分浅淡者,以黄矾涂染,炭木炸炙,即成赤宝色。然风尘逐渐淡去,见火又即还原耳。黄矾详《燔石》卷。

【译文】

使器物具有金色的方法,杭州扇子是以银箔为材料,用红花子油刷涂,用火薰成。广东的货物则以蝉蜕壳碎粉调水来描图,用火稍微一烤而成。这些都不是真金的颜色。即令用金作成的器物,因成色不足而呈浅色时,也可用黄矾涂染,用炭火烘烤,立即就会变成赤金色。只不过日久因风尘作用,颜色又逐渐淡了下去,见火后又还原为原来的颜色。关于黄矾,详见《燔石》章。

8-3　银　附:朱砂银

8-3-1　凡银中国所出,浙江、福建旧有坑场,国初或采或闭。江西饶、信、瑞[1]三郡有坑从未开。湖广则出辰州[2],贵州则出铜仁,河南则宜阳赵保山、永宁秋树坡、卢氏高觜儿、嵩县马槽山,与四川会川[3]密勒山、甘肃大黄山等,皆称美矿。其他难以枚举。然生气有限。每逢开采,数不足则括派以赔偿[4]。法不严则窃争而酿乱,故禁戒不得不苛。燕、齐诸道则地气寒而石骨薄,不产金银。然合八省所生,不敌云南之半,故开矿、煎银唯滇中可永行也。

【注释】

〔1〕饶、信、瑞:分别为今江西鄱阳、上饶及赣州一带。

〔2〕辰州:今湖南沅陵。

〔3〕会川:今四川会理。

〔4〕数不足则括派以赔偿:此处拟释为"则数不足以赔偿括派"。

【译文】

中国产银的地方,在浙江、福建旧时有坑场,本朝(明朝)初期,有的开采,有的关闭。江西饶州、广信和瑞州三处有银矿坑,但从未开采。湖南辰州出银,贵州出于铜仁,河南宜阳的赵保山、永宁的秋树坡、卢氏的高峣儿、嵩县的马槽山,以及四川会川的密勒山、甘肃大黄山等地,都是产银的美矿。其他地方难以枚举。然而经营的规模有限,很不景气。每次开采若产量不足,还不够偿付搜括与加派下来的苛捐杂税。如果法制不严,盗矿而引起的争讼就会酿成祸乱,因之禁令也就越来越苛刻。河北、山东各省地气寒而矿层薄,不产金银。然而总计以上八省所出之银,尚不敌云南一半,所以开矿、炼银只有在云南可以长期持续下去。

8-3-2 凡云南银矿,楚雄、永昌、大理为最盛,曲靖、姚安次之,镇沅又次之。凡石山硐中有矿砂,其上现磊然小石,微带褐色者,分丫成径路。采者穴土十丈或二十丈,工程不可日月计。寻见土内银苗,然后得礁砂[1]所在。凡礁砂藏深土,如枝分派别。各人随苗分径横挖而寻之(图8-1)。上楷横板架顶以防崩压。采工篝灯逐径施镢,得矿方止。凡土内银苗或有黄色碎石,或土隙石缝有乱丝形状,此即去矿不远矣。

图 8-1　开采银矿

【注释】

〔1〕礁砂:据《中国古代矿业开发史》(1980)289页,入炉炼银的矿石总名为礁,礁砂是黑色矿石,即辉银矿为主成分的银矿石。

【译文】

　　云南银矿中以楚雄、永昌、大理为最盛，曲靖、姚安次之，镇沅又次之。石山洞中有银矿砂，其上出现一些堆积起来的小石，微带褐色，矿藏分成枝杈般的矿脉。采矿者挖土十丈或二十丈，工程不能以日、月计之。找到土内的银矿苗后，便知道礁砂之所在。礁砂都藏在深土中，像树枝那样分布。各个人沿着银矿脉走向分头挖进。坑道内要横架木板支撑洞顶，以防塌方。采矿工点灯沿矿脉挥锄挖掘，得矿方止。土内的银苗有黄色碎石，或土石缝内有乱丝形状的东西，这就说明离银矿不远了。

　　8-3-3　　凡成银者曰礁，至碎者曰砂，其面分丫若枝形者曰矿[1]，其外包环石块曰矿[2]。矿石大者如斗，小者如拳，为弃置无用物。其礁砂[3]形如煤炭，底衬石而不甚黑。其高下有数等商民凿穴得砂，先呈官府验辨，然后定税。出土以斗量，付与冶工。高者六七两一斗，中者三四两，最下一二两其礁砂放光甚者，精华泄露，得银偏少。

【注释】

　　〔1〕矿：涂本作"钾"，此处指树枝状的辉银矿（argentite，Ag_2S）。
　　〔2〕其外包环石块曰矿：此处"矿"指不含银的脉石，因而是无用之物，与通常意义下的"矿"字含义不同。
　　〔3〕礁砂：如上节注，指辉银矿。

【译文】

　　能炼出银的矿石叫礁，其中细碎的叫砂，表面分成树枝形的叫矿，包在外面的石块叫"矿"，大块的有斗那样大，小的像拳头大，都是废弃无用之物。礁砂的形状像煤炭，下面是一些石头而颜色不很黑。礁砂分高低几等商民挖穴取礁砂，先交官府检验、辨别，然后定税。取出的土以斗计量，交给冶炼工。品位高的一斗可炼出六七两银，中等的得三、四两，最下等的只得一二两特别光亮的礁砂，品位不高，得银偏少。

8-3-4　凡礁砂入炉，先行拣净淘洗。其炉土筑巨墩，高五尺许，底铺瓷屑、炭灰。每炉受礁砂二石，用栗木炭二百斤周遭丛架。靠炉砌砖墙一朵，高阔皆丈余。风箱安置墙背，合两三人力带拽透管通风（图8-2）。用墙以抵炎热，鼓鞴之人方克安身。炭尽之时，以长铁叉添入。风火力到，礁砂熔化成团。此时银隐铅中[1]，尚未出脱。计礁砂二石熔出团约重百觔。

图 8-2　熔矿结银与铅

【注释】

〔1〕银隐铅中：银矿中常含有铅。

【译文】

银矿砂入炉前，要首先拣净淘洗。炼银的炉子是用土筑成的，土墩高约五尺，底部铺上瓷屑、木炭。每炉装礁砂二石，用栗木炭二百斤在周围堆架起来。靠近炉旁砌一垛砖墙，高和宽都是一丈多。将风箱安置在墙背，由二三人拉动风箱通过风管送风。用墙挡住炉的高温，鼓风的人才能安身。炉内木炭烧完时，用长铁叉再将木炭添入。风力、火力足时，礁砂熔化成团，此时银隐藏在铅中，尚未脱离出来。共计礁砂二石可熔出团块约一百斤。

8-3-5　冷定取出，另入分金炉一名虾蟆炉内，用松木炭匝围，透一门以辨火色。其炉或施风箱，或使交箑。火热功到，铅沉下为底子其底已成陀僧〔1〕样，别入炉炼，又成扁担铅（图8-3）。频以柳枝从门隙入内燃照，铅气净尽，则世宝凝然成象矣。此初出银亦名生银。倾定无丝纹，即再经一火，当中止现一点圆星，滇人名曰茶经。逮后入铜少许，重以铅力熔化，然后入槽成丝丝必倾槽而现，以四围匡住，宝气不横溢走散。其楚雄所出又异，彼铜砂铅气甚少，向诸郡购铅佐炼。每礁百斤先坐铅二百斤于炉内，然后煽炼成团。其再入虾蟆炉沉铅结银，则同法也。此世宝所生，更无别出。方书、本草无端妄想、妄注，可厌之甚。

图 8-3　沉铅结银

【注释】

〔1〕陀僧：即密陀僧。黄色的氧化铅 PbO。

【译文】

　　熔炉冷却后，将物料取出另装入分金炉—名虾蟆炉内，用松木炭在炉内围起，留出一穴门以辨火候。分金炉用风箱或用团扇送风，到一定温度，铅便沉下成为底子炉底的铅成为密陀僧形状，另入熔炉冶炼，又成为扁担铅。要不断用柳枝从穴门缝中插入燃烧，待铅的成分去尽后，便提炼成纯银了。刚炼出来的银叫生银。倒出来凝固后如果没有丝纹，便要再熔炼一次，这时在其中可看到一点圆星，云南人叫做"茶经"。此后向其中加入少许铜，重新用铅来协助熔化，然后放入槽中凝结成丝状倒入槽中才出现丝状，因四周被框住，银气不会横溢走散。云南楚雄所产银矿有所不同，其中含铅甚少，必须从各地购入铅以助熔炼。每炼含银的矿砂一百斤，先将铅二百斤放在炉的底部，然后鼓风将其熔炼成团，再放入分金炉中，使铅沉下而结出银，与上述方法是一样的。银就是用这种方法炼出的，此外再没有别的方法。炼丹术方书和本草书没有根据地乱想、妄注，可厌之甚。

8-3-6　大抵坤元精气，出金之所三百里无银，出银之所三百里无金。造物之情亦大可见。其贱役扫刷泥尘，入水漂淘而煎者，名曰淘厘锱。一日功劳，轻者所获三分，重者倍之。其银俱日用剪、斧口中委余，或鞋底粘带布于衢市。或院宇扫屑弃于河沿，其中必有焉，非浅浮土面能生此物也。

【译文】
　　在大地里所含的矿藏中，出金之处三百里内无银，出银之所三百里内无金。大自然的情况，于此可见大概。有时仆役将扫刷的泥尘聚起，入水中淘洗，再煎炼出银，名曰淘厘锱。用一天的功夫，少者可得银三分，多者倍之。其所得的银，都来自日常用的剪子、斧子刃部掉下的残屑，或鞋底在闹市上粘带的土，或院内房内打扫下来的尘土抛弃在河沿，其中必杂有银质，这并不是说浅浮的土面上能生出银来。

8-3-7　凡银为世用，唯红铜与铅两物可杂入成伪。然当其合琐碎而成钣锭，去疵伪而造精纯。高炉火中，坩锅足炼，撒硝少许，而铜、铅尽滞锅底，名曰银锈。其灰池〔1〕中敲落者名曰炉底。将锈与底同入分金炉内,填火土甑之中,其铅先化,就低溢流,而铜与粘带余银用铁条逼就分拨,并然不紊(图8-4)。人工、天工亦见一斑云。炉式并具于左。

图 8-4　分金炉清锈底

【注释】
　　〔1〕灰池:铺炭灰的炉底,含铅的银熔化后流于此处。从技术上看,分金炉(图8-4)应密闭,而不应敞口。

【译文】
　　世上所用的银,只有红铜与铅两物可掺杂在其中作伪。但将碎银熔合成银锭时,可除去掺杂的东西而制成纯银。方法是将其放在坩埚中用高温炉火充分熔炼，撒入少量硝石，则铜与铅都沉在埚底，名曰银锈。从灰池中敲落下来的叫做炉底。将银锈与炉底一同放入分金炉内，将木炭填入土制的甑中点火，其中的铅先行熔化，流向低处，而铜与剩下的银粘带在一起，可用铁条拨离开来，二者截然分离。人力与自然力作用的相辅相成，由此可见其一斑。炉的图式俱载于左。

8-3-8　**朱砂银**：凡虚伪方士以炉火惑人者，唯朱砂银愚人易惑。其法以投铅、朱砂与白银等分，入罐封固，温养三七日后，砂盗银气，煎成至宝。拣出其银，形存神丧，块然枯物。入铅煎时，逐火轻折，再经数火，毫忽无存。折去砂价、炭资，愚者贪惑犹不解，并志于此。

【译文】

　　朱砂银：虚伪的炼丹术士利用炉火之术来迷惑人，只有朱砂银最容易愚弄人。其制造方法是，将铅、朱砂与等量的白银放入坩埚内密封，加热三七二十一日后，朱砂吸取银气，炼成"银"。将这种"银"拣出一看，外表像银而无银的本质，只是废物一块。加入铅与其煎炼时，越炼越减重，再炼几次，竟完全消失。损失朱砂与木炭的资财，愚者贪心受惑尚不解此理，特记于此。

8-4　铜

8-4-1　凡铜供世用，出山与出炉止有赤铜。以炉甘石[1]或倭铅[2]参和，转色为黄铜[3]。以砒霜等药制炼为

白铜^[4]。矾、硝等药制炼为青铜^[5]。广锡参和为响铜,倭
铅和写^[6]为铸铜。初质则一味红铜而已。

【注释】

〔1〕炉甘石:学名 *Calamine*,主要成分是碳酸锌 $ZnCO_3$。

〔2〕倭铅:即锌,因其像铅而比铅性猛烈,故名。以下一律译为锌。

〔3〕黄铜:铜锌合金。以炉甘石与铜炼为黄铜,其色如金,亦见于
《本草纲目》卷八,金石部。

〔4〕白铜:此处指以含锌、镍的砒石(砷矿石)与铜炼成的合金。

〔5〕青铜:此处"青铜"不是本义上的铜锡合金,而指用矾石、硝石
等将铜炼成古铜色。

〔6〕写:用模型浇铸。

【译文】

供世上所用的铜,不管采自山上或出自冶炉,都只有红铜一种。
铜与炉甘石或锌掺和熔炼,则转变其颜色成为黄铜。铜再与砒霜等
药制炼,则成为白铜。铜与矾石、硝石等药制炼,又成为"青铜"。铜
与广锡共炼则成为响铜,与锌共炼则得铸铜。但最基本的原料只是
一种红铜而已。

8-4-2　凡铜坑所在有之。《山海经》言,出铜之山四
百六十七^[1],或有所考据也。今中国供用者,西自四川、
贵州为最盛。东南间自海舶来,湖广武昌、江西广信皆饶
铜穴。其衡、瑞等郡出最下品,曰蒙山铜者,或入冶铸混
入,不堪升炼成坚质也。

【注释】

〔1〕四百六十七：原文作"四百三十七"，查《山海经·中山经》"出铜之山四百六十七"，今改。

【译文】

铜坑到处都有。《山海经》说：出铜之山有四百六十七处，这或许是有根据的。今中国供人使用的铜，西部以四川、贵州出产最多，东南各省则间有借海船从国外输入的，湖广武昌、江西广信都有不少铜矿。衡州（今湖南衡阳）、瑞州（今江西高安）等地所出产的品位最低的所谓蒙山铜，或可在冶铸时掺入，不能单独冶炼成硬质铜。

8-4-3　凡出铜山夹土带石，穴凿数丈得之（图 8-5），仍有矿〔1〕包其外，矿状如姜石而有铜星，亦名铜璞〔2〕，煎炼仍有铜流出，不似银矿之为弃物。凡铜砂〔3〕在矿内形状不一，或大或小，或光或暗，或如𬭩石〔4〕，或如姜铁〔5〕。淘洗去土滓，然后入炉煎炼，其熏蒸傍溢者为自然铜，亦曰石髓铅。

图 8-5　穴取铜铅

【注释】

〔1〕矿:实际上是包在含铜矿石外面的脉石。

〔2〕铜璞:脉石中低品位的铜矿石。

〔3〕铜砂:即铜礁砂,指含铜矿石。

〔4〕鍮(tōu)石:黄铜,此处指天然黄铜矿 $CuFeS_2$。

〔5〕姜铁:此处指形状似姜而色黑的铜矿石。

【译文】

出铜的山总是夹土带石的,挖数丈深即可见包在外面的脉石。这种石形状像姜,而有铜星,亦名铜璞,冶炼后仍有铜流出,不像银矿的脉石那样被抛弃掉。铜砂在脉石里的形状不一,或大或小,或光或暗,有的像鍮石,有的像姜铁。土滓淘洗掉以后,将其入炉冶炼,经熔炼从炉旁流出的是自然铜,也叫石髓铅。

8-4-4　凡铜质有数种,有全体皆铜,不夹铅、银者,洪炉单炼而成。有与铅共体者,其煎炼炉法,傍通高、低二孔,铅质先化从上孔流出,铜质后化从下孔流出(图8-6)。东夷铜有托体银矿内者,入炉炼时,银结于面,铜沉于下。商舶漂入中国,名曰日本铜,其形为方长板条〔1〕。漳郡人得之,有以炉再炼,取出零银,然后写成薄饼,如川铜一样货卖者。

【注释】

〔1〕"名曰日本铜"二句:日本称为"棹铜",这种长条形的铜由日本出口到中国,在日人增田纲的《鼓铜图录》(1801)中亦有记载,此书亦引用《天工开物》。

图 8-6　淘净铜矿砂、化铜

【译文】

　　铜矿有数种,有全体都是铜而不夹杂铅、银的,在熔炉中一炼即成。有与铅共生在一起的,这种铜矿的冶炼方法是,在熔炉旁边开高、低两个孔,铅先熔化从上孔流出,后熔化的铜从下孔流出。日本国的铜有包在银矿的脉石中的,入炉熔炼时银出现在上面,而铜沉于下。由商船运入中国,名曰日本铜,其形状为长方形板条。福建漳州人得到这种铜后,有的入炉再炼,提出其中夹杂的银,再将铜熔成薄饼形状,像川铜一样地出售。

8-4-5　凡红铜升黄色为锤锻用者,用自风煤炭此煤碎如粉,泥糊作饼,不用鼓风,通红则自昼达夜。江西则产袁郡[1]及新喻邑百斤,灼于炉内。以泥瓦罐载铜十斤,继入炉甘石六斤,坐于炉内,自然熔化。后人因炉甘石烟洪飞损,改用倭铅〔2〕。每红铜六斤,入倭铅四斤,先后入罐熔化。冷定取出,即成黄铜,唯人打造。

【注释】

〔1〕袁郡:袁州府,今江西宜春地区。

〔2〕"后人因炉甘石烟洪飞损"二句:炉甘石300 ℃时分解成二氧化碳及氧化锌,前者飞散易将后者带走,损失锌质。改用较稳定的锌与铜炼成黄铜,是技术上的一种改进。

【译文】

将红铜炼成可锤锻的黄铜,要用一百斤自来风煤炭这是粉状碎煤,和泥作成煤饼,燃烧时不需鼓风,烧起来昼夜通红。在江西产于袁州府及新喻县,放入炉内燃烧。用泥瓦罐装十斤铜,再装入六斤炉甘石,置于炉内,原料自然会熔化。后来人们鉴于炉甘石烟飞时有耗损,遂改用锌。每红铜六斤,加入锌四斤,先后入罐熔化。冷却后取出,即成为黄铜,任人打造成各种器物。

8-4-6　凡用铜造响器,用出山广锡无铅气者入内。钲今名锣、镯今名铜鼓之类〔1〕,皆红铜八斤,入广锡二斤。铙、钹〔2〕,铜与锡更加精炼。凡铸器,低者红铜、倭铅均平分两,甚至铅六铜四。高者名三火黄铜、四火熟铜,则铜七而铅三也。

【注释】

〔1〕钲(zhēng):古代乐器,形似钟而有长柄,击之而鸣,并非锣。

镯:古代军中乐器,钟形的铃。作者释为铜鼓,误。
　〔2〕铙(náo):古代打击乐器,有柄。　钹:铜制圆形打击乐器,两片一副,相击而发声。

【译文】

　　用铜制乐器时,将矿山出产的不含铅的两广产的锡与铜同入炉内熔炼。制造钲今名为锣、镯今名为铜鼓之类乐器,一般是用红铜八斤,加入广锡二斤。制铙、钹所用的铜和锡,要求更加精炼。制造供冶铸用的铜器物时,质低的含红铜和锌各一半,甚至含锌十分之六及铜十分之四。高质量的铜器则用三次或四次精炼的所谓三火黄铜、四火熟铜作原料,其中含铜十分之七、锌十分之三。

　　8-4-7　凡造低伪银者,唯本色红铜可入。一受倭铅、砒、矾等气,则永不和合。然铜入银内,使白质顿成红色,洪炉再鼓,则清浊浮沉立分,至于净尽云。

【译文】

　　制造假银的,只有纯粹红铜可以掺入。银遇到锌、砒、矾等物,永远不能结合。然而将铜混入到银中,白色的银立刻变成红色,再入炉内鼓风,则银、铜间的清浊、浮沉立见分明,以至于彻底分离。

8-5　附:倭铅

　　8-5-1　凡倭铅古书本无之,乃近世所立名色。其质

图 8-7 炼锌

用炉甘石熬炼而成,繁产山西太行山一带,而荆、衡为次之。每炉甘石十觔装载入一泥罐内,封果泥固,以渐砑干,勿使见火拆裂。然后逐层用煤炭饼垫盛,其底铺薪,发火煅红(图 8-7)。罐中炉甘石熔化成团,冷定毁罐取出,每十耗去其二,即倭铅也。此物无铜收伏,入火即成烟飞去[1]。以其似铅而性猛,故名之曰倭[2]云。

【注释】

〔1〕入火即成烟飞去:锌易挥发,沸点 907 ℃。

〔2〕倭:倭铅,意为猛铅。薮本注云,明代沿海受倭寇之害,故有此名。此处倭作猛解,不可理解为日本铅。

【译文】

　　"倭铅"(锌)在古书中本无记载,乃是近世所制订的名称。此物由炉甘石烧炼而成,盛产于山西太行山一带,而荆州、衡州次之。每次将炉甘石十斤装入泥罐内,用泥包裹、封固,再将表面砑光滑,让它慢慢风干,切勿见火,以防拆裂。然后逐层用煤饼将泥罐垫起,其下面铺柴,引火烧红。罐中的炉甘石熔化成团,冷却后毁罐取出,就是锌。每十斤炉甘石要耗损二斤。此物如果不用铜结合,入火就变成烟飞去。因其很像铅而性质又比铅猛烈,故名之为倭铅。

8-6 铁

8-6-1　凡铁场所在有之,其质浅浮土面,不生深穴。繁生平阳岗埠,不生峻岭高山。质有土锭、碎砂数种。凡土锭铁,土面浮出黑块,形似称锤。遥望宛然如铁,拈之则碎土。若起冶煎炼,浮者拾之,又乘雨湿之后牛耕起土,拾其数寸土内者(图8-8)。耕垦之后,其块逐日生长,愈用不穷。西北甘肃、东南泉郡皆锭铁之薮也。燕京、遵

图8-8　耕土拾铁锭

图8-9　淘洗铁矿砂

化与山西平阳则皆砂铁之薮也。凡砂铁，一抛土膜即现其形，取来淘洗（图 8-9）。入炉煎炼，熔化之后与锭铁无二也。

【译文】

　　铁矿到处都有，浅浮在地面，不生于深穴，而繁生于平坦、向阳的高岗上，不生于高山峻岭。矿质有土锭铁、砂铁等数种。土锭铁是地表浮出的黑块，形状像称锤。远处看上去像是铁，但用手一捻则成碎土。若打算冶炼，则将浮在地表的矿石拾起，又乘雨湿之后用牛犁起浅土，拾取数寸深以内的土。土地经耕后，铁块还会逐日生长，用之不竭。西北的甘肃、东南的泉州，都是土锭铁的聚集处。燕京、遵化与山西平阳，又都是砂铁的集中产地。砂铁一破开表土就会看到，取来淘洗。再入炉冶炼，熔化之后与锭铁相同。

　　8-6-2　凡铁分生、熟，出炉未炒则生，既炒则熟。生、熟相和，炼成则钢。凡铁炉用盐做造，和泥砌成。其炉多傍山穴为之，或用巨木匡围，塑造盐泥，穷月之力不容造次。盐泥有罅，尽弃全功。凡铁一炉载土二千余斤，或用硬木柴，或用煤炭，或用木炭，南北各从利便。扇炉风箱必用四人、六人带拽。土化成铁之后，从炉腰孔流出。炉孔先用泥塞。每旦昼六时，一时出铁一陀。既出即叉泥塞，鼓风再熔。

【译文】

　　铁分生铁、熟铁，出炉后未经炒过的是生铁，炒过的是熟铁。生铁与熟铁混合一起熔炼后，便成为钢。炼铁炉用盐和泥砌成，多设在靠近矿山附近，或用巨木围成框，用盐泥塑造成炉，要用一个月的功夫建成,不可匆忙从事。如果盐泥有裂缝,则前功尽弃。炼一炉铁要装入二千余斤铁矿土,燃料用硬木柴,或用煤炭,或用木炭,南北各地因地制宜。向炉内鼓风的风箱,必须由四人或六人共同推拉。矿土熔化成铁水后,从炉腰的孔中流出。炉孔事先用泥塞住。每日白天六个时辰(十二小时)中,一个时辰(两小时)出一陀铁。出一次铁后,立刻叉上泥将出铁孔塞住,再鼓风熔炼。

8-6-3　凡造生铁为冶铸用者,就此流成长条、圆块,范内取用。若造熟铁,则生铁流出时相连数尺内、低下数寸筑一方塘,短墙抵之。其铁流入塘内,数人执持柳木棍排立墙上。先以污潮泥晒干,春筛细罗如面,一人疾手撒掺[1],众人柳棍疾搅[2],即时炒成熟铁(图8-10)。其柳棍

图 8-10　生铁、熟铁炼炉

每炒一次,烧折二三寸,再用则又更之。炒过稍冷之时,或有就塘内斩划成方块者,或有提出挥椎打圆后货者。若浏阳诸冶,不知出此也。

【注释】

〔1〕挼(yàn):以手散物。

〔2〕众人柳棍疾搅:从含碳 2％以上的生铁脱碳、炒成熟铁时,用柳棍急速搅拌可促进生铁水中碳的氧化作用。

【译文】

生产供铸造用的生铁,便让铁水流到条状或圆块状的模型中,再从模子里取出使用。若造熟铁,则在生铁水流出几尺远而低几寸的地方,筑一个方形的塘,塘边砌一低墙,让铁水流入方塘内,数人持柳木棍并立在墙上。事先将黑色的湿泥晒干,捣碎并用细罗筛成面粉状的细面。一人迅速将泥面撒在铁水中,其余众人用柳棍急忙搅拌,生铁即刻便炒成熟铁。柳棍每炒一次,要烧损二三寸,用过几次再更换新的。炒过后稍微冷却时,或者就地在方塘内将铁水切划成方块,或者提出来捶打成圆饼,然后出售。但像湖南浏阳那些冶铁场还不懂得这种方法。

8-6-4　凡钢铁炼法,用熟铁打成薄片如指头阔,长寸半许。以铁片束包夹[1]紧,生铁安置其上广南生铁名堕子生铁[2]者,妙甚,又用破草履盖其上粘带泥土者,故不速化,泥涂其底下。洪炉鼓鞲,火力到时生铁先化,渗淋熟铁之中,两情投合。取出加锤,再炼再锤,不一而足。俗名团钢[3],亦曰灌钢者是也。

【注释】

〔1〕夹:涂本及诸本作"尖",误,今改。

〔2〕生铁:涂本及诸本作"生钢",盖为"生铁"之误,今改。

〔3〕团钢:或名灌钢,即渗碳钢。以生铁水向熟铁中渗碳,再反复锤打去掉杂质。这种技术在南北朝(420—589)已发展,北宋时沈括(1031—1095)《梦溪笔谈》(1088)卷三亦有详细记载。《天工开物》此处所述比前代又有改进。

【译文】

炼钢铁的方法是,先将熟铁打成薄片,像指头一样宽,长约一寸半。然后用铁片包扎紧,将生铁放在扎紧的熟铁片上面广东有一种生铁叫堕子生铁,最好用,再用破草鞋用粘带有泥土的,不致很快烧毁覆盖在最上面,铁片下面涂以泥浆。再放入熔炉内鼓风,火力到时生铁先化成铁水,渗淋到熟铁之中,使生铁、熟铁二者相互结合。自炉中取出后锤打,反复锤打,不一而足。这样得到的产物俗名叫团钢,也叫做灌钢。

8-6-5　其倭夷刀剑有百炼精纯,置日光檐下则满室辉曜者。不用生、熟相和炼,又名此钢为下乘云。夷人又有以地溲〔1〕淬刀剑者地溲乃石脑油之类,不产中国,云钢可切玉,亦未之见也。凡铁内有硬处不可打者,名铁核。以香油涂之即散。凡产铁之阴,其阳出慈石,第有数处不尽然也。

【注释】

〔1〕地溲:一般指小便,此处指石脑油(石油)。史载汉代时中国已发现石油,南北朝(420—589)时用以膏车,则中国古已有之。

【译文】

日本国的刀剑用百炼精纯的钢，白天放在屋檐日光下则满室生辉、光耀夺目。这种钢不是用生铁与熟铁合起来冶炼的，也有人说此钢是下品。外国人又有用地溲为刀剑淬火的地溲是石脑油之类的东西，不产于中国，据说这种钢可以切玉，但我未曾见过。铁内有一种硬质而无法锻打，叫做铁核。如果在上面涂上香油，再打就可打散。要是铁矿产于山的背阳处，其向阳的山坡便出磁铁矿石，不过也有些地方不尽如此。

8-7 锡

8-7-1　凡锡，中国偏出西南郡邑，东北寡生。古书名锡为"贺"者，以临贺郡产锡最盛而得名也[1]。今衣被天下者，独广西南丹、河池二州居其十八，衡、永[2]则次之。大理、楚雄即产锡甚盛，道远难致也。

【注释】

〔1〕"古书名锡为'贺'者"二句：《本草纲目》（1596）卷八锡条云："方术家谓之贺，盖锡以临贺出者为美也。"临贺，今广西贺县。

〔2〕衡、永：今湖南衡阳、江永。

【译文】

锡在中国的分布偏于西南各地，东北很少。古书中将锡称为"贺"，因为临贺县产锡最盛，故而得此名。现在供应全国的锡，单是广西南丹、河池这两个州就占十分之八，衡州、永州次之，云南的大理、楚雄虽然产锡多，但路途遥远，难以运输。

8-7-2　凡锡有山锡、水锡两种,山锡中又有锡瓜、锡砂两种。锡瓜块大如小瓠,锡砂如豆粒,皆穴土不甚深而得之,间或土中生脉充牣,致山土自颓,恣人拾取者(图8-11)。水锡衡、永出溪中,广西则出南丹州河内(图8-12)。其质黑色,粉碎如重罗面。南丹河出者,居民旬前从南淘至北,旬后又从北淘至南。愈经淘取,其砂日长,百年不竭。但一日功劳,淘取煎炼,不过一斤。会计炉炭资本,所获不多也。南丹山锡出山之阴,其方无水淘洗,则接连百竹为枧,从山阳枧水淘洗土滓,然后入炉。

图 8-11　河池山锡

图 8-12　南丹水锡

【译文】

锡有山锡、水锡两种,山锡中又有锡瓜、锡砂两种。锡瓜块大如小葫芦,锡砂像豆粒,都是挖土不甚深便可得到。有时土中矿脉充斥,便从山土下落,任人拾取。水锡出于衡州、永州的小河中,广西则产于南丹州境内的河中。其质地为黑色粉状,像用罗筛过的面似的。南丹河里所产的水锡,居民在前十天从南淘到北,后十天又从北淘向南。越是淘取,砂锡越是日渐生长,百年不竭。但劳累一天,淘洗、熔炼后不过得一斤锡。再将炉炭成本计算在内的话,所获之利并不多。南丹山锡产于山的背阴,其地无水淘洗,可用许多竹筒接成水槽,从山的阳坡引水淘洗土滓,然后入炉。

图 8-13 炼锡炉

8-7-3 凡炼煎亦用洪炉,入砂数百斤,丛架木炭亦数百斤,鼓鞴熔化。火力已到,砂不即熔,用铅少许勾引[1],方始沛然流注(图 8-13)。或有用人家炒锡剩灰勾引者,其炉底炭末、瓷灰铺作平池,傍安铁管小槽道,熔时流出炉外低池。其质初出洁白,然过刚,承锤即拆裂。入铅制柔,方充造器用。售者杂铅太多,欲取净则熔化,入醋淬八九度，铅尽化灰而去[2]。出锡唯此道。方书云马齿苋取草锡者，妄言也[3]。谓砒为锡苗者，亦妄言也[4]。

【注释】

〔1〕"火力已到"几句：锡难熔时加少量铅，成为铅锡合金可降低熔点、增加流动性。如铅锡合金中含铅 10％，则合金熔点为 216 ℃；含 20％铅则熔点为 200 ℃，含 30％时熔点降至 185 ℃。

〔2〕铅尽化灰而去：在含铅的锡中加醋，则铅变为醋酸铅（熔点 280 ℃），锡的熔点为 232 ℃，故铅化成灰而除去。

〔3〕"方书云"二句：按《本草纲目》卷九水银条引宋人苏颂《图经本草》(1061)云，马齿苋十斤烧后得水银八两，名曰草汞，没有提到可取得锡。马齿苋，马齿科草本植物 *Portulaca oleracea*。

〔4〕"谓砒为锡苗者"二句：《本草纲目》卷十砒石条称砒"乃锡之苗"。查中国锡矿床多含毒砂（内有砷），故作者对此说批评错了。

【译文】

炼锡时也用洪炉，炉内装入锡砂数百斤，堆架起来的木炭也用数百斤，鼓风熔炼。火力到时，如锡砂还不能立刻熔化，就要投入少量铅作引子，锡才开始顺畅地流出。也有用别处炼锡时剩下的炉渣作引子的，此时炉底下用炭末、瓷器粉末铺成平池，旁边安装铁管作为小槽道，锡熔化时就会流出到炉外的低池内。锡刚出炉时颜色洁白，然而太脆，一锤打便要破裂。向锡中加入铅才能使其变柔，这样才能用来制造器物。卖锡的人在其中掺杂的铅太多，要想提纯，便将其熔化后放入醋中淬八九次，铅便会化成灰而除去。生产锡只有这个方法。炼丹术著作中说，从马齿苋可取得草锡，这是荒诞的说法。所谓砒是锡矿苗的说法，也是荒诞的。

8-8　铅　附：胡粉、黄丹

8-8-1a　凡产铅山穴，繁于铜、锡。其质有三种，一出银矿中，包孕白银，初炼和银成团，再炼脱银沉底，曰银矿铅[1]，此铅云南为盛。一出铜矿中，入洪炉炼化，铅先出，铜后随，曰铜山铅，此铅贵州为盛。一出单生铅穴，取者穴山石，挟油灯寻脉，曲折如采银矿。取出淘洗、煎炼，名曰草节铅[2]，此铅蜀中嘉、利等州[3]为盛。其余雅州出钓脚铅，形如皂荚子，又如蝌斗子，生山涧沙中。广信郡上饶、饶郡乐平出杂铜铅，剑州出阴平铅，难以枚举。

【注释】

〔1〕银矿铅：据《中国古代矿业开发史》279页，此为含银方铅矿。

〔2〕草节铅：方铅矿 PbS。

〔3〕嘉、利等州：嘉州，嘉定州，今四川乐山。利州，利州卫，今四川广元。

【译文】

产铅的矿山比产铜、锡的还多。铅矿有三种，一种出于银矿脉石中，含有银，初炼时与银在一起成团块。再炼时铅与银分离而沉在炉底，叫银矿铅；这种铅在云南最多。另一种出于铜矿脉石中，入炉熔炼后，铅先流出，随后流出铜，叫铜山铅，贵州产的最多。另一种铅出于单独的铅矿，采矿者挖山石、提油灯寻找矿脉，此矿脉像银矿脉那样曲折。采出后便淘洗、熔炼，得到的是草节铅。这种铅在四川嘉州、利州出产最多。其他还有雅州（今四川雅安）出产的钓脚铅，形状像皂荚子，又像蝌蚪子，出于山洞的砂中。江西广信府上饶、饶州府乐平出杂铜铅，剑州(今四川剑阁)出阴平铅，产地难以枚举。

8-8-1b　凡银矿中铅，炼铅成底，炼底复成铅(图 8-2)。草节铅单入洪炉煎炼，炉傍通管，注入长条土槽内，俗名扁担铅，亦曰出山铅，所以别于凡银炉内频经煎炼者。凡铅物值虽贱，变化殊奇[1]。白粉、黄丹[2]皆其显像。操银底于精纯，勾锡成其柔软，皆铅力也。

【注释】

〔1〕变化殊奇：《本草纲目》卷八云："铅变化最多，一变而成胡粉，再变而成黄丹，三变而成密陀僧，四变而为白霜。"

〔2〕白粉：又名胡粉、铅粉、定粉，碱式碳酸铅 $Pb(OH)_2 \cdot 2PbCO_3$。黄丹：又名铅丹，四氧化三铅 Pb_3O_4。

【译文】

提炼银矿中的铅，方法是，熔炼银矿，银流出后铅便沉在炉底，再熔炼炉底物料，才得到铅。草节铅则一次入炉熔炼，炉旁通一管，以便将铅水注入长条形土槽内，所得到的铅叫扁担铅，又叫出山铅，以别于在炼银炉内多次熔炼出的铅。铅价值虽便宜，其变化却很是奇特。白粉、黄丹都是铅变化成的。使银炼得精纯，令锡变得柔软，都靠铅的作用。

8-8-2a　**胡粉：**凡造胡粉，每铅百斤，熔化，削成薄片，卷作筒，安水甑内。甑下、甑中各安醋一瓶，外以盐泥固

济,纸糊甀缝。安火四两,养之七日。期足启开。铅片皆
生霜粉,扫入水缸内。未生霜者入甀依旧再养七日,再
扫,以质尽为度。其不尽者留作黄丹料。

【译文】

　　胡粉:造胡粉的方法是,每次用铅百斤熔化后削成薄片,卷成圆
筒,放在木甀之中。甀的下部和中部各放醋一瓶。外面用盐泥封固,
用纸将甀上的缝糊好,以四两木炭的火力保温七天。日子到时启开,
铅片上布满霜粉,扫到水缸中。未生霜的铅片再入甀中,依旧加热七
天,再扫下霜粉,直到铅尽为止。剩下的残渣留作制黄丹的原料。

　　8-8-2b　每扫下霜一斤,入豆粉二两、蛤粉四两,缸内
搅匀,澄去清水。用细灰按成沟,纸隔数层,置粉于上。
将干,截成瓦形[1],或如磊块,待干收货。此物古因辰、韶
诸郡专造,故曰韶粉俗误朝粉。今则各省直饶为之矣。其
质入丹青,则白不减。擦[2]妇人颊能使本色转青。胡粉
投入炭炉中,仍还熔化为铅。所谓色尽归皂者[3]。

【注释】

　　〔1〕瓦形:涂本及诸本均作"瓦定形",费解,疑"定"为衍字,今删。
　　〔2〕擦:涂本作"查",今改。
　　〔3〕"胡粉投入炭炉中"三句:东汉炼丹家魏伯阳《周易参同契》
(142)云:"胡粉投火中,色坏还为铅。"白色的胡粉(铅粉)煅烧,先变成氧
化铅,最后还原为黑灰色的铅。所谓"色尽归皂",即至白返原为黑的
道理。

【译文】

　　每扫下一斤霜，加入豆粉二两、蛤粉四两，一同放入水缸内搅匀，澄清后倒去水。用细木炭粉作成沟，上面铺几层纸，将湿粉放在纸上，快吸干时切成瓦形或方块，待干时收起出售。因为古时辰州（今湖南沅陵）、韶州（今广东韶关）专造此物，故名韶粉俗误称朝粉。现在则各省都广为制造。用这种粉画画，则白色不退。但妇女用以擦脸，能使面色变青。将胡粉投入炭火炉中，仍还炼化为铅，这就是所谓物极必反，颜色白至极点就要变黑的道理。

8-8-3　**黄丹**[1]：凡炒铅丹，用铅一斤、土硫黄十两、硝石一两。熔铅成汁，下醋点之。滚沸时下硫一块，少顷入硝少许，沸定再点醋，依前渐下硝、黄。待为末，则成丹矣。其胡粉残剩者，用硝石、矾石炒成［黄］丹，不复用醋[2]也。欲丹还铅，用葱白汁拌黄丹慢炒，金汁出时，倾出即还铅矣。

【注释】

　　〔1〕本节叙述黄丹或铅丹（四氧化三铅 Pb_3O_4）制法，全录自《本草纲目》卷八铅丹条引独孤滔《丹房鉴原》(855)。

　　〔2〕醋：涂本作"错"，误，今改。

【译文】

　　黄丹：烧制铅丹时，用铅一斤、土硫黄十两、硝石一两。先将铅熔化成液态，点上一些醋。滚沸时放入硫黄一块，稍过一会，再投入硝石少许，沸腾停止后再照前法点醋。逐步加硝石、硫黄。待物料都变成粉末，就说明黄丹已制成。残剩的胡粉，再用硝石、矾石炒成黄丹，不必再用醋。要想使黄丹还原为铅，用葱白汁伴黄丹慢炒，黄色液汁出现时，顷刻即还原为铅。

9. 冶铸第九

9-1　宋子曰,首山之采,肇自轩辕[1],源流远矣哉。九牧贡金,用襄禹鼎[2]。从此火金功用日异而月新矣。夫金之生也,以土为母。及其成形而效用于世也,母模子肖,亦犹是焉。精粗巨细之间,但见钝者司舂,利者司垦,薄其身以媒合水火而百姓繁。虚其腹以振荡空灵而八音[3]起,愿者肖仙梵之身,而尘凡有至象。巧者夺上清之魄,而海寓遍流泉。即屈指唱筹,岂能悉数,要之人力不至于此。

【注释】

〔1〕"首山之采"二句:《史记·孝武本纪》:"黄帝采首山铜,铸鼎于荆山下。"　首山:今河南襄城县境内。　轩辕:黄帝号轩辕氏(约前2998—前2598),传说上古中原各族的共同祖先。

〔2〕"九牧贡金"二句:《左传·宣公三年》(前696):"昔夏之方有德也,远方图物,贡金九牧,铸鼎象物,万物而为之备。"讲夏代(前2070—前1600)禹统治九州,令各州贡金属以铸九鼎。九州,冀、豫、雍、扬、兖、徐、梁、青及荆州。

〔3〕八音:金、石、丝、竹、匏、土、革、木等八类乐器。亦泛指乐器总称或音乐。

【译文】

宋子说,从黄帝时代便开始在首山采铜铸鼎,其源流已很久远了。夏禹时,九州的地方官进贡金属,以帮助禹王铸成大鼎。从那以后,借火力来冶铸金属的工艺便日新而月异地发展起来。金属产生于土,以土为母。当金属铸成器物而效用于世时,其形状与土制的模型相像,还是以土为母。铸件有精粗、大小的不同。但见钝的碓头用来舂捣,利的犁铧用以垦土;薄的铁锅可盛水、受火,而百姓广泛运用它们。中空的大钟用以振荡空气而生八音,信徒们仿拟仙佛之身在凡世间铸出极好的佛像。精巧的铜镜镜面光滑无比,可夺日月之辉,而金属铸币则通行于四海之内。诸如此类,屈指头、唱筹码怎能说尽? 总之,人力能做到的还不止这些。

9-2　鼎

9-2-1　凡铸鼎唐虞[1]以前不可考。唯禹铸九鼎,则因九州贡赋壤则已成,入贡方物岁例已定[2],疏浚河道已通,《禹贡》业已成书[3]。恐后世人君增赋重敛,后代侯国冒贡奇淫,后日治水之人不由其道,故铸之于鼎。不如书籍之易去,使有所遵守、不可移易,此九鼎所为铸也。

【注释】

〔1〕唐虞:即尧、舜,尧或陶唐氏(约前2357—前2256),舜或有虞氏(约前2255—前2206),传说中父系氏族社会后期的部落联盟领袖。

〔2〕"唯禹铸九鼎"几句:《书经·禹贡》:"禹别九州,随山濬川,任土作贡。"

〔3〕《禹贡》业已成书:记述九州贡法的《禹贡》,本成书于战国,去夏禹甚远,但作者认为是禹时所成书。

【译文】

铸鼎的事,尧、舜以前已不可考。至于夏禹铸九鼎,则因九州纳土地赋税法则已经制订,各地每年进贡方物条例已定,河道已经疏浚畅通,禹制订的九州贡法《禹贡》业已成书。禹王恐怕后世帝王增加赋税、加强搜括,后代各地诸侯以奇淫品冒充贡物,后日治水之人不按其方式行事,因之将这一切铸在鼎上,不像写在书上容易失去,使人们有所遵循,不轻易改变。这就是当时铸九鼎的原因。

9-2-2 年代久远,末学寡闻,如蠙珠、鳖鱼、狐狸、织皮之类[1],皆其刻画于鼎上者,或漫灭改形亦未可知,陋者遂以为怪物。故《春秋传》有使知神奸、不逢魑魅之说也。此鼎入秦始亡,而春秋时郜大鼎、莒二方鼎[2],皆其列国自造,即有刻画,必失《禹贡》初旨。此但存名为古物,后世图籍繁多,百倍上古,亦不复铸鼎,特并志之。

【注释】

〔1〕"蠙珠"句:据《书经·禹贡》,蠙珠、鳖鱼是淮水产的蚌珠、美鱼,作为进贡方物。狐狸皮是青州的入贡方物。

〔2〕郜(gào)大鼎、莒(jǔ)二方鼎:郜鼎,《左传·隐公七年》(前716)载周代侯国郜(今山东成武)献周王的大鼎。莒鼎,《左传·昭公七年》(前535)载莒国(今山东莒县)所铸方鼎,赠予郑国的公孙侨。

【译文】

过了很长年代,学问浅、见识少的人,见到刻画在鼎上的形象,如"蠙珠(蚌珠)、鳖鱼(美鱼)、狐狸、织皮"之类,或许已经漫漶、脱落而变形,难以辨认为何物,无知者遂以为是怪物。因此《春秋左氏传》中才有关于禹鼎像物使老百姓识别神怪、避免魑魅伤害的说法。其实这些鼎至秦代(前221—前207)就已散失了。而春秋(前770—前477)时郜国的大鼎、莒国的两个方鼎,都是诸侯国自造,即使鼎上有些刻画,也必定失去《禹贡》的原意,只不过作为古物存其名而已。后世图书甚多,百倍于上古,亦用不到铸鼎。特附记之。

9-3 钟

9-3-1　凡钟为金乐之首,其声一宣,大者闻十里,小者亦及里之余。故君视朝、官出署必用以集众,而乡饮酒礼[1]必用以和歌。梵宫仙殿必用以明抪谒者之诚,幽起鬼神之敬。凡铸钟高者铜质,下者铁质。今北极朝钟[2]则纯用响铜,每口共费铜四万七千斤、锡四千斤、金五十两、银一百二十两于内。成器亦重二万斤,身高一丈一尺五寸,双龙蒲牢[3]高二尺七寸,口径八尺,则今朝钟之制也。

【注释】

〔1〕乡饮酒礼:据《仪礼·乡饮酒礼》篇,古代乡学生卒业后,荐其贤能者于君,乡大夫设酒宴送行,称乡饮酒礼。后世由地方官宴待应科举之士,称宾兴。此处指官方宴会。

〔2〕北极朝钟:明代宫内北极阁中的朝钟。

〔3〕蒲牢:古代传说中吼声大的海兽。将其形象铸于钟上,象征钟声宏亮。《汉书·班固传》:"凡钟欲令其声大者,故作蒲牢于其上。"

【译文】

钟是金属乐器之首,钟声一响,大者可闻于十里之外,小者也传到一里多。所以皇帝临朝、官吏赴官署,必靠敲钟来聚集众人。举办各种官方宴会,必用编钟来伴奏。仙佛寺殿必以钟声打动参拜者的诚心,激起对鬼神的敬意。铸钟时,上等钟用铜,劣钟用铁为原料。今宫内北极阁朝钟则全用响铜铸造,每口钟共费铜四万七千斤、锡四千斤、金五十两、银一百二十两。铸成的钟重二万斤,身高一丈一尺五寸,钟上的双龙蒲牢高二尺七寸,钟直径八尺。这是现今朝钟的形制。

图 9-1 塑造钟的铸模

9-3-2 凡造万钧钟,与铸鼎法同。掘坑深丈几尺,燥筑其中如房舍,埏泥作模骨[1]。其模骨用石灰、三和土筑,不使有丝毫隙拆。干燥之后以牛油、黄蜡附其上数寸。油蜡分两,油居什八,蜡居什二。其上高蔽抵晴雨,夏月不可为,油不冻结。油蜡墁定,然后雕镂书文、物象,丝发成就(图 9-1)。然后舂筛绝细土与炭末为泥,涂墁以渐而加厚至数寸。使其内外透体干坚,外施火力炙化其中油蜡,从口上孔隙熔流净尽,则其中空处即钟鼎托体之区也。

【注释】

〔1〕模骨:指失蜡法铸件的内模。

【译文】

　　铸造万斤钟和铸鼎的方法相同。挖一丈多深的坑，使坑内保持干燥，并把它构筑成如房舍一样，和泥作内模。铸钟的内模用石灰、三和土作成，不使有丝毫裂隙。干燥之后，以牛油、黄蜡涂抹在上面约数寸厚。油、蜡配方是牛油占十分之八，黄蜡（蜂蜡）占十分之二。其上有高棚以遮挡日光和雨，夏天不操作，因为油不凝结。油蜡涂固后，在上面雕刻文字、图案，细心操作。然后将捣碎并筛过的绝细土与炭粉调和成泥，逐层涂在油蜡上至数寸。使外模里外彻底干实，在外面用火力熔化其中油蜡，油蜡从铸模下部内外模交合的孔隙中熔流净尽。则内外模间的中空部分，就是以后铸出钟鼎形状的地方了。

　　9-3-3　凡油蜡一斤虚位，填铜十斤。塑油时尽油十斤，则备铜百斤以俟之。中既空净，则议熔铜。凡火铜至万钧，非手足所能驱使。四面筑炉，四面泥作槽道，其道上口承接炉中，下口斜低以就钟鼎入铜孔，槽傍一齐红炭炽围（图9-2）。洪炉熔化时，决开槽梗先泥土为梗塞住，一齐如水横流，从槽道中枧注而下，钟鼎成矣。凡万钧铁钟与炉、釜，其法皆同，而塑法则由人省啬也。

【译文】

　　流出一斤油蜡所空出的部分，可灌铸十斤铜。塑铸模时用十斤油，便要准备一百斤铜。模中油蜡流尽，就该熔铜。万斤的熔铜不是人手足所能驱使的。要在钟模四周筑熔炉并在四周用泥作槽道，槽道上与熔炉出口相接，槽道下端向低倾斜以便与钟鼎浇铜口相接。槽道两旁用烧红炭火围起来保温。炉内铜熔化时，打开出铜水口的塞子先用泥土为塞塞住，铜液像流水一样沿槽道向下注入模内，于是便铸成钟、鼎了。制万斤重的铁钟与香炉、大锅，其铸造方法皆与

图 9-2 铸钟、鼎

此相同。只是塑模的方法可由人们根据不同的条件与要求,适当地省略罢了。

9-3-4 若千斤以内者则不须如此劳费,但多捏十数锅炉(图 9-3)。炉形如箕,铁条作骨,附泥做就。其下先以铁片圈筒直透作两孔,以受杠穿。其炉垫于土墩之上,各炉一齐鼓鞴熔化,化后以两杠穿炉下,轻者两人,重者数人抬起,倾注模底孔中。甲炉既倾,乙炉疾继之,丙炉又疾继之,其中自然粘合。若相承迂缓,则先入之质欲冻,后者不粘,衅所由生也。

图 9-3　铸千斤钟与仙佛像

【译文】

　　至于铸造千斤以下的铸件,则不须如此劳费,只要多做十几个小炉就成。炉形状像簸箕,铁条作骨架,用泥作成。炉下两侧用铁片卷成的圆铁管穿透两个孔,以便承受穿过的抬杠。各炉都放在土墩之上,同时鼓风熔铜。熔化后,用两杠在炉下穿过,轻的二人,重的数人抬起炉子,将熔液倾注在铸模孔中。甲炉浇完,乙炉迅速接着浇注,丙炉又赶快跟上,模内金属自然黏合。如相接迟缓,则先注入的金属快凝结,不易与后注入的金属黏合,结果造成缝隙。

　　9-3-5　凡铁钟模不重费油蜡者,先埏土作外模,剖破两边形或为两截,以子口串合,翻刻书文于其上。内模缩小分寸,空其中体,精算而就。外模刻文后,以牛油滑之,使他日器无粘烂[1]。然后盖上,混合其缝而受铸焉。巨磬、云板[2],法皆仿此。

【注释】

〔1〕烂:涂本误作"糣(làn)",从世界书局本改。

〔2〕云板:报时报事器,敲打出声,板铸成云的形状。

【译文】

作铸铁钟用的铸模不须耗费太多牛油、黄蜡,先以土黏合作成外模,将其纵向剖开成左右两半,或横向分为上下两截,以子母口使之接合,将文字、图案的反体刻在上面。内模尺寸略小些,经精心计算,使内、外模之间有一定空隙。外模(内壁)上刻好文字图案后,用牛油涂滑,使铸出的钟不与铸模粘连。然后将内外模合起,用泥浆填补好接口的缝隙,便可进行浇铸。作巨磬、云板的方法也与此相仿。

9-4 釜

9-4-1 凡釜储水受火,日用司命系焉。铸用生铁或废铸铁器为质。大小无定式,常用者径口二尺为率,厚约二分。小者径口半之,厚薄不减。其模内外为两层,先塑其内,俟久日干燥,合釜形分寸于上,然后塑外层盖模。此塑匠最精,差之毫厘则无用。

【译文】

　　铁锅用来作储水、受火,日常生活不可缺少。铸锅时用生铁或废的铸铁器为原料。大小没有固定格式,常用的铁锅口径以二尺为准,厚约二分。小者口径半之,厚薄不减。其铸模分内、外两层,先塑造其内模,放多日干燥后,根据锅形状大小,然后再作置于内模之上的外层盖模。作外模的匠人要非常精细地操作,稍差一点,模就没有用了。

　　9-4-2　模既成就干燥,然后泥捏冶炉,其中如釜,受生铁于中。其炉背透管通风,炉面捏嘴出铁。一炉所化约十釜、二十釜之料。铁化如水,以泥固纯铁柄勺从嘴受注(图9-4)。一勺约一釜之料,倾注模底孔内,不俟冷定即揭开盖模,看视罅绽未周之处。此时釜身尚通红未黑,有不到处即浇少许于上补完,打湿草片按平,若无痕迹。

图9-4　铸釜(锅)

【译文】

　　模做成并干燥后,再用泥捏成熔炉,其内部像锅,装生铁于其中。炉的背后接管通风,炉的前面留出一口以出铁。一炉熔化的铁水,大约可铸十至二十口锅。铁化成水后,用垫泥的有柄铁勺从炉嘴接铁水。一勺铁水大约浇一口锅,倾注在模底孔中,不待冷定即揭开盖模,看看有无裂缝不周之处。此时锅身尚通红未变黑,有浇不到之处,即浇少许铁水于其上补完,用湿草片压平,不留修补痕迹。

9-4-3　凡生铁初铸釜,补绽者甚多,唯废破釜铁熔铸,则无复隙漏。朝鲜国俗破釜必弃之山中,不以还炉。凡釜既成后,试法以轻杖敲之。响声如木者佳,声有差响,则铁质未熟之故,他日易为损坏。海内丛林大处,铸有千僧锅者,煮糜受米二石,此直痴物云。

【译文】

　　用生铁初次铸锅,要补破绽之处很多,只有用废破铁锅熔铸,才没有隙漏。朝鲜国俗,破锅必弃之山中,不再回炉。锅铸成后,试锅方法是用木棍轻敲,响声如敲木头的声音,就是好锅。如有杂音,则说明铁质还不够纯熟。日后使用易于损坏。国内大寺庙里铸有千僧锅,可煮二石米的粥,这简直是笨重之物。

9-5　像、炮、镜

　　9-5-1　**像:**凡铸仙佛铜像,塑法与朝钟同。但钟鼎不可接,而像则数接为之,故写时为力甚易。但接模之法,分寸最精云。

【译文】

　　铸佛像：铸仙佛铜像，作铸模的方法与朝钟同（图9-1 至 9-3）。但钟鼎不可由几部分接合，而铜像则可由几部分接合铸造，故浇注时省力省事。但接模之法，精确度要求很高。

　　9-5-2 　**炮：**凡铸炮西洋红夷、佛郎机[1] 等用熟铜[2] 造，信炮、短提铳[3] 等用生、熟铜兼半造，襄阳、盏口、大将军、二将军[4] 等用铁造。

【注释】

　　[1] 西洋红夷、佛郎机：明代时从欧洲传来的炮名。红夷，指荷兰，佛郎机指葡萄牙。本书只列其名而未详介，详情参见《武备志》（1621）卷一二二。

　　[2] 熟铜：可锻铜或铜合金。

　　[3] 信炮：信号炮。　短提铳：短筒铳。

　　[4] 襄阳、盏口、大将军、二将军：明代四种大炮名。盏口炮口大、炮身短。将军炮亦称虎蹲炮，见《武备志》卷一一二。襄阳炮名见于元代，明代少用。

【译文】

　　铸炮：西洋红夷炮、佛郎机等用熟铜为原料铸造，信炮、短提铳等用生铜、熟铜各半铸造，襄阳炮、盏口炮、大将军、二将军等炮用铁铸造。

9-5-3　镜：凡铸镜模用灰沙，铜用锡和不用倭铅。《考工记》亦云："金锡相半，谓之鉴、燧之剂。"[1]开面成光，则水银附体而成，非铜有光明如许也。唐开元宫中镜尽以白银与铜等分铸成，每口值银数两者以此故。朱砂斑点乃金银精华发现古炉有入金于内者。我朝宣炉亦缘某库偶灾，金银杂铜锡化作一团，命以铸炉真者错现金色。唐镜、宣炉皆朝廷盛世物也。

【注释】

〔1〕"《考工记》亦云"几句：《考工记》："金有六齐（剂）……金锡半，谓之鉴、燧之剂。"齐（剂）即合金。金锡半，含铜、锡各半。鉴为照面镜，燧为取火镜（即聚焦镜）。

【译文】

铸铜镜：铸镜用的模由草木灰及细沙作成，而镜由铜和锡作成不用锌。《考工记》亦云："金（铜）、锡各一半的合金，是制作鉴和燧的材料。"镜面反光，因镜身附有水银，并非铜有这种光泽。唐代开元年间（717—741）宫中的镜，都以白银与铜各半配合铸成，每面镜价值达数两银子，就因为这个缘故。镜面上有像朱砂色的斑点，是其中所含金银成分的表现古代铸香炉，加金于其中。本朝（明朝）的宣德炉，也因当时（1426—1435）某库偶然发生火灾，其中金银与铜锡掺杂熔化在一起，下令用以铸炉宣德炉真品上闪现金色。唐镜和宣炉都是朝廷盛世之物。

9-6　钱　附：铁钱

9-6-1　凡铸铜为钱以利民用。一面刊国号通宝四字,工部分司主之。凡钱通利者,以十文抵银一分值。其大钱当五、当十,其弊便于私铸,反以害民,故中外行而辄不行也。凡铸钱每十斤,红铜居六七,倭铅京中名水锡居四三,此等分大略[1]。倭铅每见烈火必耗四分之一。我朝行用钱高色者,唯北京宝源局黄钱与广东高州炉青钱[2]高州钱行盛漳、泉路,其价一文敌南直、江浙等二文。黄钱又分二等,四火铜所铸曰金背钱,二火铜所铸曰火漆钱[3]。

【注释】

〔1〕"凡铸钱每十斤"几句:薮本注云,中国自来铜钱原料,是铜中加铅、锡,成青铜钱。明嘉靖(1522—1566)以降则在铜中加锌,变为真鍮钱。

〔2〕"北京宝源局黄钱"句:工部所属铸币厂北京宝源局铸的黄钱,含六成铜、四成锌。广东高州府宝泉局铸的青钱用50％铜、41.5％锌、6.5％铅及2％锡配合铸成。见钟本注。

〔3〕"黄钱又分二等"几句:《明史·食货志》载万历年(1573—1619)"用四火黄铜铸金背钱,二火黄铜铸火漆钱"。四火、二火指对铜熔炼净化的次数。为防私铸、伪造,金背钱在钱背涂金,火漆钱在火上熏成黑边。

【译文】

将铜铸成钱,是为便于民用。钱的一面铸有年号"某某通宝"四字,工部有专门机构掌管此事。通行的铜钱十文等于一分银的价值。相当五分、十分银的大钱,缺点是便于伪铸,反而害民,故中央和地方发行后又不通行了。每铸十斤铜钱,用红铜六或七斤,锌京中叫水锡四或三斤,这是大致的比例。锌每遇高温,必损耗四分之一。本朝(明朝)通用钱成色高的,只有北京宝源局的黄钱和广东高州府(今茂名)的青钱高州钱通行于福建漳州、泉州地区,其面值一文等于南直隶

（今江苏、安徽）、浙江的二文。黄钱又分二等，用四火铜所铸的叫金背钱，二火铜所铸的叫火漆钱。

9-6-2　凡铸钱熔铜之罐，以绝细土末打碎干土砖妙和炭末为之。京炉用牛蹄甲，未详何作用。罐料十两，土居七而炭居三，以炭灰性暖，佐土使易化物也。罐长八寸，口径二寸五分。一罐约载铜、铅十斤，铜先入化，然后投〔倭〕铅，洪炉扇合，倾入模内。

【译文】

铸钱熔铜的坩埚，是用绝细土面打碎的干土砖最好和木炭粉做成的。北京炉用牛蹄甲，不知道有何作用。每十两坩埚原材料中，土面占七两，木炭粉占三两，因为炭粉能保温，与土面配合使铜易于熔化。坩埚长八寸，口径二寸五分。一埚约装铜、锌十斤。先将铜装入熔化，然后投入锌。熔炉鼓风，倾注熔液于铸钱模内。

9-6-3　凡铸钱模[1]以木四条为空框（图9-5）木长一尺二寸，阔一寸二分，土炭末筛令极细填实框中。微洒杉木炭灰或柳木炭灰于其面上，或熏模则用松香与清油[2]。然后以母钱百文用锡雕成，或字或背布置其上。又用一框如前法填实合盖之。既合之后，已成面、背两框，随手覆转，则母钱尽落后框之上。又用一框填实，合上后框，如是转覆，只合十余框，然后以绳捆定。其木框上弦原留入铜眼

图 9-5 铸钱

孔,铸工用鹰嘴钳,洪炉提出熔罐。一人以别钳扶抬罐底相助,逐一倾入孔中。冷定解绳开框,则磊落百文如花果附枝。模中原印空梗,走铜如树枝样,挟出逐一摘断,以待磨锉成钱。凡钱先锉边沿,以竹木条直贯数百文受锉,后锉平面则逐一为之(图 9-6)。

图 9-6 锉钱

【注释】

〔1〕铸钱模:此处叙述实体模型铸造技术。实体模型为锡质钱模（或叫母钱）。

〔2〕"微洒杉木炭"二句:在模型腔表面撒一层木炭末,或燃烧松香、清油（菜籽油）使烟熏模,目的是当液态金属流经这些材料时,炭末燃烧,使铸件与铸模分离。

【译文】

铸钱的模,用四根木条做成空框_{木条长一尺二寸},宽一寸二分,用筛选极细的土面、木炭粉填实于框中。上面微撒些杉木炭粉或柳木炭粉,或用松香与菜子油的烟熏模。然后把一百个母钱（钱模）_{用锡刻}成,按有字的正面或无字的背面铺排在框面上。再用一个木框按前法填实土面、炭粉,对准盖在此木框之上。盖合之后,便构成钱的面、背两个框模,随手翻转过去,则钱模尽落于后框之上。再用另一木框填实,合盖在后框上,照样翻转。这样反复作成十多个框模,然后将其以绳捆定。木框上边原留有注入铜的眼孔,铸工用鹰嘴钳把熔铜坩埚从炉中取出,一人用另一铁钳扶托坩埚底,逐一将熔液注入模的孔中。冷却后解绳打开框,则一百个铜钱像树枝上的花果一样呈现出来。模中原刻出流铜液的空沟,铜流动冷却后成树枝形状,夹出逐一摘断,以待磨锉成钱。钱要先锉边沿,方法是用竹、木条将数百个铜钱直串起来一起磨锉。接下逐个锉平钱表面不规则的地方。

9-6-4 　凡钱高低以［倭］铅多寡分,其厚重与薄削则昭然易见。［倭］铅贱铜贵,私铸者至对半为之。以之掷阶石上,声如木石者,此低钱也。若高钱铜九铅一,则掷地作金声矣。凡将成器废铜铸钱者,每火十耗其一。盖铅质先走,其铜色渐高,胜于新铜初化者。若琉球诸国银钱,其模即凿锲铁钳头上。银化之时入锅夹取,淬于冷水之中,即落一钱其内,图并具右(图9-7)。

图9-7 日本国造银钱

【译文】

　　钱的成色高低,以含锌多少来区分。其厚重与轻薄,是显而易见的。由于锌贱而铜贵,私铸者甚至将二者对半配合铸钱,将钱扔到石阶上,声音像木石的是成色低的钱。如含铜十分之九、含锌十分之一的成色高的钱,则掷落在地上有金属声。用废铜器铸钱,每熔化一次要损耗其十分之一。因锌先行跑掉,剩下的铜成色逐渐提高,胜于用新铜初次熔化的钱。至于琉球诸国铸的银币,其钱模就刻在铁钳头上。银熔化时,用钳头从坩埚里夹取银液,在冷水中淬火,则一块银币便落水中,见插图。

　　9-6-5　**铁钱:**铁质贱甚,从古无铸钱。起于唐藩镇魏博诸地[1]。铜货不通,始冶为之,盖斯须之计也。皇家盛时,则冶银为豆[2],杂伯衰时,则铸铁为钱。并志博物者感慨。

【注释】

〔1〕起于唐藩镇魏博诸地：铁钱铸造起于汉代的公孙述(? —36)，梁武帝普通四年(523)亦铸铁钱，使物价飞涨。因铁值小，铸铁钱意味着货币贬值。魏博，唐代藩镇名，辖境地跨今山东、河北、河南三省的一部分。

〔2〕冶银为豆：宫内将豆粒大的银豆撒在地上，让宫女、宦官去抢，借以取乐。

【译文】

铁钱：铁这种原料很贱，自古以来不用以铸钱。铁钱起于唐代藩镇的魏博等地，因买不到铜，遂开始冶铁铸钱，这不过是权宜之计。王朝盛时则冶银为银豆作娱乐，藩镇各霸衰落时，则铸铁为钱，就记此以表博物者之感慨。

10. 锤锻第十

10-1　宋子曰,金木受攻而物象曲成。世无利器,即般、倕[1]安所施其巧哉? 五兵[2]之内、六乐[3]之中,微钳锤之奏功也,生杀之机泯然矣。同出洪炉烈火,大小殊形。重千钧者系巨舰于狂渊;轻一羽者透绣纹于章服。使冶钟铸鼎之巧,束手而让神功焉。莫邪、干将[4],双龙飞跃,毋其说亦有徵焉者乎?

【注释】

〔1〕般:公输般(前507—前444),亦称鲁班,春秋时鲁国著名的建筑工匠,相传创制锯、刨、云梯及木鸟等,被称为匠师之祖。　倕:传说远古黄帝或尧时的巧匠。

〔2〕五兵:即殳、戟、戈、矛、弓矢,此处泛指兵器。

〔3〕六乐:为钟、镈、镯、铙、铎、镯,此处泛指金属打击乐器。

〔4〕莫邪、干将:春秋时吴国(前585—前473)制成的两柄著名宝剑,以制造者夫妇之名命名。

【译文】

宋子说,金属、木材经加工处理,造成各种器物。世上如果没有得力的工具,即使鲁班、倕那样的巧匠,也怎能施展其技巧呢? 在制造各种兵器和金属乐器的过程中,如果不用钳和锤加工,便无法做成。各种工具和器物都经过熔炉烈火的作用锻造而成,但形状、大小有所不同。重达千钧的铁锚将大船系于狂澜之中,轻如羽毛的铁针在官服上绣出花纹。铸造钟鼎的技巧与这种神奇的锻造工艺相比，也相形见绌。古时锻造的名剑莫邪、干将挥舞起来如双龙飞跃，这种传说大概是有根据的吧。

10-2 治 铁

10-2-1 凡治铁成器，取已炒熟铁[1]为之。先铸铁成砧[2]，以为受锤之地。谚云万器以钳为祖，非无稽之说也。凡出炉熟铁名曰毛铁。受锻之时，十耗其三为铁华、铁落。若已成废器未锈烂者，名曰劳铁[3]。改造他器与本器，再经锤锻，十止耗去其一也。凡炉中炽铁用炭，煤炭居十七，木炭居十三。凡山林无煤之处，锻工先择坚硬条木烧成火墨[4]俗名火矢，扬烧不闭穴火，其炎更烈于煤。即用煤炭，也别有铁炭[5]一种，取其火性内攻，焰不虚腾者，与炊炭同形而分类也。

【注释】

〔1〕熟铁：由铁矿石用碳直接还原，或生铁（含碳3％）经熔化并将杂质氧化而得到的产物，有较高的延性和展性，含碳量（0.06％）低于生铁。

〔2〕砧（zhēn）：锤锻铁器时的底座。

〔3〕劳铁：废铁。

〔4〕火墨：坚硬木炭。

〔5〕铁炭：火焰低的碎煤。

【译文】

　　锻造铁器,是用炒过的熟铁为原料。先用铸铁作成砧,作为承受锤打的底座。有句俗话说万器以钳为祖,并非无稽之谈。刚出炉的熟铁,叫"毛铁",锻打时损耗其十分之三,变成铁花、铁滓。用过的废品还未锈烂的,叫"劳铁",可用以改制成别的器物或原来的器物,再经锻造时只损失其十分之一。炼铁炉中的燃料,煤炭占十分之七,木炭占十分之三。在山林无煤之地,锻工选择坚硬木条烧成火墨俗名叫"火矢",燃烧时不会变为碎末堵塞通风口,其火焰比煤更猛。即便用煤炭,也另有一种铁炭,取其燃烧时火势向内、火焰不虚散的优点,与烧饭用的煤形状相同而种类不同。

　　10-2-2　凡铁性逐节粘合,涂上黄泥于接口之上,入火挥槌,泥滓成枵而去,取其神气为媒合。胶结之后非灼红斧斩,永不可断也。凡熟铁、钢铁已经炉锤,水火未济,其质未坚。乘其出火之时入清水淬[1]之,名曰健钢、健铁。言乎未健之时为钢为铁,弱性犹存也。凡釬[2]铁之法,西洋诸国别有奇药。中华小釬用白铜[3]末,大釬则竭力挥锤而强合之。历岁之久,终不可坚。故大炮西番有锻成者,中国则惟事冶铸也。

【注释】

　　〔1〕淬(cuì):淬火,将烧红器件突然浸入液体,使之坚硬。中国在战国(前475—前221)时已用此技术。

　　〔2〕釬(hàn):亦作"銲",焊接。

　　〔3〕白铜:详《五金·铜》条。

【译文】

　　把要锻造的铁逐节黏合起来，在接口处涂上黄泥，再放在火中烧红后捶打，将泥滓打去，只将黄泥作为接合的媒介。铁器锤合之后，除非烧红再用斧砍，否则是永不会断的。熟铁、钢铁经烧红、锻打后，水火作用尚未调和，其质地不坚。乘出炉时将物料放入清水中淬火，名为健钢、健铁。这是说未"健"之前，作为钢和铁还存有软弱的性质。焊接铁的方法，西洋各国另有奇药。中国小焊用白铜粉作焊药，大件的锻接则竭力挥锤而强行接合。但经年累月之后，接口终究不牢。因此大炮虽在西洋有锻成的，而中国还只靠铸造而成。

10-3　斤、斧

　　10-3-1　凡铁兵薄者为刀剑，背厚而面薄者为斧斤。刀剑绝美者以百炼钢包果其外，其中仍用无钢铁为骨。若非钢表铁里，则劲力所施，即成折断。其次寻常刀斧，止嵌钢于其面。即重价宝刀，可斩钉截铁[1]者，终数千遭磨砺，则钢尽而铁现也。倭国刀背阔不及二分许，架于手指之上，不复欹倒，不知用何锤法，中国未得其传。

【注释】

　　〔1〕斩钉截铁：原作"斩钉截凡铁"，疑"凡"字衍，今去之。

【译文】

　　铁制兵器，薄者为刀、剑，背厚而刃薄者为斧、砍刀。绝美的刀、剑用百炼钢包在其表面，里面仍用熟铁为骨架。如果不是钢表铁里，则用力过猛便要折断。其次，通常用的刀、斧，只嵌钢在其刃面。即使是可以斩钉截铁的贵重宝刀，经几千次磨过后也会将钢磨尽而露出铁的。日本刀的刀背不到二分宽，但架在手指之上并不倾倒，不知是用什么方法锻造出来的，这种技术还没有传到中国。

10-3-2　凡健刀斧皆嵌钢、包钢，整齐而后入水淬之，其快利则又在砺石成功也。凡匠斧与椎，其中空管受柄处，皆先打冷铁为骨，名曰羊头。然后熟铁包果，冷者不沾，自成空隙。凡攻石椎日久四面皆空，熔铁补满平填，再用无弊。

【译文】

热处理过的刀、斧，都要嵌钢、包钢，修整以后放入水中淬火，其锋利与否全在磨石上下功夫。锻工所用的斧和锤，其装木柄的空腔都要先打冷铁为骨，名曰羊头，再用烧红的铁将其包住。冷铁不粘联热铁，取出后自成空隙。打石用的锤，用久了四面都会损耗而凹陷下去，用熔化的铁补满填平，便可继续使用。

10-4　锄、镈、镃、锥

10-4-1　**锄、镈**[1]：凡治地生物用锄、镈之属，熟铁锻成，熔化生铁淋口[2]，入水淬健即成刚劲。每镢、锄重一斤者，淋生铁三钱为率。少则不坚，多则过刚而折。

【注释】

〔1〕镈（bó）：阔口锄。

〔2〕熔化生铁淋口：在熟铁坯件刃部淋上一层生铁，冷锤、淬火后使刃部坚硬耐磨。这是中国金属加工技术中的一项创造。

【译文】

锻造锄、镈：整治土地、种植庄稼用的锄头和阔口锄之类，以熟铁锻成，再将熔化的生铁淋在锄口，入水中淬火后，即变得硬而坚韧。重一斤的锹、锄，淋上生铁三钱为最好。淋少则不坚硬，淋多又太硬而易折。

10-4-2 **锉**[1]：凡铁锉纯钢为之，未健之时钢性亦软。以已健钢錾[2]划成纵斜文理，划时斜向入，则文方成焰。划后烧红，退微冷，入水健。久用乖平，入火退去健性，再用錾划。凡锉开锯齿用茅叶锉，后用快弦锉。治铜钱用方长牵锉，锁钥之类用方条锉。治骨角用剑面锉朱注所谓锡锡[3]。治木末用锥成圆眼，不用纵斜文者，名曰香锉划锉纹时，用羊角末和盐、醋先涂。

【注释】

〔1〕锉(chā)：锉刀。

〔2〕錾(zàn)：凿刻。

〔3〕锡锡：涂本作"锡锡"，误，从杨本改。锡锡，磨骨角用的工具。指宋人朱熹(1130—1200)注《大学》中"如切如磋"时所说的"磋以锡锡"。

【译文】

锉：锉用纯钢作成。未淬火时，钢性较软。用已淬火的钢用平口凿在锉坯表面上开出纵、斜的纹理，划纹理时斜向进凿，纹理锋芒才能像火焰状那样。凿纹后入火烧红,取出稍冷一下,再入水中淬火。镗刀用久后便磨平,这时要退火使钢性变软,再用平口凿重新划出纹理。各种镗当中,开锯齿用茅叶铧(三角铧),再用快弦镗(半圆镗)。加工铜钱用方长牵镗,加工锁头和钥匙用方条镗,加工骨角用剑面铧亦即朱熹注解《大学》所谓的"鑢"。加工木料则用香镗,镗面没有纵纹、斜纹,而是锥成一些圆眼开镗纹时,先将羊角粉、盐与醋拌合,涂上后再开凿。

10-4-3　**锥[钻]:**凡锥熟铁锤成,不入钢和。治书篇之类用圆钻,攻皮革用扁钻。梓人转索通眼、引钉合木者,用蛇头钻。其制颖上二分许,一面圆,二面剜入,傍起两棱,以便转索。治铜叶用鸡心钻。其通身三棱者名旋钻,通身四方而末锐者名打钻。

【译文】

锥:锥钻用熟铁锤成,不必加钢。修整书籍之类用圆锥,缝皮革用扁锥。木工转绳穿孔以打钉拼合木件的,用蛇头钻。其形制是钻尖长二分左右,一面是圆弧形,另一面挖入,旁边有两个棱,以便转动绳索。钻铜片用鸡心钻,钻身有三棱的叫旋钻,带四棱而末端尖锐的叫打钻。

10-5　锯、铇、凿

10-5-1　**锯:**凡锯熟铁锻成薄条,不钢,亦不淬健。出火退烧后,频加冷锤坚性,用镗开齿。两头衔木为梁,纠篾张开，促紧使直。长者剖木，短者截木，齿最细者截竹。
齿钝之时频加镗锐而后使之。

【译文】

锯：做锯片时，用熟铁锻打成薄条，既不加钢，也不淬火。将薄
铁条烧红并冷却后，不断捶打以增加其坚韧性，再用锉刀开齿。使
用时，锯条两端的木柄作为锯把，中间再接以横木为梁，然后纠绞竹
篾使之张开，再绞紧使锯条伸直。长锯用以剖木，短锯用以截木，锯
齿最细的用以截断竹子。锯齿钝时，不断用锉锉锐锯齿，而后用之。

10-5-2　**铇**：凡铇磨砺嵌钢寸铁，露刃秒忽，斜出木口
之面，所以平木，古名曰"准"。巨者卧准露刃，持木抽削，
名曰推铇，圆桶家使之。寻常用者横木为两翅，手执前
推。梓人为细功者，有起线铇，刃阔二分许。又刮木使极
光者名蜈蚣铇，一木之上衔十余小刀，如蜈蚣之足。

【译文】

铇：作铇（刨）时，将包有钢的一寸宽的铁片磨得锋利，斜向装入
木制刨口，微微露出刃口，用以刨平木料，古时称作"准"。大的铇则
反卧露出刃口，手持木料在上面推拉，名曰推铇，作圆桶的木工使用
这种铇。通常用的铇，则在铇身安一横木作为两翼，手持横木两端
向前推铇。细木工有起线铇，其刃阔二分。更有将木面刮得极光滑
的，名曰蜈蚣铇。在铇壳上装十多个小铇刀，像蜈蚣足一样。

10-5-3　**凿**：凡凿熟铁锻成，嵌钢于口，其本空圆以受

木柄。先打铁骨为模，名曰羊头，勺柄同用。**斧从柄催，入木透眼**。其末粗者阔寸许，细者三分而止。需圆眼者则制成剜凿为之。

【译文】

　　凿：凿用熟铁锻成，刃口嵌钢，凿身是圆形中空，以便装木柄。作凿时先锻打一圆管形铁骨为模，叫羊头。作铁勺柄也与此相同。用斧击凿柄，凿刀入木而凿成孔。凿头刃部粗的宽一寸，细的只宽三分。需凿圆孔的，则制成圆筒形刃口的剜凿。

10-6　锚、针

10-6-1　**锚**：凡舟行遇风难泊，则全身系命于锚。战船、海船有重千钧者。锤法先成四爪，以次逐节接身（图 10-1）。其三百斤以内者，用径尺阔砧安顿炉傍，当其两端皆红，掀去炉炭，铁包木棍夹持上砧。若千斤内外者，则架木为棚，多人立其上共持铁链，两接锚身，其末皆带巨铁圈链套，提起掇转，咸力锤合。合药不用黄泥，先取陈久壁土筛细，一人频撒接口之中，浑合方无微罅。盖炉锤之中，此物最巨者。

【译文】

　　锚：当船舶航行遇风难以靠岸停泊时，则船体命运皆系于锚。战船、海船所用的锚，有重达千斤的。其锻造方法是先锤成四个锚爪，再逐个接在锚身上。三百斤以内的锚，用直径一尺宽的砧座，安

图 10-1 锤锚

置在炉旁。当工件两端都烧红时,掀去炉炭,用包铁的木棍将工件夹到砧上锤锻。如果锚重千斤左右,则架起木棚,许多人站在上面齐握铁链,联接锚身两端,其两端皆带大铁环,以便套在铁链上。将锚吊起来并转动,众人齐力将锚爪与锚身捶合起来。黏合的药不用黄泥,而是用筛细的旧墙土,一人不断将土撒在接口之中,一起与工件锤合,方无隙缝。在炉锤工序中,锚是最大的工件。

10-6-2 针: 凡针先锤铁为细条,用铁尺[1]一根锥成线眼,抽过条铁成线,逐寸剪断为针(图 10-2)。先镈其末成颖,用小槌敲扁其本,钢[2]锥穿鼻,复镈其外。然后入釜慢火炒熬。炒后以土末入松木火矢、豆豉三物罨盖[3],

下用火蒸。留针二三口插于其外以试火候。其外针入手捻成粉碎，则其下针火候皆足。然后开封，入水健之。凡引线成衣与刺绣者，其质皆刚。惟马尾刺工为冠者，则用柳条软针。分别之妙，在于水火健法云。

图 10-2　抽线琢针

【注释】

〔1〕铁尺：此处指拉丝模具。铁尺上钻出小圆孔，将细铁条通过此孔拉成细铁线。

〔2〕钢：涂本作"刚"，今改。

〔3〕"炒后"句：指生铁丝热处理时的固体渗碳剂，铁针经渗碳后，成为钢针。罨（yǎn），掩盖。

【译文】

针: 作针时先将铁锤成细铁条。另在一根铁尺上钻出小孔为线眼,将铁条从铁尺孔中抽出拉成铁线,再逐寸剪断铁线为针。先将一端锉成针尖,再用小锤将另一端打扁,以钢锥穿针鼻,更锉光其四周。然后放入锅中,用慢火炒之。炒后以土面、松木炭粉和豆豉三物掩盖,下部用火烧。留出二、三根针插在外面以试火候。当外面的针能用手捻成粉时,说明下面的针火候已足。然后开封,入水中淬火。引线缝衣与刺绣用的针,质地均硬。只有福建马尾镇刺工做帽子用的针,是柳条软针。其软硬区别的妙处,在于火炒、淬火的不同。

10-7　治　铜

10-7-1　凡红铜升黄[1]而后熔化造器,用砒升者为白铜器,工费倍难,侈者事之。凡黄铜原从炉甘石升者,不退火性受锤。从倭铅升者,出炉退火性,以受冷锤。凡响铜入锡参和法具《五金》卷成乐器者,必圆成无焊。其余方圆用器,走焊、炙火粘合,用锡末者为小焊,用响铜末者为大焊。碎铜为末,用饭粘合打,入水洗去饭,铜末具存,不然则撒散。若焊银器则用红铜末。

【注释】

〔1〕黄:即黄铜,由红铜(纯铜)加炉甘石(含碳酸锌)或锌炼成的铜锌合金。

【译文】

红铜要冶炼成黄铜,经熔化后才能制造器物。要是用砒霜升炼,便成为白铜器,工费倍增,奢侈的人才使用。原从炉甘石炼成的黄铜,熔后趁热锤打。加锌炼成的黄铜,出炉经冷却后锤打。以铜掺和锡炼成的响铜方法见《五金》卷,用来制成乐器的,必须是完整的工件,不能用几部分焊接而成。其余方形、圆形的器物,用锻焊或加热来黏合。小件用锡末为焊料,大件用响铜末为焊料。将铜打碎成粉末,用米饭黏合后春打。再加入水将饭洗去,铜末具存。不然铜末就会飞散。若焊接银器,则用红铜末。

10-7-2　凡锤乐器,锤钲[1]俗名锣不事先铸,熔团即锤。镯[2]俗名铜鼓与丁宁[3],则先铸成圆片然后受锤。凡锤钲、镯皆铺团于地面(图 10-3)。巨者众共挥力,由小阔开,就身起弦声,俱从冷锤点发。其铜鼓中间突起隆

图 10-3　锤钲与镯(锤锣)

泡〔4〕，而后冷锤开声。声分雌与雄〔5〕，则在分厘起伏之
妙。重数锤者其声为雄。凡铜经锤之后，色成哑白，受镗
复现黄光。经锤折耗，铁损其十者，铜只去其一。气腥而
色美，故锤工亦贵重铁工一等云。

【注释】

〔1〕钲（zhēng）：古代乐器，形似钟而有长柄，击之而鸣，非锣。但
从插图可知，此处确是锤锣，故法译本译成锣（tamtams）。

〔2〕镯：古代军中乐器，钟状的铃。作者释为铜鼓，误。

〔3〕丁宁：古代行军时用的铜钲。

〔4〕泡：涂本作"炮"，误，今改。

〔5〕声分雌与雄：雌声指高音调，雄声为低音调。加重锤打使铜片
变薄，发声较低。

【译文】

锻造乐器时，钲俗名锣不必先经铸造，将物料熔成一团后直接锤
打。但锤镯俗名铜鼓与丁宁时，则要先铸成圆片，然后受锤。锤钲、镯
时，要将铜料铺在地面上锤打。大件要数人合力锤打，由小逐渐摊
开，冷锤锤打后，从被锻件那里发出乐声。铜鼓中间打出突起的圆
泡，而后以冷锤定音。声调分为高与低，妙在铁锤起伏用力大小。
重打数锤后，其声调低。铜经锤后呈白色而无光泽，锉后则复现黄
色。锤打铜料时的损耗，是锤铁损耗量的十分之一。铜有腥味而色
泽美观，故锻铜工匠收入比锻铁匠高一等。

11. 陶埏[1] 第十一

11-1　宋子曰,水火既济[2]而土合。万室之国,日勤一人而不足[3],民用亦繁矣哉。上栋下室以避风雨[4],而瓴建焉。王公设险以守其国,而城垣、雉堞[5],寇来不可上矣。泥瓮坚而醴酒欲清,瓦登[6]洁而醯醢以荐。商周之际,俎豆以木为之,毋亦质重之思耶。后世方土效灵,人工表异,陶成雅器,有素肌、玉骨之象焉。掩映几筵,文明可掬。岂终固哉!

【注释】

〔1〕陶埏(shān):指揉合黏土烧成陶器,语出《荀子·性恶》(约前240)篇:"夫陶人埏埴而生瓦,然则瓦埴岂陶人之性也哉?……辟亦陶埏而生之也。"

〔2〕水火既济:出于《周易·既济卦》:"水在火上,既济。"表明万物皆济。

〔3〕"万室之国"二句:典出于《孟子·告子下》(约前290):"万室之国一人陶,则可乎?曰不可,器不足用也。"一人,原作"千人"。此处作者或刻书人将"一人"误作"千人",成为"万室之国千人陶",便未免生产过剩了。故我们仍从《孟子》原典译出。总之,不可能多至千人。

〔4〕上栋下室以避风雨:出于《周易·系辞下》:"上古穴居而野处,后世圣人易之以宫室,上栋下宇以待风雨。"此处指屋瓦的功用。

〔5〕雉堞(zhì dié):即女墙,城墙上突起的砖砌齿状矮墙,供守城者避箭用。

〔6〕瓦登:指古代盛食物的高足器皿。

【译文】

宋子说,通过水火交互作用,将黏土烧成陶器供人使用。古人说在有万户人家的地区内,一人勤于制陶无法满足需要,可见民间用陶器是很多的。房屋要避风雨,就要在房顶盖瓦。王公设险阻以守其国,要用砖修城墙和女墙,使来犯之敌攻不进来。坚实的陶瓷能使其中存放的美酒保持清香。洁净的高足杯适于盛供品作祭祀用。商周之际,祭器以木料制成,并非出于重视质朴的缘故,后来各地人争献奇技灵巧,使技术日新月异,因而制成优美的瓷器代替陶木制品。这些瓷器薄如纸,白如玉,摆在几案和宴会上,其美丽花纹和光亮色彩交相辉映,十分典雅。从这里可以看到事物怎么能是一成不变的呢?!

11-2　瓦

11-2-1　凡埏泥造瓦,掘地二尺余,择取无沙粘土而为之。百里之内必产合用土色,供人居室之用。凡民居瓦形皆四合分片。先以圆桶为模骨,外画四条界(图 11-1)。调践熟泥,叠成高长方条。然后用铁线弦弓,线上空三分,以尺限定,向泥不平戛一片,似揭纸而起,周包圆桶之上。待其稍干,脱模而出,自然裂为四片(图 11-2)。凡瓦大小苦无定式,大者纵横八九寸,小者缩十之三。室宇合沟中,则必需其最大者,名曰沟瓦,能承受淫雨不溢漏也。

【译文】

揉合黏土以造瓦,要掘地二尺多深,选择无沙的黏土作原料。方圆百里之内,一定能找到合用的黏土,供人建筑房屋之用。民房

图 11-1　造瓦坯

图 11-2　瓦坯脱桶

用瓦的瓦坯都是四片合在一起，再分成单片。先用圆桶作骨模，桶外画出四条等分线。把黏土调和好，踩成熟泥，堆成高的长方形。再用铁线作弓弦，线上留出三分厚的空隙，线长限定一尺，用铁线向黏土墩直切，切出一片，像揭纸那样将其揭起，将此片泥土围在圆筒模上。待其稍干，脱模而出，自然裂成四片。瓦的大小向无定式，大的纵横八九寸，小的则缩小十分之三。房顶的流水沟，必须用最大的瓦，名曰"沟瓦"，能承受淫雨而不溢漏。

11-2-2　凡坯既成，干燥之后则堆积窑中，燃薪举火。或一昼夜或二昼夜，视窑[1]中多少为熄火久暂。浇水转锈[2]音右与造砖同法。其垂于檐端者有"滴水",下于脊沿者有"云瓦",瓦掩覆脊者有"抱同",镇脊两头者有鸟兽诸形象。皆人工逐一做成,载于窑内,受水火而成器则一也。

【注释】

〔1〕窑:涂本作"陶",误,今改。

〔2〕锈:通"釉"。

【译文】

瓦坯既成,干燥之后就堆积在窑中,点火烧柴。或烧一昼夜,或二昼夜,看窑中物料多少而决定何时熄火。浇水转釉音右的方法与造砖相同(详后)。垂在房檐端上的瓦叫"滴水瓦",房脊两边的瓦叫"云瓦",覆盖房脊的叫"抱同瓦",房脊两头的瓦装有鸟兽形象。这些瓦都要逐件作成坯,放入窑中受水火作用烧成,则是一样的。

11-2-3 若皇家宫殿所用,大异于是。其制为琉璃瓦[1]者,或为板片,或为宛筒,以圆竹与斫木为模,逐片成造。其土必取于太平府[2]舟运三千里方达京师。参沙之伪,雇役、捞船之扰,害不可极。即承天皇陵[3],亦取于此,无人议正造成,先装入琉璃窑内,每柴五千斤烧瓦百片。取出成色,以无名异[4]、棕榈[5]毛等煎汁涂染成绿,黛赭石[6]、松香、蒲草[7]等涂染成黄。再入别窑,减杀薪火,逼成琉璃宝色。外省亲王殿与仙佛宫观间亦为之,但色料各有譬合[8],采取不必尽同。民居则有禁也。

【注释】

〔1〕琉璃瓦:施绿、蓝、黄等色釉料的瓦,专用于宫殿、庙宇等建筑。

〔2〕太平府:今安徽当涂县,当地产的黏土古时称太平土。

〔3〕承天皇陵:明宪宗第四子朱祐杬(？—1519)的坟墓,见《明史》卷一一五,在今湖北安陆市。

〔4〕无名异:含二氧化锰、氧化钴的矿土,常作瓷器釉料。

〔5〕棕榈:棕榈科常绿乔木 Trachycarpus fortunei。

〔6〕黛赭石:亦称赭石或代赭石,主要成分为三氧化二铁,含镁、铝、硅等杂质。

〔7〕蒲草:香蒲科草本香蒲草 Typha japonica。

〔8〕譬合:即匹合,相合。

【译文】

　　皇家宫殿所用的瓦,与民用瓦大不相同。宫殿瓦的形式是琉璃瓦,或者是板片形,或者是圆筒形,用圆竹与加工的木料作模骨,逐片烧造。土质必取自太平府,船运三千里,方达北京。承运的官吏,有掺沙作伪的,有强雇民工、抢夺民船的,害人至极。修建承天皇陵,也用这种土,没有人敢议论。瓦坯造成后,装入琉璃窑中。每用柴五千斤,烧成瓦片一百片。烧后取出挂色,以无名异、棕榈毛等煎汁涂染成绿色,以黛赭石、松香、蒲草等染成黄色。再装入另外的窑中,减少薪火缓烧成具有琉璃光泽的美丽颜色。外省亲王殿与佛寺、道教寺院,也有用琉璃瓦的,但釉料各有配方,制法不完全相同。民房则禁止用琉璃瓦。

11-3　砖

11-3-1　凡埏泥造砖,亦掘地验辨土色,或蓝或白,或红或黄闽广多红泥,蓝者名"善泥",江浙〔1〕居多,皆以粘而不散,

图 11-3 泥造砖坯

粉而不沙者为上。汲水滋土，人逐数牛错趾，踏成稠泥。然后填满木框之中，铁线弓戛平其面，而成坯形（图 11-3）。

【注释】

〔1〕江浙：应理解为浙江，今江苏省在明代属应天府或南直隶，没有建省。

【译文】

糅合黏土造砖，也要掘地辨别土色。黏土有蓝、白、红、黄几色福建、广东多红泥，蓝色的叫善泥，浙江较多，均以粘而不散、粉细而不含沙粒的为上料。汲上水来将黏土滋润，驱赶几头牛践踏，踏成稠泥。然后将泥填满在木框之中，用铁线弓刮平其表面而形成泥坯。

11-3-2　凡郡邑城雉、民居垣墙所用者，有眠砖、侧砖两色。眠砖方长条，砌城郭与民人饶富家，不惜工费，直叠而上。民居算计者，则一眠之上施侧砖一路，填土砾其中以实之，盖省啬之义也。凡墙砖而外，甃地者名曰方墁砖。榱桷〔1〕上用以承瓦者曰楻板砖。圆鞠小桥梁与圭门与窀穸〔2〕墓穴者曰刀砖，又曰鞠砖。凡刀砖削狭一偏面，相靠挤紧，上砌成圆。车马践压不能损陷。造方墁砖，泥入方框中，平板盖面，两人足立其上，研转而坚固之，烧成效用。石工磨斫四沿，然后甃地。刀砖之直视墙砖稍溢一分，楻板砖则积十以当墙砖之一，方墁砖则一以敌墙砖之十也。

【注释】

〔1〕桷（jué）：方形的椽子。
〔2〕窀（zhūn）穸（xī）：墓穴。

【译文】

　　城邑的城墙与民房墙壁所用的砖有眠砖、侧砖（空心砖）两种。眠砖为长方形，用以砌城墙和富家民居的墙壁，不惜工费，一直砌上去。精打细算的居民建房，则在一排眠砖之上砌一排侧砖，侧砖中间以土石填实，这是为了节约。除墙砖以外，铺地面的叫方墁砖。屋椽上用以承瓦的叫楻板砖。砌圆拱形小桥、拱门与墓穴的叫刀砖，又叫鞠砖。刀砖是将其一边削窄，相靠挤紧，砌上一个圆形。车马践压时不致损坏坍陷。造方墁砖时，将泥放入方框之中，上面盖以平板，两人站在上面踏转，将泥踏实，烧成后使用。由石工磨削其四边，然后铺在地面上。刀砖比墙砖稍贵一些，楻板砖比墙砖便宜十倍，而方墁砖又比墙砖贵十倍。

　　11-3-3　凡砖成坯之后，装入窑中。所装百钧则火力一昼夜，二百钧则倍时而足。凡烧砖有柴薪窑，有煤炭窑。用薪者出火成青黑色，用煤者出火成白色。凡柴薪窑巅上侧凿三孔以出烟。火足止薪之候，泥固塞其孔，然后使水

图 11-4　砖瓦浇水转釉

转锈（图 11-4）。凡火候少一两，则锈色不光。少三两则名嫩火砖，本色杂现，他日经霜冒雪则立成解散，仍还土质。火候多一两则砖面有裂纹。多三两则砖形缩小拆裂，屈曲不伸，击之如碎铁然，不适于用。巧用者以之埋藏土内为墙脚，则亦有砖之用也。凡观火候，从窑门透视内壁，土受火精，形神摇荡，若金银熔化之极然，陶长辨之。

【译文】

　　造成砖坯之后，将其装入窑中。装三千斤（百钧）要烧一昼夜，六千斤则必须用二倍时间才够。烧砖有的用柴薪窑，有的用煤炭窑。柴窑烧出的砖呈青、黑色，用煤则烧出砖成白色。柴薪窑顶上偏侧要凿三个孔，用来出烟。到烧好该停止加柴时，就用泥固塞其孔，然后浇水转釉。如火候少一成，则釉色不光。少三成则名嫩火砖，出现原来坯土颜色，日后一经霜雪则很快松散，又变成泥土。火候多一成则砖面有裂纹。多三成则砖形缩小、破裂，弯曲不直，击之如碎铁，不适于用。巧用者将其埋藏于土内作墙脚，也有砖的作用。观火候从窑门看到内壁。黏土受火的作用，呈摇荡的形态，像金银熔化时那样。这要靠陶工师傅来辨别。

11-3-4　凡转锈之法[1]，窑颠作一平田样，四围稍弦起，灌水其上[2]。砖瓦百钧用水四十石（图11-4）。水神透入土膜之下，与火意相感而成。水火既济，其质千秋矣。若煤炭窑视柴窑深欲倍之，其上圆鞠渐小，并不封顶。其内以煤造成尺五径阔饼，每煤一层，隔砖一层，苇薪垫地发火（图 11-5）。若皇家居所用砖，其大者

图 11-5　煤炭烧砖

厂在临清，工部分司主之。初名色有副砖、券砖、平身砖、望板砖、斧刃砖、方砖之类，后革去半。运至京师，每漕舫搭四十块，民舟半之。又细料方砖以甃正殿者，则由苏州造解。其琉璃砖色料已载《瓦》款。取薪台基厂[3]，烧由黑窑[4]云。

【注释】

〔1〕转锈之法：砖坯在窑内还原气氛下烧结，再从窑顶浇水使烧料速冷，产生坚固有釉光的青砖或青瓦。

〔2〕上：涂本作"土"，今改。

〔3〕台基厂：在北京崇文门西。

〔4〕黑窑：在北京右安门内，明代专为宫内烧造砖瓦的官厂。

【译文】

浇水转釉之法,是在窑顶开个平面,四边稍高出一点,在上面浇水。砖瓦三千斤用水四十石。水气透过土窑之内,与窑内火气相互作用。借水火作用,制成坚固耐用的砖。煤炭窑比柴窑高二倍,其上部的圆拱逐渐缩小,并不封顶。窑内放直径一尺五寸的煤饼,每放一层煤,就放一层砖,下面垫芦苇或柴草以便点火燃烧。皇室所用的砖,生产大砖的砖厂在山东临清,工部设派出机构掌管。最初定的名目有副砖、券砖、平身砖、望板砖、斧刃砖、方砖之类,后来削去一半。这类砖运到北京,每艘运粮船搭四十块,民船载二十块。铺正殿的细料方砖,则由苏州烧造北运。至于琉璃砖,釉料已载于《瓦》条。其燃料来自北京台基厂,烧造在黑窑厂。

11-4 罂、瓮[1]

11-4-1 凡陶家为缶[2]属,其类百千。大者缸瓮,中者钵盂,小者瓶罐,款制各从方土,悉数之不能。造此者必为圆而不方之器。试土寻泥之后,仍制陶车旋盘。工夫精熟者视器大小掐泥,不甚增多少。两人扶泥旋转,一捏而就。其朝廷所用龙凤缸窑在真定曲阳与扬州仪真与南直花缸,则厚积其泥,以俟雕镂,作法全不相同。故其值或百倍,或五十倍也。

【注释】

〔1〕罂(yīng):腹大口小的陶瓷瓶。 瓮:盛液体的陶瓷器。

〔2〕缶(fǒu):指腹大口小的器皿。

【译文】

　　陶工所作的腹大口小的器皿,种类很多。大的有缸、瓮,中等的有钵、盂,小的为瓶、罐。各地款式不同,不能尽数。所造出的这类器皿都是圆形,而非方形。调查土质、选定泥土后,要用陶车旋盘。技术熟练的根据器物大小取泥,不需增添多少泥,两人扶泥、旋转,一捏即成。朝廷所用龙凤缸窑在真定府曲阳和扬州府仪真与南直隶的花缸,则厚积其泥,以待雕镂花纹,与一般的缸制法不同,因此其价钱要高出五十倍或百倍。

　　11-4-2　凡罂缶有耳嘴者皆另为合上,以锈水涂粘(图 11-6)。陶器皆有底,无底者则陕西[1]炊甑用瓦不用木也。凡诸陶器精者中外皆过锈,粗者或锈其半体。惟沙盆、齿钵之类,其中不锈,存其粗涩以受研擂之功。沙锅、沙罐不锈,利于透火性以熟烹也。凡锈质料随地而生,江浙[2]、闽、广用者蕨蓝草[3]一味。其

图 11-6　造瓶

草乃居民供灶之薪,长不过三尺,枝叶似杉木,勒而不棘人。其名数十,各地不同。陶家取来燃灰,布袋灌水澄滤,去

其粗者，取其绝细。每灰二碗参以红土泥水一碗，搅令极匀，蘸涂坯上，烧出自成光色。北方未详用何物。苏州黄罐锈亦别有料。惟上用龙凤器则仍用松香与无名异也。

【注释】

〔1〕陕西：涂本作"陕以西"，疑"以"字衍。

〔2〕江浙：应理解为浙江。因明代没设江苏行省，当时属直南隶。

〔3〕蕨蓝草：清人朱琰《陶说》(1774)称，景德镇一带用釉灰取自凤尾草或凤尾蕨。按此似为羊齿科蕨属的凤尾草 *Pleris serrulata*。

【译文】

瓶和腹大口小的器皿有耳、嘴的，都要另外接合，以釉水粘住。陶器都有底，无底的则是陕西蒸饭的甑，用瓦制而不用木制。各种陶器中，精的内外都过釉，粗的或釉其半体。只有沙盆、齿钵之类，里面不上釉，使内壁保持粗涩，以便研磨。沙锅、沙罐也不上釉，利于传热以熟煮食物。釉料到处都出产，浙江、福建、广东所用的有一种蕨蓝草，这种草是居民烧饭的燃料，长不过三尺，枝叶像杉树，以手勒之而不棘人。名字有几十种，各地都不同。陶工取来燃薪，将其灰放布袋内，注水澄滤，去掉其中粗粒，取其绝细的。每灰二碗混以红土泥水一碗，搅拌得十分均匀，涂蘸在坯料上，烧出后自成釉的光色。北方不知用何物作釉料，苏州的黄罐所用釉也是另外的原料。但上供朝廷的龙凤缸，则以松香与无名异为釉料。

11-4-3　凡瓶窑烧小器，缸窑烧大器。山西、浙江各分缸窑、瓶窑，余省则合一处为之。凡造敞口缸，旋成两截，接合处以木椎内外打紧(图 11-7)。匜口坛、瓮亦两截，

接内不便用椎,预于别窑
烧成瓦圈,如金刚圈形,托
印其内,外以木椎打紧,土
性自合。

图 11-7 造缸

【译文】

　　瓶窑用来烧小件器皿,缸窑则烧大的器皿。山西、浙江分别设缸窑、瓶窑,其余各省则将两窑合在一起。造敞口缸时,转动陶车将泥坯旋成上下两截,再接合起来。接合处以木槌内外打紧。作窄口的坛、瓮也先制成两截,但接合内部时不用槌打。先在另外的窑内烧成瓦圈,像金刚圈那样的形状,承托其内部,外面以木槌打紧,泥坯自然黏合。

11-4-4　凡缸窑、瓶窑不于平地,必于斜阜山冈之上,延长者或二三十丈,短者亦十余丈,连接为数十窑,皆一窑高一级(图 11-8)。盖依傍山势,所以驱流水湿滋之患,而火气又循级透上。其数十方成陶者,其中若无重值物,合并众力、众资而为之也。其窑鞠成之后,上铺覆以绝细土,厚三寸许。窑隔五尺许,则透烟窗,窑门两边相向而开。装物以至小器,装载头一低窑;绝大缸瓮装在最末尾

高窑。发火先从头一低窑起，两人对面交看火色。大抵
陶器一百三十斤费薪百斤。火候足时，掩闭其门，然后次
发第二火，以次结竟至尾云。

图 11-8　瓶窑连接缸窑

【译文】

　　缸窑、瓶窑都不在平地上，必建在斜坡山冈上，较长的可达二三
十丈，短的亦有十余丈长。连接几十个窑，一窑高过一窑。因为各
窑顺着山坡分布，可驱流水以免潮湿之患，而火力又可循级透上。
数十窑烧成的陶器，其中虽然没有什么昂贵的东西，但也是集合大
量人力、物力而造出来的。窑的圆顶建成后，上面铺上三寸厚的极
细的土。窑上每隔五尺开一烟窗，窑门在两侧相向而开的。小的器
物装入最下面的窑，特大的缸、瓮装在最后面的高窑。烧窑先从头
一个低窑开始，两人对面交看火候。大约烧陶器一百三十斤，费柴
百斤。火候足时，关闭窑门。然后依次在第二个窑门点火，这样逐

级一直烧到最后一窑。

11-5 白瓷 附:青瓷

11-5-1 凡白土曰垩土,为陶家精美器用。中国出惟五六处,北则真定州[1]、平凉华亭、太原平定、开封禹州,南则泉郡德化土出永定,窑在德化、徽郡婺源、祁门[2]他处白土陶范不粘,或以扫壁为墁。德化窑惟以烧造瓷仙、精巧人物、玩器,不适实用。真、开等郡瓷窑所出,色或黄滞无宝光。合并数郡,不敌江西饶郡产。浙省处州丽水、龙泉两邑烧造过锈杯碗,青黑如漆,名曰处窑。宋、元时龙泉琉华山[3]下有章氏造窑,出款贵重,古董行所谓哥窑[4]器者即此。

【注释】
〔1〕真定州:即真定府定州,明代北直隶境内,今河北定县,产白瓷。
〔2〕徽郡婺源、祁门:明代南直隶境内,今江西婺源及安徽祁门。
〔3〕琉华山:涂本误作"华琉山",今改。
〔4〕哥窑:宋代人章生一、章生二兄弟在浙江龙泉设瓷窑,名重一时,称为哥窑。

【译文】
白陶土或曰垩土,是陶工烧制精美瓷器所用的原料。中国只有五六个地方出产垩土。北方有真定府定州、甘肃平凉府华亭县、山西太原府平定县、河南开封府禹县。南方则有福建泉州府德化县土出自永定县,窑设在德化、徽州府婺源县、祁门县别处的白土作陶坯不黏结,可用以粉刷墙壁。德化窑只是烧造瓷仙女、精巧人物和玩器,不切实用。真定府、开封府等瓷窑所产,间或色黄,呆滞而无光。合并上述数地,都敌不过江西饶州府所产。浙江处州府丽水、龙泉两县,烧造过釉的杯、碗,色青黑如漆,名曰处窑。宋、元时,龙泉的琉华山下有章氏造窑,出品贵重,古董行所谓哥窑瓷器就指此而言。

11-5-2　若夫中华四裔驰名猎取者,皆饶郡浮梁景德镇之产也。此镇从古及今为烧器地,然不产白土。土出婺源、祁门两山。一名高梁山[1],出粳米土,其性坚硬。一名开化山[2],出糯米土,其性粢软。两土和合,瓷器方成。其土作成方块,小舟运至镇。造器者将两土等分入臼舂一日,然后入缸水澄。其上浮者为细料,倾跌过一缸。其下沉底者为粗料。细料缸中再取上浮者,倾过为最细料,沉底者为中料。既澄之后,以砖砌长方塘,逼靠火窑,以借火力。倾所澄之泥于中吸干,然后重用清水调和造坯。

【注释】

〔1〕高梁山:即高岭,所产瓷土称高岭土,质硬。
〔2〕开化山:在今安徽祁门,所产瓷土性软而黏。

【译文】

中国驰名四方、人们竞相购取的,都是饶州府浮梁县景德镇的产品。此镇从古至今就是烧瓷器的地方,但当地不产白土。白土来自婺源、祁门的两座山。其一叫高梁山,出粳米土,土性坚硬。另一座山叫开化山,出糯米土,土性黏软。将两种土掺和才能制成瓷器。

瓷土作成方块，用小船运到景德镇。造瓷器者将两种土等分配合，放入白中舂一天，再在缸中以水澄清。浮在上面的为细料，倒在另一缸中。下沉底的为粗料。放细料的缸中再取出浮在上面的，为最细料，沉底的为中料。澄清后，以砖砌成长方形的塘，将澄好的泥倒入塘内。塘紧靠近火窑，借窑内火力将泥吹干，再重新用清水调和制坯。

11-5-3　凡造瓷坯有两种，一曰印器，如方圆不等瓶、瓮、炉、盒之类，御器则有瓷屏风、烛台之类。先以黄泥塑成模印，或两破或两截，亦或刷圈，然后埏白泥印成，以锈水涂合其缝，烧出时自圆成无隙。一曰圆器，凡大小亿万杯、盘之类，乃生人日用必需。造者居十九，而印器则十一。造此器坯先制陶车(图11-9)。车竖直木一根，埋三尺入土内，使之安稳。上高二尺许，上下列圆盘，盘沿以短竹棍拨运旋转，盘顶正中用檀木刻成盔头帽其上。

【译文】

作瓷的坯有两种，一种叫印器，如兼有方圆形的瓶、瓮、炉、盒之类，官中所用的瓷屏风、烛台之类。先用黄泥塑成印模，模具或左右两半、或上下两截，抑或是整体模型。然后将瓷土揉成的白泥放入模内印成泥坯，用釉水将接缝涂合，烧出时自然完好无缝。另一种叫圆器，这类包括无数大小不等的杯、盘之类，均为日用必需。造圆器的占十分之九，而印器则占十分之一。制造圆器的坯也要陶车。陶车上竖直木一根，三尺埋入地下，使之安稳。地上高出二尺左右，上下各装圆盘，盘沿用短竹棍拨动旋转，顶盘正中放一盔头帽，以檀木作成。

11-5-4 凡造杯、盘无有定形模式,以两手捧泥盔帽之上,旋盘使转。拇指剪去甲,按定泥底,就大指薄旋而上,即成一杯碗之形初学者任从作废[1],破坏取泥再造。功多业熟,即千万如出一范。凡盔帽上造小坯者,不必加泥,造中盘、大碗则增泥大其帽,使干燥而后受功。凡手指旋成坯后,覆转用盔帽一印,微晒留滋润,又一印,晒成极白干。入水一汶(图 11-10),漉上盔帽,过利刀二次(图 11-9),过刀时手脉微振,烧出即成雀口。然后补整碎缺,就车上旋转打圈。圈后,或画或书字,画后喷水数口,然后过锈。

图 11-9　造圆形瓷器陶车及过利

图 11-10　瓷坯汶水(沾水)

【注释】

〔1〕作废:涂本作"作费",今改。

【译文】

　　造杯、盘时,没有固定模型,用两手将泥捧在陶车的盔帽上,旋转圆盘,用剪过指甲的拇指按定泥的底部,用大指轻轻使圆盘向上旋转,即作成一杯、碗的坯形,初学者捏坏便作废,坏了就取泥再做一个。功夫久业务熟练的,即使造出千万个杯、碗,也如出一模。在盔帽上造小件坯时,不必加泥。造中等盘、大碗则增加泥使盔帽扩大,干燥后再处理。用手指旋泥成坯后,翻转过来,在盔帽上压印一下,稍晒至还有一点水分时,再压印一次,晒成极干并呈白色。入水中沾一下。滤水稍干后放在盔帽上,用利刀刮两次,手持刀时,如稍微颤动,烧成后即成缺口。然后补齐破损的地方,放在陶车上旋转。随即在坯上写字、绘画,喷上几口水,再行过釉。

11-5-5　　凡为碎器〔1〕与千钟粟〔2〕与褐色杯等,不用青料。欲为碎器,利刀过后,日晒极热,入清水一蘸而起,烧出自成裂文。千钟粟则锈浆捷点,褐色[杯]则老茶叶煎水一抹也。古碎器,日本国极珍贵,真者不惜千金。古香炉碎器不知何代造,底有铁钉〔3〕,其钉掩光色不锈。

【注释】

〔1〕碎器:即碎瓷,宋代哥窑创制,表面釉层有装饰性裂纹的瓷器。原理是将坯体烘干,再沾水,涂上热膨胀系数比坯体大的釉。窑温下降,瓷面釉层比坯体收缩快,于是出现自然的表面裂纹。

〔2〕千钟粟:带有米粒状花纹的瓷器。

〔3〕铁钉:瓷器底部放支撑坯体的底托留下的印迹。

【译文】

　　制作"碎瓷""千钟粟"与褐色杯等，都不用青釉料。欲制碎器，用利刀修整坯体，日晒到极热时入清水中一蘸即提起，[涂上釉料]烧后自成裂纹。千钟粟是用釉水迅速在坯上点，褐色杯则用老茶叶煎水抹在坯上。古代制造的碎器在日本国极受珍重，真品不惜用千金购买。古代的香炉碎瓷不知何代所造，其炉底有铁钉，此钉光亮而不生锈。

　　11-5-6　凡饶镇白瓷锈，用小港嘴[1]泥浆和桃竹[2]叶灰调成，似清泔汁泉郡瓷仙用松毛水调泥浆。处郡青瓷锈未详所出盛于缸内。凡诸器过釉，先荡其内，外边用指一蘸涂弦，自然流遍（图11-11）。凡画碗青料总一味无名异（图11-12）漆匠煎油，亦用以收火色。此物不生深土，浮生地面。深者掘下三尺即止，各省直皆有之。亦辨认上料、中料、下料，用时先将炭火丛红煅过。上者出火成翠毛色，中者微青，下者近土褐。上者每斤煅出只得七两，中、下者以次缩减。如上品细料器及御器龙凤[缸]等，皆以上料画成。故其价每石值银二十四两，中者半之，下者则十之三而已。

【注释】

　　[1] 小港嘴：景德镇附近的地名。
　　[2] 桃竹：据本书《杀青·造竹纸》原注，似指猕猴桃藤 *Actinidia chinensis*，即杨桃藤。

图 11-11　瓷器过釉　　　　　图 11-12　坯体上画回青

【译文】

景德镇白瓷的釉是用小港嘴的泥浆及桃竹叶灰调成的,像澄清的淘米水泉州府的瓷器仙人,是用松毛灰和瓷泥调成泥浆来上釉的,处州府的青瓷釉,不知用什么做材料盛入缸内。各种坯体上釉时,先将釉水在坯体内摇荡以挂釉,外面用手指蘸釉涂边,釉水自然从边流遍全体。画碗的青色釉料只用无名异一种。漆匠煎桐油,也用无名异作着色剂。此物不藏于深土,而是浮生于地面,最多不过三尺深,各省都有。但要辨认上料、中料和下料。使用时,先将无名异用炭火煅烧。上料出火后成青绿色,中料微青,下料接近土褐色。每煅烧一斤无名异,上料只得七两,中、下料依次减少。制上品细器及御用龙凤缸等,都用上料画成,故其价每石值银二十四两,中者半之,下者则值十分之三。

11-5-7　凡饶镇所用,以衢、信两郡山中者为上料,名曰浙料。上高诸邑者为中,丰城诸处者为下也。凡使料煅过之后,以乳钵极研其钵底留粗,不转釉,然后调画水。调研时色如皂,入火则成青碧色。凡将碎器为紫霞色杯者,用胭脂打湿,将铁线纽一兜络,盛碎器其中,炭火炙热,然后以湿胭脂一抹即成。凡宣红器乃烧成之后出火,另施工巧微炙而成者,非世上朱砂能留红质于火内也。宣红元末已失传,正德中历试复造出。

【译文】

饶州府景德镇所用的釉料,以浙江衢州、江西广信(今上饶)两地山中所产的为上料,名曰浙料。江西上高等县所产的为中料,而江西丰城等处所产的为下料。将釉料煅烧后,用乳钵研得极细,乳钵底部要粗涩,不上釉。然后调画水,使研调时其色呈黑色,入火烧后成蓝色。欲制成紫霞色的碎器杯,则将胭脂粉打湿,用铁线编成网兜,把碎器放在其中,以炭火煅烧,然后用湿胭脂一抹即成。"宣红"瓷器,是烧成后另外以巧妙的技术用微火烧成的,并非世上有哪种朱砂经火烧后还能保留红色的。宣红在元末已失传,正德年间(1506—1521)经多次试验才又造出来。

11-5-8　凡瓷器经画过锈之后,装入匣钵。装时手拿微重,后日烧出即成坳口,不复周正。钵以粗泥造,其中一泥饼托一器,底空处以沙实之。大器一匣装一个,小器十余共一匣钵。钵佳者装烧十余度,劣者一二次即坏。凡匣钵装器入窑,然后举火。其窑上空十二圆眼,名曰天窗(图11-13)。

火以十二时辰为足。先
发门火十个时,火力从下
攻上。然后天窗掷柴烧
两时,火力从上透下。器
在火中,其软如绵絮。以
铁叉取一以验火候之足。
辨认真足,然后绝薪止
火,共计一杯工力,过手
七十二方克成器,其中微
细节目尚不能尽也。

图 11-13　瓷器窑

【译文】

　　瓷器坯经过画彩、过釉之
后,装入匣钵之中。装时手持坯
器如稍一用力,后来烧出后即成凹口,
不再复原。匣钵以粗泥制成,其中每一泥饼托住一件瓷器,底部空处
以沙填实。大器一匣只装一个,小器十多个共装入一个匣钵之中。
匣钵佳者可装烧十多次,劣者一、二次即坏。匣钵装器入窑,然后点
火。窑上留十二个圆孔,名曰天窗。火以十二个时辰(24小时)为
足。先从窑门点火,烧十个时辰(20小时),火力从下攻上。然后从
天窗投入薪柴再烧两个时辰(4小时),火力从上透下。瓷器在火中
像绵絮那样软,用铁叉取出一件,以验火候是否已足。辨认火候足
时,然后停薪止火。合计造一个杯所用之功力,要经过七十二道手
续才能成器,其中很多细节还不能尽述。

11-5-9　**附窑变**[1]、**回青**[2]:正德中,内使监造御器。

时宣红失传不成,身家俱丧。一人跃入自焚,托梦他人造出,竞传窑变,好异者遂妄传烧出鹿、象诸异物也。又回青乃西域大青,美者亦名佛头青。上料无名异出火似之,非大青能入洪炉存本色也。

【注释】

〔1〕窑变:用含变价金属的釉烧瓷时,因烧成条件不同,成釉呈各种颜色。有时火候掌握不当,烧成后釉色与预料的相反,呈现各种颜色或混杂颜色,这就叫窑变。窑变瓷的釉色光怪陆离,但难于复制。

〔2〕回青:含钴的釉料,有两种。一种从西域、南海进口,是不含锰的钴矿石,元、明时烧制宫中御器时常用它。另一种是国产含锰的钴矿石,明中期以后或单独用,或与进口的钴矿石混用。

【译文】

窑变、回青:正德年间(1506—1521),宦官监造宫中御用瓷器。当时宣红瓷制法失传,造不出来。烧瓷的人有失身家性命之险,有一个人跳入窑内自焚,托梦给别人造出了宣红。从此人们竞相传播有窑变之法。好奇的遂妄传烧出鹿、象之类异物。另外,回青本是西域产的大青,优质的又名佛头青。用上等的无名异作釉料烧出的瓷,其颜色与用大青烧成的相似,并非大青入窑烧后还能保持其本来颜色。

12. 燔石^[1]第十二

12-1　宋子曰,五行^[2]之内,土为万物之母。子之贵者岂惟五金^[3]哉！金与火相守而流,功用谓莫尚焉矣。石得燔而咸功,盖愈出而愈奇焉。水浸淫而败物,有隙必攻,所谓不遗丝发者。调和一物以为外拒,漂海则冲洋澜,粘甃则固城雉。不烦历候远涉,而至宝得焉。燔石之功,殆莫与之京矣。至于矾现五色之形^[4],硫为群石之将^[5],皆变化于烈火。巧极丹铅炉火。方士纵焦劳唇舌,何尝肖像天工之万一哉！

【注释】

〔1〕燔(fán)石:烧石。此处指非金属矿石的烧炼。

〔2〕五行:指金木水火土。古代五行说认为万物由这五种基本元素构成。

〔3〕五金:即金银铜铁锡。此处泛指金属。

〔4〕五色之形:指五种颜色的矾类,详下文。

〔5〕硫为群石之将:《本草纲目》卷十一称"硫为群石之将"。

【译文】

宋子说,五行之内,土为万物之本。从土所产生的贵重物品中,岂止是金属一种！金属与火相互作用而熔化并制成器物,其功用可谓无可比拟。然而非金属矿石经焚烧后也同样如此,也可说是愈演愈奇妙。水渗透到船体内有破坏作用,而且有缝必钻,可以说丝发之缝都不放过。但造船时用石灰调料填缝,便能防止渗水,使船舶劈波斩浪,漂洋过海。以石灰砌砖,可使城池坚固。这种材料,无需长期远涉便可得到。所以,烧石的功用恐怕是再大不过的了。至于烧矾矿石能得到五种颜色的不同形态,并使硫黄成为群石之将,这都是在烈火中变化出来的。这种技巧在炼炉内制取丹砂与铅粉时,已发挥得淋漓尽致。不过炼丹术士纵然费尽唇舌去吹嘘,他们的本事怎能及自然力之万一呢!

12-2　石灰、蛎灰

图 12-1　煤饼烧石成灰、烧蛎房

12-2-1a　**石灰**:凡石灰经火焚炼为用。成质之后,入水永劫不坏。亿万舟楫,亿万垣墙,窒隙防淫是必由之。百里内外,土中必生可燔石[1]。石以青色为上,黄白次之。石必掩土内二三尺,掘取受燔,土面见风者不用。燔灰火料,煤炭居十九,薪炭居什一。先取煤炭、泥,和做成饼。每煤饼一层,叠石一层,铺薪其底,灼火燔之(图 12-1)。最佳者曰矿

灰,最恶者曰窑滓灰。火力到后,烧酥石性,置于风中,久
自吹化成粉。急用者以水沃之,亦自解散。

【注释】

〔1〕燔石:指石灰石(limes-tone),主要含碳酸钙 $CaCO_3$。石灰石
焚烧后变为生石灰,即氧化钙 CaO;再加水成熟石灰,即氢氧化钙
$Ca(OH)_2$,具有很大的粘结性。

【译文】

石灰:石灰是经火烧炼石灰石制成的。石灰凝固以后,遇水永
远不会被破坏。众多的船只和墙壁,填缝防水必须要用石灰。百里
内外的土中总会有可烧成石灰之石,这种石以青色的为上料,黄、白
色的次之。石灰石埋于地下二、三尺内,掘取出来烧炼,但表面风化
的不能采用。烧石灰的燃料中,煤炭占十分之九,薪炭占十分之一。
先将煤炭用泥合成饼,每一层煤饼上堆一层石,下面铺以燃料,点火
烧之。最好的叫矿灰,最差的叫窑滓灰。火力一到,便将石烧脆,放
在风中,时间一久便成为粉。急用时以水沃湿,也会自成粉末。

12-2-1b 凡灰用以固舟缝,则桐油、鱼油调,厚绢、细
罗和油杵千下塞艌。用以砌墙、石,则筛去石块,水调粘
合。甃墁则仍用油、灰。用以垩墙壁,则澄过,入纸筋涂
墁。用以襄墓及贮水池,则灰一分入河沙、黄土二分,用
糯米糡[1]、杨桃藤[2]汁和匀,轻筑坚固,永不隳坏,名曰三
和土。其余造淀、造纸,功用难以枚述。凡温、台、闽、广
海滨,石不堪灰者,则天生蛎蚝以代之。

【注释】

〔1〕糗：涂本作"粳"，当为糗之误，二者音同义异，糗为糊。

〔2〕杨桃藤：诸本作"羊桃藤"，误，今改。按杨桃藤为猕猴桃科的猕猴桃 Actinidia chinensis Plach，其茎、皮均含植物黏液。

【译文】

　　用石灰填固船缝时，得与桐油或鱼油调配，放在厚绢或细罗上用油拌和，再杵一千下以后塞缝。用石灰砌墙或砌石时，要筛去其中的石块，用水调粘。涂饰器物，仍用油灰。用石灰粉刷墙壁，则将石灰用水澄清，加入纸筋后再涂抹。用来修坟墓或蓄水池时，则是石灰一份，加入河沙、黄土两份，以糯米糊、杨桃藤汁和匀，轻轻一压便很坚固，永不毁坏，名曰三和土。其余如制造蓝淀、造纸，都离不开石灰，其用途难以枚举。浙江温州、台州及福建、广东沿海地区的石头如不能烧成石灰，则有天然产生的牡蛎壳可作代用品。

图 12-2　凿取蛎房

12-2-2　　蛎[1]灰：凡海滨石山傍水处，咸浪积压，生出蛎房[2]，闽中曰蚝房。经年久者长成数丈，阔则数亩，崎岖如石假山形象。蛤[3]之类压入岩中，久则消化作肉团，名曰蛎黄，味极珍美。凡燔蛎灰者，执锥与凿，濡足取来药铺所货牡蛎，即此碎块（图 12-2），叠煤架火燔成，与前石灰共法。粘砌城墙、桥梁，调和桐油造舟，功皆相同。有误以蚬[4]灰即蛤粉为蛎灰者，不格物之故也。

【注释】

〔1〕蛎（lì）：牡蛎，又称为蚝，瓣鳃纲牡蛎科动物 *Ostrea rivularis*，肉美可食，其外壳可烧成石灰 CaO。

〔2〕蛎房：牡蛎长成后聚集在近海的岸边岩石上，死后肉烂而留下空壳。新的牡蛎又依附在许多空壳那里生长。久之形成大片牡蛎壳堆积，叫蛎房或蚝房。

〔3〕蛤：瓣鳃纲蛤蜊科 *Mactra quadrangularis*，肉味亦鲜美。

〔4〕蚬（xiàn）：瓣鳃纲蚬科 Corbicula。既非蛤蜊，亦非牡蛎。然三者介壳都可烧成氧化钙，即石灰。

【译文】

蛎灰：在海滨靠水的石山之处，由于海浪的长期冲压，生出一种蛎房，福建称为蚝房。年深日久蛎房长到数丈之长，宽达数亩，崎岖不平，形状像是假石山。蛤蜊之类被冲压到石岩中，久之消化成肉团，名曰蛎黄，其味极其珍美。烧蛎灰的人手执锥与凿，涉水将蛎房取来药铺所卖的牡蛎，就是其碎块，堆起煤将蛎壳架火焚烧，与前述烧石灰的方法一样。用蛎灰粘砌成墙、桥梁，或与桐油调和造船，功用与石灰都是一样的。有人误以为蚬灰即蛤粉就是牡蛎灰，是因为没有推追事物之原理所造成的。

12-3　煤　炭

12-3-1　凡煤炭普天皆生，以供煅炼金、石之用。南方秃山无草木者,下即有煤,北方勿论。煤有三种,有明煤、碎煤、末煤。明煤块大如斗许,燕、齐、秦、晋生之。不用风箱鼓扇,以木炭少许引燃,熯炽达昼夜。其傍夹带碎屑,则用洁净黄土调水作饼而烧之。碎煤有两种,多生吴、楚。炎高者曰饭炭,用以炊烹。炎平者曰铁炭,用以冶煅。入炉先用水沃湿,必用鼓鞴后红,以次增添而用。末煤如面者,名曰自来风。泥水调成饼,入于炉内。既灼之后,与明煤相同,经昼夜不灭。半供炊爨,半供熔铜、化石、升朱。至于爁石为灰与矾、硫,则三煤皆可用也。

【译文】

煤炭在中国到处都出产,供作烧炼金、石之用。南方不长草木的秃山下面就有煤,北方也是如此。煤有三种,分为明煤、碎煤、末煤。明煤块大如斗,河北、山东、陕西、山西出产。明煤无需风箱鼓风,以木炭少许引燃,可昼夜猛烈燃烧。其中夹带的碎屑,可用洁净的黄土调水作成煤饼来燃烧。碎煤有两种,多产于吴(今江苏)、楚(今湖南、湖北)。其中火焰高的叫饭炭,用来作饭。火焰低的叫铁炭,用以冶炼。这种煤入炉前要先用水沃湿,必须用风箱鼓风才能烧红,以后逐次添煤保持燃烧。末煤是像面那样的粉末,名叫"自来风"。将其与泥、水调成饼放入炉内。燃烧以后与明煤相同,昼夜不灭。末煤有一半供作烧饭,一半供熔铜、烧石、炼取朱砂。至于烧炼石灰、矾和硫,则三种煤都可以使用。

12-3-2 凡取煤经历久者,从土面能辨有无之色,然后掘挖。深至五丈许,方始得煤。初见煤端时,毒气[1]灼人。有将巨竹凿去中节，尖锐其末，插入炭中，其毒烟从竹中透上。人从其下施镶拾取者（图 12-3）。或一井而下，炭纵横广有，则随其左右阔取。其上枝板，以防压崩耳。

图 12-3　南方挖煤

【注释】

〔1〕毒气：此处毒气即井下瓦斯，含甲烷 CH_4、一氧化碳、硫化氢 H_2S 等易燃或有害气体。

【译文】

　　长期采煤的人，能从土的表面辨别地下是否有煤，然后挖掘。挖到五丈深左右，方始得煤。初见煤层露头时，地下冒出的毒气能伤人。因之有人将巨竹筒凿去中节，将竹筒末端削尖，插入煤炭中，毒气便沿竹筒向上排出，人便可在下面用大锄挖取煤。当井下有煤层向纵横延伸时，可沿煤层向左右挖取。其上部以木板支护，以防压塌。

12-3-3　凡煤炭取空而后，以土填实其井。经二三十年后，其下煤复生长，取之不尽[1]。其底及四周石卵，土人名曰铜炭[2]者，取出烧皂矾与硫黄详后款。凡石卵单取硫黄者，其气薰甚[3]，名曰臭煤。燕京房山、固安，湖广荆州等处间亦有之。凡煤炭经焚而后，质随火神化去，总无灰滓。盖金与土石之间，造化别现此种云。凡煤炭不生茂草盛木之乡，以见天心之妙。其炊爨功用所不及者，唯结腐一种而已_{结豆腐者，用煤炉则焦苦。}

【注释】

〔1〕"煤复生长"二句：此说不确，煤挖尽后不能再生。

〔2〕铜炭：此处指煤层中的黄铁矿 FeS_2。

〔3〕其气薰甚：因其中含硫，燃烧后生成硫化氢或二氧化硫等有臭味的气体。

【译文】

煤炭取空而后，用土将井填实。经二三十年后，井下面又生长出煤，取之不尽。其底及四周有卵石，当地人叫铜炭，取出后可以烧制皂矾与硫黄_{详见下文}。只能烧制硫黄的卵石，臭气十分难闻，名曰臭煤。京师的房山、固安及湖广荆州（今湖北）等处间有这种煤。煤炭燃烧以后，其质随火化去，不留灰渣。因为在金属与土石之间，自然界的变化有不同的表现形式。煤炭不产于草木茂盛的地方，从这里可见到大自然的巧妙安排。在炊事方面，煤炭唯一不能发挥作用的，只是不能用来做豆腐而已_{在煤火上点豆腐则味苦}。

12-4　矾石、白矾

12-4-1　凡矾[1]燔石而成。白矾一种亦所在有之，最盛者山西晋、南直无为等州。值价低廉，与寒水石[2]相仿。然煎水极沸,投矾化之,以之染物,则固结肤膜之间,外水永不入。故制糖饯与染画纸、红纸者需之。其末干撒,又能治浸淫恶水,故湿创家亦急需之也。

【注释】

〔1〕矾:各种金属的硫酸盐古时统称为矾,又按其颜色划分为五种。其中白矾又称明矾,白色粉末,化学成分是硫酸钾铝 $KAl(SO_4)_2 \cdot 12H_2O$,水解后成氢氧化铝 $Al(OH)_3$ 胶状沉淀。明矾用作净水剂、媒染剂,亦用于加工纸及食品、医药方面。

〔2〕寒水石:白色透明晶体,又称石膏,成分是硫酸钙 $CaSO_4 \cdot 2H_2O$。

【译文】

矾类借烧石而得。有一种白矾(明矾)到处都有,出产最多的是山西晋州(今临汾)、南直隶无为州(今安徽无为)等处。价值低廉,与寒水石很相似。然而当水煮沸时,将明矾投入沸水中溶化,用以染物则其色固着在表面,不怕水浸。因此制糖果、蜜饯以及染绘画纸、红纸时需要明矾。将干的明矾粉末撒在外伤患处,能治疗流出臭水的湿疹、疱疮,因此也是湿疮患者急需的药品。

12-4-2 凡白矾,掘土取磊块石,层叠煤炭饼煅炼,如烧石灰样。火候已足,冷定入水。煎水极沸时,盘中有溅溢,如物飞出,俗名蝴蝶矾者,则矾成矣。煎浓之后,入水缸内澄。其上隆结曰吊矾,洁白异常。其沉下者曰缸矾,轻虚如绵絮者曰柳絮矾。烧汁至尽,白如雪者谓之巴石。方药家煅过用者曰枯矾[1]云。

【注释】

〔1〕枯矾：明矾受热脱去结晶水者。本段关于蝴蝶矾、吊矾、缸矾、巴石和枯矾等项，均引自《本草纲目》卷十一。

【译文】

制取白矾时，掘土取出矾石石块，与煤饼逐层堆积起来烧炼，就像烧石灰那样。烧足火候，任其彻底冷却，加入水中。将水溶液煮沸，锅内出现飞溅出来的东西，俗名叫"蝴蝶矾"，至此明矾便制成了。再将其煎浓之后，倒入水缸内澄清。上面凝结的叫吊矾，洁白异常。沉在缸底下的叫缸矾，轻虚如绵絮的叫柳絮矾。锅内溶液烧尽后，锅底剩下的是白如雪的巴石。经炼丹家、本草学家烧炼过做药用的，叫枯矾。

12-5　青矾、红矾、黄矾、胆矾

12-5-1　[青矾]：凡皂、红、黄矾，皆出一种而成[1]，变化其质。取煤炭外矿石俗名铜炭子，每五百斤入炉，炉内用煤炭饼自来风，不用鼓鞴者千余斤，周围包果此石。炉外砌筑土墙圈围，炉颠空一圆孔，如茶碗口大，透炎直上，孔傍以矾滓厚罨。此滓不知起自何世，欲作新炉者，非旧滓掩盖则不成（图12-4）。然后从底发火，此火度经十日方熄。其孔眼时有金色光直上取硫，详后款。

【注释】

〔1〕"凡皂、红、黄矾"二句：皂矾，又名青矾，蓝绿色，即硫酸亚铁 $FeSO_4 \cdot 7H_2O$。红矾，即矾红，红色颜料，成分是三氧化二铁 $Fe_2O_3 \cdot$

$m\,H_2O$。黄矾，黄色，九水硫酸铁 $Fe_2(SO_4)_3 \cdot 9H_2O$。这三者都是铁的化合物，故云"皆出一种而成"。

【译文】

[皂矾]：皂矾、红矾、黄矾，都是由同一种物质变化而成的。挖取煤炭外层的卵石俗名铜炭，每次将五百斤投入炉内，炉中用煤炭饼也就是不需鼓风的、叫做自来风这种煤饼千余斤包裹住这些矿石。炉外砌筑土墙将炉围起，炉顶部留出茶碗口大的圆孔，使火焰直透其上，圆孔旁用烧矾的废渣厚压一层用旧渣盖顶，不知始于何时。但要筑新炉，非用旧渣盖顶不成。然后从炉底点火，预计要烧十天才熄火。燃火时从孔眼中不时有金色火焰冒出像烧硫黄那样，详见下文。

图 12-4　烧皂矾

12-5-2　[红矾]：煅经十日后，冷定取出。半酥杂碎者另拣出，名曰时矾，为煎矾红用。其中精粹如矿灰形者，取入缸中浸三个时，漉入釜中煎炼。每水十石，煎至一石，火候方足。煎干之后，上结者皆佳好皂矾，下者为矾滓后炉用此盖。此皂矾染家必需用[1]，中国煎者亦唯五六所。原石五百斤，成皂矾二百斤，其大端也。其拣出时矾俗又名鸡屎矾,每斤入黄土四两,入罐熬炼,则成矾红,圬墁及油漆家用之。

【注释】

〔1〕皂矾染家必需用:皂矾(青矾)在染坊中作媒染剂,亦可染色。

【译文】

[红矾]:煅烧十天之后,冷却,取出皂矾。其中烧成半酥的杂碎者再另外拣出,名叫"时矾",供煎炼红矾时用。其纯粹的像矿灰形状的,取出放入缸中水浸三个时辰(六小时),再滤至锅中煎炼。将十石水溶液煎至一石,这时火候才算足。煎干之后,在上面凝结的都是最好的皂矾,下面的是矾渣以后用这种渣盖炉顶。皂矾是染房必须用的,中国只有五、六个地方炼制皂矾。五百斤原矿石可烧制成二百斤皂矾,这是大致情况。拣出的时矾又俗名"鸡屎矾",每斤掺入黄土四两,在罐内熬炼,则制成红矾。泥水工和油漆工常使用红矾。

12-5-3　[黄矾]:其黄矾所出又奇甚。乃即炼皂矾炉侧土墙,春夏经受火石精气,至霜降、立冬之交,冷静之时,其墙上自然爆出此种,如淮北砖墙生焰硝样。刮取下来,名曰黄矾,染家用之。金色淡者涂炙,立成紫赤也。其黄矾自外国来,打破中有金丝者,名曰波斯矾[1],别是一种。

【注释】

〔1〕波斯矾:黄矾的一种,内有金丝纹理。《本草纲目》卷十一引唐人李珣《海药本草》(约923):"波斯又出金线矾,打破内有金线纹者为

上。"虽波斯(今伊朗)出者为上品,但中国亦产。

【译文】

[黄矾]:黄矾的制造更是奇特,原料取自炼皂矾炉旁的墙土。土墙在春夏间烧炼皂矾时其成分受火的作用,到霜降、立冬之际天凉的时候,墙上自然出现这种矾类,就像在淮北砖墙上生出硝石那样。刮取下来,名曰黄矾,染房经常用到。用黄矾涂成浅金黄色的器物,在火上一烤便立即成为紫红色。从外国来的黄矾,打碎后里面有金丝的,叫"波斯矾",这是另一个品种。

12-5-4 [胆矾]:又山、陕烧取硫黄山上,其淬弃地二三年后,雨水浸淋,精液流入沟麓之中,自然结成皂矾[1]。取而货用,不假煎炼。其中色佳者,人取以混石胆[2]云。石胆一名胆矾者,亦出晋、隰[3]等州,乃山石穴中自结成者,故绿色带宝光。烧铁器淬于胆矾水中,即成铜色也[4]。本草[5]载矾虽五种,并未分别原委。其昆仑矾状如黑泥,铁矾状如赤石脂[6]者,皆西域产也。

【注释】

〔1〕"雨水浸淋"三句:烧取硫黄的矿渣含三氧化二铁和硫,久经风霜雨浸,在酸性条件下逐步生成皂矾。

〔2〕石胆:又名胆矾(chaleanthite)蓝色,成分是五水硫酸铜 $CuSO_4 \cdot 5H_2O$,外观上像是皂矾。

〔3〕隰州:今山西隰县。

〔4〕"烧铁器淬于胆矾水中"二句:将铁器放在胆铜液中煎之,发生金属置换反应,铁将硫酸铜中的铜置换,而生成铜。西汉时已发展了这种水法炼铜技术,见《淮南万毕术》(前二世纪)。

〔5〕本草：此处指《本草纲目》，该书卷十一引唐代《新修本草》
(659)详细介绍五种矾后评论说："矾石折而辨之，不止于五种也。"李时
珍已详细区分了各种矾的原委。

〔6〕赤石脂：含三氧化铁的红色矿土。

【译文】

　　[胆矾]：还有山西、陕西烧取硫黄的山上，其渣弃在地上二三年
后，受雨水浸淋作用，其中的有效成分流入山沟，自然结成皂矾。取
来后出售或使用，不需要煎炼。其中成色好的，有人拿来冒充石胆。
石胆又名胆矾，亦出于晋州（山西）、隰州，是山石洞中自然结成的，
因此呈绿色带有光泽。将烧热的铁器浸入胆矾水中，便生成铜。本
草书上虽说记载了五种矾，但并没有辨明其原委。至于说到形状像
黑泥的昆仑矾和形状像铁矾的赤石脂，这都是西北出产的。

12-6　硫　黄

　　12-6-1　凡硫黄乃烧石承液而结就。著书者误以焚
石为矾石，遂有矾液之说[1]。然烧取硫黄石[2]，半出特生
白石，半出煤矿烧矾石，此矾液之说所由混也。又言中国
有温泉处必有硫黄[3]，今东海、广南产硫黄处又无温泉，
此因温泉水气似硫黄，故意度言之也。

【注释】

　　〔1〕"著书者"二句：是针对《本草纲目》卷十一石硫黄条引魏晋人
所撰《名医别录》（三世纪）而说的。该书云："石硫黄生东海牧牛山谷中
及太行河西山，矾石液也。"作者批评说硫黄不是烧矾石时而得到的矾
石液，这是正确的。

　　〔2〕烧取硫黄石：主要指硫铁矿 FeS_2，分为黄铁矿及白铁矿。据钟本注，特生白石或指含硫量少的白铁矿。

　　〔3〕中国有温泉处必有硫黄：这是针对《本草纲目》卷十一石硫黄条而作的评论。李时珍曰："凡产硫黄之处，必有温泉作硫黄气。"时珍称有温泉处必有硫，非为揣度。但云凡产硫处必有温泉则未必尽然。

【译文】

　　硫黄是焚烧矿石时得到的液体凝结而成的，著书者误将"焚石"当作矾石，因此产生一种说法，认为硫黄是烧矾石时流出的液体凝固而成的。然而烧取硫黄的矿石，一半来自当地特产的白石，一半来自煤层卵石中用以烧制皂矾的那种石头。这就是硫乃矾液之说所以造成混淆的原因。又有人说中国有温泉的地方必有硫黄，可是现在福建、广东产硫黄的地方又没有温泉。这是因为温泉水的气味似硫黄，由此揣度出这种说法。

12-6-2　　凡烧硫黄石，与煤矿石同形。掘取其石，用煤炭饼包果丛架，外筑土作炉。炭与石皆载千斤于内，炉上用烧硫旧滓掩盖，中顶隆起，透一圆孔其中（图 12-5）。火力到时，孔内透出黄焰金光。先教陶家烧一钵盂，其盂当中隆起，边弦卷成鱼袋[1]样，覆于孔上。石精感受火神，化出黄

图 12-5　烧取硫黄

光飞走,遇盂掩住,不能上飞,则化成汁液靠着盂底,其液流入弦袋之中。其弦又透小眼,流入冷道灰槽小池,则凝结而成硫黄矣。

【注释】

〔1〕鱼袋:唐代(618—960)官符做成鱼形,以袋盛之,佩带腰中,名为鱼袋。分金、银、玉三种,以区分官吏等级。

【译文】

焙烧硫黄的矿石与煤层的卵石有相同的形状。掘取其石,用煤饼包裹堆积起来,外面筑土作炉。用煤与矿石各一千斤装载在炉内。炉上用烧过硫黄的旧渣盖顶,中间隆起,其中开一圆孔。火力烧足时,孔内冒出金黄色的火焰和气体。事先由陶工烧制出一个钵盂,盂的中间隆起,周边卷成像鱼袋形状的凹槽,盖在圆孔上。石内的成分受到火的作用,化成黄色气体飞走,遇到盂被挡住而不能向上飞散,冷却后化成液体,贴着盂底而流入其周边的凹槽中。盂底边又开小眼,使液体流入冷管再进入石灰槽小池中,凝结以后便成为硫黄。

12-6-3　其炭煤矿石烧取皂矾者,当其黄光上走时,仍用此法掩盖,以取硫黄。得硫一斤,则减去皂矾三十余斤。其矾精华已结硫黄,则枯滓遂为弃物。凡火药,硫为纯阳,硝为纯阴,两精逼合,成声成变,此乾坤幻出神物也。硫黄不产北狄,或产而不知炼取亦不可知。至奇炮出于西洋与红夷,则东徂西数万里,皆产硫之地也。其琉球土硫黄、广南水硫黄〔1〕,皆误纪也。

【注释】

〔1〕琉球土硫黄、广南水硫黄：《本草纲目》卷十一石硫黄条提到广南水硫黄、石硫黄及南海琉球山中的土硫黄，其实都是可信的。

【译文】

　　用煤层卵石烧取皂矾时，当黄色气体冒上来之际，仍用这种方法盖顶，以收取硫黄。每得一斤硫黄，便要少得三十余斤皂矾。当矾内成分转变成硫黄时，剩下的枯渣便成为废物。火药原料中，硫为纯阳，硝石为纯阴，硫与硝这两种成分一结合，便产生出音响和变化。这就是靠着至阳和至阴的力量变幻出来的神奇之物。硫黄不产于北方少数民族地区，即使产硫而不会炼制，亦未可知。西洋与荷兰出产新奇火炮，则说明东西方圆数万里内，都有产硫黄的地方。至于琉球的土硫黄、广东的水硫黄，则均属错误的记载。

12-7　砒　石〔1〕

　　12-7-1　凡烧砒霜〔2〕质料，似土而坚，似石而碎，穴土数尺而取之。江西信郡、河南信阳州皆有砒井，故名信石。近则出产独盛衡阳，一厂有造至万钧者。凡砒石井中，其上常有浊绿水，先绞水尽，然后下凿。砒有红、白两种，各因所出原石色烧成。

【注释】

〔1〕砒石：又名信石，砷矿石。常见者有白砒石（FeAsS）和红砒石（硫化砷）。

〔2〕砒霜：三氧化二砷 As_2O_3，由砒石炼成。

【译文】

　　烧制砒霜的原料砒石,像土但比土硬,像石但比石碎,掘土数尺便可得到。江西广信(今上饶)、河南信阳都有砒井,因此称为信石。最近生产最多的只有衡阳,一个厂家竟有年产达一万斤的。产砒石的井中,水面上常有绿色的浊水,要先将水汲尽,然后再下井挖取。砒霜有红、白两种,各由原来的红、白砒石烧成。

图 12-6　烧砒

　　12-7-2　凡烧砒,下鞠土窑,纳石其上,上砌曲突,以铁釜倒悬覆突口(图12-6)。其下灼炭举火,其烟气从曲突内熏贴釜上。度其已贴一层,厚结寸许,下复息火。待前烟冷定,又举次火,熏贴如前。一釜之内数层已满,然后提下,毁釜而取砒。故今砒底有铁沙,即破釜滓也。凡白砒止此一法。红砒则分金炉内银铜恼气有闪成者。

【译文】

　　烧制砒霜时,在地下挖一土窑,将砒石放入其中,窑的上部装上弯曲的烟囱,用铁锅倒过来盖在烟囱口上。下面引火烧柴,烟气经过烟囱熏贴在倒放的铁锅上。估计积结物已贴一层,达到一寸厚时，下面熄火。待出来的烟气冷却，再第二次点火，照前法熏贴。这样反复几次，一锅之内已经结满了好几层，然后将铁锅取下打碎，就可得到砒霜。因此靠锅底的砒霜内有铁沙，就是破锅渣。烧制白砒只有这一种方法，而红砒还有另一方法，即在分金炉内炼含砒的银铜矿石时，由逸出的气体凝结而成。

12-7-3　凡烧砒时，立者必于上风十余丈外。下风所近，草木皆死。烧砒之人经两载即改徙，否则须发尽落。此物生人食过分厘立死。然每岁千万金钱速售不滞者，以晋地菽、麦必用拌种，且驱田中黄鼠害。宁、绍郡稻田必用蘸秧根，则丰收也。不然，火药与染铜需用能几何哉[1]！

【注释】

〔1〕火药与染铜需用能几何：从宋代（960—1279）以来，中国火药配方中常加入少量砒霜，制成毒烟火药。染铜，指将砒霜等物与铜烧炼成铜合金，详见《五金》章铜节（8-4-1）。

【译文】

烧砒时，操作的人必须站在上风十余丈以外的地方。下风所及之处，草木皆死。烧砒的人经两年之后就要改业，否则胡须和头发都要落光。此物人食少许就会致死。然而，每年产值却成千上万，都能很快售出而不滞销。这是因为山西等地种豆类和麦类要用砒霜拌种，而且可用砒驱除田中的黄鼠害。浙江宁波、绍兴的稻田必须用砒霜蘸稻秧，以确保丰收。要不然，光制造火药与炼白铜，能需要多少砒霜呢！

卷　下

13. 杀青[1]第十三

13-1　宋子曰，物象精华，乾坤微妙，古传今而华达夷，使后起含生目授而心识之，承载者以何物哉？君与臣民通，师将弟命，冯藉咕咕口语，其与几何？持寸符，握半卷，终事诠旨，风行而冰释焉。覆载之间之藉有楮先生[2]也，圣顽咸嘉赖之矣。身为竹骨与木皮，杀其青而白乃见，万卷百家，基从此起，其精在于此，而其粗效于障风、护物之间。事已开于上古[3]，而使汉、晋时人擅名记者[4]，何其陋哉。

【注释】

〔1〕杀青：出于《后汉书·吴祐传》："祐父恢欲杀青简，以写经传。"古以竹简写字，以火烘青竹片叫杀青或汗青。此处作者转义为去竹青以造纸。

〔2〕楮先生：唐代学者韩愈(798—824)《昌黎集》卷三十六有《毛颖传》，以物拟人，称毛笔为毛颖，称纸为楮先生。盖楮皮为优良造纸原料，故得此名。

〔3〕事已开于上古：作者认为造纸起于上古，证据不足。据1933—1990年以来中国考古发现，造纸起于西汉(前206—后24)。

〔4〕汉、晋时人擅名记者：《后汉书·蔡伦传》认为纸为东汉人蔡伦(63—121)于105年发明，作者认为将造纸发明归在汉、晋某个人名下

是浅陋见解。这一批评是正确的。

【译文】

宋子说，人间事物的精华和自然界的奇异奥妙，从古代传到今天，从中原传到边疆，使后世人通过阅读文献而心领神会，是靠什么材料记载下来的呢？君臣间授命请旨、师徒间传业受教，如果只靠附耳细语，又能表达多少呢？但只要有一张纸本文件、半卷书本，便足以说清意图和道理，政令可迅速下达，疑难可彻底解决。大地之间大有赖于被称为"楮先生"的纸，所有人不管聪明与否都受惠于此物。纸以竹秆和树皮为原料，除去其青皮而制成白纸。诸子百家的万卷图书都借助于纸而传世，精细的纸用在这方面，而粗糙的纸则用以糊窗和包装。造纸术起源于上古，而有人认为是汉、晋时某个人所发明，这是何等浅陋的见解！

13-2 纸 料

13-2-1 凡纸质用楮树[1]一名榖树皮与桑穰[2]、芙蓉膜[3]等诸物者为皮纸。用竹麻者为竹纸。精者极其洁白，供书文、印文、柬、启用。粗者为火纸[4]、包果纸。所谓杀青，以斩竹得名，汗青以煮沥得名，简即已成纸名[5]，乃煮竹成简。后人遂疑削竹片以纪事，而又误疑"韦编"为皮条穿竹札也。秦火未经时[6]，书籍繁甚，削竹能藏几何？如西番用贝树造成纸叶[7]，中华又疑以贝叶书经典。不知树叶离根即憔，与削竹同一可哂也。

【注释】

〔1〕楮（chǔ）树：又称榖或构，桑科 *Broussonetia papyrifera*，其皮可造纸。

〔2〕桑穰：指桑树 *Morus alba* L.的韧皮部。

〔3〕芙蓉膜：是锦葵科木本木芙蓉 *Hibiscus mutabilis* 的韧皮。

〔4〕火纸：供焚烧的迷信用纸。

〔5〕"所谓杀青"等四句：杀青、汗青本指古代制竹简的工序。作者怀疑用竹简可以书写，将简理解为纸，将制简的工序理解为造纸工序，这是欠妥的。

〔6〕秦火未经时：秦火指秦始皇（前 259—前 210）于公元前 212 年焚书事。

〔7〕西番用贝树造成纸叶：指印度贝多罗（Pattra）树叶，由棕榈科阔叶乔木扇椰 *Borassus flabelliformis* 的树叶晒干加工成的书写材料，用写佛经，称贝叶经，但并非纸。

【译文】

凡以楮树—名榖树皮与桑皮、木芙蓉皮等皮料造出的纸，叫皮纸。用竹纤维造的，为竹纸。精美的纸极其洁白，供书写、印刷、书信、文书之用。粗糙的纸作火纸和包裹纸。所谓"杀青"，是从砍竹而得到的名称，"汗青"则从蒸煮而得其名，"简"是指已制成的纸。因为煮竹成简(纸)，后人遂误以为削竹片可以记事，还更误以为"韦编"的意思就是用皮条穿在竹简上。秦始皇未焚书以前，有很多书籍，如用竹片记事，又能记多少东西？还有，西域国家有用贝树造成贝叶，中国又有人认为贝叶可用来写佛经。岂不知树叶离根即枯萎，这种说法与削竹片记事之说是一样可笑的。

13-3　造 竹 纸

13-3-1　凡造竹纸，事出南方，而闽省独专其盛。当笋生之后，看视山窝深浅，其竹以将生枝叶者为上料。节界芒种[1]则登山砍伐。截断五七尺长，就于本山开塘一口，注水其中漂浸（图 13-1）。恐塘水有涸时，则用竹枧通引，不断瀑流注入。浸至百日之外，加功槌洗，洗去粗壳与青皮是名杀青。其中竹穰形同苎麻样。用上好石灰化汁涂浆，入榸桶[2]下煮，火以八日八夜为率（图 13-2）。

图 13-1　砍竹、沤竹

图 13-2　蒸煮

【注释】

〔1〕芒种：二十四节气之一，在公历 6 月 5 日前后。

〔2〕榸筒：蒸煮锅上的大木桶，内盛要蒸煮的造纸原料。

【译文】

　　造竹纸多在南方，而福建省最为盛行。当竹笋生出后，先观察山沟里竹林的长势，以将要生枝叶的竹为上料。快到芒种时，则登山砍竹。将竹秆截断成五至七尺长，在本山就地开塘一口，向其中注水以浸沤竹料。为避免塘水干涸，则用竹管引水，不断注入山上流下来的水。沤至百日以上，将竹从塘内取出加工槌洗，洗去粗壳与青表皮是名杀青，其中竹纤维的形状就像苎麻一样。用上好的石灰化成灰浆，涂于竹料，放入楻桶蒸煮，一般蒸煮八昼夜。

　　13-3-2　凡煮竹，下锅用径二尺[1]者，锅上泥与石灰捏弦，高阔如广中煮盐牢盆样，中可载水十余石。上盖楻桶，其围丈五尺，其径四尺余。盖定受煮，八日已足。歇火一日，揭楻取出竹麻，入清水漂塘之内洗净。其塘底面、四维皆用木板合缝砌完，以防泥污造粗纸者，不须为此洗净，用柴灰浆过，再入釜中，其中按平，平铺稻草灰寸许。桶内水滚沸，即取出别桶之中，仍以灰汁淋下。倘水冷，烧滚再淋。如是十余日，自然臭烂。取出入臼受舂山国皆有水碓。舂至形同泥面，倾入槽内。

【注释】

　　〔1〕二尺：涂本、杨本、陶本作"二尺"，菅生堂本作"四尺"。

【译文】

　　蒸煮竹料的锅直径二尺，锅上用泥与石灰封固边沿，高、宽类似广东煮盐的牢盆，内可盛水十多石。上面盖上楻桶，其圆周一丈五尺，直径四尺多。盖定之后，蒸煮八日已足。歇火一日后，打开楻筒取出竹料，入清水漂塘里面洗净。塘的底面及四周皆用木板合缝砌好，以防遇到泥污造粗纸时不须如此。洗净后，再用柴灰水将竹料浆透，再放入锅中压平，上面平铺稻草灰一寸左右。桶内水滚沸后，将竹料取出放入另一榍桶中，仍以灰水淋下。如灰水冷却，烧滚后再淋。这样经过十多天后，竹料自然蒸烂。取出入白中捣碎山区都有水碓，舂至形同泥面状，倒入纸槽中。

13-3-3　凡抄纸槽，上合方斗，尺寸阔狭，槽视帘，帘视纸。竹麻已成，槽内清水浸浮其面三寸许，入纸药[1]水汁于其中形同桃竹叶[2]，方语无定名，则水干自成洁白。凡抄纸帘，用刮磨绝细竹丝编成。展卷张开时，下有纵横架框。两手持帘入水，荡起竹麻入于帘内（图13-3）。厚薄由人手法，轻荡则薄，重荡则厚。竹料浮帘之顷，水从四际淋下槽内。然后覆帘，落纸于板上，叠积千万张（图13-4）。数满则上以板压，俏绳入棍，如榨酒法，使水气净尽流干。然后以轻细铜镊逐张揭起焙干。凡焙纸，先以土砖砌成夹巷，下以砖盖巷地面，数块以往即空一砖。火薪从头穴烧发，火气从砖隙透巷，外砖尽热，湿纸逐张贴上焙干，揭起成帙（图13-5）。

【注释】

〔1〕纸药：植物黏液，放纸槽中作为纸浆的悬浮剂。

〔2〕形同桃竹叶：此处所用纸药指杨桃藤 *Actinidia chinensis* 枝条的浸出液。

图 13-3 荡帘抄纸

图 13-4 覆帘压纸

图 13-5 焙纸

【译文】

　　抄纸槽的形状像一个方斗,其尺寸宽窄,槽根据纸帘而定,而纸帘又根据纸的尺幅而定。竹料既已制成,便向槽内放清水,水面高出竹料三寸,加入纸药水于其中形同桃竹叶,各地名称不一,则纸脱水后自然洁白。抄纸帘用刮磨绝细的竹丝编成,纸帘展开后,下有长方形框架支撑。两手持帘入纸浆水中,将竹纤维荡起并抄入帘内。纸的厚薄由人的手法而定,轻荡则薄,重荡则厚。竹料浮在帘上时,水从四边下流到槽内。然后翻转纸帘,使纸落于木板上,叠积成千上万张。数目足时,则在湿纸上放一木板以便压榨,拴上绳子插入撬棍,像榨酒方法那样使纸内水分压净流干。然后轻轻以细铜镊逐张揭起、焙干。烘纸时,先以土砖砌成夹巷,下面用砖盖夹巷底部,隔几块砖即空一砖。薪火从巷端火口烧起,火温从砖隙透过夹巷,使外面的砖都发热,将湿纸逐张贴在夹巷上烘干,揭下叠起。

13-3-4　近世阔幅者名大四连,一时书文贵重。其废纸洗去朱墨、污秽,浸烂入槽再造,全省从前煮浸之力,依然成纸,耗亦不多。南方竹贱之国,不以为然。北方即寸条片角在地,随手拾起再造,名曰还魂纸。竹与皮、精与粗,皆同之也。若火纸、糙纸,斩竹煮麻、灰浆水淋,皆同前法。唯脱帘之后不用烘焙。压水去湿,日晒成干而已。

【译文】

　　近世有一种宽幅纸,叫"大四连",一时看重作书写纸。将废纸洗去朱墨、污秽,漂洗、打烂后入槽再行抄造,可节省前述操作过程中的蒸煮、沤浸的工序,依然成纸,消耗亦不多。南方竹贱之地,不以为然。而北方即使是寸条片角的纸落在地上,也随手拾起再行造纸,名叫"还魂纸"。竹纸与皮纸,精纸与粗纸,都用相同方法制造。

至于火纸、粗糙纸的制造，砍竹、煮竹料，用灰浆和灰水淋，皆与前述方法相同。唯独湿纸从帘上脱下后，不用烘焙，压去水分后靠日晒成干而已。

13-3-5 盛唐时鬼神事繁，以纸钱代焚帛北方用切条名曰板钱，故造此者名曰火纸。荆楚近俗有一焚侈至千斤者。此纸十七供冥烧，十三供日用。其最粗而厚者名曰包果纸，则竹麻和宿田晚稻稿所为也。若铅山诸邑所造柬纸，则全用细竹料厚质荡成，以射重价。最上者曰官柬，富贵之家通刺用之。其纸敦厚而无筋膜，染红为吉柬，则以白矾水染过，后上红花汁云。

【译文】

盛唐时，敬鬼神之事很繁多，烧纸钱以代替烧帛北方用切条，名为板钱，故造这种纸名曰"火纸"。荆楚（湖南、湖北）一带近来流行的习俗，一次烧掉上千斤火纸。这类纸十分之七供祭祀时烧去，十分之三供日用。其中最粗而厚的名叫包裹纸，用竹料和隔年晚稻秆制成。至于江西铅山等地所造柬纸，则全用细竹料加厚抄成，以谋高价。最好的叫官柬纸，富贵之家作名片用。纸质厚实而无筋头，染红后作办喜事的吉柬纸。先以白矾水染过，再染上红花汁。

13-4 造皮纸

13-4-1 凡楮树取皮，于春末、夏初剥取。树已老者，就根伐去，以土盖之。来年再长新条，其皮更美。凡皮纸，楮皮六十斤，仍入绝嫩竹麻四十斤，同塘漂浸，同用石灰浆涂，入釜煮糜。近法省啬者，皮、竹十七而外，或入宿田稻稿十三，用药得方，仍成洁白。凡皮料坚固纸，其纵文扯断如绵丝，故曰绵纸。衡断且费力。其最上一等供用大内糊窗格者，曰椾纱纸。此纸自广信郡造，长过七尺，阔过四尺。五色颜料，先滴色汁槽内和成，不由后染。其次曰连四纸[1]，连四中最白者曰红上纸。皮、竹[2]与稻稿掺和而成料者，曰揭帖[3]呈文纸。

【注释】

〔1〕连四纸：元人费著《蜀笺谱》（约1360）云：“凡纸皆有连二、连三、连四。”连四纸又名连史纸，色白质细，产于江西、福建等地。

〔2〕皮竹：诸本作“皮名而竹”，盖“名而”为衍文，今删之，可解。

〔3〕揭帖：明政府各部直奏皇帝的机密呈文。

【译文】

剥取楮树皮在春末、夏初之际进行。树已老的，在近根部位将树砍去，以土盖上。待来年再长新条，其皮更美。造皮纸时，用楮皮六十斤，加入绝嫩竹料四十斤，同样在塘内漂浸，再用石灰浆涂，放入锅中煮烂。近来节省者用树皮、竹料十分之七外，另加隔年稻秆十分之三，如用药得当，仍能造成洁白的纸。结实的皮料纸，其纵纹扯断后如绵丝，故称“绵纸”。横向扯断较费力。其最上一等纸供宫内糊窗格的，曰“椾纱纸”。此纸在广信府（今江西上饶地区）制造，长大于七尺，宽过四尺。各种颜料用法是先将色汁放入槽内与纸浆和匀，不是成纸后再染。其次是连四纸，连四纸中最白的叫“红上纸”。以皮、竹与稻秆掺和而成料的，叫“揭帖呈文纸”。

13-4-2　芙蓉等皮造者,统曰小皮纸,在江西则曰中夹纸。河南所造,未详何草木为质,北供帝京,产亦甚广。又桑皮造者曰桑穰纸,极其敦厚。东浙所产,三吴[1]收蚕种者必用之。凡糊雨伞与油扇,皆用小皮纸。凡造皮纸长阔者,其盛水槽甚宽。巨帘非一人手力所胜,两人对举荡成。若棍纱则数人方胜其任。凡皮纸供用画幅,先用矾水荡过[2],则毛茨不起。纸以逼帘者为正面,盖料即成泥浮其上者,粗意犹存也。

【注释】

〔1〕三吴:古地区名,其说不一。或指苏、常、湖三州,或指苏州(东吴)、润州(中吴)、湖州(西吴)。

〔2〕先用矾水荡过:纸用明矾 $Al_2(SO_4)_3 \cdot 24H_2O$ 水处理后,可改善表面性能,便于工笔设色,这种纸叫熟纸。

【译文】

用木芙蓉等树皮造的纸,统统叫"小皮纸",而在江西则称"中夹纸"。河南所造的纸,不知用什么原料,北运供京师用,产量相当大。还有用桑皮造的纸叫桑穰纸,极其厚实,浙江东部所产的桑皮纸,为苏州、常州、湖州收蚕种时所必需。糊制雨伞与油扇,都用小皮纸。造宽幅的皮纸,装浆料的纸槽也必定宽大。大的纸帘不是一人手力所能提起,要两人对举纸帘抄造。要是棍纱纸,则须数人举帘才能胜任。供作书画用的皮纸,先要用明矾水荡过,则不起毛。纸以贴近竹帘的一面为正面,因泥料都浮在上面,故比较粗糙。

13-4-3　朝鲜白硾纸不知用何质料[1]。倭国有造纸

不用帘抄者[2]，煮料成糜时，以巨阔青石覆于炕面，其下
爇火，使石发烧。然后用糊刷蘸糜，薄刷石面，居然顷刻
成纸一张，一揭而起。其朝鲜用此法与否，不可得知。中
国有用此法者，亦不可得知也。永嘉蠲糨纸[3]亦桑穰造。
四川薛涛笺[4]亦芙蓉皮为料煮糜，入芙蓉花末汁。或当
时薛涛所指，遂留名至今。其美在色，不在质料也。

【注释】

〔1〕朝鲜白硾纸不知用何质料：朝鲜白硾纸多以楮皮、桑皮为
原料。

〔2〕倭国有造纸不用帘抄者：造纸不用帘抄之说，得自错误传闻。

〔3〕蠲糨（juān jiàng）纸：永嘉（今浙江温州地区）出产的洁白坚滑
的桑皮纸。宋人程棨《三柳轩杂识》（约1280）云："温州作蠲纸，洁白坚
滑……至和（1054—1055）以来方入贡……吴越钱氏时，供此纸者蠲其
赋役，故号蠲纸云。"蠲，指免除赋役。

〔4〕薛涛笺：唐代女诗人薛涛（字洪度，768—831）晚年居四川成都
浣花溪，创意推出粉红色长方形小纸写诗，后人称"薛涛笺"，明清时仍
在仿制。

【译文】

朝鲜白硾纸不知用什么原料。日本国有造纸不用帘抄的，将料
煮烂后，以宽大的青石放在炕上，下面烧火，然后用刷子蘸纸浆，薄
薄地刷在石面上，居然立刻成纸一张，一揭而起。朝鲜是否用此法
造纸，不得而知。中国是否有用此法的，也不清楚。永嘉县的蠲糨
纸，也用桑皮制造。四川薛涛笺，也是用木芙蓉树皮为料而煮烂，再
加芙蓉花的汁。这种纸或许是当时薛涛所设计，遂留名至今。其美
在颜色，而不在质料。

14. 丹青[1]第十四

14-1　宋子曰，斯文千古之坠也，注玄尚白[2]，其功
孰与京哉？离火红[3]而至黑孕其中，水银白而至红呈其
变，造化炉锤，思议何所容也。五章遥降[4]，朱临墨而大
号彰。万卷横披，墨得朱而天章焕。文房异宝，珠玉何
为？至画工肖象万物，或取本姿，或从配合，而色色咸备
焉。夫亦依坎附离[5]，而共呈五行变态，非至神孰能于
斯哉？

【注释】

〔1〕丹青：出于《周礼·秋官·职金》："职金掌凡金玉、锡石、丹青
之戒令。"此处丹青指朱与墨。

〔2〕注玄尚白：出于《汉书·扬雄传》："时雄方草《太玄》，有以自守
泊白也，或嘲雄以玄尚白。""玄"指黑色或墨迹、著述，"白"指白色或白
丁，"以玄尚白"谓无官无位而从事著述。作者引此，意指在白纸上写
黑字。

〔3〕离火红：按《周易·说卦》："离为火。"此处指赤火。

〔4〕五章遥降：五章指青、赤、白、黄、黑五色。此处指朝廷降下的
五色笺敕诏。

〔5〕依坎附离：按《周易》，坎指水，离指火。此处意为"借水火之力"。

【译文】

宋子说，古代文化遗产之所以千古不灭，靠的是纸墨的文字记

载,其功用实无可比拟。松木和桐油在赤火中烧出黑烟,制墨原料就孕育其中。白色水银烧炼后,变成红色银朱,成为作书画的材料。物质烧炼后所产生的变化,真是不可思议。朝廷颁至各地的五色笺敕诏,因皇帝用朱笔在黑字上作了御批,而使重大号令得以传布。披阅万卷图书,在书上用朱笔加以批注,而使本来佳作更放光彩。这样看来,朱、墨实为文房之异宝,珠玉岂能相比? 画家描绘万物,或只以墨作画,或以朱、墨及其他颜料配合,画成各种彩画。朱墨与颜料的制备须借水火之力,而共同呈现于五行的变化之中,如果不是巧妙地利用自然力,谁能做到这些?

14-2 朱

14-2-1 凡朱砂、水银、银朱,原同一物[1]。所以异名者,由精粗、老嫩而分也。上好朱砂出辰、锦[2]今名麻阳与西川者,中即孕汞[3],然不以升炼。盖光明、箭镞、镜面等砂,其价重于水银三倍,故择出为朱砂货鬻。若以升汞[4],反降贱值。唯粗次朱砂方以升炼水银,而水银又升银朱也。

【注释】

〔1〕"凡朱砂"二句:朱砂或称辰砂 Sinabar,是天然硫化汞 HgS,银朱是人造硫化汞,二者化学成分一致。但水银是元素汞 Hg。

〔2〕辰、锦:辰州,今湖南沅陵。锦州,今湖南麻阳之古名。

〔3〕汞:涂本作"湏"(hóng,或 gǒng),与"汞"通,今改。下同。

〔4〕汞:涂本误作"水",今改。

【译文】

朱砂、水银与银朱原本是同一物质。之所以有不同名称，是因精粗、老嫩的差异。上好的朱砂出于辰州、锦州今名麻阳与四川，其中就含有汞，但不用来制汞。因为朱砂中的光明砂、箭镞砂及镜面砂等价钱比水银还贵三倍，故选出好朱砂来出卖。如果用这些朱砂来炼制水银，反而降低价钱。只有粗的次朱砂才用来提炼水银，再用水银升炼成银朱。

14-2-2　凡朱砂上品者，穴土十余丈乃得之。始见其苗，磊然白石，谓之朱砂床。近床之砂，有如鸡子大者。其次砂不入药，只为研供画用与升炼水银者。其苗不必白石，其深数丈即得。外床或杂青黄石，或间沙土，土中孕满，则其外沙石多自折裂。此种砂贵州思、印、铜仁等地最繁，而商州、秦州出亦广也。凡次

图 14-1　研朱砂、澄朱砂

砂取来，其通坑色带白嫩者，则不以研朱，尽以升汞。若砂质即嫩而烁，视欲丹者，则取来时入巨铁碾槽中，轧碎如微尘（图 14-1）。然后入缸，注清水澄浸。过三日夜，跌

取其上浮者，倾入别缸，名曰二朱。其下沉结者，晒干即名头朱也。

【译文】

上等的朱砂，要挖土十余丈方可得到。开始露头的矿苗是一堆堆白石，叫朱砂床。矿床附近的朱砂有的大如鸡子。次等朱砂不堪入药，只供研磨作画与提炼水银用。次朱砂的矿苗不一定是白石，挖数丈即可得到。其矿床外或者杂带有青黄色石块，或者间有砂粒，堆满于土中，外层的砂石多自行破裂。这种朱砂在贵州思南、印江、铜仁等地最多，而陕西商县、甘肃秦州（天水）也有出产。开采次等朱砂时，如整个坑里都是色白而细嫩的矿石，就不用以研成朱砂，而是全用来提炼汞。若砂质虽嫩但闪有红光的，则取来放入大的铁碾槽中碾成细粉，然后在缸里用清水澄浸。经过三天三夜，将浮在上面的舀到另一缸中，名叫二朱。缸中下沉的，晒干后名曰头朱。

14-2-3　凡升水银，或用嫩白次砂，或用缸中跌出浮面二朱，水和搓成大盘条。每三十斤入一釜内升汞，其下炭质亦用三十斤。凡升汞，上盖一釜，釜当中留一小孔，釜旁盐泥紧固（图14-2）。釜上用铁打成一曲弓溜管，其管用麻绳密缠通梢，仍用盐泥涂固。煅火之时，曲溜一头插入釜中通气插处一丝固密，一头以中罐注水两瓶，插曲溜尾于内，釜中之气达于罐中之水而止。共煅五个时辰，其中砂末尽化成汞，布于满釜。冷定一日，取出扫下。此最妙玄，化全部天机也。本草胡乱注：凿地一孔，放碗一个盛水[1]。

【注释】

〔1〕"本草胡乱注"几句：指《本草纲目》卷九《石部·水银》条引元代人胡演《丹药秘诀》云："取砂汞法，用瓷瓶盛朱砂，不拘多少，以纸封口。香汤煮一沸时，取入水火鼎内，炭塞口，铁盘盖定。凿地一孔，放碗一个盛水。连盘覆鼎于碗上，盐泥固缝，周围加火煅之。冷定取出，汞自流入碗矣。"其实这种方法虽不及作者所述蒸馏法取汞简便易行，然亦不可斥为"胡乱注"。

图 14-2 升炼水银（从朱砂升炼出水银）

【译文】

提炼水银，或者用白嫩的次朱砂，或者用缸中舀出浮在上面的二朱，将朱砂与水拌和，搓成粗条。每三十斤装入一锅，用来提炼汞，所用柴薪也是三十斤。提炼汞的锅，上面还要扣上另一个锅，锅上正中留一小孔，旁边用盐泥封紧。锅上小孔与用铁打成的弯管相联，整个弯管都要用麻绳缠密，仍用盐泥封紧。点火时弯管的一头插入锅内通气接口处要严密封固，弯管的另一头插入装有两瓶水的罐内，锅内之气通到罐中之水而受冷却。共加火五个时辰（十小时），锅内的朱砂粉就都变成汞而布满于锅壁。冷却一日后，再取出扫下。此中道理颇为玄妙，包含着自然界物质变化的全部奥秘。《本草纲目》注中说："凿地一孔，放碗一个盛水。"那是乱注。

14-2-4　凡将水银再升朱用，故名曰银朱。其法或用

图 14-3　银复生朱
（从水银再升炼出银朱）

磬口泥罐，或用上下釜。每水银一斤，入石亭脂[1]即硫黄制造者二斤，同研不见星，炒作青砂头，装于罐内。上用铁盏盖定，盏上压一铁尺。铁线兜底捆缚，盐泥固济口缝，下用三钉插地鼎足盛罐（图14-3）。打火三炷香久，频以废笔蘸水擦盏，则银自成粉，贴于罐上，其贴口者朱更鲜华。冷定揭出，刮扫取用。其石亭脂沉下罐底，可取再用也。每升水银一斤，得朱十四两，次朱三两五钱[2]，出数藉硫质而生。

【注释】

〔1〕石亭脂：天然硫。

〔2〕"每升水银"三句：此处所述之法尽取自《本草纲目》卷九《石部·银朱》条引胡演《丹药秘诀》。

【译文】

有的朱砂是从水银再炼制成的，故名曰银朱。其方法是或者用敞口的泥罐烧炼，或者是用一上一下的两口锅。每一斤水银加入石亭脂硫黄制成的二斤,放在一起研细至见不到水银珠,用火炒成青色粒状,装入罐内。罐口用铁盘盖紧,铁盘上压一铁尺。用铁线将铁盘与罐底捆紧,再用盐泥封住所有接缝。下面用三根铁棒插在地上,鼎足而立以架起罐子。点火煅烧,约点燃三炷香所需的时间。在这期间,不断地用废笔蘸冷水滴在铁盘上,则由水银变成的银朱粉末自然会贴在罐壁,贴在罐口部的银朱,更为鲜艳。冷却后将铁盘揭下,就可扫取银朱。沉到罐底的硫黄,还可取出再用。每一斤(十六两)水银,可炼得银朱十四两,次朱三两五钱,多出的重量是从硫黄那里得到的。

14-2-5　凡升朱与研朱,功用亦相仿。若皇家、贵家画彩,则即用[1]辰、锦丹砂研成者,不用此朱也。凡朱,文房胶成条块,石研则显。若磨于锡砚之上,则立成皂汁[2]。即漆工以鲜物彩,唯入桐油调则显,入漆亦晦也。凡水银与朱更无他出,其汞海、草汞之说[3],无端狂妄,耳食[4]者信之。若水银已升朱,则不可复还为汞,所谓造化之巧已尽也。

【注释】

〔1〕用:诸本作"同",误,今改。

〔2〕"若磨于锡砚之上"二句:朱在锡砚上研磨,可能生成褐色的硫化亚锡 SnS。

〔3〕"凡水银与朱更无他出"二句:这是针对《本草纲目》卷九《金石部·水银》条而言的,其中引历代诸家本草书所载从马齿苋 *Cartulaca oleracea* 中可提制草汞及自然汞,言之有据,并非狂妄之论。如本章第二节第一段(14-2-1)所云,既然朱砂、银朱为同一物质,而从朱砂可炼制汞,银朱亦当如此。

〔4〕耳食:不加考查,轻信传闻。

【译文】

人工炼制的银朱,和碾制的天然朱砂,功用差不多。但皇家、贵族作画,则用辰州、锦州的丹砂研成粉,而不用这种银朱。文房用的朱,是用胶作成条块,在石砚上研,可显出朱红色。如果在锡砚上研磨朱,则立刻成为黑汁。漆工用朱的鲜红颜色涂饰漆器时,只有将其与桐油调和,颜色才鲜明。如与漆调和,则颜色发暗。水银和银朱,不能从上述原料以外的物质中取得,因而所谓汞海、草汞之说,都是无端狂妄之论,只有炼丹家和服食所谓长生药的人才相信。水银在炼制成银朱以后,就不可再还原为汞,自然界变化的巧妙,到此已尽了。

14-3　墨

图 14-4　燃扫清烟

14-3-1　凡墨烧烟凝质而为之[1]。取桐油、清油、猪油烟为者,居十之一。取松烟为者,居十之九。凡造贵重墨者,国朝推重徽郡人。或以载油之艰,遣人僦居荆、襄、辰、沅,就其贱值桐油点烟而归。其墨他日登于纸上,日影横射有红光者,则以紫草[2]汁浸染灯心而燃炷者也。凡蒸油取烟,每油一斤,得上烟一两余。手力捷疾者，一人供事灯盏二百付。若刮取急缓则烟老，火燃、质料并丧也（图14-4）。其余寻常用墨，则先将松树流去胶香，然后伐木。凡松香有一毛未净尽，其烟造墨终有滓结不解之病。凡松树流去香，木根凿一小孔，炷灯缓炙，则通身膏液就暖倾流而出也（图14-5）。

图 14-5　取流松液、烧取松烟

【注释】
　　〔1〕凡墨烧烟凝质而为之：墨主要由烧松木、桐油等有机含碳物质而产生的烟灰，即碳黑 Carbon black 制成。
　　〔2〕紫草：紫草科植物 *Lithospermum officinale*，其根可作紫色染料。

【译文】

墨是由物质燃烧后的烟灰凝聚而成的。用桐油、菜籽油、猪油烧成的烟灰制的墨占十分之一,而取松烟造成的墨占十分之九。制造贵重的墨,在本朝(明朝)首推徽州(今安徽歙县)人。他们由于桐油运输困难,便派人去湖北江陵、襄阳与湖南辰溪、沅陵客居,以其廉价桐油就地烧成烟灰带回制墨。用这种墨将字写在纸上,在日光下从侧面看墨色有红光的,是用紫草汁浸灯芯后点灯所烧成的烟造成的。烧桐油取烟时,每一斤油得上等烟灰一两多。手力快的,一人可看管二百盏灯。如果刮烟怠慢,烟烧过头,就会白白浪费灯油和原料。其余寻常用墨,都是由松烟做成的。可先将松树树脂流去,然后伐木。只要松香有一点没有流净,造成的墨最后总有研不开的滓子。流去松香之法,在树根凿一小洞,点灯慢慢焚烧,则整个树干中的松脂因为受热都倾流而出。

14-3-2　凡烧松烟,伐松斩成尺寸,鞠箧为圆屋,如舟中雨篷式,接连十余丈(图 14-5),内外与接口皆以纸及席糊固完成。隔位数节,小孔出烟,其下掩土、砌砖先为通烟道路。燃薪数日,歇冷入中扫刮。凡烧松烟,放火通烟,自头彻尾。靠尾一二节者为清烟,取入佳墨为料。中节者为混烟,取为时墨料。若近头一二节,只刮取为烟子,货卖刷印书文家,仍取研细用之。其余则供漆工、垩土之涂玄者。

【译文】

烧松烟时,将砍伐下的松木截成一定尺寸,再在地上用竹条作成圆顶棚屋,形状像船上的雨篷,逐节接连成十余丈长。其内外与接口处,均以纸及席子糊固。每隔数节便留一小孔出烟,竹棚下接地处要盖上泥土,里面砌砖时要事先留出烟道。将截短的松木放在棚内燃烧数日,停烧,冷却后进去扫刮松烟。烧松烟时,点燃松木与放烟都是从头节开始,再逐节进行,一直到尾节。尾部的一二节中结成的是清烟,是制作优质墨的原料。中部各节内为混烟,用以作一般墨料。最前面的一二节内,只能刮取烟子,卖给印刷书籍的坊家,仍要研细使用,其余则供漆工、粉刷工做黑色颜料使用。

14-3-3　凡松烟造墨,入水久浸,以浮沉分精恶。其和胶之后,以槌敲多寡分脆坚。其增入珍料与漱金、衔麝[1],则松烟、油烟增减听人。其余《墨经》《墨谱》[2],博物者自详,此不过粗纪质料原因而已。

【注释】

　〔1〕麝:有蹄目鹿科牡麝 *Moschus moschiferus* 腹部香囊中的干燥分泌物,上等香料。

　〔2〕《墨经》(1100):宋代人晁贯之所著,全一卷,叙述墨锭的源流及制造。　《墨谱》(1095):宋代人李孝美著,三卷,论采松、烧烟及制墨甚详。

【译文】

　将制墨的松烟放入水中久浸,以浮沉情况区分精粗。松烟与胶调和固结后,以捶敲打,根据敲击的多少区分坚脆。至于向墨中加入珍贵材料与烫上金字、填入麝香,则松烟、油烟都可随意加多加少。其他问题均载入《墨经》《墨谱》,要求得到更多知识的人可自行研究,此处不过粗记原料、制法而已。

14-4　附:诸色颜料[1]

14-4-1　**胡粉**:至白色,详《五金》卷。**黄丹**[2]:红黄色,详《五金》卷。**淀花**:至蓝色,详《彰施》卷。**紫粉**:缥红色,贵重者用胡粉、银朱对和,粗者用染家红花滓汁为之。**大青**:至青色,详《珠玉》卷。**铜绿**[3]:至绿色,黄铜打成板片,醋涂其上,果藏糠内,微借暖火气,逐日刮取。**石绿**:详《珠玉》卷。**代赭石**[4]:殷红色,处处山中有之,以代郡者为最佳。**石黄**[5]:中黄色,外紫色,石皮内黄,一名石中黄子。

【注释】

〔1〕原书中本节没有标题,译注者补。

〔2〕黄丹:又称铅丹,四氧化三铅 Pb_3O_4,红黄色粉末。

〔3〕铜绿:铜青,各种碱式醋酸铜的混合物。绿色的化学式为 $CuO \cdot 2Cu(C_2H_3O_2)_2$,蓝色的为 $(C_2H_3O_2)_2Cu_2O_2$。

〔4〕代赭石:土朱,赤铁矿矿石,主要成分是三氧化二铁 Fe_2O_3,因代县产品最佳,故称代赭石。

〔5〕石黄:又名石中黄子,含三氧化二铁的黏土。

【译文】

胡粉:颜色最白,详见《五金》章。**黄丹**:红黄色,详见《五金》章。**淀花**:深蓝色,详见《染色》章。**紫粉**:红色,贵重的用胡粉、银朱对和,一般的用染坊的红花汁作成。**大青**:深蓝金,详见《珠玉》章。**铜绿**:深绿色,用黄铜打成薄片,涂上醋后藏于米糠内,借其微热,再逐日从铜片上刮取。**石绿**：详见《珠玉》章。**代赭石**：粉红色，山中处处有之，以山西代县所产的最好。**石黄**：中间是黄色，外表是紫色。因为石里面是黄色，又叫"石中黄子"。

15. 舟车第十五

15-1　宋子曰，人群分而物异产，来往贸迁以成宇宙。若各居而老死，何藉有群类哉？人有贵而必出，行畏周行。物有贱而必须，坐穷负贩。四海之内，南资舟而北资车。梯航万国，能使帝京元气充然。何其始造舟车者不食尸祝之报也？浮海长年，视万顷波如平地，此与列子所谓御泠风者[1]无异。传所称奚仲[2]之流，倘所谓神人者非耶。

【注释】

〔1〕列子所谓御泠（líng）风者：《庄子·逍遥游》云："夫列子御风而行，泠然善也。"列子，即列御寇，传为战国时道家。泠风，清风。涂本误作"冷风"，今改。

〔2〕奚仲：姓任。《世本》载奚仲作车，夏代时曾任车正（掌管车辆的官）之职。

【译文】

宋子说，人群分居各地，物品产于八方，通过相互来往和贸易，构成了社会整体。如果各居一方而老死不相往来，还凭什么来构成人类社会呢？有地位的人总要外出，但怕到处步行，有些物品虽然便宜，却是生活的必需品，由于缺乏而有赖贩运。所有这一切，都得借助于车船等交通工具。在国内，南方要依靠船，北方要依靠车。人们通过车船，翻山越海、贸易各地，而使首都繁荣起来。为什么开始造车船的人,不应当受到崇敬的报答呢?船工长年渡海,视万顷波涛如平地,这简直与所谓列子乘风而行没有什么不同。经传上所说创始车辆的奚仲这类人,如果将其称为神圣的人,有何不可?

15-2　舟

15-2-1　凡舟古名百千,今名亦百千。或以形名_{如海}鳅、江鳊、山梭之类,或以量名_{载物之数},或以质名_{各色木料},不可殚述。游海滨者得见洋船,居江湄者得见漕舫^{〔1〕}。若局趣山国之中,老死平原之地,所见者一叶扁舟、截流乱筏而已。粗载数舟制度,其余可例推云。

【注释】

〔1〕漕舫:漕舫或漕船是明代以后将南方大米通过运河运到北京的运粮船。

【译文】

船的名称,古今都有成百上千种。或者按形状命名_{例如海鳅船、江}_{鳊船、山梭船之类},或以载重量名之_{载物的数量},或以造船材料命名_{各种木}_料,总之不胜枚举。去过沿海地区的人可以看到远洋船,住在江河边的人可以看到漕船。如果局限于山区之中,老死于平原之地,则所见者不过一叶扁舟、渡河筏子而已。下面略载几种船的形式,其余可以类推。

15-3 漕 舫

15-3-1　凡京师为军民集区,万国水运以供储,漕舫所由兴也。元朝混一,以燕京为大都。南方运道由苏州刘家港、海门黄连沙开洋,直抵天津,制度用遮洋船。永乐间因之,以风涛多险,后改漕运。平江伯陈某[1],始造平底浅船,则今粮船之制也。

【注释】

〔1〕平江伯陈某:陈瑄(1365—1433)字彦纯,合肥人,1402 年任右军都督金事,协助明成祖渡江有功,被封为平江伯,世袭指挥使。永乐元年(1403)充总兵官、总督漕运,议造平底浅船二千,在任凡三十余年,见《明史》本传。

【译文】

　　京都是军民聚集之地,通过河道将各地物资运来供应首都需要,这就是漕船兴起的原因。元朝统一全国后,以北京为大都,从南方向北的航道,是从苏州刘家港、海门的黄连沙出发,沿海路直达天津,使用的是遮洋船。永乐年间(1403—1424)也是这样,后因海上风涛多险,而改为漕运。平江伯陈某始造平底浅船,这就是现在粮船的形式。

15-3-2　凡船制底为地,枋[1]为宫墙,阴阳竹[2]为覆瓦。伏狮[3]前为阀阅,后为寝堂。桅[4]为弓弩,弦篷为翼。橹为车马，篙纤为履鞋。绗索为鹰、雕筋骨。招为先锋，舵为指挥主帅，锚为扎军营寨（图15-1）。

图 15-1　漕船

【注释】

〔1〕枋：由大方木一条条拼接成的船体四壁。

〔2〕阴阳竹：船室上顶棚，由剖成两半、凿空中节的竹凸凹搭接而成。

〔3〕伏狮：船体首尾横穿两边船枋的大横木。

〔4〕桅：船中间直立的架帆的长木杆，又叫桅杆。

【译文】

漕船的构造，形象地说，船底相当房屋的地面，船枋是四周墙壁,船室上的阴阳竹则为屋瓦。船头的伏狮可比作房的前门,船尾的伏狮,则为寝室所在。如果说船桅像弓、弩的弓背或弩身,则船帆便是弓弦或弩翼。船桨好比拉车的马,使其行走。则拉船用的纤绳,便好比是走路时穿的鞋子。船帆上的长绳相当鹰、雕的筋骨,船头的大桨是开路先锋,船尾舵则为指挥主帅,而船锚作安营扎寨之用。

15-3-3 粮船初制,底长五丈二尺[1],其板厚二寸,采巨木,楠[2]为上,栗[3]次之。头长九尺五寸,梢[4]长九尺五寸。底阔九尺五寸,底头阔六尺,底梢阔五尺。头伏狮阔八尺,梢伏狮阔七尺,梁头[5]一十四座。龙口梁阔一丈,深四尺[6]。使风梁阔一丈四尺,深三尺八寸。后断水梁阔九尺,深四尺五寸。两厫[7]共阔七尺六寸。此其初制,载米可近二千石交兑每只止足五百石。后运军造者私增身长二丈,首尾阔二尺余,其量可受三千石。而运河闸口原阔一丈二尺,差可度过。凡今官坐船,其制尽同,第窗户之间宽其出径,加以精工彩饰而已。

【注释】

〔1〕五丈二尺:明代一尺为 31.1 厘米,丈、尺、寸均十进制,即一丈为十尺、一尺为十寸。

〔2〕楠:樟科犬樟属 *Phoebe nanmu* 之木材。

〔3〕栗:山毛榉科栗属 *Castanea mollissima* 之木材。

〔4〕梢:通"艄",即船尾。涂本在本卷均作"稍",今改。

〔5〕梁头:指横贯船身的大梁,即两侧船壁中间架设的横木。

〔6〕深四尺:即梁与船底之间的距离为四尺。

〔7〕厫:涂本作"厫",误,当为"厫"。此字与"廒"通,指船舱。

【译文】

粮船最初形制,是船底长五丈二尺,船底板厚二寸,以大木为料,楠木为上,其次是栗木。船头长九尺五寸,船尾长九尺五寸。船底宽九尺五寸,船底前部宽六尺,船尾宽五尺,船头的伏狮宽八尺,船尾的伏狮宽七尺。船上有大梁十四根,接近船头的龙口梁长一丈,高出船底四尺,支撑桅杆的使风梁长一丈四尺,高出船底三尺八寸。船尾部的断水梁长九尺,高出船底四尺五寸。船上的两个粮仓都宽七尺六寸。这都是糟船的最初形制。每船运粮近二千石但每船交纳五百石即足。后来军队护送的粮船私自把船身增长约二丈,首尾增宽二尺多,可装载粮食三千石。而运河闸口原宽一丈二尺,这种船勉强可以驶过。现在官吏乘用的客船,其形式与此完全相同,只是楼舱上门窗加大一些,并加以精工彩饰而已。

15-3-4　凡造船先从底起,底面傍靠墙[1],上承栈[板],下亲地面。隔位列置者曰梁,两傍峻立者曰墙。盖墙巨木曰正枋,枋上曰弦。梁前竖桅位曰锚坛,坛底横木夹桅本者曰地龙。前后维曰伏狮,其下曰拏狮,伏狮下封头木曰连三枋。船头面中缺一方曰水井其下藏缆索等物,头面眉际树两木以系缆者曰将军柱。船尾下斜上者曰草鞋底,后封头下曰短枋,枋下曰挽脚梁。船梢掌舵所居,其上曰野鸡篷。使风时,一人坐篷巅,收守篷索。

【注释】

　〔1〕墙:涂本作"樯"(qiáng),指桅杆。但此处并非指桅,而指船壁,故改为"墙"。以下遇此,均作同样处理。

【译文】

　　造船时先从船底造起，船底两边立起船壁，船壁支撑上面的栈板（甲板），船壁下面就贴近船底。相隔一定距离在两壁之间横架的木叫梁，船底两旁高高直立的叫船墙（船壁）。构成船壁的巨木叫正枋，上面的枋叫弦。梁前竖立桅杆的部位叫锚坛，锚坛下横架的横木用以夹住桅杆的叫地龙。船前后两头各有一根连接船壁的大横木，叫伏狮，伏狮下两边的侧木叫拏狮。伏狮下的封密船头的木叫连三枋（拦浪板）。船头甲板中间开一方形洞，叫水井下面装缆绳等物。船头甲板两边立起两根系缆绳的木桩叫将军柱。船尾下面船底两侧由下向上倾斜的船壁叫草鞋底，船尾封尾木下的是短枋，枋下是挽脚梁，船尾掌舵人所在的地方叫野鸡篷。扬帆时，一个坐在篷顶，操纵帆绳。

　　15-3-5　　凡舟身将十丈者，立桅必两。树中桅之位，折中过前二位，头桅又前丈余。粮船中桅，长者以八丈为率，短者缩十分之一二。其本入窗内亦丈余，悬篷之位约五六丈。头桅尺寸则不及中桅之半，篷纵横亦不敌三分之一。苏、湖六郡运米，其船多过石瓮桥下，且无江、汉之险，故桅与篷尺寸全杀。若湖广、江西等舟，则过湖冲江，无端风浪，故锚、缆、篷、桅必极尽制度，而后无患。凡风篷尺寸，其则一视全舟横身，过则有患，不及则力软。

【译文】

　　船身将近十丈时，必须立两根桅杆。中桅立在船中心向前过两根梁的部位，从中桅离船头方向一丈远之处，再立一船头桅。粮船的中桅桅杆，长的以八丈为准，短的缩小十分之一二。桅杆进入窗内（舱楼顶至舱底）有一丈多，悬帆的部位约占去五六丈。船头桅杆的长度不及中桅之半，其帆的纵横尺寸，亦不及中桅帆的三分之一。

苏州、湖州(今吴兴)一带六县运来的米,其粮船大多要过石拱桥,且无长江、汉水之险,故桅与帆尺寸都可缩减。如果驶经湖广(湖北、湖南)、江西等省的船,则过湖穿江时会无故掀起风浪,所以船锚、缆绳、帆、桅都必须严格符合规定尺寸才没有后患。风帆的尺寸要根据全船的宽度决定,尺寸过大则有危险,不足则风力不强。

15-3-6　凡船篷其质乃析篾成片织就,夹维竹条,逐块折叠,以俟悬挂。粮船中桅篷,合并十人力方克凑顶,头篷则两人带之有余。凡度篷索,先系空中寸圆木关捩[1]于桅巅之上,然后带索腰间,缘木而上,三股交错而度之。凡风篷之力,其末一叶敌其本三叶,调匀和畅,顺风则绝顶张篷,行疾奔马。若风力洊至,则以次减下遇风鼓急不下,以钩搭扯,狂甚则只带一两叶而已。

【注释】

〔1〕关捩(liè):操纵转动的机关,相当于滑轮。

【译文】

船帆的材料由破开的竹片编成,用绳编竹片,逐块折叠,以待悬挂。粮船的中桅帆需要十人之力才能升至桅顶,船头帆则两人便足够了。挂帆绳时,先将由一寸粗的中空圆木作成的滑轮系在桅杆顶上,然后将绳索带在腰间攀杆而上,把三股绳交错地穿过滑轴挂绳。风帆顶端一叶所受的风力相当下面的三叶。将风帆调整匀称、顺当,顺风则将帆张到最大限度,则船行速如快马。若风力不断增大,则逐步减少张开的帆叶。遇到大风,帆叶鼓得厉害不能迅速降下时,可用搭钩扯下。风猛时,只张一二叶便可。

15-3-7　凡风从横来，名曰抢风。顺水行舟则挂篷，"之、玄"游走，或一抢向东，止寸平过，甚至却退数十丈。未及岸时，捩舵转篷，一抢向西。借贷水力兼带风力轧下，则顷刻十余里。或湖水平而不流者，亦可缓轧。若上水舟，则一步不可行也。凡船性随水，若草从风，故制舵障水，使不定向流，舵板一转，一泓从之。

【译文】

借横向吹来的风行船，叫抢风。如果顺水行船，便升帆按"之"或"玄"字形的曲折航线行驶。船抢风向东航行时，如只能平过对岸，甚至后退几十丈，此时趁船还未到达对岸，便立刻转舵，并把帆调转向另一舷上去，即把船抢向西驶。借水力和风力相抵，船沿着斜向前进，一下子便可航行十余里。如在平静而不流动的湖水中行船，亦可借水力、风力缓缓相抵而行。如果逆水行船，又遇横风，就寸步难行了。船顺着水流航行，就像草随风飘动一样，所以要用舵来拦截水，使其不按固定方向流动，因为舵板一转就有一股水流顺从其方向流动。

15-3-8　凡舵尺寸与船腹切齐。若长一寸，则遇浅之时船腹已过，其梢尾[1]舵使胶住，设风狂力劲，则寸木为难不可言。舵短一寸，则转运力怯，回头不捷。凡舵力所障水，相应及船头而止。其腹底之下，俨若一派急顺流，故船头不约而正，其机妙不可言。舵上所操柄，名曰关门棒，欲船北，则南向捩转。欲船南，则北向捩转。船身太长而风力横劲，舵力不甚应手，则急下一偏披水板[2]，以抵其势。凡舵用直木一根_{粮船用者围三尺},长丈余为身,上截衡受棒,下截界开衔口,纳板其中如斧形,铁钉固拴以障水。梢后隆起处,亦名舵楼。

【注释】

〔1〕梢尾:涂本作"稍尼",今改。

〔2〕披水板:船头上装的可上下提动的劈水板,共两块,装于左右两侧。

【译文】

舵的尺寸下端要与船底取平。如舵长出一寸,当遇到水浅时,船身已过,而船尾的舵却被卡住。若遇猛力狂风,则一寸之木造成的困难就无法形容了。舵若比船底短一寸,则转动力小,船不能很快调转方向。舵拦截水的能力所及,只到船头而止,船底下的水仍俨然是一股顺着水流方向的急流,故船头自然按操纵的正确方向行进,其中的作用妙不可言。舵上的操纵杆叫关门棒,要船头向北,则将其向南转。欲船头向南,则将其向北转。若船身太长,而横向吹来的风又很大,舵力不那么够用,这时要急速放下一块披水板,以抵挡风势。船舵用一根直木_{粮船用的直木围三尺、长一丈}多作舵身,舵上部横插关门棒,下部锯开接口以装上斧形的舵板,再用铁钉钉固,便可拦截水了。船尾高起的地方,也叫舵楼。

15-3-9　凡铁锚所以沉水系舟。一粮船计用五六锚,最雄者曰看家锚,重五百斤内外,其余头用两枝,梢用两枝。凡中流遇逆风,不可去又不可泊_{或业已近岸,其下有石非沙,亦不可泊},惟打锚深处,则下锚沉水底。其所系绁,缠绕将军柱上。锚爪一遇泥沙,扣底抓住。十分危急,则下看家锚。系此锚者曰"本身",盖重言之也。或同行前舟阻滞,恐我舟顺势急去,有撞伤之祸,则急下梢锚提住,使不迅速流行。风息开舟,则以云车[1]绞缆,提锚使上。

【注释】

〔1〕云车:立式起重绞车。

【译文】

　　铁锚的作用,是沉在水里将船系住不动。一艘粮船共用五、六个铁锚,最大的叫看家锚,重五百斤内外,其余的在船头用两个锚,船尾也用两个。船在中流遇上逆风,既不可进、又不能靠岸停泊时或业已靠岸,但水底有石头而不是沙土,也不能停泊,只有在水深处抛锚,就要把锚沉于水底。系锚的长绳缠绕在将军柱上,锚爪一遇泥沙便扎底抓住。十分危急时,要下看家锚,系住这个锚的缆索叫"本身"(命根),这是就其重要性而言的。有时本船被同一航向的前面的船阻挡,恐本船顺势急过有撞伤之祸,就要急忙下船尾锚拖住,使之不快速驶过。风平开船,要用云车绞缆绳将锚提上来。

　　15-3-10　凡船板合隙缝,以白麻斫絮为筋,钝凿扱入,然后筛过细石灰,和桐油舂杵成团调舱。温、台、闽、广即用蛎灰。凡舟中带篷索,以火麻秸一名大麻绹绞,粗成径寸以外者,即系万钧不绝。若系锚缆,则破析青篾为之。其篾线入釜煮熟,然后纠绞。拽缱篁亦煮熟篾线绞成,十丈以往,中作圈为接驱,遇阻碍可以掐断。凡竹性直,篾一线千钧。三峡入川上水舟,不用纠绞篁缆。即破竹阔寸许者,整条以次接长,名曰火杖。盖沿崖石棱如刃,惧破篾易损也。

【译文】

　　密合船板隙缝,要用剁碎的白麻絮作成麻筋,用钝凿将麻筋塞入隙缝内,然后以筛过的细石灰和桐油捣拌成团,再填充船缝。浙江温州、台州(今临海)与福建、广东,用砺灰代替石灰。船上系船帆的绳索用火麻—名大麻秸纠绞,直径达一寸以上的粗绳,即使系住万斤以上的东西也不会断。系锚的缆绳,以破析的青竹作成,其篾线入锅煮熟后再纠绞。拉船的纤绳也是将篾线煮熟后纠绞,绳达十丈以上长时,中间作圈当作接环,遇障碍可以掐断。竹性笔直,一条篾线可受千斤。过长江三峡进入四川的水上行船,不用纠绞的纤绳。而是直接把竹破成一寸多宽的整条竹片,互相连接,名曰火杖。因为沿岸石崖棱如刀刃,怕篾绳容易损坏。

　　15-3-11　凡木色桅用端直杉[1] 木,长不足则接,其表铁箍逐寸包围。船窗前道,皆当中空阙,以便树桅。凡树中桅,合并数巨舟承载,其末长缆系表而起。梁与枋墙用楠木、槠[2] 木、樟[3] 木、榆[4] 木、槐[5] 木樟木春夏伐者,久则粉蛀。栈板不拘何木。舵杆用榆木、榔[6] 木、储木,关门棒用椆[7] 木、榔木,橹用杉木、桧[8] 木、楸[9] 木。此其大端云。

【注释】

　　〔1〕杉:杉科常绿乔木 Cunninghamia lanceolata。

〔2〕槠(zhū)：壳斗科槲属乔木 *Quercus glanca*。

〔3〕樟：樟科 *Cinnamumomum camphora*。

〔4〕榆：榆科 *Ulmus pumila*。

〔5〕槐：豆科 *Sophora japonica*。

〔6〕榔：榆科 *Ulmus parvilolia*。

〔7〕棡：古代一种树名，疑为马鞭草科的柚木 *Tectona grandis*，木材坚硬，产于粤、滇南部。

〔8〕桧(guì)：柏科 *Sabina chinensis*。

〔9〕楸：紫葳科 *Catalpa bungei*。

【译文】

造船用的木料，桅杆用匀称笔直的杉木，长度不足则接成，其外表用铁箍逐寸包紧。船楼前要空出地方，架立桅杆。立中桅时，要拼合几条大船来承载，桅杆一端系以长绳并吊起。船上的梁、枋与船壁，用楠木、槠木、樟木、榆木、槐木樟木要是春秋二季砍伐的，放久会蛀坏，船底和甲板用什么木料都可以。但舵杆则用榆木、榔木、槠木。关门棒用棡木、榔木。船桨用杉木、桧木、楸木。这是用木料的大致情形。

15-4 海 舟

15-4-1 凡海舟，元朝与国初运米者曰遮洋浅船，次者曰钻风船即海鳅。所经道里止万里长滩〔1〕、黑水洋〔2〕、沙门岛〔3〕等处，若无大险。与出使琉球、日本暨商贾爪哇、笃泥〔4〕等舶制度[比]，工费不及十分之一。凡遮洋运船制[度]，视漕船长一丈六尺，阔二尺五寸，器具皆同。唯舵杆必用铁力木〔5〕，舱灰用鱼油和桐油，不知何义。凡

外国海舶制度，大同小异。闽、广闽由海澄开洋，广由香山嶴
洋船截竹两破排栅，树于两旁以抵浪。登、莱制度又不
然。倭国海舶两旁列橹手栏板抵水，人在其中运力。朝
鲜制度又不然。

【注释】

〔1〕万里长滩：元、明时从长江口至苏北盐城一带（约北纬 30.5°—34°）的浅水海域。

〔2〕黑水洋：苏北盐城东海岸至山东半岛南（约北纬 34°—35.5°）之间的海域。

〔3〕沙门岛：在山东蓬莱西北。

〔4〕笃泥：不详，或为渤泥，今印尼加里曼丹岛。

〔5〕铁力木：金丝桃科铁力木属 *Mesua ferrea*，木质极坚硬。

【译文】

　　元朝及本朝(明朝)初用的运粮海船，叫遮洋浅船，小些的叫钻风船即海鳅船。所经过的航道止限于万里长滩、黑水洋及沙门岛等处，似乎没有大的风险。制造这类船与出使琉球、日本及去爪哇、笃泥等经商所用的船相比，所需人工及成本还不到十分之一。运粮的遮洋船形状比漕船长出一丈六尺、宽出二尺五寸，船上的器具都相同，只是舵杆必须用铁力木，填充船缝要用鱼油和桐油，不知是何道理。外国海船的形状、大小，也与此大同小异。福建、广东海船福建是从海澄开航，广东从香山嶴(今澳门)开航把竹破成两半做成排栅，放在船的两旁以抵挡海浪。山东登州(今蓬莱)、莱州(今掖县)海船的形式，又有所不同。日本国海船两旁排列的桨，起挡水的栏板作用，人在船的两侧用力划桨。朝鲜海船形制又不同。

15-4-2　至其首尾各安罗经盘〔1〕以定方向，中腰大

横梁出头数尺,贯插腰舵,则皆同也。腰舵非与梢舵形同,乃阔板斫成刀形插入水中,亦不捩转,盖夹卫扶倾之义。其上仍横柄拴于梁上,而遇浅则提起。有似乎舵,故名腰舵也。凡海舟以竹筒贮淡水数石,度供舟内人两日之需,遇岛又汲。其何国何岛合用何向,针指示昭然,恐非人力所祖。舵工一群主佐,直是识力造到死生浑忘地,非鼓勇之谓也。

【注释】

〔1〕罗经盘:磁罗盘,测定方位的仪器,由有方位刻度的圆盘中间装指南针构成,此为中国所发明,十一世纪已用于航海。

【译文】

海船的首尾都各安装罗经盘以定航向,船中间腰部的大横梁伸出船外几尺,以便穿插腰舵。各种海船在这方面都是相同的。腰舵与船尾舵形状不同,是作成刀形的宽板插入水中,并不转动,但起防止船身倾斜的作用。其上面有横柄拴于梁上,遇浅水将其提起,有点儿像舵,故名腰舵。海船上用竹筒贮藏淡水数石,供船内人两日之用,遇到岛屿再汲水补充。船行至某国某岛该用什么航向,罗经盘上的指针都明确指示出来,恐非人力所能熟悉。舵手是全船的核心人物,其见识与魄力简直到了置生死于度外的境地,并不是一时鼓足勇气能做到的。

15-5 杂 舟

15-5-1 **江汉课船**[1]:身甚狭小而长。上列十余仓,

每仓容止一人卧息。首尾共桨六把（图 15-2），小栀篷一座。风涛之中恃有多桨挟持。不遇逆风，一昼夜顺水行四百余里，逆水亦行百余里。国朝盐课，淮、扬数颇多，故设此运银，名曰课船。行人欲速者亦买之。其船南自章、赣[2]，西自荆、襄，达于瓜、仪而止。

图 15-2　六桨课船

【注释】
〔1〕课船：运税银的船。
〔2〕章、赣：涂本作"章、贡"，应指江西章水、赣水，故改。

【译文】
长江、汉水上的课船：船身狭小而修长，船上有十多个舱，每舱

内只容一人卧息。船首及尾部共有六个船桨,另有小桅帆一座。船
在风浪中靠这许多桨推动划行。如果不遇逆风,一昼夜可顺水行四
百余里,逆水也能行一百多里。本朝(明朝)盐税以淮安、扬州收缴
的数额颇多,故设此船运送税银,名曰课船。旅客要想抢时间办事,
也租用此船。其船行路线南自江西的章水、赣水,西自湖北的荆州
(今江陵)、襄州(今襄樊),到达江苏的瓜埠(今南京东北)、仪真(今
仪征)为止。

15-5-2 　三吴浪船:凡浙西、平江纵横七百里内,尽是
深沟,小水湾环,浪船最小者名曰塘船以万亿计。其舟行人
贵贱来往,以代马车、扉履。舟即小者,必造窗牖堂房,质
料多用杉木。人物载其中,不可偏重一石,偏即欹侧,故
俗名"天平船"。此舟来往七百里内,或好逸便者径买,北
达通、津。只有镇江一横渡,俟风静涉过。又渡青江浦,
溯黄河浅水二百里,则入闸河安稳路矣。至长江上流风
浪,则没世避而不经也。浪船行力在梢后,巨橹一枝,两
三人推轧前走,或恃缱篝。至于风篷,则小席如掌,所不
恃也。

【译文】

　　三吴浪船: 在浙江西部到平江府(今苏州)之间纵横七百里内,
尽是弯曲的深沟、小河,上面行驶的浪船最小的叫塘船多得可以十万
计。乘船的人不分地位高低而来往于各地,以代替车马或步行。即
使是小船,也都在上面建起有窗户的堂房,材料多用杉木。人与货
物载入其中,船的两边不可有一石的偏重,否则船便要倾斜,所以也
俗称为"天平船"。这种船往来于七百里水路内,有些图安逸、讨方

便的人,租浪船一直向北到达通州(今北京通州)和天津卫(今天津)。沿途只有到镇江要横渡一次长江,待江面风止时过江。再渡过运河上的清江浦,沿黄河的浅水逆行二百里,进入大运河的闸口,以后便是安稳的航路了。长江上游因风浪太大,浪船是永世不能去的。此船的推进力全在船尾,有一支巨桨,由二三人摇动使船前进,或靠纤绳在岸上牵拉而走。至于风帆,船的行走完全不依靠这块小席子。

15-5-3　浙西西安船[1]:浙西自常山至钱塘八百里,水径入海,不通他道,故此舟自常山、开化、遂安等小河起,钱塘而止,更无他涉。舟制箬篷如卷瓮为上盖。缝布为帆,高可二丈许,绵索张带。初为布帆者,原因钱塘有潮涌,急时易于收下。此亦未然,其费似侈于篾席,总不可晓。

【注释】

〔1〕浙西西安船:原文为"东浙西安船":以西安(衢州府治)地名命名的内河航船,因西安常山、开化等地均在浙江西部,故应改为"浙西西安船"。

【译文】

浙西西安船:浙江西部从常山至杭州府的钱塘,钱塘江流经八百里直接入海,不通别的航道。所以这种浙东西安船从常山、开化、遂安等处的小河航起,至钱塘而止,无须再改别的航道。这种船用箬竹编成的瓮状圆拱形的棚作为顶盖,缝布作帆,高约二丈,以棉绳张帆。当初用布帆是因为钱塘有海潮涌来,紧急时可很容易地收下。但也未必尽然,因其用费似比竹席要高,总之很难理解为何用布帆。

15-5-4　**福建清流、梢篷船**[1]：其船自光泽、崇安两小河起，达于福州洪塘而止，其下水道皆海矣。清流船以载货物、客商。梢篷制大，差可坐卧，官贵家属用之。其船皆以杉木为地。滩石甚险，破损者其常，遇损则急舣向岸，搬物掩塞。船梢径不用舵，船首列一巨招，捩头使转。每帮五只方行，经一险滩，则四舟之人皆从尾后曳缆，以缓其趋势。长年即寒冬不果足，以便频濡。风篷竟悬不用云。

【注释】

〔1〕清流、梢篷船：清流船，以闽西清流县地名而命名的客货两用船。梢篷船，航行于闽江的高级客货两用船，客舱在船尾，船工在船首摇动巨桨以使其航行。

【译文】

　　福建清流船、梢篷船：从光泽、崇安两县的小河开船，到达福州洪塘而止，再往下的水道就是海路了。清流船用以运载货物、客商。而梢篷船形状大，正好可供人坐卧，都是富贵人家用的。这类船都是以杉木作船底。沿途浅滩岩石甚险，常使船破损，遇到船破便急忙靠岸，搬出货物并堵塞漏洞。船尾不使用舵，而是在船首安一巨桨，调转船头使之改变方向。每次都要有五只船结队航行，经过险滩则四只船的人都用绳索拉前一船的船尾，以减慢速度。船工成年即使是寒冬也不穿鞋，以便涉水。其风帆竟是挂而不用的。

15-5-5　**四川八橹等船**：凡川水源通江、汉，然川船达荆州而止，此下则更舟矣。逆行而上，自夷陵入峡，挽缱者以巨竹破为四片或六片,麻绳约接,名曰火杖。舟中鸣鼓若竞渡,挽人从山石中闻鼓声而威力。中夏至中秋,川水封峡,则断绝行舟数月。过此消退,方通往来。其新滩等数极险处,人与货尽盘岸行半里许,只余空舟上下。其舟制,腹圆而首尾尖狭,所以辟滩浪云。

【译文】

　　四川八桨船等:四川水源本来与长江、汉水相通,然而从四川来的船,行至荆州(今湖北江陵)便止,再往下就要换船。要从相反方向逆水去四川,从夷陵(今湖北宜昌)进入三峡,要靠拉纤,拉纤的人将巨竹破成四片或六片,用麻绳接长,名曰火杖。船中鸣鼓有如赛船,拉纤的人在岸边山石上听到鼓声而一齐用力。中夏至中秋四川涨水封峡,便会有数月停止行船。此后江水消退,方通往来。在新滩(今湖北秭归)江面上有几处极其危险,这时人和货物都要在岸上行半里路,只剩下空船在江里行走。四川八桨船的形式是中间圆而首尾尖,为了防备滩浪。

15-5-6　**黄河满篷梢:**其船自河入淮,自淮溯汴用之。质用楠木,工价颇优。大小不等,巨者载三千石,小者五百石。下水则首颈之际,横压一梁,巨橹两枝,两旁推轧而下。锚、缆、簹、帆制与江汉相仿云。

【译文】

　　黄河满篷船:从黄河进入淮河,再从淮河逆行至河南汴水时用这种船。造船材料用楠木,工价颇贵。大小不等,大船载三千石,小的载五百石。顺水航行时,在船头与船身之间横架一梁,梁上安两个巨桨,人在船两边摇动此桨使船行进。其船锚、缆绳、纤绳及帆等形式,均与长江、汉水上运行的船相同。

15-5-7 **广东黑楼船、盐船**:北自南雄,南达会省。下此惠、潮通漳、泉,则由海汊乘海舟矣。黑楼船为官贵所乘,盐船以载货物。舟制两傍可行走。风帆编蒲[1]为之,不挂独竿桅,双柱悬帆,不若中原随转。逆流凭借缱力,则与各省直同功云。

【注释】

　〔1〕蒲:棕榈科蒲葵 *Livistonia chinensis*,产于闽、广,叶可作扇,干后纤维可作绳索。

【译文】

　　广东黑楼船、盐船:北从广东南雄航行,南达省会广州。再往下则从惠州、潮州(今潮安)通往福建漳州、泉州时,便要在海道出海口乘海船了。黑楼船是达官贵人所乘,盐船则运载货物。船的两侧有通道可以行人。其风帆则以蒲编织成,船上不立独桅杆,而是以两根立柱悬帆,不像中原的船帆那样可以转动。逆流航行要靠纤绳牵拉,这是与其余各省一样的。

15-5-8 **黄河秦船**俗名摆子船:造作多出韩城。巨者载石数万钧,顺流而下,供用淮、徐地面。舟制首尾方阔均等。仓梁平下,不甚隆起。急流顺下,巨橹两傍夹推。来往不凭风力，归舟挽缆多至二十余人，甚有弃舟空返者。

【译文】

　　黄河秦船俗名摆子船：其制造多出于陕西韩城。大的载石数万斤
顺流而下，供淮安、徐州一带使用。这种船的形式是首尾宽度相等，
船舱和梁都较低平而不甚隆起。船顺黄河急流而下，用两旁巨桨摇
动使之推进，来往都不靠风力。逆水返航时，拉纤的多至二十余人，
因此甚至有连船也不要而空手返回的。

15-6　车

　　15-6-1　凡车利行平地，古者秦、晋、燕、齐之交，列国
战争必用车，故"千乘""万乘"之号，起自战国。楚、汉血
争而后日辟。南方则水战用舟，陆战用步、马。北膺胡
虏，交使铁骑，战车遂无所用之。但今服马驾车以运重
载，则今骡车即同彼时战车之义也。

【译文】

　　车利于平地运行。战国时代，秦、晋、燕、齐各诸侯国交战，必用
车进行，因此"千乘""万乘"之国的说法，是从战国时开始的。自秦
末项羽、刘邦激战后，使用战车便日渐减少。南方水战用船，陆战则
用步兵、骑兵。北方与游牧民族作战，双方互相多使用铁骑（骑兵），
战车便用不上了。如今只是驭马驾车以运载重物，则今日骡马车与
昔日战车的构造原理，应当是相同的。

15-6-2 凡骡车之制有四轮者(图 15-3),有双轮者,其上承载支架,皆从轴上穿斗而起。四轮者前后各横轴一根,轴上短柱起架直梁,梁上载箱。马止脱驾之时,其上平整,如居屋安稳之象。若两轮者,驾马行时,马曳其前,则箱地平正。脱马之时,则以短木从地支撑而住,不然则欹卸也。

图 15-3 合挂大车

【译文】

骡马车的形制有四轮的,有双轮的,车上承载的支架,皆从轴上穿孔而接起。四轮骡马车前后各有一根横轴,轴上的短柱上边架设纵梁,梁上装车箱。当骡马停止,从车上卸下时,车身端平,像房屋那样安稳。如果双轮车驾马行走时,有马在前面拉车,则车箱亦平稳。卸马时则以短木支撑于车前，不然，卸马后便将车身前部倒放在地上。

15-6-3 凡车轮，一曰辕俗名车陀[1]。其大车中毂[2]俗名车脑长一尺五寸见《小戎》朱注[3]，所谓外受辐[4]、中贯轴者。辐计三十片，其内插毂，其外接辅[5]。车轮之中，内集轮、外接辋[6]，圆转一圈者是曰辅也。辋际尽头则曰轮辕[7]也。凡大车脱时，则诸物星散收藏。驾则先上两轴，然后以次间架。凡轼、衡、轸、轭[8]，皆从轴上受基也。

【注释】

〔1〕辕：与轴相连、放在车前驾牲畜的两根直木，并非车轮之别名。疑此处用字有误，或疑为“圈”之误。　车陀：此词费解，疑为“车舵”之误。

〔2〕毂（gǔ）：车轮中央的圆木，其内圆孔插车轴，其周围连以辐条。

〔3〕《小戎》朱注：指朱熹（1130—1200）对《诗经·秦风·小戎》中“文茵畅毂”句的注释，注中说大车轮毂长一尺五寸。

〔4〕辐：轮内凑集于中心毂上的直木，起连接轮圈与轮毂、支撑车轮受力的作用。

〔5〕辅：本指车轮上穿夹毂的两根直木，以增强轮毂载重力，每轮二根。此处作者另有所指，似为轮圈内缘，故呈圆形。

〔6〕辋（wǎng）：车轮外周的轮圈。

〔7〕轮辕：此词义费解，疑为“轮缘”之误。

〔8〕轼：车箱前供人凭倚的横木。　衡：车辕头上的横木。　轸、轭：车箱底部四面的横木及套在牲畜颈上的曲木。

【译文】

　　车轮又名叫辕俗名车陀。大车车轮中心的毂俗名车脑长一尺五寸见《诗经·小戎》中的朱子注。所谓毂，是其外边承受辐、当中插入车轴的部件。每个轮中的辐共有三十根，这些辐的内端插入毂中，外端都与辅相连接。车轮中所谓的辅，是其内侧集中了辐、外侧与辋（轮圈）相连的圆圈形部件。轮圈的最外边叫轮辕。大车不用时，则将一些大部件拆散收藏。驾车时先装上两个车轴，然后依次装其余部件。因为轼、衡、軫、轭等部件都是从轴上安装起来的。

15-6-4　凡四轮大车量可载五十石，骡马多者或十二挂，或十挂，少亦八挂。执鞭掌御者居箱之中，立足高处。前马分为两班战车四马一班，分骖、服。纠黄麻为长索，分系马项，后套总结，收入衡内两傍。掌御者手执长鞭，鞭以麻为绳，长七尺许，竿身亦相等。察视不力者，鞭及其身。箱内用二人踹绳，须识马性与索性者为之。马行太紧，则急起踹绳。否则翻车之祸从此起也。凡车行时，遇前途行人应避者，则掌御者急以声呼，则群马皆止。凡马索总系透衡入箱处，皆以牛皮束缚。《诗经》所谓"胁驱"[1]是也。

【注释】

　　〔1〕《诗经》所谓"胁驱"：指《诗经·秦风·小戎》："游环胁驱。"胁驱，意思是用活动的皮圈套在马背上，再以两根皮条绑在车杠前后，拦住马的胁骨。

【译文】

　　四轮大车可承载五十石重,驾车的骡马多的有十二挂(匹)或十挂,少的也有八挂。执鞭御车者站在车箱里居高临下。车前的马分为两组,战车以四马为一组,最外边的两匹叫骖,里面的两匹叫服。将黄色的大麻纠绞成长绳系在马颈的后部,套马的绳在后面合拢并收入到衡(车辕头上的横木)的两旁。赶车人手执长鞭驱车,鞭用麻作成绳,长七尺,鞭杆也七尺长。察看有的马不用力时,便鞭打其身。车箱内有熟习马的习性和控制绳索的二人踩绳。如果马跑得太快,要赶紧踩住缰绳,否则有翻车之祸。车走时遇有前面行人应躲避,赶车人要急速发出吆喝声,则群马皆停。马的缰绳要收拢,穿过车辕横木入车厢之处,都用牛皮条绑住。这就是《诗经》中所谓的"胁驱"。

　　15-6-5　凡大车饲马,不入肆舍。车上载有柳盘,解索而野食之。乘车人上下皆缘小梯。凡遇桥梁中高边下者,则十马之中,择一最强力者,系于车后。当其下坂,则九马从前缓曳,一马从后竭力抓住,以杀其驰趋之势,不然则险道也。凡大车行程,遇河亦止,遇山亦止,遇曲径小道亦止。徐、兖、汴梁之交,或达三百里者,无水之国所以济舟楫之穷也。

【译文】

　　大车行至中途要喂马时,不必将马赶至马棚,因为车上带的柳条筐内装着饲料,将缰绳解开后可以就地喂马。乘车人上下都要蹬小梯子。车子经坡度较大的桥而要下桥时,要在十匹马中选一匹最有力的在车后。当车下坡时,九匹马在前面缓慢拉车,一匹马在后边竭力把车拖住,以减少车快行的趋势,不然就危险了。大车行进时,遇到河要停,遇到山也要停,遇到弯曲小道更要停。江苏徐州、

山东兖州、河南汴梁(今开封)境内车行可达三百里,在没有江河的
地区,可弥补缺乏水运的不足。

15-6-6　　凡车质惟先择长者为轴,短者为毂,其木以
槐、枣、檀[1]、榆用榔榆为上。檀质太久劳则发烧,有慎用
者,合抱枣、槐,其至美也。其余轸、衡、箱、轭[2],则诸木
可为耳。此外,牛车以载刍粮,最盛晋地。路逢隘道,则
牛颈系巨铃,名曰"报君知",犹之骡车群马尽系铃声也。

【注释】
　　〔1〕檀:檀香科黄檀 *Santaluma album*。
　　〔2〕轭:呈人字形的马具,驾车时套在马的颈部。

【译文】
　　作车的木材,首先选长木作轴,短的作毂,以槐木、枣木、檀木、
榆木用榔榆为上料。檀木使用时间长,会因摩擦而发热,细心的人用
合抱的枣木、槐木,这是最好的作车轴的木料。其余像轸、衡、箱、轭
等部件,用各种木料都可以作成。此外,用牛车运载粮草最盛行于
山西,半路遇到狭路,则在牛颈上系一巨铃,名曰"报君知",就像骡
车的马都系上铃一样。

15-6-7　　又北方独辕车,人推其后,驴曳其前,行人不
耐骑坐者,则雇觅之。鞠席其上以蔽风日(图 15-4)。人必
两傍对坐,否则欹倒。此车北上长安、济宁,径达帝京。

不载人者,载货约重四五石而止。其驾牛为轿车者,独盛中州。两傍双轮,中穿一轴,其分寸平如水。横架短衡,列轿其上,人可安坐,脱驾不欹。其南方独轮推车(图 15-5)则一人之力是视。容载二石,遇坎即止,最远者止达百里而已。其余难以枚述。但生于南方者不见大车,老于北方者不见巨舰,故粗载之。

图 15-4　双缱独轮车

图 15-5　南方独轮车

【译文】

　　北方还有独轮车,由人在后面推,驴在前面拉,不耐长期骑马的人,常租用这种车。车上有半圆形的席棚,以蔽风吹日晒。人必须在两侧对坐，否则车会倾倒。这种车在北方从陕西长安（今西安）、山东济宁出发，可直接到达北京。不载人时，车上约可载货四五石重。还有一种牛拉的轿车，只盛行于河南。这种车两旁有双轮，中间穿一车轴，必须十分水平。在车辕上横架一些短木，把轿装在上面，人可以安稳坐在轿内，卸牛后，车也不倾倒。南方的独轮手推车，用一人之力即可推走。可以载重二石，但遇到坎坷地段便不能走，最远时只到百里而已。其余各种车难以枚举。只因生于南方者没见过大车，而老于北方者又没见过大船，故在这里作一个简略的介绍。

16.佳兵[1]第十六

16-1-1　宋子曰,兵非圣人之得已也。虞舜[2]在位五十载,而有苗犹弗率。明王圣帝,谁能去兵哉?"弧矢之利,以威天下"[3],其来尚矣。为老氏[4]者,有葛天[5]之思焉,其词有曰:"佳兵者,不祥之器。"盖言慎也。

【注释】

　〔1〕佳兵:出于老子《道德经》(前五世纪)第三十一章:"夫佳兵者不祥之器。"佳兵,此处指武器。

　〔2〕虞舜:传说中父系氏族社会后期部落联盟领袖,姚姓,有虞氏,名重华,史称虞舜。《尚书·舜典》载虞舜曾平定三苗反叛。

　〔3〕"弧矢之利"二句:语出《周易·系辞下》。弧矢,弓箭,此处引申为武器。

　〔4〕老子:姓李名耳(约前604—前530),春秋(前722—前481)时道家哲学家,著《道德经》。

　〔5〕葛天氏:传说中远古时的帝王,据称他不用刑法治国,一切听任自然,这与老子的"无为而治"思想一致。

【译文】

　宋子说,兵器是圣人不得已而使用的。古时虞舜帝在位五十年,而苗人仍不服顺。明王圣帝谁能放弃兵器呢?"武器的功用在于威慑天下",这种说法由来已久。但老子被认为有葛天氏的思想,其书中有句话说:"兵器是一种不祥之物。"这只说明使用武器时要慎重行事。

16-1-2 火药机械之窍，其先凿自西番与南裔，而后乃及于中国[1]，变幻百出，日盛月新。中国至今日，则即戎者以为第一义，岂其然哉！虽然，生人纵有巧思，乌能至此极也？

【注释】

〔1〕"火药机械之窍"几句：中国早在九世纪成书的《真元妙道要略》中就有关于火药的最早记载，十世纪时火药武器已用于中国战场。北宋人曾公亮（999—1078）《武经总要》（1044）中已记载了三种最早的军用火药配方和火器的使用情况。火药、火器始于中国，于十三、十四世纪传入西方各国。说火药、火器起自西方，是不正确的。

【译文】

制造火药、火器的技术诀窍，最先是由西洋和南洋各国发展起来的，而后才传到中国，变幻百出，日新月异。到了今天，中国的用兵之人将其摆在首位，这可能是正确的吧！不然的话，人们纵使有巧思，如果不重视，又怎能达到这种完善的地步呢？

16-2 弧、矢

16-2-1 凡造弓以竹与牛角为正中干质_{东北夷无竹}，以柔木为之，桑枝木为两梢。弛则竹为内体，角护其外。张则角向内，而竹居外。竹一条而角两接，桑梢则其末刻锲以受弦驱。其本则贯插接笋于竹丫，而光削一面以贴角。

【译文】

　　造弓以竹及牛角为弓背中部的主干材料东北地区无竹,就用柔韧的木料,以桑木作弓背两端的弰。弓在松弛时,竹向内侧,而角在外侧起保护作用。张弓时角向内而竹居外。弓背用一整条竹,而角由两截组成。桑木弰则在其末端刻出缺口,以便套上弓弦的圈套。桑木用榫与竹片穿插相连接,弓的一面削光滑并贴上牛角。

　　16-2-2　凡造弓先削竹一片竹宜秋天伐,春夏则朽蛀,中腰微亚小,两头差大,约长二尺许。一面粘胶靠角,一面铺置牛筋与胶而固之。牛角当中牙接,北房无修长牛角,则以羊角四接而束之。广弓则黄牛明角亦用,不独水牛也。固以胶筋。胶外固以桦[1]皮,名曰暖靶。凡桦木关外产辽阳,北土繁生遵化,西陲繁生临洮郡,闽、广、浙亦皆有之。其皮护物,手握如软绵,故弓靶[2]所必用。即刀柄与枪干,亦需用之。其最薄者则为刀剑鞘室也。

【注释】

　　〔1〕桦:桦木科白桦 *Betula platyphylla*,落叶乔木,产于东北、华北等地。
　　〔2〕弓靶:弓把,弓身正中手握部分。

【译文】

　　造弓时先削一片竹竹宜于秋天砍伐,春、夏砍下的竹易于朽蛀,竹片中间稍窄,两头稍宽,约长二尺。一面用胶将牛角粘上,另一面用胶粘上牛筋以加固。两段牛角之间相互咬合,东北没有长的牛角,则以四段羊角接扎。广东不只用水牛角,也用透明的黄牛角。用胶与牛筋固定。最外面再用

胶粘上桦树皮,名曰暖靶。桦树在关外产于辽阳,华北繁生于河北
遵化,西北广产于甘肃临洮,而福建、广东、浙江也都有出产。用桦
皮护物,手握如软绵,所以为弓靶所必用。就是刀把与枪杆,也需要
用桦皮。最薄的就用来做刀、剑的套子。

16-2-3　凡牛脊梁每只生筋一方条,约重三十两。杀
取晒干,复浸水中,析破如苎麻丝。胡虏无蚕丝,弓弦处
皆纠合此物为之。中华则以之铺护弓干,与为棉花弹弓
弦也。凡胶乃鱼脬[1]、杂肠所为,煎治多属宁国郡,其东
海石首鱼[2],浙中以造白鲞者,取其脬为胶,坚固过于金
铁。北虏取海鱼脬煎成,坚固与中华无异,种性则别也。
天生数物,缺一良弓不成,非偶然也。

【注释】

〔1〕鱼脬:即鱼鳔,鱼体内的气囊,与鱼肠可熬成粘性极强的胶。

〔2〕石首鱼:鱼纲石首鱼科,鳔可制胶,中国重要种类有大黄鱼
Pseudosciaema crocea、小黄鱼 *Pseudosciaema polyactis* 等。

【译文】

每头牛的脊梁上只生一根细长的筋,约重三十两。杀牛取出筋
晒干,再浸在水中,然后析破成苎麻丝那样的纤维。东北女真族地
区没有蚕丝,弓弦都是纠合牛筋作的。中原地区则用以保护弓干和
作弹棉花的弓弦。胶是由鱼鳔、杂肠所作的,多在宁国县熬制。东
海的石首鱼在浙江用以晒鱼干,取其鳔作成胶,其坚固程度胜于铜
铁。东北取海鱼鳔熬成的胶,与中原的胶一样坚固,只是种类不同。
这些天然产物,缺少一样都作不成良弓,看来并非偶然。

16-2-4　凡造弓初成坯后，安置室中梁阁上，地面勿离火意。促者旬日，多者两月，透干其津液，然后取下磨光。重加筋、胶与漆，则其弓良甚。货弓之家不能俟日足者，则他日解释之患因之。凡弓弦取食柘叶蚕茧，其丝更坚韧。每条用丝线二十余根作骨，然后用线横缠紧约。缠丝分三停，隔七寸许则空一二分不缠。故弦不张弓时，可折叠三曲而收之。往者北虏弓弦尽以牛筋为质，故夏月雨雾防其解脱，不相侵犯。今则丝弦亦广有之。涂弦或用黄蜡，或不用亦无害也。凡弓两弰系驱处，或切最厚牛皮，或削柔木为小棋子，钉粘角端，名曰垫弦，义同琴轸[1]。放弦归返时，雄力向内，得此而抗止，不然则受损也。

【注释】
　〔1〕琴轸：琴上转动弦线的轴垫。

【译文】
　　弓坯初造成后，要放在室内梁阁高处，地面上不断用火烘烤。短则十天，多则两个月，待其中水分干透后取下磨光，重新加上牛筋、胶和漆，这样造出的弓，质量就很好了。卖弓的人家不等烘干时期足时便卖，则必种下日后松解的病因。弓弦用吃柘叶的蚕茧丝作成，这种丝很坚韧。每条弦用丝线二十余根作骨，然后用线横向绑紧。缠丝时分为三段，每隔七寸空出一二分不缠，因此当弓不张弦时，可将弦折成三截收藏起来。以往东北女真族（满族）地区弓弦都以牛筋为原料，所以夏季雨雾天，因为这种弓弦吸潮松脱，都不出兵侵犯。现在丝弦也到处有了。用黄蜡涂弦防潮，不用也不要紧。弓两弰系弦的部位，要用最厚的牛皮或软木作成小棋子形状的垫子，用胶紧粘在牛角末端，名曰垫弦。其作用如琴轸。放箭后，弓弦向内的反弹力很大，有了垫弦便可抵抗这种力量，否则会使弓身受到损伤。

16-2-5　凡造弓视人力强弱为轻重。上力挽一百二十斤，过此则为虎力，亦不数出。中力减十之二三，下力及其半。彀满之时，皆能中的。但战阵之上，洞胸彻札，功必归于挽强者。而下力倘能穿杨贯虱[1]，则以巧胜也。凡试弓力，以足踏弦就地，称钩搭挂弓腰，弦满之时，推移枰锤所压，则知多少（图16-1）。其初造料分两，则上力挽强者，角与竹片

图 16-1　端箭、试弓定力

削就时，约重七两。筋与胶、漆与缠约丝绳约重八钱，此其大略。中力减十分之一二，下力减十分之二三也。

【注释】

〔1〕穿杨贯虱：形容射箭准确。穿杨，百步外射穿杨树叶子，即百步穿杨，典出《北史·隐逸传》。贯虱，典出《列子·汤问》篇。

【译文】

　　造弓时要根据人力强弱来定轻重。最有力的人能挽一百二十斤，超过这个限度的叫虎力，但这种人不多。中等力量的人能挽八九十斤，力弱的只能挽六十斤左右。弓拉满弦时，都能射中目标。但战场上能穿胸透铠甲的，都要靠挽力强的射手。而力弱的如果有"穿杨贯虱"的本事，也可以巧取胜。试弓力时，用脚将弦踏在地上，再将秤钩挂在弓腰，弦满之时移动枰锤称平，便知弓力大小。造弓材料的重量，挽力强的上等弓所用牛角及削好的竹片约重七两，牛筋、胶、漆与缠丝约重八钱，这是大致情况。中等力量的弓减轻十分之一二，下力的弓减轻十分之二三。

16-2-6　凡成弓，**藏时最嫌霉湿**。霉气先南后北，岭南谷雨时，江南小满，江北六月，燕、齐七月。然淮、扬霉气独盛。**将士家或置烘厨、烘箱，日以炭火置其下。春秋雾雨皆然，不但霉气。小卒无烘厨，则安顿灶突之上。稍怠不勤，立受朽解之患也**。近岁命南方诸省造弓解北，纷纷驳回，不知离火即坏之故，亦无人陈说本章者。

【译文】

　　造好的弓在收藏时最忌霉湿。梅雨天气的到来是先南后北。开始的时间为：岭南是谷雨，江南是小满，江北是六月，河北、山东在七月，而以淮河、扬州地区梅雨天气最多。有的将士之家置烘厨、烘箱，每天以炭火在下面烘热。春天、秋天下雾、下雨时也要这样做，不只是在梅雨季节。小卒们没有烘厨，则将弓安顿在灶头烟突上。稍微一疏忽，弓就会有朽解之患。近来朝廷命令南方各省造弓运到北方，被纷纷驳退回，就是因为不懂得弓一旦离开温暖的环境就坏的道理，也没有人上奏陈述事情的原因。

16-2-7 凡箭笴中国南方竹质,北方萑柳[1]质,北虏桦质,随方不一。笴长二尺,镞长一寸,其大端也。凡竹箭削竹四条或三条,以胶黏合,过刀光削而圆成之。漆、丝缠约两头,名曰"三不齐"箭杆[2]。浙与广南有生成箭竹[3]不破合者。柳与桦杆则取彼圆直枝条而为之,微费刮削而成也。凡竹箭其体自直,不用矫揉。木杆则燥时必曲,削造时以数寸之木刻槽一条,名曰"箭端"。将木杆逐寸戛拖而过,其身乃直(图16-1)。即首尾轻重,亦由过端而均停也。

【注释】

〔1〕萑(huán)柳:杨柳科水曲柳 *Salix gracilistyla*。

〔2〕"三不齐"箭杆:《明会典》卷一九二,明兵仗局造"黑雕翎竹竿三不齐铁箭"。

〔3〕箭竹:禾本科箭竹 *Phyllostachys bambusoides*。

【译文】

箭杆在中国南方以竹为原料,北方用萑柳,东北用桦木,各地取材都不一样。箭杆长二尺,箭镞长一寸,这是大致情况。造竹箭杆是削竹三、四条,以胶黏合,再用刀削光成圆形,用漆和丝线缠紧两头,名曰"三不齐"箭杆。浙江、广东有天然生长的箭竹,不需要破开、黏合即成箭杆。柳杆和桦杆则选择其圆直的枝条作成,稍微削、刮即成。竹箭杆本身就是直的,无须矫正。木箭杆在干燥时一定会变弯,矫正的办法是用一块几寸长的木头,上面刻一条槽,名曰"箭端"。将木箭杆逐寸地沿着槽拉过,杆身就会变直。即使木杆原来头尾轻重不匀,通过这样处理也可均平。

16-2-8　凡箭，其本刻衔口以驾弦，其末受镞。凡镞冶铁为之。《禹贡》砮石〔1〕乃方物，不适用。北虏制如桃叶枪尖，广南黎人矢镞如平面铁铲，中国则三棱锥象也。响箭则以寸木空中锥眼为窍，矢过招风而飞鸣，即《庄子》所谓"嚆矢"〔2〕也。凡箭行端斜与疾慢，窍妙皆系本端翎羽之上。箭本近衔处，剪翎直贴三条，其长三寸，鼎足安顿，粘以胶，名曰箭羽。此胶亦忌霉湿，故将卒勤者，箭亦时以火烘。

【注释】

〔1〕《禹贡》砮石：《尚书·禹贡》载荆州所贡作箭头的砮石，为地方特产。作者认为这种箭头杀伤力小，故不适用。

〔2〕嚆（hāo）矢：响箭，典出《庄子·外篇·在宥》："焉知曾、史之不为桀、跖嚆矢也。"唐人成玄英疏："嚆，箭镞有吼猛声也。"

【译文】

箭杆末端要刻出凹口，以便扣在弦上，另一端安上箭头。箭头用铁作成。《禹贡》所载砮石箭镞是进贡的方物，并不适用。东北地区作的箭头像桃叶枪尖，广东黎族人的箭头像平面铁铲，中原地区的箭头则像三棱锥。响箭是以一寸长小木中间凿有圆孔，加在箭上，箭射出后迎风而飞鸣，就是《庄子》中所谓的"嚆矢"。箭射出后，飞行的快慢和轨道的正偏，诀窍在于箭杆末端的箭羽。箭杆尾部靠近衔口处用胶粘上三条羽翎，各长三寸，鼎足直放，名曰箭羽。此处的胶也怕霉湿，故勤劳的将士，也经常用火烘箭。

16-2-9　羽以雕〔1〕膀为上雕似鹰而大，尾长翅短，角鹰次之，鸱鹠〔2〕又次之。南方造箭者，雕无望焉，即鹰、鹠亦难得之货，急用塞数，即以雁翎，甚至鹅翎亦为之矣。凡雕翎箭行疾过鹰、鸱翎，十余步而端正，能抗风吹。北虏羽箭多出此料。鹰、鸱翎作法精工，亦恍惚焉。若鹅、雁之质，则释放之时，手不应心，而遇风斜窜者多矣。南箭不及北，由此分也。

【注释】

〔1〕雕：鸟纲鹰科雕属 *Aquila* 各种的通称，繁产于中国东北等地的大型猛禽。

〔2〕鸱鹞(chī yào)：鸟纲鹰科鹞属 *Circus* 各种的通称，俗称雀鹰。中国常见种为白尾鹞 *Circus cyaneus*，遍布东北、西北，迁南方越冬。角鹰或即秃鹰。

【译文】

箭羽以雕的翅毛为最好雕像鹰，但比鹰大，尾长翅短。其次是角鹰，鸱鹞又次之。南方造箭，得不到雕羽，连鹰和鹞的羽毛也很难得到，急用时就以雁翎充数，甚至也有用鹅翎的。雕翎箭飞起来比鹰翎、鸱翎箭快，飞出十余步箭身便端正，能抗风吹。东北地区的箭羽多用雕翎。鹰翎、鸱翎如制作精细，效果也能与雕翎差不多。但鹅翎、雁翎箭在射出时手不应心，遇风便有很多斜飞的。南方的箭不及北方，原因便在这里。

16-3　弩、干

16-3-1　弩：凡弩为守营兵器，不利行阵。直者名身，衡者名翼，弩牙发弦者名机。斫木为身，约长二尺许。身之首横拴度翼,其空缺度翼处,去面刻定一分_{稍厚则弦发不}应节,去背则不论分数。面上微刻直槽一条以盛箭。其翼以柔木一条为者,名扁担弩,力最雄。或一木之下加以竹片叠承_{其竹一片短一片},名三撑弩[1],或五撑、七撑而止。身下截刻锲衔弦,其衔傍活钉牙机,上剔发弦。上弦之时,唯力是视。一人以脚踏强弩而弦者,《汉书》名曰"蹶张材官"[2]。弦送矢行,其疾无与比数。

【注释】

〔1〕三撑弩:木条下叠三层竹片为两翼的弩叫三撑弩,叠五层竹片的叫五撑弩。

〔2〕蹶张材官:典出《汉书·申屠嘉传》:"申屠嘉梁人也,以材官蹶张。"颜师古(581—645)注:"材官之多力,能踏强弩张之。"蹶张材官,指能以脚踏张强弩的有力气的武官。

【译文】

弩:弩是守营兵器,不利于行军作战。弩中直的部件叫弩身,横的部件叫弩翼,扣弦发箭的机关叫弩机。砍木作成弩身,约长二尺。弩身前部横拴上两个翼,其穿孔放翼的地方离弩身的上面约一分厚_{稍厚则拉弦发箭配合不准},离弩身下部距离没有固定尺寸。弩身面上要略微刻一条直槽,以承放箭枝。用一条软木作成弩翼的叫扁担弩,弹力最强。也可在一木条下加上叠在一起的竹片_{竹片依次一片比一片短}作成弩翼的,叫三撑弩,最多不超过五撑、七撑。弩身后半部刻一缺口扣弦,旁边钉上活动扳机,向上一推就可发弦射箭。上弦时全靠人力。由一个人脚踏强弩上弦的,《汉书》中称为"蹶张材官"。弩弦将箭射出,飞行快速无比。

16-3-2　凡弩弦以苎麻为质，缠绕以鹅翎，涂以黄蜡。其弦上翼则紧[1]，放下仍松，故鹅翎可扱首尾于绳内。弩箭羽以箬[2]叶为之。析破箭本，衔于其中而缠约之。其射猛兽药箭，则用草乌[3]一味，熬成浓胶，蘸染矢刃。见血一缕则命即绝，人畜同之。凡弓箭强者行二百余步，弩箭最强者五十步而止，即过咫尺不能穿鲁缟[4]矣。然其行疾则十倍于弓，而入物之深亦倍之。

【注释】

〔1〕紧：涂本误作"谨"，今改。

〔2〕箬：箬竹，禾本科山白竹 *Bambusa veritichii*。

〔3〕草乌：毛茛科乌头属 *Actinium* 植物根部，有剧毒。

〔4〕鲁缟（gǎo）：山东产的白色薄丝织品。《汉书·韩安国传》："强弩之末，力不能入鲁缟。"意为强弩射出的箭走完射程后，连鲁缟都无力穿过。

【译文】

弩弦以苎麻为质料，缠绕上鹅翎，并涂以黄蜡。弦装到翼上时拉起来很紧，但放下来仍是松的，所以鹅翎头尾都可纠夹在麻绳中。弩的箭羽用箬叶作成，箭杆下部破开一点然后将箭羽夹入其中并缠紧。射猛兽用的毒箭，用草乌头熬成浓胶，蘸染在箭头上。这种箭射出后见血即能致命，人和动物都是一样的。强弓可将箭射至二百余步远，强弩则只能至五十步而止，再远一点即不能穿过"鲁缟"了。然而弩的飞行速度十倍于弓，入物之深亦加大一倍。

16-3-3　国朝军器造神臂弩、克敌弩[1]，皆并发二矢、三矢者(图16-2)。又有诸葛弩[2]，其上刻直槽，相承函十矢，其翼取最柔木为之。另安机木，随手扳弦而上，发去一矢，槽中又落下一矢，则又扳木上弦而发。机巧虽工，然其力绵甚，所及二十余步而已。此民家防窃具，非军国器。其山人射猛兽者，名曰窝弩[3]，安顿交迹之衢，机傍引线，俟兽过带发而射之。一发所获，一兽而已。

图16-2　张弩、连发弩

【注释】

〔1〕神臂弩：宋代发展起来的一种弩，射程240余步，见茅元仪(约1570—1637)《武备志》(1621)卷一〇三。　克敌弩：《明会要》卷一九二载弘治十七年(1504)所造硬弩，可发二矢、三矢，比神臂弩射程远，名为克敌弩。

〔2〕诸葛弩：连发十矢的轻巧弩，见《武备志》卷一〇三《诸葛全式弩》条。

〔3〕窝弩：打猎用的弩，亦见《武备志》卷一〇三。

【译文】

本朝(明朝)军器监曾制造神臂弩、克敌弩，都可同时发出二三支箭。又有诸葛弩，上面刻有直槽可装入十支箭，其弩翼以最柔韧的木料作成。另外又安有木制弩机,随手扳机即可上弦。发出一支箭,槽中又落下一枝,则又扳木机上弦发箭。这种弩虽很精巧,但力量很小,只能射二十余步而已。此乃民家防备盗窃的用具,而非军国兵器。还有山区人射猛兽用的,叫窝弩,安设在野兽出没的路上,机上有引线,待兽过之时,一拉线箭便射出。一箭所得,一兽而已。

16-3-4　干:凡"干戈"名最古,干与戈[1]相连得名者,后世战卒短兵驰骑者更用之。盖右手执短刀,则左手执干以蔽敌矢。古者车战之上,则有专司执干,并抵同人之受矢者。若双手执长戈与持戟、槊[2],则无所用之也。凡干长不过三尺,杞柳[3]织成尺径圈,置于项下,上出五寸,亦锐其端,下则轻竿可执。若盾名"中干",则步卒所持以蔽矢并拒槊者,俗所谓傍牌是也。

【注释】

〔1〕干:盾牌,古代士兵用以掩护身体的防卫性武装。　戈:杆端有横刃的古代主要冷武器。

〔2〕戟(jǐ):古代兵器,将戈与矛合成一体,可直刺,又可横击。槊(shuò):古代兵器,即长矛。

〔3〕杞柳:杨柳科杞柳 *Salix purpurea*,亦称紫柳,分布于黄河流域。

【译文】

盾:"干戈"这一词出现得最早,是将干与戈连起来而得名的,因为后世的战卒手持短兵器驰骑作战时常配合使用的缘故。他们右手执短刀,而左手执干(盾)以蔽敌箭。古时士卒在战车上有专人执盾,以保护同车人免中敌箭。如果双手持长戈、戟、槊,则无法用盾了。盾长不过三尺,将杞柳枝织成直径一尺的圆圈放在颈部下面,盾上部有五寸长的尖齿,下部安一轻竿供手持。另有一种叫"中干",是步兵所持用以挡箭或长矛的,俗称"傍牌"。

16-4　火药料

16-4-1　火药、火器,今时妄想进身博官者,人人张目而道,著书以献,未必尽由试验。然亦粗载数页,附于卷内。凡火药以硝石[1]、硫黄为主,草木灰[2]为辅。硝性至阴,硫性至阳,阴阳两神物相遇于无隙可容之中。其出也,人物膺之,魂散惊而魄齑粉。凡硝性主直,直击者硝九而硫一。硫性主横,爆击者硝七而硫三。其佐使之灰,则青杨、枯杉、桦根、箬叶、蜀葵、毛竹根、茄秸之类,烧使存性,而其中箬叶为最燥也[3]。

【注释】

〔1〕硝石:涂本作"消石",为硝酸钾之古称,今改。下同。其化学成分为硝酸钾 KNO_3。

〔2〕草木灰:应理解为木炭。

〔3〕"其佐使之灰"几句:此处列举的烧木炭材料中,桦木根、箬竹叶、毛竹根都不能烧出木炭,故"根""叶"二字或为衍文。烧木炭的最好材料是柳木,柳炭为中国古代传统原料,此处被漏记。

【译文】

火药、火器,当今妄想升迁当官的人,个个都大肆议论,著书献给朝廷,但他们所说的未必都经过试验。但是这里也总要略载数页,附于本卷。火药以硝石、硫黄为主,木炭为辅。硝石性属至阴,而硫性至阳,这两种属于至阴、至阳的物质相遇于密闭空间中,爆炸起来,人或动物承受到时都会魂飞魄散而粉身碎骨。硝石性主直爆(纵向爆炸),直射的火药中硝占十分之九而硫占十分之一。硫性主横爆(横向爆炸),所以爆炸性火药中硝石占十分之七而硫占十分之三。作为辅助剂的木炭,是用青杨、枯杉、桦根、箬竹叶、蜀葵、毛竹根、茄秆之类烧成炭,其中箬叶作成的最为猛烈。

16-4-2　凡火攻有毒火、神火、法火、烂火、喷火[1]。毒火以白砒、硇砂[2]为君,金汁、银锈、人粪和制。神火以朱砂、雄黄、雌黄[3]为君。烂火以硼砂[4]、磁末、牙皂、秦椒[5]配合。飞火以朱砂、石黄、轻粉[6]、草乌、巴豆[7]配合。劫营火则用桐油、松香。此其大略。其狼粪烟[8]昼黑夜红,迎风直上,与江豚[9]灰能逆风而炽,皆须试见而后详之。

【注释】

〔1〕"凡火攻"句:这里提出各种火攻材料名目,而未列出具体配方,或已指出成分名,但或有不当。欲知其详,可参见《武备志》(1621)卷一一九、一二○。

〔2〕硇(náo)砂:含氯化铵 NH_4Cl。

〔3〕朱砂:硫化汞 HgS,色赤。雄黄:又称石黄,二硫化二砷 As_2S_2。雌黄:三硫化二砷 As_2S_3。

〔4〕硼砂:硼酸钠 $Na_2B_4O_7 \cdot 10H_2O$。

〔5〕牙皂:豆科皂荚属皂荚树 *Gleditsia sinensis* 之果荚。　秦椒:花椒,芸香科花椒 *Zanthoxylum bungeanum* 之实。

〔6〕轻粉:氯化亚汞 Hg_2Cl_2。

〔7〕巴豆:大戟科巴豆树 *Croton tiglicum* 之种子,有毒。

〔8〕狼粪烟：狼烟，中国古代边防哨所遇有敌情，则于烽火台上烧狼粪烟以报警。

〔9〕江豚(tún)：鱼纲的河豚，常见者有弓斑东方鲀 *Fugu ocellatus* 等。

【译文】

　　火攻用的火药有毒火、神火、法火、烂火、喷火等。毒火药以砒霜、硇砂为主，再与金汁、银锈、人粪配制。神火药以朱砂、雄黄、雌黄为主。烂火则以硼砂、磁屑、牙皂、秦椒配合。飞火以朱砂、石黄、轻粉、草乌、巴豆配合。劫营火是用桐油、松香。这是大略情况。至于说狼粪烟白天黑、晚上红，能迎风直上。还有江豚灰能逆风而燃。这些特性都需要试验、亲见而后才能明了。

16-5　硝石、硫黄

　　16-5-1a　**硝石**：凡硝，华夷皆生，中国专产西北。若东南贩者不给官引，则以为私货而罪之。硝质与盐同母，大地之下潮气蒸成，现于地面。近水而土薄者成盐，近山而土厚者成硝。以其入水即消溶，故名为消。长、淮以北，节过中秋，即居室之中隔日扫地，可取少许以供煎炼。凡硝三所最多，出蜀中者曰川硝，生山西者俗呼盐硝，生山东者俗呼土硝。

【译文】

　　硝石：硝石在中国和外国都有，而中国专产于西北。东南地区贩硝石的拿不到官方发下的运销证件，就以贩卖私货论罪。硝石与食盐在本质上同为盐类，由大地潮气蒸发而出现于地面。近水而土薄的成为食盐,近山而土厚的成为硝。因硝入水后即消溶,故一度名为"消石"。长江、淮河以北每过中秋之后,即使在室内隔日扫地,也可取得少量的硝以供煎炼。硝石在三个地方出产的最多,出于四川的叫川硝,生于山西的俗称盐硝,产于山东的俗呼土硝。

16-5-1b　凡硝刮扫取时墙中亦或迸出,入缸内水浸一宿,秽杂之物浮于面上,掠取去时,然后入釜注水煎炼。硝化水干,倾于器内,经过一宿即结成硝。其上浮者曰芒硝,芒长者曰马牙硝皆从方产本质幻出,其下猥杂者曰朴硝[1]。欲去杂还纯,再入水煎炼。入莱菔数枚同煮熟,倾入盆中,经宿结成白雪,则呼盆硝。凡制火药,牙硝、盆硝功用皆同。凡取硝制药,少者用新瓦焙,多者用土釜焙,潮气一干,即取研末。凡研硝不以铁碾入石臼,相激火生,则祸不可测。凡硝配定何药分两,入黄同研,木灰则从后增入。凡硝既焙之后,经久潮性复生,使用巨炮多从临期装载也。

【注释】

〔1〕马牙硝、朴硝:此处所述马牙硝,指白色较纯的硝石结晶,朴硝指含杂质的硝石。但需注意硫酸钠 $Na_2SO_4 \cdot 10H_2O$ 也有朴硝、马牙硝之名目,二者要注意区分开。

【译文】

将硝刮扫下来后土墙中也有冒出硝的,放进缸里用水浸一夜,捞去浮在上面的秽杂之物,然后入锅加水煎炼。待硝溶水干,倒于容器内,经过一夜,即结成硝。浮在上面的叫芒硝,芒长的叫马牙硝都是从各地所产原料中变出的,下面沉有杂质的叫朴硝。要除去杂质而提纯,便再将硝放入水中煎煮,加入萝卜数块在锅内一同煮熟,再倒进盆里,过一夜结成雪白的结晶,称为盆硝。制造火药时,牙硝、盆硝功用相同。用硝制火药,少量的在新瓦片上烘焙,多的用土锅烘焙,烘干后即取来研成粉末。研硝时不可用铁器在石臼中碾,否则铁、石摩擦产生火花,造成的灾祸就不堪设想了。硝量多少按所配某种火药方子而定,与硫一起磨研,木炭最后加入。硝石烘干之后,放久又易返潮,所以大炮所用火药多是临时装载的。

16-5-2　**硫黄:**详见《燔石》卷。凡硫黄配硝而后,火药成声。北狄无黄之国空繁硝产,故中国有严禁。凡燃炮,拈硝与木灰为引线,黄不入内,入黄则不透关。凡碾黄难碎,每黄一两和硝一钱同碾,则立成微尘细末也。

【译文】

　　硫黄:详见《燔石》卷。硫黄与硝[以及木炭]配合后,火药才能发生爆炸。北方没有硫黄的蒙族地区,产硝虽多而用不上,所以内地严禁向那里贩运硫黄。点炮时将硝与木炭捻成引线,不加入硫黄,加了硫引线就不灵。硫黄很难碾碎,每一两硫加一钱硝同碾,就能很快碾成细粉了。

16-6　火　器

16-6-1　**西洋炮:**熟铜铸就,圆形若铜鼓。引放时半里之内人马受惊死。平地蓺引炮有关捩,前行遇坎方止。点引之人反走坠入深坑内，炮声在高头，放者方不丧命。**红夷炮**[1]：铸铁为之，身长丈许，用以守城。中藏铁弹并火药数斗，飞激二里，膺其锋者为齑粉。凡炮藜引内灼时，先往后坐千钧力，其位须墙抵住，墙崩者其常。

【注释】

　〔1〕红夷炮：指荷兰制造的前装式金属火炮，明代曾仿制。

【译文】

　西洋炮：是用熟铜铸成的，呈铜鼓那样的圆形。引放时，半里之内人和马都会受惊而死。平地上点燃引线放炮时，要操纵转动的部件将炮身移至有坑的地方停下来。炮手往回跑并跳到深坑内。炮在上面爆发，炮手方不至于丧命。**红夷炮**：用铸铁作成，炮身长一丈，用以守城。炮膛里装有几斗铁弹与火药，炮弹激飞二里，被击中的马上成为碎粉。大炮引爆时，首先产生从前向后的很大的后坐力，因此炮位必须有墙顶住，墙被崩塌是常见现象。

　16-6-2　**大将军、二将军**[1]：即红夷之次，在中国为巨物。**佛郎机**[2]：水战舟头用。**三眼铳、百子连珠炮**[3]（图 16-3、16-4、16-5）。**地雷**（图 16-6）：埋伏土中，竹管通引，冲土起击，其身从其炸裂。所谓横击，用黄多者引线用矾油，炮口覆以盆。**混江龙**（图 16-7）：漆固皮囊裹炮沉于水底，岸上带索引机。囊中悬吊火石、火镰[4]，索机一动，其中自发。敌舟行过，遇之则败，然此终痴物也。

图 16-3　百子连珠炮、将军炮

图 16-4　神威大炮

图 16-5　流星炮

图 16-6　地雷

图 16-7　混江龙（水雷）

【注释】

〔1〕大将军、二将军：明代制造的前装式金属巨炮，在与清兵交战时立功，被封为"大将军"等称号。

〔2〕佛郎机：明代时葡萄牙或西班牙船上的后装式火炮，有炮弹五个，可轮流发射。

〔3〕三眼铳：明军常用的三管枪。　百子连珠炮：可旋转的金属管炮。以上火器详情，可参见《武备志》卷一二一至一二二。

〔4〕火石、火镰：用镰状铁块击火石，迸出火花可引燃火器。

【译文】

大将军、二将军：比红夷炮小点，在中国算是巨炮。**佛郎机：**水战时装在船头用。**三眼铳、百子连珠炮。地雷：**埋伏在地中，用竹管穿通引线，引爆后冲开泥土而爆炸，地雷本身也同时炸裂了。这就是用硫量较多的火药的横向爆炸现象引线涂上矾油，口部用盆覆盖。**混江龙**（水雷）：是将炮药装在皮囊里并用漆密固，沉在水底，岸上牵绳引机爆炸。皮囊中悬吊火石、火镰，绳子一牵动机关，囊里自动发爆。当敌船驶过，遇上即炸坏。然而这毕竟是一种笨重不灵的东西。

16-6-3　**鸟铳**（图16-8）：凡鸟铳长约三尺，铁管载药，嵌盛木棍之中，以便手握。凡锤鸟铳，先以铁挺一条大如箸者为冷骨，果红铁锤成。先为三接，接口炽红，竭力撞合。

合后以四棱钢锥如箸大
者,透转其中使极光净,则
发药无阻滞。其本身近
处,管亦大于末,所以容受
火药。每铳约载配硝一钱
二分,铅铁弹子二钱。发
药不用信引_{岭南制度},有用引
者,孔口通内处露硝分厘,
捶熟苎麻点火。左手握铳
对敌,右手发铁机逼苎火
于硝上,则一发而去。鸟
雀遇于三十步内者,羽肉
皆粉碎,五十步外方有完

图 16-8　鸟铳

形,若百步则铳力竭矣。鸟枪行远过二百步,制方仿佛鸟
铳,而身长药多,亦皆倍此也。

【译文】

鸟铳:长约三尺,用铁管装火药,铁管嵌在木棍上以便手握。锤
制鸟铳时,先以一条筷子粗的铁条作为锤锻的冷模,将烧红的铁裹
在铁条外锤打成铁管。先作三段铁管,接口处烧红后竭力锤打接
合。接合后以筷子粗的四棱钢锥插入铁管中旋转,使管内壁极其
光滑,这样火药爆发时就不会有阻滞。铁管近铳身的一端较粗,
以便装入火药。每铳约装火药一钱二分、铅弹及铁弹子二钱,点
药不用引信_{广东形式的鸟铳用引信},通向铁管内部的孔口处露出一点
硝,用捶烂的苎麻点火。左手握铳对准敌人,右手扣扳机将苎麻
火逼到硝上,一下子就发射出去了。鸟雀在三十步内中弹,则羽肉

皆成粉碎,五十步以外才能保持完形,如果到了一百步,铳力就消竭了。鸟枪射程二百步,制法与鸟铳相似,只是管长与装药量都要多出一倍。

16-6-4　**万人敌**[1]:凡外郡小邑,乘城却敌,有炮力不具者,即有空悬火炮而痴重难使者,则万人敌近制随宜可用,不必拘执一方也。盖硝、黄火力所射,千军万马立时糜烂。其法,用宿干空中泥团,上留小眼(图 16-9),筑实硝黄火药,参入毒火、神火,由人变通增损。贯药安信而后,外以木架匡围。或有即用木桶,而塑泥实其内郭者,

图 16-9　万人敌(地滚式炸弹)

其义亦同。若泥团，必用木框，所以防掷投先碎也。敌攻城时，燃灼引信，抛掷城下。火力出腾，八面旋转。旋向内时，则城墙抵住，不伤我兵。旋向外时，则敌人马皆无幸。此为守城第一器。而能通火药之性、火器之方者，聪明由人。作者不上十年，守土者留心可也。

【注释】

〔1〕万人敌：可八方旋转的炸弹，其作用原理类似烟火中的"地老鼠"，因此是地滚式炸弹。

【译文】

万人敌：在边远的小城里守城御敌，或者没有火炮，或者虽有火炮而笨重难用。在这种情况下，近来制造出的万人敌，就很适合使用，而不受环境限制。因为硝石和硫黄产生的火力，可使千军万马立时被炸成粉碎。其制法是，用干燥很长时间的中空的泥团，从上面留出小眼装实火药，掺入毒火、神火，用量由人灵活变通。装药并安上引信之后，泥团外面以木框围起来。也可以用木桶，而将泥抹在桶内周边作成内壳，道理是一样的。如用泥团，则必须用木框，以防投掷时先摔碎。敌人攻城时，燃着引信，抛掷于城下，这时火力冲出，八方旋转。旋向内时，被城墙挡住，不伤我兵。旋向外时，那么敌军的人马都不能幸免。这是守城的头等武器。凡是通晓火药、火器技术的人，都可以发挥自己的聪明才智。造出这种武器还不到十年，守卫国土的人要密切留心啊！

17. 曲蘖[1] 第十七

17-1　宋子曰，狱讼日繁，酒流生祸，其源则何辜。祀天追远，沉吟《商颂》《周雅》[2]之间。若作酒醴之资曲蘖也，殆圣作而明述矣。惟是五谷菁华变幻，得水而凝，感风而化。供用岐黄[3]者神其名，而坚固食羞者丹[4]其色。君臣自古配合日新，眉寿介而宿痼怯，其功不可殚述。自非炎、黄[5]作祖，末流聪明，乌能竟其方术哉！

【注释】

〔1〕曲蘖(niè)：即酒曲。《尚书·说命下》云："若作酒醴，尔惟曲蘖。"意为若想作甜酒，必须有酒曲。

〔2〕《商颂》：《诗经》中"三颂"之一，宋国（前8—前7世纪）宗庙祭祀的乐歌。　《周雅》：《诗经》中的《大雅》和《小雅》，周王畿内的乐调。

〔3〕岐黄：指传说中远古医学创始人岐伯和黄帝，后泛指医药。

〔4〕丹：涂本、杨本误作"舟"，今改。

〔5〕炎、黄：指上古传说中的中华民族的祖先炎帝神农氏和黄帝轩辕氏。据称神农氏也是药物学之始祖，而黄帝为医学的始祖。

【译文】

宋子说，酗酒过度便滋事生祸，因而打官司的日渐增多，但祸根并不在酒曲的制造上。古人祭天祀祖须捧上美酒，在仪式、宴会上欣赏《商颂》《周雅》中的诗歌、乐章时，要饮酒以助兴。酿酒就必须依靠酒曲，这在古代圣贤著作中都有所阐明。酒曲是由五谷精华经水提炼、遇风变化而制造出来的。供作医药上用的酒曲叫神曲,保持食物美味并呈红色的酒曲叫丹曲。制药曲时主料和辅料的配合方法自古以来就不断更新,在助人长寿、医治宿病顽疾等方面的功用,实不可尽述。如果没有我们的祖先炎帝神农氏和黄帝轩辕氏开创的事业和后代人的聪明才智,怎么能使这种技术达到如此完善的程度呢!

17-2　酒　母

17-2-1　凡酿酒,必资曲药成信。无曲,即佳米珍黍,空造不成。古来曲造酒,蘗[1]造醴。后世厌醴味薄,遂至失传,则并蘗法亦亡。凡曲,麦、米、面随方土造,南北不同,其义则一。凡麦曲,大、小麦皆可用。造者将麦连皮井水淘净,晒干,时宜盛暑天。磨碎,即以淘麦水和作块,用楮叶包扎,悬风处,或用稻秸罨黄[2],经四十九日取用。

【注释】

〔1〕蘗:本指麦芽,古代用以制酒曲、酿成醴(甜酒),但从汉代起则用以造饴,即麦芽糖。

〔2〕黄:指麦发酵后产生霉菌的黄色孢子。

【译文】

酿酒必须依靠曲药作为引子。没有曲,即使用佳米、珍黍也造不出酒来。古时用曲造一般的酒,用蘗造甜酒。后来人们嫌甜酒味淡,便不再普及,制蘗酿甜酒的方法也跟着失传。制酒曲用麦、米、面粉,原料因地制宜,南方和北方各不相同,但原理是一样的。作麦曲用大麦、小麦均可。制曲的人将带皮的麦用井水洗净,晒干,时间最好在盛夏天。将麦磨碎,以洗麦水拌合作成块状,用楮树叶子包扎起来悬挂在通风处,或用稻草盖上使之发黄,经四十九天后取出使用。

17-2-2 造面曲用白面五斤、黄豆五升,以蓼[1]汁煮烂,再用辣蓼[2]末五两、杏仁泥十两,和踏成饼,楮叶包悬,与稻秸罨黄,法亦同前。其用糯米粉与自然蓼汁溲和成饼,生黄收用者,罨法与时日亦无不同也。其入诸般君臣与草药,少者数味,多者百味,则各土各法,亦不可殚述。近代燕京则以薏苡[3]仁为君,入曲造薏酒。浙中宁、绍则以绿豆为君,入曲造豆酒。二酒颇擅天下佳雄别载《酒经》[4]。

【注释】

〔1〕蓼:蓼科蓼属中的水蓼 *Polygonum hydropiper*,入药用。

〔2〕辣蓼:蓼科蓼属辣蓼 *Polygonum flaccidum*,加蓼的目的之一也还在于抑制杂菌生长。

〔3〕薏苡:禾本科薏苡,又称薏米 *Coix laacryma*。

〔4〕《酒经》:宋人朱翼中著,又名《北山酒经》(1117)。

【译文】

造面曲是用白面五斤、黄豆五升,用蓼汁煮烂,再用辣蓼末五两、杏仁泥十两,混合踏压做成饼,用楮叶包扎悬在高处,或用稻草掩盖使它生出黄衣,方法同前。用糯米粉时,则将其与自然蓼汁浸泡作成饼,待生黄毛而收用,其掩盖方法与所需时间与前述亦无不同。向其中加入的各种主、次配料和草药,少则数味,多则百味。各地都有不同的方法,也不可尽述。近代北京则以薏苡仁为主,加入酒曲造出薏酒。浙江宁波、绍兴是以绿豆为主,加入曲造出豆酒。这两种酒在国内颇为闻名而列为佳酒另载入《酒经》一书中。

17-2-3　凡造酒母家,生黄未足,视候不勤,盥拭不洁,则疵药数丸动辄败人石米。故市曲之家必信著名闻,而后不负酿者。凡燕、齐黄酒曲药,多从淮郡造成,载于舟车北市。南方曲酒酿出即成红色者,用曲与淮郡所造相同,统名大曲。但淮郡市者打成砖片,而南方则用饼团。其曲一味,蓼身为气脉[1],而米、麦为质料,但必用已成曲、酒糟为媒合[2]。此糟不知相承起自何代,犹之烧矾之必用旧矾滓云。

【注释】

〔1〕蓼身为气脉:用麦、米制曲,加入蓼粉可使曲饼疏松,增加通气性能,便于酵母菌生长。

〔2〕必用已成曲、酒糟为媒合:指发酵前加入曲种。

【译文】

造酒曲的人家,如果曲料生黄毛的时间不足,看管不勤,手擦洗不干净,只要有几粒坏曲,就会轻易败坏别人整担的粮食。因此卖酒曲的人家必须守信用,重名誉,才不致辜负酿酒的人。河北、山东造黄酒的曲药,多由淮安造成,用舟车贩运到北方。南方酿造的红色的酒,所用的曲与淮安所造的相同,统名之为大曲。但淮安所卖的曲是打成砖块,而南方则制成饼团。每一种酒曲都要加入蓼粉,起通气作用。以米、麦为基本原料，还必须加入已造成的曲和酒糟作为媒介。加入酒糟不知是从什么时代传下来的，其原理就像烧矾石时必须用旧矾滓一样。

17-3　神　曲[1]

17-3-1　凡造神曲所以入药，乃医家别于酒母者。法起唐时[2]，其曲不通酿用也。造者专用白面，每百斤入青蒿[3]自然汁、马蓼[4]、苍耳[5]自然汁相和作饼，麻叶或楮叶包罨，如造酱黄法。待生黄衣，即晒收之。其用他药配合，则听好医者增入，若[6]无定方也。

【注释】

〔1〕神曲：即药曲，用以消食开胃等。本节内容取自《本草纲目》卷二十五《谷部·造酿类》神曲条引宋人叶梦得（1077—1148）的《水云录》（约1125），但有删减。

〔2〕法起唐时：南北朝时后魏人贾思勰《齐民要术》（约538）中已提到制神曲的方法，唐宋以后加以简化、改进。

〔3〕青蒿：菊科青蒿 *Artemisia apiacea*，又名香蒿，可入药。

〔4〕马蓼：蓼科马蓼 *Polygonum nodosum*。

〔5〕苍耳：菊科苍耳属植物苍耳 *Xanthium sibiricum*，亦可入药。

〔6〕若：涂本作"苦"，误，今改。

【译文】

制造神曲为的是当药用，医家将其称为神曲，是为了与酿酒的酒曲区别开来。制神曲的方法起于唐代，这种曲不能用来酿酒。造神曲的人专用白面，每百斤面加入青蒿、马蓼、苍耳原汁拌合作成饼，用麻叶或楮叶包藏掩盖,像作豆酱的黄曲那样。待外面长出一层黄衣,就晒干收取。再用什么其他药配合,则听由医生增减,并没有固定的配方。

17-4　丹　曲[1]

17-4-1　凡丹曲一种,法出近代[2]。其义臭腐神奇[3],其法气精变化。世间鱼肉最朽腐物,而此物薄施涂抹,能固其质于炎暑之中,经历旬日,蛆、蝇不敢近,色味不离初,盖奇药也。

【注释】

〔1〕丹曲:即红曲,由大米培养的红曲霉制成,可作药用及防腐剂。

〔2〕法出近代:《本草纲目》卷二十五《谷部·造酿类》红曲条亦云:"红曲本草不载,法出近代。"

〔3〕臭腐神奇:本书第四章谈蜜蜂酿蜜前飞至大小便处,亦有同样说法。"臭腐复化为神奇"一语初见于《庄子·知北游》。

【译文】

有一种红曲,制法出现于近代。其意义在于"化臭腐为神奇",其方法在于米和气的变化。世间鱼和肉是最易腐烂的东西,但以红曲薄薄地在鱼肉上涂抹一层后,能保持其鲜质于炎夏之中。放置十天,蛆和蝇不敢接近,色味仍保持原样,这真是一种奇药!

17-4-2　凡造法用籼稻米,不拘早、晚。舂杵极其精细,水浸一七日,其气臭恶不可闻,则取入长流河水漂净

图 17-1　长流漂米

（图 17-1）。必用山河流水,大江者不可用。漂后恶臭犹不可解,入甑蒸饭,则转成香气,其香芬甚。凡蒸此米成饭,初一蒸半生即止,不及其熟。出离釜中,以冷水一沃,气冷再蒸,则令极熟矣。熟后,数石共积一堆拌信。

【译文】

造红曲用黏性的籼稻米,早稻、晚稻都可以。将米春捣得极其精细,水浸七日后,发出的气味臭不可闻,则取出放在流动的河水中洗净。必须用山河流水,不可用大江水。漂洗后,恶臭之味仍未消除,把它放入甑中蒸成饭后,就变成芳香的气味了。在蒸米成饭时,先蒸至半生半熟即停止,不可蒸熟。在离开蒸锅时,在饭上用冷水一浇,待冷却后再蒸至熟透。蒸熟后,将几石米饭堆在一起放入曲种。

17-4-3　凡曲信必用绝佳红酒糟为料。每糟一斗,入马蓼自然汁三升,明矾水[1]和化。每曲饭一石,入信二斤,乘饭热时,数人捷手拌匀,初热拌至冷。候视曲信入饭久复微温,则信至矣。凡饭拌信后,倾入箩内,过矾水

一次，然后分散入篾盘，登架乘风（图17-2）。后此风力为
政，水火无功。

图 17-2　拌信成功、凉风吹变

【注释】

　　〔1〕明矾水：明矾为硫酸钾铝 $KAl(SO_4)_2 \cdot 12H_2O$，明矾水呈微酸
性，可抑制杂菌繁殖，而红曲霉菌耐酸性。

【译文】

　　曲种必须以特好的红酒糟为料。每一斗糟加入马蓼原汁三升，
再加明矾水和匀。每一石酒糟加入曲种二斤，乘饭熟时，由数人迅
速拌匀，由热拌到冷。当曲种拌入饭中，经过一段时间温度又微有
升高时，就说明曲种已拌成功。曲种拌入饭后，倒入箩内，淋一次明
矾水，然后分散摊在竹盘内，放在架上通风。此后通风便是关键，而

水火则不起作用了。

17-4-4　凡曲饭入盘，每盘约载五升。其屋室宜高大，防瓦上暑气侵逼。室面宜向南，防西晒。一个时中翻拌约三次。候视者七日之中，即坐卧盘架之下，眠不敢安，中宵数起。其初时雪白色，经一二日成至黄[1]色，黄转褐，褐转代赭，赭转红，红极复转微黄。目击风中变幻，名曰生黄曲。则其价与人物之力[2]皆倍于凡曲也。凡黄色转褐，褐转红，皆过水一度[3]。红则不复入水。凡造此物，曲工盥手与洗净盘箪，皆令极洁。一毫滓秽，则败乃事也。

【注释】

〔1〕黄：涂本原作"黑"，按红曲发酵时不应呈黑色，此"黑"字或为"黄"之误笔，故改。

〔2〕人物之力：涂本及诸本均作"人物之力"，疑为"人物之力"，即人力、物力，故改。

〔3〕过水一度：红曲生长时产生的黄色素，可用水洗去。

【译文】

曲饭放入盘中，每盘约盛五升。放曲饭的房屋应当高大宽敞，防止瓦上的热气袭入。房屋应面向南，以防西晒。两个小时内约翻拌三次。七日之内要有人日夜守候观察，坐卧在盘架附近不敢安睡，半夜还要起来几次。曲饭开始时呈雪白色，经一两天后成为深黄色，又由黄转褐，由褐转成赤褐色，由赤褐色变为红色，至深红色最后又转为微黄色。目视曲饭在空气中所经历的这一系列颜色的变化，叫做"生黄曲"。用这种方法制成的红曲，其价钱与所需的人力、物力都比一般的曲增加一倍。当曲饭由黄色变成褐色、由褐色变成红色时，都要过一次水。变红以后便不再加水。造红曲的制曲工要勤洗手，并将竹盘和细竹席洗净，周围的一切都要干干净净。只要有一点脏滓落入，都会使制曲归于失败。

18. 珠玉第十八

18-1　宋子曰，玉韫山辉，珠涵水媚，此理诚然乎哉？抑意逆之说也？大凡天地生物，光明者昏浊之反，滋润者枯涩之仇，贵在此则贱在彼矣。合浦、于阗[1]行程相去二万里，珠雄于此，玉峙于彼，无胫而来，以宠爱人寰之中，而辉煌廊庙之上。使中华无端宝藏折节而推上坐焉。岂中国辉山媚水者萃在人身，而天地菁华止有此数哉？

【注释】

〔1〕合浦：今广西合浦，自古产珠。　　于阗（tián）：今新疆和田，自古产玉。

【译文】

宋子说，据说藏玉之山闪光，含珠之水明媚，这种说法果真有道理吗，还是一种臆测之说？大凡自然界生成之物，有光亮的也有暗浊的，有滋润的也有干涩的，两相对立，贵在此而贱在彼。合浦和于阗行程相距二万里，珍珠雄踞于此间，美玉耸立于彼处，但都很快便贩运至各地受到人们的喜爱，在宫廷里争光夺彩。珠宝玉器使中华无尽宝藏贬低身价，而被推于首位。难道中国的宝物只是佩戴在人身上的珠玉，而天地间的精华就只有这些吗？

18-2　珠

18-2-1　凡珍珠必产蚌腹,映月成胎,经年最久乃为至宝[1]。其云蛇腹、龙颔、鲛皮有珠者[2],妄也。凡中国珠必产雷、廉二池。三代以前,淮、扬[3]亦南国地,得珠稍近《禹贡》"淮夷蠙珠"[4],或后互市之便,非必责其土产也。金采蒲西路[5],元采杨村直沽口[6],皆传记相承妄,何尝得珠? 至云忽吕古江出珠[7],则夷地,非中国也。

【注释】

〔1〕珍珠:生活在浅海底的瓣鳃纲珍珠贝科珠母贝 *Pteria marga-ritifera*,受侵入壳体内的外界物刺激而分泌成的圆球状光亮固体颗粒,呈半透明银白色、黄白、粉红或淡蓝色,质硬而滑,含碳酸钙(90％以上)及少量有机物,古代供装饰或入药。

〔2〕鲛皮有珠者:宋人陆佃《埤雅》(1096)云:"龙珠在颔,蛇珠在口,鱼珠在眼,鲛珠在皮。"此说欠妥。

〔3〕扬:涂本作"杨",今改。

〔4〕淮夷蠙珠:指《尚书·禹贡》载"淮夷蠙珠"。按中国除南海珠母贝产珠外,内陆江河淡水中珠蚌科的珠蚌 *Unio margaritifera* 也产珠。

〔5〕蒲西路:涂本及诸本均作"蒲里路",查《金史·地理志》作蒲西路(今黑龙江省境内),从《金史》校改。蒲西路在今黑龙江克东乌裕河南岸,金代采珠区。

〔6〕杨村直沽口:今天津市大沽口,元代采珠区。

〔7〕至云忽吕古江出珠:《元史》卷九十四《食货志》载至元十一年(1274)于宋阿江、阿爷苦江、忽吕古江(今东北境内)采珠。

【译文】

　　珍珠必定产于蚌腹之中，感受月光成胎，经历多年才成宝物。所谓蛇腹、龙颔（下巴）、鲛皮（鲨鱼皮）含有珠，那是妄说。中国珍珠必定产于雷州（今广东海康）、廉州（今广西合浦）两处的珠池。夏、商、周三代以前的淮安、扬州地区（今苏北），对中原而言也算是南方地区，所得到的珠较接近于《禹贡》所载的"淮水地区产的蚌珠"，也可能是互市交换而得，不一定是当地土产。金代（1115—1226）珍珠采于蒲西路、元代（1280—1368）采自杨村直沽口，都是沿袭了错误记载，这些地方何尝得珠？至于说忽吕古江出珠，那是东北少数民族地区，而不是中原地区了。

　　18-2-2　凡蚌孕珠，乃无质而生质。他物形小，而居水族者，吞噬弘多，寿以不永。蚌则环包坚甲，无隙可投，即吞腹，囫囵不能消化，故独得百年、千年成就无价之宝也。凡蚌孕珠，即千仞水底，一逢圆月中天，即开甲仰照，取月精以成其魄。中秋月明，则老蚌犹喜甚。若彻晓无云，则随月东升西没，转侧其身而映照之。他海滨无珠者，潮汐震撼，蚌无安身静存之地也。

【译文】

　　蚌孕育珍珠是从无到有。水族中其余形体小的，多被吞食掉，故寿命不长。但蚌则周身包以坚壳，无隙可入，即使被吞入腹内，也保持完整而消化不了，故独得百年、千年之寿而成无价之宝。蚌孕育珠在深水底，每逢月圆当空，蚌就开壳仰照，取月精以成珍珠。当中秋明月时，老蚌特别高兴，如果通宵无云，就随月东升西落的方向转动其身而来照取月光。有些海滨无珠，是因潮汐震撼，使蚌无安身静存之地。

18-2-3　凡廉州池自乌泥、独揽沙至于青莺,可百八十里。雷州池自对乐岛斜望石城界,可百五十里。蛋户[1]采珠,每岁必以三月,时牲杀祭海神,极其虔诚。蛋户生啖海腥,入水能视水色,知蛟龙[2]所在,则不敢侵犯。凡采珠舶,其制视他舟横阔而圆,多载草荐于上。经过水漩,则掷荐投之,舟乃无恙(图18-1)。舟中以长绳系没人腰,携篮投水。

图18-1　掷草垫防漩涡、没水采珠

【注释】
　〔1〕蛋户:系过去对闽、广沿海水上居民的蔑称。
　〔2〕蛟龙:指鲨鱼、鳄鱼之类,海中并无蛟龙。

【译文】

廉州(合浦)的珠池从乌泥、独揽沙以至青莺,约有一百八十里,雷州(海康)的珠池从对乐岛到斜对面的石城境内,约有一百五十里。沿海的水上居民每年必于三月采珠,到时杀牲畜祭海神极其虔诚。他们生吃海味,入水能审视水中的一切,知蛟龙所在,便避开不去侵犯。采珠船的形状比其余船宽阔而呈圆形,船上装有很多草垫。船经漩涡时则投以草垫,可安全通过。船上以长绳系住潜水人的腰部,持采珠篮沉入水中。

18-2-4　凡没人以锡造弯[1]环空管,其本缺处对掩没人口鼻,令舒透呼吸于中,别以熟皮包络耳项之际。极深者至四五百尺,拾蚌篮中。气逼则撼绳,其上急提引上,无命者或葬鱼腹。凡没人出水,煮热毳急覆之,缓则寒慄死。宋朝李招讨[2]设法以铁为构,最后木柱扳口,两角坠石,用麻绳作兜如囊状[3],绳系舶两傍,乘风扬帆而兜取之(图18-2)。然亦有漂溺之患。今蜑户两法并用之。

【注释】

〔1〕弯:涂本作"湾",今改。

〔2〕李招讨:指李重海(946—1013),金城人,宋太宗时任郑州马步都指挥使,累官至缘边十八砦招安制置使。见《宋史》卷二八〇本传。

〔3〕"宋朝李招讨"几句:薮内清氏认为此处所述水下引网的采珠法,与1911年起美国伊利诺斯州(Illinois)用以捕鱼、采珠的方法相同。但插图说明为"竹笆沉底",正文则称"以铁为构"(以铁作成耙状框架),疑此处"铁"字或为"竹"字之误,暂不改动,供读者思考。

图 18-2　扬帆采珠、竹笆沉底

【译文】

　　采珠人潜水带上锡制的弯管,管的末端开口对准其口鼻以便呼吸,另用软皮带子包在耳颈之间。最深可潜至四、五百尺,拾蚌放入篮中。呼吸困难时则摇绳,船上人急速拉上,命运不好的或许就要葬身于鱼腹。潜水人出水时,立刻以煮热了的毛毯盖在其身上,慢了就会冷死。宋朝的招讨官李某设法以铁作成耙状框架,架的后部用木柱接口,两边挂上石坠,框架四周套上麻绳网袋,再用绳将其系在船头两边,乘风扬帆兜取珍珠贝。但这种装置有漂失和沉溺的危险,现在水上居民则两种方法并用。

　　18-2-5　凡珠在蚌,如玉在璞。初不识其贵贱,剖取而识之。自五分至一寸五分径[1]者为大品。小平似覆釜，一边光彩微似镀金者，此名珰珠，其值一颗千金矣。古来"明月"、"夜光"即此便是。白昼晴明，檐下看有光一线闪烁不定。"夜光"乃其美号，非真有昏夜放光之珠也。次则走珠，置平底盘中，圆转无定歇，价亦与珰珠相仿。化者之身受含一粒，则不复朽坏，故帝王之家重价购此。次则滑珠，色光而形不甚圆。次则螺�珠，次官、雨珠，次税珠，次葱符珠。幼珠如粱粟，常珠如豌豆。琕而碎者曰玑。自夜光至于碎玑，譬均一人身，而王公至于氓隶也。

【注释】

〔1〕径：涂本作"经"，今改为"径"方通。

【译文】

　　珠在蚌中，如玉在璞石中一样。蚌刚采出时尚不知其有无价值，待剖破后才知道是否有珠。直径从五分至一寸五分的是大珠，还有一种珍珠略呈扁圆，像倒放的锅，一边光彩略像镀金的，叫珰珠，一颗价值千金。这就是古来所谓"明月珠"、"夜光珠"。这种珠白天晴天时在屋檐下可看到一线闪烁不定的光。"夜光珠"是其美称，并非真有夜间放光的珍珠。其次是走珠，放在平底盘中滚动不停，价亦与珰珠相仿。传说死人口中含一颗，则尸体不腐烂，故帝王之家要用重金购买它。再次还有滑珠，色光而形不甚圆，其次还有螺�珠、官珠、雨珠、税珠、葱符珠。小的珠如小米粒大，通常的珠如豌豆。破碎的次珠叫玑珠，从夜光珠直到碎玑珠，好比人从王公到奴隶一样，分为不少等级。

18-2-6　凡珠生止有此数，采取太频，则其生不继。

经数十年不采,则蚌乃安其身,繁其子孙而广孕宝质。所谓"珠徙珠还"[1],此煞定死谱,非真有清官感召也。我朝弘治中,一采得二万八千两,万历中一采止得三千两,不偿所费[2]。

【注释】

〔1〕珠徙珠还:或曰合浦珠还。《后汉书·孟尝传》载合浦产珠,因官吏滥采,使珠蚌外迁,后孟尝就任太守,革除弊政,外迁的珠蚌又返回合浦。

〔2〕"我朝弘治中"几句:《明史》卷八二《食货志》载,明制广东珠池一般是数十年一采。弘治十二年(1499)岁歉、珠老,得最多,费银万余两获珠二万八千两。及万历年又采,只得珠五千一百两。

【译文】

珍珠的产生有一定限度,如果采取过于频繁,珠的生长就会来不及供应。只有经过几十年不采,使蚌能安其身繁殖后代,才能更多地孕育出珠。所谓"珠徙珠还"之说,是不通情理的杜撰,并不是真有受清官感召,使迁移的珠又返还的事。本朝(明朝)弘治年间有一年采珠二万八千两,万历年间有一年只采得三千两,得不偿失。

18-3　宝

18-3-1　凡宝石[1]皆出井中,西番诸域最盛。中国惟出云南金齿卫与丽江两处。凡宝石自大至小,皆有石床包其外,如玉之有璞[2]。金银必积土其上,韫结乃成。而宝则不然,从井底直透上空,取日精月华之气而就,故生质有光明。如玉产峻湍,珠孕水底,其义一也。

【注释】

〔1〕宝石：凡硬度大、色泽美，不受大气及化学药品作用而变化的稀贵矿石，统称宝石。在地壳各部分都可形成。

〔2〕璞：蕴藏有玉的石头。

【译文】

宝石都产于井下，中国西部新疆地区各地出产最多，中原只出于云南金齿卫（今保山）与丽江两处。宝石不论大小都有石床包在外面，如玉之有璞。金银都是聚集在地下经长期蕴结而成。而宝石则不然，从井底直透天空，取日精月华之气而形成，因此生来就发光。像玉产于湍流水中、珠孕于水底一样，道理是相同的。

18-3-2　凡产宝之井，即极深无水，此乾坤派设机关。但其中宝气[1]如雾，氤氲井中，人久食其气多致死。故采宝之人或结十数为群，入井者得其半，而井上众人共得其半也。下井人以长绳系腰，腰带又口袋两条，及泉近宝石，随手疾拾入袋宝井内不容蛇虫（图18-3）。腰带一巨铃，宝气逼不得过，则急摇其铃。井上人引组提上。其人即无恙，然已昏瞢（图18-4）。止与白滚汤入口解散，三日之内不得进食粮，然后调理平复。其袋内石大者如碗，中者如拳，小者如豆，总不晓其中何等色。付与琢工镟错解开，然后知其为何等色也。

【注释】

〔1〕宝气：指井下缺氧气体，人久吸后会窒息以致死。

图 18-3　下井采宝

图 18-4　宝气饱闷

【译文】

　　产宝石的井虽然极深，却没有水，这是大自然的巧妙安排。但井中的宝气像雾那样弥漫其中，人久吸其气，多数会致死。故采宝者经常十几个人结伴取宝，入井者得一半宝石，井上众人得另一半。下井人以长绳系腰，腰上带两个口袋，下井得到宝石后就赶紧拾起装入袋中宝石井中不藏蛇、虫。腰间还悬一巨铃，当宝气逼得受不了时，急忙摇铃，由井上人用绳拉出来，即使没有危险，但已昏迷不醒。这时只能用白开水灌入口内解救，三日之内不得吃粮食，然后再调理恢复。袋内的宝石，大者如碗，中者如拳，小者如豆，总不能马上晓得里面是何等货色。需要交给琢工用锉刀锉开后，才知道是什么成色。

18-3-3　属红黄种类者，为猫精[1]、靺羯芽[2]、星汉砂[3]、琥珀[4]、木难[5]、酒黄[6]、喇子[7]。猫精黄而微带红。琥珀最贵者名瑿音依，此值黄金五倍价，红而微带黑。然昼见则黑，灯光下则红甚也。木难纯黄色，喇子纯红。前代何妄人，于松树注茯苓，又注琥珀，可笑也[8]。

【注释】

〔1〕猫精：猫精石，即金绿宝石 Chysoberyl，黄绿色正交晶系，成分是铝酸铍 $BeAl_2O_4$。

〔2〕靺羯(mò hè)芽：靺羯石，章鸿钊(1878—1951)《石雅》(1921)卷二释为红玛瑙 Cornelian，红色隐晶质，又名红玉髓，成分为二氧化硅 SiO_2。靺羯乃隋唐时东北地区女真族别名，其地产此石，故得此名。

〔3〕星汉砂：不详何物，待考。本书两个英译本分别释为砂金石 Aventurine 及金宝石 gold stone，钟本作蛋白石 Opal。因作者将此石列为黄红色宝石，故不可能是蛋白石。

〔4〕琥珀：地质时代松科植物树脂久埋地下后石化的产物。琥珀 Amber 为非晶质有机物，多产于煤层中，呈黄、红至褐等色，摩擦可生静电。

〔5〕木难：又名莫难，绿宝石 Beryl 中之黄色者，六方晶系，成分为硅酸铍铝 Al_2BeSiO_{18} 或 $BeO \cdot Al_2O_3 \cdot 6SiO_2$。

〔6〕酒黄：黄色透明的黄玉 Topaz，正交晶系柱状晶，天然氟硅酸铝，属硅氧矿物，成分为 $Al_2SiO_4F_2$。

〔7〕喇子：红宝石 Ruby，红色透明三方晶系的柱状结晶，成分是三氧化二铝 Al_2O_3（含铬）。

〔8〕"木难纯黄色"几句：查李时珍《本草纲目》卷三十四《木部·松》条引葛洪(248—363)《神仙传》云："老松余气结为茯苓，千年松脂化为琥珀。"时珍对此半信半疑，于《纲目》卷三十七《琥珀》条曰："松脂千年作茯苓，茯苓千年作琥珀，大抵皆是神异之说，未可深凭。"但卷三十四《松》条又云："松脂则为〔松〕树之津液精华也，在土不腐，流脂日久变为琥珀。"时珍之论可谓远见卓识，不可斥为"可笑""妄人"。然葛洪等

云松脂变茯苓、茯苓变琥珀之说显然不妥。

【译文】

　　属于红、黄色种类的宝石叫猫精、鞑羯芽、星汉砂、琥珀、木难、酒黄、喇子。猫精石黄色而微带红。琥珀最贵重的叫瑿音依，价钱比黄金贵五倍，红色而略微带黑，但白天看是黑色，灯光下看则甚红。木难为纯黄色，喇子是纯红色。前代不知有哪位妄人，在谈到松树时加注说可变成茯苓，又加注说可变成琥珀，这是可笑的。

　　18-3-4　属青绿种类者，为瑟瑟珠[1]、珇瑂绿[2]、鸦鹘石[3]、空青[4]之类。空青既取内质，其膜升打为曾青。至玫瑰[5]一种，如黄豆、绿豆大者，则红、碧、青、黄数色皆具。宝石有玫瑰，如珠之有玑也。星汉砂以上，犹有煮海金丹[6]。此等皆西番产，其间气出，滇中并所无。时人伪造者，唯琥珀易假。高者煮化硫黄，低者以殷红汁料煮入牛羊明角，映照红赤隐然，今亦[7]最易辨认琥珀磨之有浆。至引草[8]，原惑人之说，凡物借人气能引拾轻芥也。自来《本草》陋妄[9]，删去勿使灾木。

【注释】

　　〔1〕瑟瑟珠：又称甸子，即蓝宝石 Sapphire，蓝色的刚玉，三方晶系透明晶体矿物，成分为 Al_2O_3。

　　〔2〕珇瑂绿：即祖母绿，纯绿宝石或绿柱石 Emerald，六方晶系，含铬呈鲜绿色，有玻璃光泽，成分为 $Be_3Al_2[Si_6O_{18}]$。

　　〔3〕鸦鹘(gǔ)石：含钛的另一种蓝宝石 Sapphire，成分与瑟瑟同。

　　〔4〕空青：绿青，属孔雀石 Malachite 的一种宝石，绿色，成分为

$CuCO_3 \cdot Cu(OH)_2$。

〔5〕玫瑰:涂本作"枚瑰",今改。玫瑰,玫瑰石,像黄豆、绿豆大的各种颜色的次等宝石。

〔6〕煮海金丹:比星汉砂高一等的黄红色宝石。

〔7〕亦:涂本作"易",今改。

〔8〕至引草:指《本草纲目》卷三十七《木部·琥珀》条引陶弘景(432—536)称琥珀以手心摩热拾芥的是真品,时珍称琥珀拾芥乃草芥,即禾草。按琥珀摩擦后生静电确可吸拾草芥,非欺人之谈。

〔9〕《本草》陋妄:从上下文观之,此处《本草》即指《本草纲目》。作者多处受益于此书,但常将其正确见解误斥为妄说。

【译文】

属于青绿色种类的宝石,有瑟瑟珠、珇珸绿、鸦鹘石、空青等。空青取自矿石内核,外层打成粉末即为曾青。有一种玫瑰石,像黄豆、绿豆那样大,有红、绿、青、黄等几种颜色。宝石中有次等的玫瑰石,就像珍珠中有次等的玑珠那样。比星汉砂高一等的还有煮海金丹。这些都是西部新疆地区出产的,偶然也有随着井中宝气出现的,云南中部矿井没有这类宝石。现在有人伪造宝石,只有琥珀最易作假。高明的则煮化硫黄,低劣的以黑红色汁液煮透明的牛羊角胶,映照之下,隐约可见红色,但是现在也极易辨认出来琥珀研磨时有浆。至于讲琥珀能吸引小草,本为欺人之谈。凡物只有借人气才能吸引轻微草芥。《本草》从来就鄙陋虚妄,这些说法应当删去,以免糟蹋雕版木料。

18-4　玉

18-4-1　凡玉入中国,贵重用者尽出于阗[1]汉时西国名,后代或名别失八里[2],或统服赤斤蒙古[3],定名未详葱岭[4]。

所谓蓝田，即葱岭出玉别地名，而后世误以为西安之蓝田也[5]。其岭水发源名阿耨山，至葱岭分界两河，一曰白玉河（图 18-5），一曰绿玉河（图 18-6）。后晋人高居诲作《于阗国行程记》[6]，载有乌玉河[7]，此节则妄也。

【注释】

〔1〕于阗：今新疆西南部的和田，汉、唐至宋、明称于阗，元代称斡端（Khotan），自古产玉。

〔2〕别失八里：今新疆东北部乌鲁木齐市附近，元代于此地置宣慰司、都元帅府。按别失（besh）为"五"，八里（balik）为"城"，故别失八里意为"五城"，这里并非于阗。确切地说，于阗所在的新疆，明代称亦力把里。

〔3〕赤斤蒙古：明代于今甘肃玉门一带设赤斤蒙古卫，亦非于阗所属。确如作者所自称，他没有弄清地名及地点。

图 18-5 白玉河

图 18-6　绿玉河

〔4〕葱岭:今新疆昆仑山东部产玉地区,于阗便在这一地区。

〔5〕"所谓蓝田"几句:西安附近的蓝田一带古曾产玉,新疆境内并无蓝田之地名。

〔6〕后晋人高居诲作《于阗国行程记》:原文为"晋人张匡邺作《西域行程记》",误。查《新五代史·于阗传》,载五代时后晋供奉官张匡邺、判官高居诲于天福三年(938)使于阗。高居诲作《于阗国行程记》,言三河产玉事。此书非张匡邺作,且作者亦非晋人。《本草纲目》卷八《玉》条误为"晋鸿胪卿张匡邺使于阗,作《行程记》"。《天工开物》引《纲目》,亦误信,为免再以讹传讹,此处作了校改。

〔7〕载有乌玉河:十世纪时在新疆旅行的高居诲,在《于阗国行程记》中载产玉之河有白玉河(今玉龙喀什河)、乌玉河(今喀拉喀什河)及绿玉河,属正确记载。这些河均为塔里木河支流,发源于昆仑山。《明史》卷三三二称于阗东有白玉河,西有绿玉河,再西有乌玉河,均产玉。

【译文】

　　贩运到中原内地的玉,贵重的都出在于阗汉代时西域的一个地名,后代叫别失八里,或属于赤斤蒙古,具体名称未详的葱岭。所谓蓝田,是出玉的葱岭的另一地名,而后世误以为是西安附近的蓝田。葱岭的河水发源于阿耨山,流到葱岭后分为两条河,一曰白玉河,一曰绿玉河。后晋人高居诲作《于阗国行程记》载有乌玉河,这段记载是错误的。

18-4-2　玉璞不藏深土,源泉峻急激映而生。然取者不于所生处,以急湍无着手。俟其夏月水涨,璞随湍流徙,或百里,或二三百里,取之河中。凡玉映月精光而生,故国人沿河取玉者,多于秋间明月夜,望河候视。玉璞堆聚处,其月色倍明亮。凡璞随水流,仍错杂乱石浅流之中,提出辨认而后知也。

【译文】

　　含玉的石不藏于深土,而是在靠近山间河源处的急流河水中激映而生。但采玉的人并不去原产地采,因为河水流急而无从下手。待夏天涨水时,含玉之石随湍流冲至一百里或二三百里处,再在河中采玉。玉是感受月之精光而生,所以当地人沿河取石多是在秋天明月之夜,守在河处观察。含玉之石堆聚的地方,就显得那里的月光倍加明亮。含玉的璞石随河水而流,免不了要夹杂些浅滩上的乱石,只有采出来经过辨认而后才知何者为玉、何者为石。

18-4-3　白玉河流向东南,绿玉河流向西北[1]。亦力把里[2]地,其地有名望野者,河水多聚玉。其俗以女人赤身没水而取者，云阴气相召，则玉留不逝，易于捞取。此或夷人之愚也[3]。夷中不贵此物，更流数百里，途远莫货，则弃而不用。

【注释】

〔1〕"白玉河"二句：实际上乌玉河流向东北，白玉河流向西北，过于阗后向北汇合于于阗河，再流入塔里木河。

〔2〕亦力把里：原文作"亦力把力"，今改。亦力把里，《元史》作"亦剌八里"（Ilibalik），《明史》作"亦力把里"，包括今新疆大部分地区。

〔3〕"其俗"几句：这些说法得自错误传闻，不足信。

【译文】

白玉河流向东南，绿玉河流向西北。亦力把里地区有个地方叫望野，附近河水多聚玉。当地的风俗是由妇女赤身下水取玉，据说是由于受妇女的阴气相召，玉就会停而不流，易于捞取。这或可说明当地人不明事理。当地并不觉得此物贵重，如果沿河再过数百里，路途远，卖不出去，便弃而不用。

18-4-4　凡玉唯白与绿两色。绿者中国名菜玉，其赤玉、黄玉之说，皆奇石、琅玕之类。价即不下于玉，然非玉也[1]。凡玉璞根系山石流水，未推出位时，璞中玉软如绵絮[2]，推出位时则已硬，入尘见风则愈硬。谓世间琢磨有软玉，则又非也。凡璞藏玉，其外者曰玉皮，取为砚托之类，其价无几。璞中之玉，有纵横尺余无瑕玷者，古者帝王取以为玺。所谓连城之璧[3]，亦不易得。其纵横五六寸无瑕者，治以为杯斝，此已当时重宝也。

【注释】

〔1〕玉：所谓玉，指湿润而有光泽的美石，虽然多呈白、绿二色，但也不能否定其余呈红、黄、黑、紫等色的美石为玉。

〔2〕璞中玉软如绵絮：天然产的玉有硬玉 Jadeite、软玉 Nephrite 之分，所谓软玉硬度也在 5.0 以上，没有软如絮者。

〔3〕连城之璧：《史记·廉颇、蔺相如列传》载公元前三世纪赵国赵惠王得一块宝玉叫和氏璧，秦昭王闻之，愿以十五座城换取此璧，故称连城之璧，后用价值连城形容贵重物品。璧，古代玉器，扁平、圆形，中间有孔。

【译文】

玉只有白、绿两种颜色，绿玉在中原地区叫菜玉。所谓赤玉、黄玉之说，都指奇石、琅玕（似玉的美石）之类，虽然价钱不下于玉，但终究不是玉。含玉之石产于山石流水之中，未剖出时璞中之玉软如绵絮，剖露出来后就已变硬，遇到风尘则变得更硬。世间有所谓琢磨软玉的，这又错了。玉藏于璞中，其外层叫玉皮，取来作砚和托座，值不了多少钱。璞中之玉有纵横一尺多而无瑕疵的，古时帝王用以作印玺。所谓价值连城之璧，亦不易得。纵横五六寸而无瑕的玉，用来加工成酒器，这在当时已经是重宝了。

18-4-5　此外，唯西洋琐里[1]有异玉，平时白色，晴日下看映出红色，阴雨时又为青色，此可谓之玉妖[2]，尚方有之。朝鲜西北太尉山有千年璞，中藏羊脂玉[3]，与葱岭美者无殊异。其他虽有载志，闻见则未经也。凡玉由彼地缠头回其俗，人首一岁果布一层，老则臃肿之甚，故名缠头回子。其国王亦谨不见发。问其故，则云见发则岁凶荒，可笑之甚。或溯河舟，或驾橐驼，经庄浪入嘉峪，而至于甘州与肃州[4]。

中国贩玉者，至此互市而得之，东入中华，卸萃燕京。玉工辨璞高下定价，而后琢之。良玉虽集京师，工巧则推苏郡。

【注释】

〔1〕西洋琐里：《明史·外国传》有西洋琐里（Sola）之名，在今印度科罗曼德尔（Coromandel）海沿岸。

〔2〕玉妖：一种异玉，可能指金刚石 Diamond，成分为碳 C，等轴晶系，呈八面体晶形，纯者无色透明、折光率强，能呈现不同色泽。

〔3〕羊脂玉：新疆产上等白玉，半透明，色如羊脂。

〔4〕"凡玉由彼地缠头回"几句：从新疆向内地的路线应为：新疆→嘉峪关→肃州（今酒泉）→甘州（今张掖）→庄浪（今陇东庄浪、华亭一带）→陕西。

【译文】

此外，只有西洋琐里产有异玉，平时白色，晴天在阳光下显出红色，阴雨时又成青色，这可谓之玉妖，宫廷内才有这种玉。朝鲜西北的太尉山有一种千年璞，中间藏有羊脂玉，与葱岭所出的美玉没有什么不同。其余各种玉虽书中有记载，但笔者未曾见闻。玉由葱岭的缠头的回族人其风俗是男人经年在头部裹一层布，故名缠头回人。其上层统治者也是不将头发露在外面，问其原因，则据说一露头发就会年成不好，这种习俗很好笑。或者是沿河乘船，或者是骑骆驼，经庄浪卫运入嘉峪关，而到甘肃甘州（今张掖）、肃州（今酒泉）。内地贩玉的人来到这里从互市而得到玉后，再向东运，一直会集到北京卸货。玉工辨别玉石等级而定价后开始琢磨。良玉虽集中于北京，但琢玉的工巧则首推苏州。

18-4-6 凡玉初剖时，冶铁为圆盘，以盆水盛沙，足踏圆盘使转，添沙[1]剖玉，逐忽划断（图 18-7）。中国解玉沙

出顺天玉田与真定、邢台
两邑。其沙非出河中，有
泉流出精粹如面，藉以攻
玉，永无耗折。既解之
后，别施精巧工夫。得镔
铁[2]刀者，则为利器也。
镔铁亦出西番哈密卫砺石中，
剖之乃得。

图 18-7　琢玉

【注释】

〔1〕添沙：研磨、琢磨玉的
硬沙。一种是石榴石 Carnet，常
用的为铁铝榴石 Almandite，红
色透明，硬度为 7，成分为
$Fe_3Al_2Si_3O_{12}$，产于河北邢台。
另一种为刚玉 Corundum，天然
结晶氧化铝 Al_2O_3，有蓝、红、灰白等色，硬度为 9，产于河北平山。

〔2〕镔铁：坚硬的精炼钢铁。

【译文】

开始剖玉时，用铁作个圆形转盘，将水与沙放入盆内，用脚踏动
圆盘旋转，再添沙剖玉，一点点把玉划断。剖玉所用的沙，在内地出
自顺天府玉田（今河北玉田）和真定府邢台（今河北邢台）两地，此沙
不是产于河中，而是从泉中流出的细如面粉的细沙，用以磨玉永不
耗损。玉石剖开后，再用一种利器镔铁刀施以精巧工艺制成玉器。
镔铁也出于新疆哈密的类似磨刀石的岩石中，剖开就能炼取。

18-4-7　凡玉器琢余碎，取入钿花[1]用。又碎不堪者，碾筛和泥涂琴瑟。琴有玉音，以此故也。凡镂刻绝细处，难施锥刃者，以蟾酥[2]添画而后锲之。物理制服，殆不可晓。凡假玉以砆碔[3]充者，如锡之于银，昭然易辨。近则捣春上料白瓷器，细过微尘，以白蔹[4]诸汁调成为器，干燥玉色烨然，此伪最巧云。

【注释】

　〔1〕钿（diàn）花：用金银、玉贝等材料制成花案，再镶嵌在漆器、木器上作装饰品。

　〔2〕蟾酥：大蟾蜍（chán chú）等动物耳腺、皮腺的白色分泌物。蟾蜍，俗名癞蛤蟆，蟾蜍科 *Bufo bufo gargarizans*。

　〔3〕砆碔（fū wǔ）：似玉的石。

　〔4〕白蔹（liàn）：葡萄科多年生蔓草植物 *Ampelopsis japonica*，根部有黏液。原作“白敛”，今改。

【译文】

　琢磨玉器时剩下的碎玉，可取来作钿花。碎不堪用的则碾成粉，过筛后与灰混合来涂琴瑟，由此使琴有玉器的音色。雕刻玉器时，在细微的地方难以下锥刀，就以蟾蜍汁填画在玉上，再以刀刻。这种一物克一物的道理还难弄清。用砆碔冒充假玉，有如以锡充银，很容易辨别。最近有将上料白瓷器捣得极碎，再用白蔹等汁液粘调成器物，干燥后有发光的玉色，这种作伪方法最为巧妙。

18-4-8　凡珠玉、金银胎性相反。金银受日精，必沉埋深土结成。珠玉、宝石受月华，不受寸土掩盖。宝石在井,上透碧空,珠在重渊,玉在峻滩,但受空明、水色盖上。珠有螺城,螺母居中,龙神守护,人不敢犯。数应入世用者,螺母推出人取。玉初孕处,亦不可得。玉神推徙入河,然后恣取,与珠宫同神异云[1]。

【注释】

〔1〕同李时珍《本草纲目》中关于松脂变琥珀及琥珀拾芥的精彩论述相比,这里一大段神怪之谈倒是应当删去的。

【译文】

珠玉与金银的生成方式相反。金银受日精,必定埋在深土内形成。而珠玉、宝石则受月华,不要一点泥土掩盖。宝石在井中直透青空,珠在深水里,而玉在险峻湍急的河滩,但都受着明亮的天空或河水覆盖。珠有螺城,螺母在里面,由龙神守护,人不敢犯。那些注定应用于世间的珠,由螺母推出供人取用。在原来孕玉的地方,也无法令人接近。只有由玉神将其推迁到河里,才能任人采取,与珠宫同属神异。

18-5 附:玛瑙、水晶、琉璃

18-5-1 凡**玛瑙**[1]非石非玉,中国产处颇多,种类以十余计。得者多为簪簇、钿音扣结[2]之类,或为棋子,最大者为屏风及桌面。上品者产宁夏外徼羌地砂碛中,然中国即广有,商贩者亦不远涉也。今京师货者,多是大同、蔚州九空山、宣府四角山所产。有夹胎玛瑙[3]、截子玛瑙[4]、锦江玛瑙[5]，是不一类。而神木、府谷出浆水玛瑙[6]、缠丝玛瑙[7]，随方货鬻，此其大端云。试法以砑木不热者为真。伪者虽易为，然真者值原不甚贵，故不乐售其技也。

【注释】

〔1〕玛瑙：一种隐晶体石英或石髓 Chalcedony，即各种二氧化硅 SiO_2 的胶溶体，有色层或云状层。玛瑙 Agate 用作次等宝石，有许多种类，实际上它既是石又是玉或介于石玉之间。

〔2〕钮结：原文作"钩结"，按钩（gōu）为钩之异体字，与原注"音扣"相违。疑此为"钮（kǒu）结"，钮又为扣之异体字，则实为"扣结"，即纽扣。

〔3〕夹胎玛瑙：正视莹白、侧视血红色的一物二色的玛瑙。

〔4〕截子玛瑙：黑白相间的玛瑙。

〔5〕锦江玛瑙：有锦花的红玛瑙。原文作"锦红玛瑙"，查作者所引《本草纲目》卷八《玛瑙》条，则作"绵江马瑙"，故从《纲目》校改。

〔6〕浆水玛瑙：有淡水花的玛瑙。

〔7〕缠丝玛瑙：有红、白丝纹的玛瑙。原文为"锦缠玛瑙"，当为"缠丝玛瑙"，盖因作者引《本草纲目》时将上下文作了错误断句所致。

【译文】

玛瑙：既不是石，也不是玉，中国出产的地方很多，有十几个种类。所得到的玛瑙，多用作发髻上别的簪子和衣扣之类，或者作棋子，最大的作屏风及桌面。上等玛瑙产于宁夏塞外羌族地区的沙漠中，但内地也到处都有，商贩不必去那样远贩运。现在在北京所卖的，多产于山西大同、河南蔚县九空山及河北宣化的四角山，有夹胎玛瑙、截子玛瑙、锦江玛瑙，种类不一。而陕西神木与府谷所产的是浆水玛瑙、缠丝玛瑙，就地卖出，这是大致情况。辨试的方法是用木头在玛瑙上摩擦，不发热的是真品。伪品虽容易做，但真品价钱原来就不怎么高，所以人们也就不愿意多费手脚了。

18-5-2　凡中国产**水晶**[1]，视玛瑙少杀。今南方用者多福建漳浦产山名铜山，北方用者多宣府黄尖山产，中土用者多河南信阳州黑色者最美与湖广兴国州潘家山产。黑色者产北不产南。其他山穴本有之，而采识未到，与已经采识而官司严禁封闭如广信惧中官开采之类者，尚多也。凡水晶出深山穴内瀑流石罅之中。其水经晶流出，昼夜不断，流出洞门半里许，其面尚如油珠滚沸。凡水晶未离穴时如绵软，见风方坚硬。琢工得宜者，就山穴成粗坯，然后持归加功，省力十倍云。

【注释】

〔1〕水晶：古时又称水精，由二氧化硅 SiO_2 组成的石英（Quartz）或硅石（Silica）矿物中产生的无色透明晶体 Qurtz crystal，有时含杂质而呈不同颜色，产于岩石晶洞中，硬度为7，并非绵软的。

【译文】

水晶：中国产的水晶要比玛瑙少些，现在南方所用的多产于福建漳浦当地的山叫铜山，北方所用的多产于河北宣化的黄尖山，中原用的多产于河南信阳黑色的最美与湖北兴国（今阳新）潘家山。黑色的水晶产于北方，不产于南方。其余地方山穴中本来就有，而没被发现与采取；或已经发现并采取，而受到官方严禁并封闭的例如江西广信（今上饶）地区惧害官里派的宦官盘削而停采等等，这种情况不在少数。水晶产于深山洞穴内的瀑流、石缝之中，瀑布昼夜不停地流过水晶，流出洞口半里左右，水面上还像油珠那样翻花。水晶未离洞穴时是绵软的，风吹后才坚硬。琢工为了方便，在山穴就地制成粗坯，再带回去加工，可省力十倍。

18-5-3　凡**琉璃石**[1]与中国水精、占城[2]火齐[3]，其类相同，同一精光明透之义。然不产中国，产于西域。其石五色皆具，中华人艳之，遂竭人巧以肖之。于是烧瓴甋，转锈成黄绿色者，曰琉璃瓦。煎化羊角为盛油与笼烛者，为琉璃碗[4]。合化硝、铅写珠铜线穿合者，为琉璃灯。捏片为琉璃瓶袋[5]硝用煎炼上结马牙者。各色颜料汁，任从点染。凡为灯、珠，皆淮北、齐地人，以其地产硝之故。

【注释】

〔1〕琉璃石：从上下文义观之，此处指烧造玻璃（glass）及玻璃釉质glaze（琉璃瓦釉）所需的矿石，主要是石英（Quartz）等含二氧化硅 SiO_2 的矿石。

〔2〕占城：占婆（Champa），古称林邑，越南中南部的古地名。

〔3〕火齐：章鸿钊《石雅》释为云母（Mica），透明单斜晶系，聚合体内呈鳞片状，为钾、镁等金属的铝硅酸盐，尤指白云母（Mascovite），成分为 $K_2O \cdot 3Al_2O_3 \cdot 6SiO_2 2H_2O$。历代多将火齐与火齐珠相混，但章氏认为二者有别，火齐珠为水晶珠，成分为 SiO_2，亦属透明体。此处作者指水晶珠。

〔4〕琉璃碗：指瓶玻璃，由钠、钾、钙、铝的硅酸盐为原料。瓶玻璃约含75％二氧化硅、17％氧化钠、5％氧化钙及 3％氧化镁。其中 CaO 可借煎炼羊角而得，其余原料来自琉璃石。

〔5〕此处实际上讲钾铅玻璃（potash-lead glass）的制造。这种玻璃含14％氧化钾 K_2O、33％氧化铅 PbO 及 53％二氧化硅 SiO_2。K_2O 来自硝石 KNO_3，铅氧化后成 PbO，而 SiO_2 来自火齐珠或火齐（琉璃石亦可），因均含 SiO_2。这种玻璃化学式为 $(K, Na)O\text{-}SinO_{2n-1}O(Ca, Pb)O\text{-}SinO_{2n-1}\text{-}O(K, Na)$。除硝、铅、火齐珠外，还应有 CaO 的来源，即羊角。因前句已提羊角，原文此处没有复述。另外，用铜钱的目的是使玻璃呈现色彩。

【译文】

　　琉璃石与中国水晶、占城的火齐同类,都光亮透明,但不产于中国内地,而产于新疆及其以西地区。这种石五色俱全,国内的人都喜欢,遂竭尽工巧来仿制。于是烧成砖瓦,挂上琉璃石釉料成为黄、绿颜色的,叫做琉璃瓦。将琉璃石与羊角煎化,便制成玻璃碗,用以盛油或作灯罩。将羊角、硝石、铅与用铜线穿起来的火齐珠合在一起炼化,可制成玻璃灯。用上述材料烧炼后还可捏制成薄片,作成玻璃瓶所用硝石用煎炼时结在上面的马牙硝。可用各种颜料汁任意将材料染成颜色。制造玻璃灯和玻璃珠的,都是淮北人和山东人,因为这些地方出产硝石。

18-5-4　凡硝见火还空,其质本无,而黑铅为重质之物。两物假火为媒,硝欲引铅还空,铅欲留硝住世,和同一釜之中,透出光明形象[1]。此乾坤造化,隐现于容易地面。《天工》卷末,著而出之。

【注释】

　　[1] 此段意在解释以硝石与铅制玻璃质的机理,但原文未提琉璃石、羊角等物,可是没有后者,只靠硝、铅二味是造不出玻璃质的。

【译文】

　　硝石灼烧后便分解而消失,其原来成分便不再存在,而黑铅是重质之物。两种物质通过火的媒介而发生变化,硝吸引铅而自身消失,铅与硝结合以保留其存在,它们与琉璃石、羊角等在同一釜中烧炼而得出透明发光的玻璃。此乃自然界隐约的变化机制在该简单过程中之再现。结束《天工开物》之际,特记于此。

附　录

一、古今度量衡单位换算表

《天工开物》原著中所用的度量衡单位为明代制度，与今不同。为便读者，特据吴承洛撰著、程理濬整理的《中国度量衡史》(1957 年版)，将明制换算成公制如下：

	明制及进位法	折　合　公　制
长度	1 厘 1 分 = 10 厘 1 寸 = 10 分 1 尺 = 10 寸 1 丈 = 10 尺 1 里 = 180 丈	0.311 毫米 3.11 毫米 = 0.311 厘米 3.11 厘米 = 0.311 米 31.1 厘米 3.11 米 559.8 米 = 0.559 8 公里
面积	1 平方寸 1 平方尺 = 100 平方寸 1 平方丈 = 100 平方尺	9.672 1 平方厘米 967.21 平方厘米 = 0.096 7 平方米 9.672 1 平方米
地积	1 厘 1 分 = 10 厘 = 6 平方丈 1 亩 = 10 分 1 顷 = 100 亩	5.803 3 平方米 58.032 6 平方米 580.326 平方米 = 5.803 3 公亩(a) 5.803 26 公顷(q)
体积	1 立方寸 1 立方尺 = 1 000 立方寸 1 立方丈 = 1 000 立方尺	30.080 2 立方厘米 300.802 立方厘米 = 0.030 08 立方米 30.080 2 立方米

	明制及进位法	折合公制
容积	1 合 1 升 = 10 合 1 斗 = 10 升 1 石（dàn）= 10 斗	10.737 毫升 = 0.173 7 公升 1.737 公升 10.737 公升 107.37 公升
重量	1 分 1 钱 = 10 分 1 两 = 10 钱 1 斤 = 16 两 1 钧 = 30 斤＊ 1 担 = 100 斤	0.373 克 = 3.73 毫克 3.73 克 37.3 克 = 0.373 公斤 596.82 克 = 0.596 82 公斤 17.904 6 公斤 59.682 公斤

　　＊《天工开物》有时用"钧"表示 1 斤，有时表示 30 斤。如万钧钟指万斤钟，宜注意。

二、二十四节气及时辰换算表

《天工开物》很多地方谈作物播种及收获季节时,用二十四节气表示。中国古代根据太阳在黄道上的位置(黄经),将一年划分 24 段落,包括雨水、春分等 12 节气及立春、惊蛰等 12 节气,统称二十四节气。在表示时间时则用十二时辰,将一昼夜分为 12 等分(时辰),以十二支名之。现将这两者换算成公制列于如下两表:

二十四节气换算表

春季	节气名	1. 立春	2. 雨水	3. 惊蛰	4. 春分	5. 清明	6. 谷雨
	节气公历日期	2 月 4 或 5 日	2 月 19 或 20 日	3 月 5 或 6 日	3 月 20 或 21 日	4 月 4 或 5 日	4 月 20 或 21 日
夏季	节气名	7. 立夏	8. 小满	9. 芒种	10. 夏至	11. 小暑	12. 大暑
	节气公历日期	5 月 5 或 6 日	5 月 21 或 22 日	6 月 5 或 6 日	6 月 21 或 22 日	7 月 7 或 8 日	7 月 23 或 24 日
秋季	节气名	13. 立秋	14. 处暑	15. 白露	16. 秋分	17. 寒露	18. 霜降
	节气公历日期	8 月 7 或 8 日	8 月 23 或 24 日	9 月 7 或 8 日	9 月 23 或 24 日	10 月 8 或 9 日	10 月 23 或 24 日
冬季	节气名	19. 立冬	20. 小雪	21. 大雪	22. 冬至	23. 小寒	24. 大寒
	节气公历日期	11 月 7 或 8 日	11 月 22 或 23 日	12 月 7 或 8 日	12 月 21 或 22 日	1 月 5 或 6 日	1 月 20 或 21 日

时辰换算表

时辰名	折合 24 小时制	时辰名	折合 24 小时制
子	23:00—1:00	午	11:00—13:00
丑	1:00—3:00	未	13:00—15:00
寅	3:00—5:00	申	15:00—17:00
卯	5:00—7:00	酉	17:00—19:00
辰	7:00—9:00	戌	19:00—21:00
巳	9:00—11:00	亥	21:00—23:00

三、插图目录

编　号	插图名称	流水号	图中劳动者人数
图 1-1	耕（耕地）	1	1（驱一牛）
图 1-2	耙（碎土）	2	1（驱一牛）
图 1-3	籽（稻田壅根）	3	2
图 1-4	耘（稻田拔草）	4	2
图 1-5	筒车汲水	5	0
图 1-6	牛力转盘车水	6	1（驱一牛）
图 1-7	踏车汲水（人车）	7	2
图 1-8	拔车	8	1
图 1-9	桔槔	9	1
图 1-10	北耕兼种（北方麦的耕种农具）	10	1（驱一牛）
图 1-11	北盖种（北方压盖麦种）	11	2（驱一驴）
图 1-12	南种牟麦（南方点播种麦）	12	2
图 1-13	耨（锄草）	13	2
图 2-1	湿稻田里击稻	14	2
图 2-2	稻场上击稻	15	2
图 2-3	赶稻及菽	16	1（驱一牛）
图 2-4	木砻	17	2
图 2-5	土砻	18	2（一男一女）
图 2-6	风扇车	19	2

编 号	插图名称	流水号	图中劳动者人数
图 2-7	踏碓、杵臼	20	3
图 2-8	水碓	21	0
图 2-9	牛碾	22	1(驱一牛)
图 2-10	磨面水磨	23	0
图 2-11	面罗	24	1
图 2-12	小碾	25	2(均妇女)
图 2-13	打枷	26	2
图 3-1	布灰种盐	27	2
图 3-2	淋水先入浅坑	28	1
图 3-3	牢盆煎炼海卤	29	4
图 3-4	池盐	30	3(驱一牛)
图 3-5	四川井盐	31	3(驱一牛)
图 4-1	轧蔗取浆	32	1(驱一牛)
图 4-2	澄结糖霜瓦器	33	1
图 5-1	南方榨	34	3
图 5-2	炒、蒸油料	35	2
图 5-3	轧柏子黑粒去壳取仁	36	4
图 6-1	山箔(蚕在筛席上结茧)	37	1(女)
图 6-2	治丝(缫车缫丝)	38	1
图 6-3	调丝(绕丝)	39	1
图 6-4	纺纬	40	1
图 6-5	牵经工具	41	2
图 6-6	过糊(浆丝)	42	0

编　号	插图名称	流水号	图中劳动者人数
图 9-5	铸钱	66	6
图 9-6	锉钱	67	2
图 9-7	日本国造银钱	68	2
图 10-1	锤锚	69	15
图 10-2	抽线琢针	70	4
图 10-3	锤钲与镯（锤锣）	71	8
图 11-1	造瓦坯	72	2
图 11-2	瓦坯脱桶	73	1
图 11-3	泥造砖坯	74	2
图 11-4	砖瓦浇水转釉	75	2
图 11-5	煤炭烧砖	76	2
图 11-6	造瓶	77	3
图 11-7	造缸	78	2
图 11-8	瓶窑连接缸窑	79	2
图 11-9	造圆形瓷器陶车及过利	80	2
图 11-10	瓷坯汶水（沾水）	81	2
图 11-11	瓷器过釉	82	2
图 11-12	坯体上画回青	83	2
图 11-13	瓷器窑	84	2
图 12-1	煤饼烧石成灰、烧蛎房	85	1
图 12-2	凿取蛎房	86	1
图 12-3	南方挖煤	87	4
图 12-4	烧皂矾	88	0

续　表

编　号	插图名称	流水号	图中劳动者人数
图 12-5	烧取硫黄	89	0
图 12-6	烧砒	90	2
图 13-1	砍竹、沤竹	91	2
图 13-2	蒸煮	92	1
图 13-3	荡帘抄纸	93	1
图 13-4	覆帘压纸	94	1
图 13-5	焙纸	95	3
图 14-1	研朱砂、澄朱砂	96	5
图 14-2	升炼水银（从朱砂升炼出水银）	97	2
图 14-3	银复生朱（从水银再升炼出银朱）	98	1
图 14-4	燃扫清烟	99	2
图 14-5	取流松液、烧取松烟	100	2
图 15-1	漕船	101	7,此外有一名乘客
图 15-2	六桨课船	102	6,另有四人坐船板上,一人坐船内
图 15-3	合挂大车	103	2(驱八匹马)
图 15-4	双缮独轮车	104	1(驱二驴)
图 15-5	南方独轮车	105	1
图 16-1	端箭、试弓定力	106	2
图 16-2	张弩、连发弩	107	2
图 16-3	百子连珠炮、将军炮	108	0
图 16-4	神威大炮	109	0

编　号	插图名称	流水号	图中劳动者人数
图 16-5	流星炮	110	0
图 16-6	地雷	111	0
图 16-7	混江龙（水雷）	112	0
图 16-8	鸟铳	113	2 名士兵射击另二敌人
图 16-9	万人敌（地滚式炸弹）	114	11 名士兵
图 17-1	长流漂米	115	2
图 17-2	拌信成功、凉风吹变	116	2
图 18-1	掷草垫防漩涡、没水采珠	117	6
图 18-2	扬帆采珠、竹笆沉底	118	3
图 18-3	下井采宝	119	6
图 18-4	宝气饱闷	120	6
图 18-5	白玉河	121	2
图 18-6	绿玉河	122	3（均妇女）
图 18-7	琢玉	123	1

人文科学篇

导 言

——写在《野议》《思怜诗》《论气》《谈天》译注之前

一、《野议》等四种的问世和初刊本的发现

宋应星的《天工开物》是优秀的科学技术专著,总结了明及明以前中国在农工业方面取得的科技成果,也反映出宋应星的科学思想和科技成就,这已为中外学术界所认同。而他的《野议》《思怜诗》《论气》和《谈天》四著则反映出他在政治、经济、哲学和科学观方面的思想,说明宋应星是驰骋于自然科学和人文科学两大领域内并都有所建树的学者。过去因为人们对《野议》等的注意和研究力度不够,宋应星在人文科学方面的成就一度被他在科学技术方面的成就所掩盖,主要原因是这几种著作的明刊孤本收藏在江西南昌一隅,不易为读者看到。直到20世纪70年代才排印出版。此后随着研究的深入,宋应星作为科学家兼思想家在中国学术史中的地位才被确认,他在自然科学和人文科学方面的思想才被全面了解。为方便广大读者,特别是青少年读者能读懂《野议》等作品,笔者除对原文作校勘、标点外,还将其译成现代语体文,并对古代用语、典故作出注释,且译注与原文逐段紧密衔接,对读方便。这样做还有助于对中国文化感兴趣的外国汉学家解读,以便译成外国语,为世界更多读者所周知。在读者阅读译注正文前,有必要对这些作品的

成书情况、年代、内容及其中主要思想作出译介。

关于宋应星的身世及生平，《天工开物》的导言中已经作了介绍①，此处不赘，而主要谈其人文科学四著内容。《野议》等四种都写于 17 世纪 30 年代，即明代末期。从世界史角度看，16—17 世纪欧洲处于后文艺复兴时期，资本主义生产方式正在兴起、发展，封建制走向崩溃，他们经历了人文主义启蒙、宗教改革和科学革命等思想运动，封建制所赖以维系的意识形态已被摧毁，取而代之的是适应资本主义的意识形态。

16—17 世纪社会政治、经济、科学和思想文化等方面的复兴运动是一种世界现象，好像一次巨大的地壳运动，在另一端的中国也发生了巨大变化。16—17 世纪，中国处于明代后期和明清之际，史学家称之为"天崩地解"的时代，认为该时代的启蒙思想家具有"别开生面"②的特色，不无理由。中国封建社会到明中叶（1460—1552）已进入其发展的后期，明初永乐、宣德盛世（1403—1435）已成过去，统治者昏庸无能，政权腐败，对人民剥削日重，多次激起民变，国运日益衰落。明中叶以后，政治更加黑暗。东北崛起的女真族建立的后金政权对明政权构成新的威胁，加之各地自然灾害不断，逼得人民走投无路，只好揭竿而起，掀起明末农民大起义的序幕。明代统治气数已尽，至 17 世纪 30 年代已面临政治、经济的全面危机，处于覆灭的前夕。

另一方面，明代后期社会也出现一线生机，由于社会生产力的提高和商品经济的发展，中国内部有了资本主义的萌芽，

---

① 详见潘吉星：《宋应星评传》，南京大学出版社，1990 年及 2011 年典藏版。
② 侯外庐：《17 世纪的中国社会和启蒙思潮的特点》，《中国资本主义萌芽问题讨论集》，三联书店，1957 年，第 91 页。

表现在社会经济关系和工农业内部结构中。这将进一步促进封建社会的瓦解并推动科学技术的发展，同时反映市民利益的思想也在形成。

明代后半期各种社会矛盾错综复杂地交织在一起，而且越演越烈，其中有统治阶级压迫、剥削城乡人民而引起的阶级矛盾，有女真族统治集团与汉族等各族人民之间的民族矛盾，有封建势力与正在兴起的资本主义工商业主之间的矛盾，更有统治阶级中的大官僚地主与中小地主、正派官僚与邪派、阉党之间的内部矛盾。当社会处于大动荡、大分化的天崩地解时期，各阶级代表人物都会登上历史舞台，而民族精英也要发出呐喊。

正如欧洲出现意大利人康帕内拉（Tommas Campanella，1568—1639）、蓬波纳齐（Pietro Pomponazzi，1462—1524）、伽利略（Galilei Galileo，1564—1642）和荷兰人伊拉斯谟（Desiderius Erasmus，1466—1536），还有德国人开普勒（Johannes Kepler，1572—1630）和英国人培根（Francis Bacon，1561—1626）那样，明末中国也出现了李时珍（1518—1593）、徐光启（1562—1633）、宋应星、黄宗羲（1610—1695）、顾炎武（1613—1682）和王夫之（1619—1692）等。虽然他们相距遥远，属于不同国度，彼此又无联系，但出于历史责任感，都对封建社会及其意识形态展开了猛烈的抨击，因而中国人也以自己的方式参加了世界范围内反封建的思想运动并作出贡献，应当在世界思想史中写上一笔。本书介绍的宋应星《野议》《思怜诗》《论气》和《谈天》等作品，就是17世纪中国启蒙社会思潮的代表作。但宋应星传记的最早作者，其族侄宋士元（1649—1719）在《长庚公传》(成书于约 1666 年)中列举宋应星著作时只提到《天工开物》《画音归正》《厄言十种》及《美利笺》等书①,而未载《野议》和《思怜诗》,只能说属于漏记。对我们现代人而言,这些作品一直到 20 世纪 30 年代才引起学者注意。

1933—1934 年江西省教育厅编纂《江西乡贤事略》时,《宋应星事略》作者崔骥及谢康二位从南昌藏书家蔡敬襄(1877—1952)先生处借得其所藏《野议》等四种的明崇祯刻本,首次对其内容加以评述、介绍。《事略》于 1935 年 1 月由江西省教育厅铅字排印②,除流通于本省外,还向外省有关部门分发。1963 年笔者在北京图书馆柏林寺分馆看到此本。按:蔡敬襄,字蔚挺,江西新建人,民国初年任江西省教育厅视学十余年,走遍全省八十余县,每至一处必访求当地江西人著述及地方史志。他在分宜县视察时得《野议》等四种残破的明崇祯年刻本③,长期秘不示人,藏于他在南昌凌云巷设立的蔚挺图书馆。卒后,其全部藏书于 1952 年捐赠江西人民图书馆(今江西省图书馆前身)。1963 年 4 月,笔者得见此原本并获许将其重抄一过,且制成缩微胶卷,带回北京。此四种原为散卷,首尾页均残破,蔡敬襄将其合订成一册,卷前有其手书"明宋应星《野议》《论气》《谈天》《思怜》四种著作　蔚挺图书馆珍藏",并钤有"江西省蔚挺图书馆章"之隶体阳文方形朱印(图 1)。这四种版面、字体及纸

---

① (清)宋士元:《长庚公传》,宋立权、宋育德:《八修新吴雅溪宋氏宗谱》卷二十二,奉新敦睦堂木活字本,1936 年,第 7 页。

② 崔骥、谢康:《明奉新宋应星事略初稿》,载《江西乡贤事略初稿》,江西省教育厅刊印,1935 年,第 89～94 页。

③ 王咨臣:(南昌古旧书店)致潘吉星的信(1976.11.20 发自南昌)。

张均同,应是在同一地方先后付梓。版框均直高 21 cm、横宽 13 cm,每半叶 9 行,行 21 字,正文字径 0.9 cm,印以浅黄色粗制竹纸,印刷字体与《天工开物》同,版式亦同,只是这四种用纸质量差些,刷印时多处划破。因这是由宋应星出资雇人刊刻,其手头较紧,所以用了很便宜的薄竹纸。此四种不见于其他藏书家著录,亦不见于国内外图书馆书目,可谓

图 1　蔡敬襄在其所藏《野议》等四种著作合订本封面上的题签及钤印

海内外孤本,是除《天工开物》以外现存仅有的宋应星在人文科学方面的著作,足可与《天工开物》互补,有助于全面了解宋应星的思想。

二、《野议》的成书年代及内容

《野议》序题"崇祯丙子暮春下弦日,分宜教谕宋应星书于学署"(图 2),时当崇祯九年春三月二十二日(1636 年 4 月 29

日），宋应星写于县学官署，应在《天工开物》刊行前一年问世。全书称万言，经仔细统计实为 11 433 字。书中有圈点和个别批语，说明在蔡敬襄以前已有人读过，但并未留下姓名及钤印。所谓"野议"，是对朝议而言，是在野者对国家大事的议论，宋应星虽身为无官位的县学教谕，但认为自己不能对社会面临的危机保持沉默，而要大声疾呼，表达出乱世中有识之士的心声，以表达国家兴亡匹夫有责，与那些导致明亡的文臣武将的丑行形成鲜明对照。

图 2 《野议序》书影

全书共十二议，计有《世运》《进身》《民财》《士气》《屯田》《催科》《军饷》《练兵》《学政》《盐政》《风俗》和《乱萌》等，谈到了明末社会的各种问题，说明宋应星在留心科学技术、写作《天工开物》的同时，还关心国家命运，且积极出谋献策，借以唤起社会共鸣。这部书实际上是政论集，发表其所持社会、政治和经济观点。写作此书的直接动因是，崇祯九年（1636）春，宋应星及其友人——当时任分宜知县的广西全州人曹国祺（约 1600—1645）赴钤山郊游饮酒赋诗，值县

图 3　《野议·世运议》书影

役送来政府发行的新闻简报（邸报），内载有人（新安武举人陈启新）因一纸空洞奏文《论天下三大病根》，未经考核立得美官。宋应星读后，以为所议肤浅，曹知县想听听他对天下病根的见解，并建议其写成文字以供同道者交流。于是他回到县学学署后，便迅速构思，连夜奋笔疾书，写成万言《野议》（图 3）。

　　宋应星之所以能很快写成此书，是因为他早已成竹在胸，此前六次北上会试及在各地长途旅行中，行程数万里，足迹遍及十七个省的城乡，亲见考场、官场弊政及各种社会黑暗现象，并在历次会试的策论中对此作出分析，提出应对措施。因其观点与看重八股文章的考官相左，故屡试不第。故他便在《野议》

中将平日看的和想的都一股脑地写出来，一吐为快。在这衰世、乱世中眼看要成亡国之民，他忧心忡忡，却仍对国家前途抱有一线希望，便像一位医生给垂危患者诊病那样，分析乱世社会各种表象，找出致患之根，开出治国安民良方，供统治者采纳。

书中揭露了明末弊政百出已积重难返，表现在吏政、财政、学政、军政、民政和法政等各个方面，都是封建社会的结构性弊病，任用各级文武主官，不是靠才德，而靠八股文章，及行贿、奉承和私人关系，结果性贪才拙之人成为当权派。宋应星为此提出"为官之道"和"选官之道"以反制，指出为官者应忠心爱国，守土保疆，清操自砺，有为国捐躯之想，选官者应大公至正破情面，以才德录用，则有才有德之人得以施展其抱负，贪官污吏不能逞其技。(《进身议》《士气议》)

明政权为筹措军饷、维护统治，一再增加苛捐杂税，横征暴敛，搜刮民财，派衙役催征。宋应星对此揭露不遗余力：他指出农民膏血有限，实在不能堪此重负，毫无生计可言，最后只能揭竿而起，参加起义军队伍以武力反抗朝廷，这是官逼民反，致乱之源。他主张减少税目，免征旧日欠款，实行一次完税。税额控制在农民能忍受的限度内，使其安心务农，国家才有足够粮食。(《催科议》《乱萌议》)盐税是国家重要财政收入来源，但因对盐商重重课税，使其无利可图，致使商贫而盐政无所作为。宋应星提出改革盐政，实行一次性收税，贩运至各处不再课税，贩盐如贩五谷，则盐税收入必增，官府必日见钱流地面。(《盐政议》)

政府财源取之于民，而民穷财尽正是造成明末经济危机的原因。宋应星认为只有摆脱这种局面，社会才能转危为安，由乱而治。他认为整个社会财富都是工农群众通过劳动创造出来的,而所谓财富乃通指工农业百货,并非专指货币或银钱,有了大量百货,则黄金、白银可呼而至,商人就会持钱前来进行贸易。(《民财议》)他的这种财富观是对经济学原理的一大贡献。只有 1776 年英国古典政治经济学奠基人亚当·斯密(Adam Smith, 1723—1790) 在其《国富论》(*An Inquiry into the Nature and Causes of the Wealth of Nations*)中才有了同样的认识[①]。为增加社会财富,宋应星还提出厚农,扶工,资商说,主张农、工、商三者废一不可,以农业为主体,以工业为两翼,以商业为农工产品的流通渠道。对农、工、商都要给予重视和扶持,使国民经济全面而均衡地发展。他还猛烈抨击高利贷剥削和疯狂的土地兼并,将其视作对社会安定有破坏力的祸源。

在军政方面宋应星提出"为将之道"和"求将之道"作为准则。为将者应志在报国,不图名利,临危不惧,不一定会骑射,但懂兵法,指挥若定,遇有过失能严于律己,豪言誓于军前,必能建功立业。"求将之道无他,精诚在家国与封疆,则奇才异能之人崛起而应之。"通过考核才干及品行而选将才,上下级之间以精诚感召,不靠送礼阿谀、拉拢私人关系,军政就能走上正轨。(《练兵议》)为维持百万军队,明廷苦于筹措不到足够的粮饷,便向农民加派辽饷、剿饷、练饷等税目,逼得民不聊生,必酿成民变。

宋应星指出,靠加税筹饷并非上策,主张恢复屯田制,即由镇边驻军自行耕种粮菜,实行奖罚制,由总督、总兵官巡视检

---

①   Ammer, Christine. *Dictionary of Business and Economics*, 428. London, 1984; *The Encyclopaedia of Philosophy*, 7:463. New York, 1967.

验,中下级军官亲自参与,种粮、练兵两不误。军士屯田明初已有实行,明太祖有"养兵十万,不费民间一粒米"之语,但明中叶以后已名存实亡,至明末又重新提起。(《屯田议》)宋应星在议屯田开辟饷源的同时,还主张俭省开支,首先从朝廷做起,应免除各省的无益进贡,将省下的大量银钱用于军饷。(《军饷议》)

宋应星重视武器在战争中的作用,但更看重使用武器的人的作用,尤其是将领及其所率士卒的精神面貌——士气的作用,士气盛就能提高战斗力。(《士气议》)明军有 120 万人,武器装备精良,但不敌在人数和装备上均居劣势的农民军和清兵,究其原因是宋应星所说的军政腐败、用将不当、指挥不力。真正有将帅之才、屡获大捷的袁崇焕(1584—1630)将军反被朝廷屈杀,这是自毁长城。

明代从中央到地方各级文武官员,都是在学校里培养出来的,再通过科举考试取得举人、进士功名,由吏部、兵部诠选或高官荐举而进入仕途。而科举考试以写作空洞的八股文章为测试内容,于是学校教育也是为应付科举考试,完全脱离实际。宋应星指出科举制在明朝推行三百年而不变,已经走向反面,垢端百出,究其原因是由吏政、学政腐败所造成。由于官场贪污成风,因而做官便成为发财的途径和目标,有钱人便千方百计让子弟进入学校,再经考试取得功名,请人荐举取得官位。但不肖子弟学习成绩差,亦可贿赂官员而横占名额,而教官之权甚微,欲淘汰劣等生,府县官员便出面加以阻止。考试成绩差的,则通过考场作弊而蒙混过关。混得功名者,为保证得到官职,便花钱请官绅推荐入仕,荐举人与被荐举人气味相投。在八股文章之内,这些应举的书生竟不知做官要有何本领,只懂贪财惜命。文官不懂如何应对时艰，武将不懂兵法，如何能成为好官？政权、兵权掌握在这类人手中，则国家危矣。

另一方面，穷苦人家的聪颖子弟虽文章佳熟，因无门径，再三应考而不得入府县，计无复之，便加入造反队伍中。宋应星认为已到对科举取仕制实行变革的时候了，并提出相应措施。（《进身议》《学政议》）他还认为学生只在学校习儒学、写八股文，远不能适应走向社会的工作需要，主张重视实学，包括经济学、军事学和科学技术等，指出不懂实学是儒者之耻。

宋应星指出，明末除弊政百出外，还伴随着由文武官员带动的不良社会风气的蔓延，表现在留恋官位、贪污纳贿、追求享乐与浮夸、士气不振、掩败为功等，这样下去，国家就没有希望了。这种社会风气像瘟疫一样，也对下层人民产生了思想腐蚀作用。当然也不能否定统治阶层中有比较正派的清官，如东林、复社成员，但他们常受到排挤和打压。针对这种情况，宋应星主张移风易俗、崇尚节俭与朴实，为官者应清操自砺、忠于职守、临危不避、大公至正。因为风俗是人心造就的，故人心所趋可以造就风俗。风俗一变亦可移易人心，人心和风俗是相互影响和改变的。基于这一认识，宋应星想借舆论的力量提出与不良风气对立的有正面影响的风俗论。如能移风易俗，就可以使人心安定，人心定就能安于职守，安守职业本分就能改变风俗，风俗一变就能将社会动乱息止于萌芽之中。（《风俗议》《士气议》）国家的衰败，通常与社会风气日下相表里。18 世纪英国史家吉本（Edward Gibbon，1737—1794）在《罗马帝国衰亡史》（*The History of the Decline and Fall of the Roman Empire*，v.1—5，1776—1788）中也分析了古罗马帝国的衰落与社会贪污腐败、追求享乐等风气有关，与宋应星不谋而合。宋应星的《风俗论》比吉本的书早一个世纪问世，具有历史意义和现实意义。

总之，宋应星基于万历、天启和崇祯三朝在南北各省城乡所作的社会考察，他亲眼目睹因政权腐败、政策失误所造成的各种社会黑暗现象，在《野议》中皆予以系统揭露与批判，指出这是导致社会动乱和国运衰败的祸源。作为有正义感的爱国知识分子，他不愿看到这种局面再持续下去，导致国破家亡，因此提出改革各种弊政的措施，希望统治者有变法图强的决心，而他此书亦可看作是变法条陈。他在开始下笔时仍对国家前途抱有期待，认为时局有救，但当写到结尾时，竟慨叹道："《野议》及此，涕泣继之，不知所云矣！"实际上此时明政权已处于覆灭前夕，回天无力，但宋应星并未醉生梦死、麻木不仁或听天由命，而是积极提出改善现状的主张，尽到国民的义务。他与其他批判思想家一道发出进步的政治、经济思想的声音，表明乱世中自有社会精英在。

宋应星的书是反映明末社会真实面貌的一面镜子，对我们认识封建社会是有帮助的，关于政治、经济，有不少独到见解，是中国思想史的珍贵遗产。

但应指出，他的治国理念和变法条陈是在维护封建统治的前提下对政策作出局部调整，他没有认识到所有弊政都来自封建制度本身，只有推翻封建统治才能铲除弊政祸乱之根。因此当饥寒交迫的农民无法活下去被逼拿起武器推翻封建统治时，他便站在了农民起义的对立面，这是他的历史局限性。另一方面，他又伸张民族大义，反对清朝统治集团对中原人民实行民族压迫，在南方制造抗清舆论，与人民群众站在了一起。

三、《思怜诗》的成书年代和内容

《思怜诗》一卷,是宋应星自选诗集,其版式、尺寸、墨色和用纸与《野议》完全相同。从版本学角度观之,当是同时同地付梓。《野议》是崇祯九年(1636)春三月宋应星任江西分宜县教谕时自费出版的,而《思怜诗》刊行亦当在这一年。可惜,该书序中署年款的一页脱落,但我们仍能从残存序文中考得其刊年。序中说:

> 夙因结习,束发即事沈郎。……刻羽引商,造成自嬉。玩货三十余年,握之盈把。
>
> 今秋吐残鸡肋,归隐东皋,携筐搜寻积年零杂铺陈短律长排,忏悔口业,则见半类闲情靖节,半邻感慨子安。据梧而思,非志淫而露少年狂,即怨天而呈小人态,付之一炬,此物奚宜住世哉! 中有《思怜诗》一卷,乃近年某月朔,鸡鸣肃坐,若有远寄,穷日所为。(图 4)

弄清"今秋"是何年,也就解决了刊年问题,为此需对序文作出解说。古时男子成童时需将其头发束成高髻,谓之束发。《礼记・内则》指出,男子十三岁时学音乐、诵诗及文舞。成童时学武舞、射箭和驾车。二十岁时着冠(谓之弱冠),三十岁时娶妻成家。汉代经学家郑玄(127—200)注《内则》时将十五岁以上(含十五岁)至二十岁以下定为成童年龄[①]。一般以十五岁为束发之年,以二十岁为弱冠之年或成人之年。"沈郎"指梁朝

---

① 　(汉)郑玄:《十三经注疏・礼记注》,世界书局,1935 年,第 1470 页。

图4 《思怜诗序》书影

诗律学家沈约（441—513），"即事沈郎"指练习写诗。"鸡肋"典出《三国志·魏志·武帝纪》，喻乏味又不忍舍弃之物。"吐残鸡肋"指宋应星从教谕职务中解脱出来。他对任此职并不情愿，但又只好如此，亦能恪尽职守。任职期为崇祯七至九年（1634—1636）。职满后，他归隐东皋，即分宜县郊，等待考核与授新职。

我们知道宋应星生于万历十五年丁亥（1587），至十五岁束发之年从事写诗，时当万历二十九年。再过三十五年已至五十岁，时在崇祯九年，诗稿积起已有一大把。这年秋天，他在分宜任职期满，从县学官署中迁出，临时居住在城郊，等待上级派员前来考核。此时各种经历已使他思想更趋成熟与激进，变成新我。再回头重看青少年时的诗作，以为不妥，遂统统烧掉，表示与旧我划清界限。只有《思怜诗》一卷是新作，反映其当前思想意境，而且像《野议》一样，也是穷日所为，遂保留下来，于崇祯九年秋出版。

通过以上所述，考定《思怜诗》是1636年春《野议》出版后不久于同年秋出版，这是有充分依据的。但有的学者将诗集刊行年代定在崇祯十三年（1640），即他辞去福建汀州府推官后回故乡奉新时[①]。比我所考定的刊行年代晚了四年。想我难以同意这一结论，问题就出在他们将"束发"与"弱冠"的年龄混同，定在二十岁，这就错了。前引论述礼制的经典《礼记·内则》及汉儒郑玄注中，明确讲束发之年始于十五岁，弱冠之年定于二十岁。《礼记·曲礼》也说"二十曰弱冠"，将十五岁束发之年当成弱冠之年，于《礼》不合。其次，很难想象1636年宋应星任江西分宜教谕时刊行的《野议》与1640年辞去福建官职后居奉新时刊行的《思怜诗》会用同样的纸、墨刷印，这是违反版刻通例的。

还有人将《思怜诗》刊行年代定在崇祯十三至十六年（1640—1643）其在奉新时期[②]，这种可能性就更小了。因1642—1643年奉新、安义、靖安一带爆发李肃十、肃七领导的红巾军起义，宋应星"破产募死士"，与南瑞兵备道陈起龙等人最终平定了红巾军起义。那么在家乡处于极度动乱时期，他怎么有心情与可能出版自己的诗集呢？此外，序文中"归隐东皋"的皋义为沼泽或水边高地，笔者在奉新、分宜二地调查时发现，奉

---

① 　黄长椿：《宋应星〈怜愚诗〉试析》，《江西社会科学》，1982 年第 6 期；杨维增、陈庚：《宋应星〈思怜诗〉探析》，《江西社会科学》，1985 年第 2 期。
② 　邱锋：《宋应星及其〈天工开物〉》，《江西社会科学》，1981 年第 2 期。

新全境尤其北乡（今宋埠乡）没有这种地形，只有分宜地势如此。

《思怜诗》序现存280字，正文1 993字，共2 273字。其中有《思美诗》十首，都是七律，每首诗八句，每句七字；《怜愚诗》四十二首，都是七绝，每首四句，每句七字，共得五十二首，取二者之首字"思"与"怜"，名之为《思怜诗》。像《野议》一样，这些诗也是宋应星在心情激动的情况下疾笔草成的，因时局危急，没有时间考虑用字技巧。文藻虽不足列为上品，但有鲜明的思想性，其内容可与《野议》相表里，二者思想脉络也基本相同，因此在排列顺序上应紧跟在《野议》之后，而不应由《论气》《谈天》隔开。原收藏者蔡敬襄没有仔细研究它们之间的相互关系，在匆忙装订时将诗集放在最后，此次已作了调整，将《思怜诗》置于《野议》之后。

宋应星在《思怜诗序》中写到："古人有思而后有诗，今人不然。其人不足思，且亦未尝思，乃假哭佯欢，累牍而出之，斯亦不足贵矣。"他主张写诗首先要有思想动机和思想冲动，而诗必须反映写诗者的真实思想，诗才有意义，才可称为诗。这是他诗论的主导思想之一。他批判了当时文人无病呻吟的文坛陋习，也反对脱离现实社会单纯吟诵风花雪月和消极颓废、空发牢骚，提倡言志说，即诗应表达作者的志向。

宋应星以艺术的形式和诗的语言，用人物形象来反映他对人生价值取向的看法，具有哲理性和教化性，是他的人生哲学的具体体现，与西方文艺复兴时的人文主义思想是一致的。他所刻画的人物形象有贤美和愚丑两大类，分别见于《思美诗》和《怜愚诗》中，对前者予以表彰，对后者予以讥刺。此为诗人天职,也是他诗论的另一主导思想:诗是阐明人生应追求什么目标、应怎样做人、应当做什么样的人和不应当做什么样的人。这是与唐代诗人白居易倡导的新乐府运动主张诗应当"补察时政""救济人病"一脉相承的。

宋应星塑造的贤人形象可分为四个类型:(一)启蒙思想家,(二)文武双全的爱国官员,(三)德才兼备的学者,(四)自然科学家。他认为明末社会正需要这些社会精英作为挽救国运衰败的中流砥柱,这也是人们应当效法的榜样。他们不是与生俱备,而是通过磨炼和努力养成的,其他人只要肯效法,也能成为贤人。宋应星描述的愚丑人形象也可分为四类:(一)迷信神鬼之人,不相信人是其自身命运的主宰,需予启迪,使之觉醒。(二)贪图名利、奢侈纵欲和多子多孙之人,多属地主阶级、腐吏,应予讥刺,移风易俗。(三)放高利贷剥削穷人之人,应予批判。(四)祸国殃民、聚敛财宝、争权夺位,置国家命运及百姓死活于不顾之人,多属当权的封建主、阉宦及内阁权奸、大将副将,明代江山就败在这些人手中,应在鞭挞之列。

宋应星的政论诗虽然在艺术上欠缺典雅,但内容充实。为便今日读者了解其原意,笔者已尝试将其皆译成白话。

《怜愚诗》各首所谈的都是负面或反面形象,其中第六首批判放高利贷者:"青苗子母会牙筹,吸骨吞肤未肯休。直待饥寒群盗起,先从尔室报冤仇。"第十三首讥刺天启时阉党巨奸魏忠贤(1568—1627)及辽东经略杨镐(?—1629):"宦竖么麽秽浊躬,投缳旅店疾如风。官高经略师徒丧,俯首求生贯索中。"第二十首:"桐乡近宦一何愚,欲积鎏金百万余。数未盈时冤已集,一夫作难委沟渠。"第二十七首讽刺统治者、富贵人服长生丹药和愚人妄期点铁成金："天垂列象圣遵模，为问还丹事有无？万斛明珠难换颗，痴人妄想点金须。"

有些诗表面上看是讥刺一些历史人物，如唐玄宗纵情声色，宋朝卖国权奸秦桧、贾似道等，实际是借古讽今，骂给明末这类人听的。另有些诗揭露算命和风水先生的骗人伎俩，指出烧香、求佛无助于改变自己的命运，而为死者焚烧纸钱贿赂阴间更是浪费资财的无谓之举。宋应星写这些诗的目的是破除迷信，宣扬理性和科学，以启发民智。他还批评一些读书人麻木不仁，只求功名，不关心国家大事。《思怜诗》和《野议》都是明末启蒙社会思潮的代表作，宋应星作为中国近四百年早期启蒙运动的思想家是当之无愧的。

四、《论气》的刊行年代和内容

《论气》是宋应星有关物理学和自然哲学方面的著作，此著的序与《思怜诗》正好相反，序文首页脱落，但署年款的一页完整："崇祯丁丑季夏月，奉新宋应星书于分宜学署。"（图5）成书在崇祯十年（1637）六月，《天工开物》问世后两个月出版，无疑也写于分宜。序文216字，正文7 808字，总计8 024字。版式与《野议》相同。此著正文首页第一行有"论气第八种"字样，而《谈天》正文首页首行也有"谈天第九种"，说明二者应前后衔接，而在它们之前还至少应有七种篇幅与其相当的作品。宋应星族侄宋士元在《长庚公传》中载，宋应星尝著有《厄言十种》[①]，

---

① （清）宋士元：《长庚公传》，宋立权、朱育德：《八修新吴雅溪宋氏宗谱》卷二十二，奉新：敦睦堂藏板，1934年，第3页。

图 5　《论气序》书影

因此这两卷当是其中残存下来的两种。

　　"卮(zhī)言"一词出自《庄子·寓言》"卮言日出",陆德明《经典释文》注云:"卮器(盛酒器)满则倾,空则仰,随物而变,非执一守故者也。施之于言,而随人从变,己无常主者也。"后人常用此词作为对自己著作的谦称,如王世贞《艺苑卮言》等。如用现代语表达,"卮言"或可理解为"心里话"。《卮言十种》是宋应星于崇祯十年(1637)出版的小型丛书,含十种内容不同的短篇论著。

　　《论气》分为《形气》篇五章、《气声》篇九章、《水火》篇四章、《水尘》篇三章,以及《水风归藏》篇与《寒热》篇各一章,共六篇二十三章,取问答对话体,每章篇幅不大,相当于《天工开物》中的一节。宋应星作为以研究工农业生产技术见长的科学家,对哲学也有浓厚兴趣,促使他思考科学技术中的哲学问题,或对自然现象和工农业生产技术问题作出哲学概括,这是很可贵的。宋应星的哲学思想与明末思想界中的唯物主义思潮汇合在一起,他是明清之际唯物主义思想家的先驱者之一。

宋应星在哲学上继承了以东汉人王充、宋人张载等为代表的元气一元论物质观的唯物主义传统,吸取了宋人周敦颐和朱熹有关《太极图说》理论中合理成分,排除其错误解释,结合自己对各种自然现象的观察、思考,提出其理论。他将其自然哲学研究范围严格限于自然现象和技术活动,不推广用于社会现象,避免了其他哲学家在这方面犯错误。他在阐述其观点时,用语简洁明了,很少长篇大论、旁征博引,但逻辑性很强,一环扣一环。

宋应星的自然哲学思想首先围绕自然界万物起源及其发展变化问题而展开,这也是哲学的根本问题。围绕这个问题出现了不同派别,中国自古以来有唯物主义与唯心主义两大派,每派又有两种不同思想流派。

唯物主义认为万物起源于最原始的物质本原,按自然界固有规律发展变化。这一派又分一元论与多元论:前者主张万物最初本原只有一个,即元气;后者主张万物最原始本原有五个,即水火土金木五种元素。

唯心主义认为万物起源于精神性的本原"道"或"理"或"心",先有"道""理""心"然后有万物,而万物发展变化是"道""理""心"之表现。这一派又分两个流派:一派认为心之外无物,是主观唯心主义;另一派认为天地之间有"理"有物,而"理"

在物先，是客观唯心主义，此流派代表人物周敦颐、朱熹将古代的阴阳五行说为自己所用，引入"太极"概念，认为太极生阴阳，阴阳生五行，五行再生万物。同时又将五行细分为水火、土及金木三个由低级到高级过度的层次（见周敦颐《太极图》），在解释从太极至万物的发展演化方面逻辑更加严密。（图6）但最原始的太极则被朱熹释为属于精神性的"理"，而不是物质性的东西（《朱子语类》卷九）。

宋应星将宋代理学家《太极图》中的万物本原太极改造成物质性的本原"元气"，把被颠倒的事物又顺了过来，复归于王充、张载的唯物主义一元论物质观，又将其加以发展。在《论气》中他发表了有关万物本原的形气论，提出"盈天地皆气也"的哲学命题。这种气是无形、不可见的分散的原始物质，气外无"理"、无"道"、无"心"，与宋儒所谓"塞宇宙一理耳"截然相反。宋应星还引入"形"的概念，指出"天地间非形即气，非气即形……由气而化形，形复返于气，百姓日习而不知也……初由气化形，人见之，卒由形化气，人不见者，草木与生人、禽兽、虫鱼之类是也"（《形气一》）。

宋应星在元气与万物之间引入"形"这一物质层次，气通过形而化为万物，故将其理论称为"形气论"。又将形气论与周敦颐改进的阴阳五行说结合起来，形成宋应星的二气五行之说，再用此来解释万物由元气构成的历程。水火土金木五行不再是万物最原始本原，因皆由元气构成，且五行在形成上并非并列的，其中水与火是最基本的。"形而不坚、气而不隐者，水火之体也"，"二者介乎形、气之间，以为气矣而有形，以为形矣而

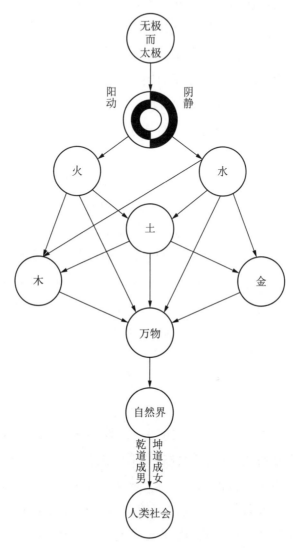

图6 宋人周敦颐《太极图说》中的万物化生图，
参见冯友兰《中国哲学简史》，潘吉星改绘(1990)

实气"(《形气二》)。水、火是形，但不固定；又是气，但不隐约；是气，却又有形；是形，又实为气。水与火介乎气与形之间，亦气亦形。二者又是阴、阳的最集中表现形式，火为阳气，水为阴气，均平分布于天地之间，再聚而为形。什么是形呢？宋应星指出，"凡世间有形之物，土与金、水而已"(《水火三》)。就是说，万物是由气、水、火通过土、金、木构成的形这一物质层次逐步发展起来的。

　　宋应星认为，土、金、木虽都是"形"，但三者也有层次关系，土介于水、火与金、木之间，较为基本，金由水、火及土构成，木由水、火、土及金构成(《水火三》)，土在水、火与金、木之间起沟通和介质作用。因水火土金木之间不再有传统五行说所主张的单纯并列关系，而是由简单到复杂的过渡关系，并举出科学技术实例作为证明。此观点与明代哲学家王廷相和科学家李时珍的观点是一致的，由于水、火及土、金、木的交互作用，产生无生命物质，最后又由无生命物质产生有生命物质，形成现实世界(图7)，比《太极图说》的描述(图6)更加严密。

　　宋应星指出，草木的基本物质载体是木或木质，而木生于水、火、土、金这些无生命基本物质，说明生物最初是从无生命物质生成、演变而来的，而动物界又是从植物界生成、演变而来的。他指出：

　　　　草木有灰也，人兽骨肉借草木而生，即虎狼生而不食草木者，所食禽兽又皆食草木而生长者，其精液相传，故骨肉与草木同其气也。即水中鱼虾所食滓沫，究竟源流亦草木所为也。(《形气四》)

图 7　据宋应星形气论及二气五行新论思想绘制的
万物生成、演化图，潘吉星绘(1990)

　　这就是说，植物皆含灰质，即由无生命物质成分构成，人与
动物躯体靠所食植物而生长发育，不食植物的猛兽，其所食之
禽兽亦皆食植物而长。因而动物与植物在物质构成上是一样
的，以"其精液相传"，即构成植物的基本物质成分和养料通过

植物传递到动物。因此在物质构成上，植物界和动物界以及无生命自然界与生命自然界之间没有不可逾越的鸿沟。

上述思想使宋应星认识到宇宙万物虽然多种多样，却存在物质构成上的统一性。这不但在原则上是正确的，还为后来自然科学发现所证实，在欧洲直到19世纪初科学界才达到这一认识。此前神创论和活力论（vitalism）一直禁锢西方科学家的头脑。根据这种哲学思想，无机界与有机界之间有不可逾越的鸿沟，生命体要靠神秘的"生命力"（vis vitalis）作用才能形成，不能从无机物形成有机物①。由于有机化学和有机合成（organic synthesis）技术的发展才最终将此唯心主义哲学从科学中驱逐出去。

宋应星在阐述从最根本的元气，经亦形亦气及形过渡到无机世界和生命自然界时，为我们提供了一幅万物生成与演化的图景（图7），其基本过渡层次为：元气→水、火（阴阳）二气→土→金、木→无生物→草木（生物）→动物（高级生物）。其中最根本的一步是从无生物到生物的质的转化。因受当时科学发展水平所限，他未能说明这一转化细节，但已从哲学上指明这一转化过程的存在。我们可根据他的思想绘制出万物化生图（图7）。试将宋应星的万物化生图与宋人周敦颐的太极图作一比较，就会看出前者的先进性和优越性。周图中构成万物本原的是精神性的"无极而太极"，对水、火、土、金、木相互过渡关系描述得不够严密，阴阳又脱离物质载体成为抽象的东西，更未指出生

---

① Schorlemmer, Carl. *The Rise and Development of Organic Chemistry*. London: Macmillan & Co., 1894, p.21；潘吉星译：《有机化学的产生和发展》，科学出版社，1978年，第16页。

物是从无生物生成的过程。所有这些不足都被宋应星逐一解决，他提供的万物生成图景是传统哲学中最为完善的一种，与我们现代的认识更为接近。

宋应星的万物生成论还充实并发展了宋人张载的元气一元论，后者虽提出万物由元气构成，但没有交代所经历的过程和中间环节，虽提出气有聚散而无生灭，气聚而为有形之物，气散而为无形之物（《正蒙·太和》），但其叙述仍欠明确与具体。为此，宋应星在《论气》中较清晰地阐明了物质不灭思想，他以土石、五金的变化为例写道："土为母，石为子，子身分量由亏母而生"，"土为母，金为子，子身分量由亏母而生"（《形气五》）。就是说，沙石和金属皆生于土，从土中取出多少沙石或金属，土中原有的沙石或金属便亏损多少。沙石或金属由土而生，有生亦有化，化仍归土，直至亿万斯年之后，沙石、金属经使用与耗损，又逐渐返还于土，故其总量在变化前后未尝增，亦未尝减。（《形气五》）总之，在万物由气逐步生成，又逐步返还于气的生化过程中，物质在总量上是守恒的，其具体形体有生有灭，但物质本身是不灭的。值得注意的是，宋应星的物质不灭思想不只是单纯的哲学议论，还辅之以科学技术论证，成为他思想中的另一亮点，后来被明清之际的王夫之在《张子正蒙注·太和》篇中发扬光大（《张子正蒙注》是对北宋哲学家张载《正蒙》一书作的注）。这种思想在西方只有在卢克莱修（Lucretius，99—55 BC）的著作《物性论》（De Rerum Natura）中偶尔闪现，后来便少有响应，直到 18 世纪才以科学定律形式确定下来。

宋应星在《论气·气声》篇中研究了声音发生、传播、声速和声调等一系列物理学中的声学问题,有些观点相当精彩。他指出声因气动而生,"静则气静,而皆无声;动则气动,而皆有声也"(《气声七》)。此处所说的气指空气(air),与《形气》篇中作为万物本原的气或元气是不同的。引起气动而成声,由两个途径实现,一是因两部分气相挤而成声:"两气相轧而成声者,风是也。人气轧气而成声者,笙簧是也。"(《气声二》)其二是以有形之物按不同方式破气而成各种音频的声,即"以形破气而为声",比两气相挤所产生的声更为丰富多样。以形破气能否成声,取决于破气动作的急缓(速度)和劲懦(力量)大小,即所谓"势"。从现代声学来看,逼气、破气动作的缓急与空气振动频率有关,振动频率大小又决定人能否听到声音及其大小。势达到适当的数值,气得"势"而成声。以击鼓而言,内外之气为革相隔,击鼓后内外气相应,用现在的话说即在鼓膜引起振动。击鼓速度和力量大小造成"势"值的不同,鼓声亦相应变化。《气声八》更提出声响无数、千变万化,因为"形、声一也,形万变而不穷,声亦犹之"。

《气声七》讨论声的传播介质、传播方式和声速问题,最为精彩。其中指出:"矢及百步,声之过也必倍焉……衡炮而爇冲之,火力止于一里,而山谷传声十里焉。总之,动气之故也。"此处指出两点,一是传播声音的介质是空气,二是单位时间内声所到达的距离比引声之物到达的距离远,声以很大速度传播。照此处所说,如求得箭或炮弹飞行速度,则声速不难求得,尽管数值不一定准确。我们现在知道,声在空气中传播速度是每秒331米。关于传播形式,他写道:

> 物之冲气也,如其激水然。气与水同一易动之物,以石投水,水面迎石之位,一拳而止,而其文浪以次而开,至纵横寻丈而犹未歇。其荡气也亦犹是焉,特微渺而不得闻耳。(《气声七》)

就是说,宋应星认为以物冲气产生的声,在空气中的传播方式很像以石击水所形成的水波扩散那样,按波的形式传播。他已有了关于声波(sound wave)的思想。他的声学思想与近代声学多相暗合,而且预告了后来声学理论发展的正确方向。为说明这一点,可看看在他前后欧洲科学家的有关工作。法国学者伽桑第(Pierre Cassendi,1592—1655)认为声的传播媒介是特殊的原子,英国学者德勒姆(William Derham,1657—1735)认为传播介质是空气或"以太"(ether)微粒或物质微粒,到底是什么仍拿不准。直到德国学者盖里克(Otto von Guericke,1602—1686)1654 年以抽气机作传声实验后,才证实声音的传播介质是空气[①]。至于声波概念,则是在这以后很久才建立的。因此宋应星的声学思想并不比同时代的西方科学家逊色,尽管他提出声波概念时还没能区分纵波和横波。

五、《谈天》的刊行年代和内容

《谈天》顾名思义是宋应星谈论天体之作,其序完整保留下

---

① Wolf, A. *A History of Science*, *Technology and Philosophy in the 16th and 17th Centuries*, 288—289. London: Allen & Unwin Ltd., 1935;沃尔夫著,周昌忠、苗以顺等人译:《十六、十七世纪科学技术和哲学史》,商务印书馆,1985 年,第 330—331 页。

来,序尾题款为"崇祯丁丑初秋月,奉新宋应星书于分宜学署"(图8),合1637年8月。此著篇幅不大,序文248字,正文1 950字,共2 190字,含两幅插图,计《日说》六章。如前所述,此著正文首页第一行有"谈天第九种"字样,则应是《卮言十种》中残存下来的第九种,其余皆已不可得见。宋应星虽素对天文感兴趣,但他并非职业天文学家,从这部作品内容观之,比起同时代的徐光启和王锡阐等人的天文学作品要略逊一筹,对西方文艺复兴以后由哥白尼(Nicolaus Copernicus,1473—1543)掀起的天文学革命所取得的新科学成果所知不多,也较少吸取,对西方天文学中正确的部分亦有所疑,如怀疑地圆说等。与其说《谈天》是天文学作品,还不如说是从哲学角度谈论天文现象(主要是日、月运行)的作品。此著必是他北上会试途中游山东

图8 《谈天序》书影

泰山,登日观峰观日出时所悟,再参考其他材料写成。其中最精彩的部分是用天文观测记录反驳宋儒朱熹在注释《诗经》时所发挥的天人感应说,此说曾由汉儒董仲舒系统化,成为封建神学体系的基础。此说认为天是自然界和人类社会的最高主宰,有意志,能干预人事,人君的活动亦能感天,使天以灾害或祥瑞对其表示谴责或褒奖,因而天、人间相互感应。

宋应星在《谈天》中将批判矛头直指宋儒朱熹,而朱氏哲学被明政府视为官方哲学,其所注儒家经典被当成科举考试用的标准版本,批判这位大儒是要有学术勇气的,并且必会受到当时儒学界的攻击。他知道这个后果,还要做,在自序中他就与朱熹《通鉴纲目》所载南北朝时发现有两个太阳相伴自西向东运行,两个月亮出现于西方,太阳出现于夜间,高三丈针锋相对。他认为这是道听途说,是南北朝史官缺乏主见记下来的。接下来又写道:揭示日月会合、日月食的奥秘,既犯泄露天机之戒,又受违背儒家学说之讥,然亦不必为此惊恐。但愿本书能流传后世,时下岂敢指望找到知己?(《谈天·序》)此书因而围绕日月食现象的解释向朱熹发出了挑战。

朱熹《诗经集传》卷五在注释《诗经·小雅·十月之交》载周幽王十一年十月一日(前771年9月6日)日有食之时,发挥了董仲舒的天人感应说,朱熹说:"然王者修德行政,用贤去奸,能使阳盛,足以胜阴。阴衰,不能侵阳,则日月之行虽或当食,而月常避日,故其迟速高下,必有参差,而不正相合,不正相对者,所以当食而不食也。各国无政,不用善,使臣子背君父,妾妇乘其夫,小人凌君子,夷狄侵中国,则阴盛阳微,当食必食。虽曰行有常度,而实为非常之变矣。苏氏曰:日食,天变之大者也。"①

　　应当承认,朱熹是位渊博的学者,在多个学术领域有深厚造诣,但他对日月运行及日月食所作出的解释显然偏离客观实际太远,宋应星对朱熹的学问虽然敬佩,但对其错误观点不敢苟同,在《谈天》第三章中他继承先秦哲学家荀况《荀子》中的天人相分思想,即"天行有常,不为尧存,不为桀亡"的思想,针对《春秋》《左传》《诗经》及董仲舒、朱熹著作中的天人感应说作了原则性的批判:

　　　　朱注以王者政修,月常避日,日当食而不食,其视月也太儇。《左传》以鲁君、卫卿之死应日食之变,其视日也太细。《春秋》"日有食之",太旨为明时治历之源。《小雅》"亦孔之丑",诗人之拘泥于天官也。(《日说三》)

宋应星在这段话中谈到四件事,件件击中要害:一是讲朱熹注《诗经》时说因君王修德行政而感动上天,则月常避日,日当食而不食。这是朱熹将月亮运行看得太随便了;二是《左传》载昭公七年四月甲辰(前535年3月16日)的日食是应鲁君、卫卿之死,认为这是看待太阳运行的短浅之见;三是《诗经·小雅》说日食预示周幽王昏暴召致亡国,认为这不过是诗人误信占星家的说法而已。宋应星认为这些儒家经典关于日月食的解释都是错误的,认为日月运行及其自然规律,与人事善恶没有任何关系。

---

① 　(宋)朱熹:《诗经集传》卷五,中国书店,1985年,第90页。

接下来，宋应星在《日说三》中用历史事实批驳天人感应说：

> 儒者言事应，以日食为天变之大者，臣子儆君，无已之爱也。试以事应言之：主弱臣强，日宜食矣。乃汉景帝乙酉至庚子，君德清明，臣庶用命，十六年中，日为之九食。王莽居摄乙丑至新凤乙酉，强臣窃国莫甚此时，而二十一年之中，日仅两食，事应果何如也？女主乘权，嗣君幽闭，日宜食矣。乃贞观丁亥至庚寅，乾纲独断，坤德顺从，四载之中，日为之五食。永徽庚戌迄乾封己巳，牝鸡之晨无以加矣，而二十年中，日亦两食，事应又何如也？

宋应星引用的这些史料来自历代正史中关于日食的记载，他指出：按照天人感应说，主弱臣强当应之以日食，但汉景帝时君德清明、众臣听命，十六年中却有九次日食；唐太宗时君权独断、后妃顺从，可谓阳盛阴衰，四年中却有五次日食。反之，新莽时强臣窃国无以复加，但二十一年间日仅两食；唐武周时，女后称帝、囚禁嗣君，但二十年间也仅有两次日食。在这种情况下，天和人又如何感应呢？可见此说毫无任何道理和根据，理应弃之。问题是，这种荒唐谬说载入学子必读的儒家经典及其注疏中，继续流毒，岂非怪事！宋应星意识到，他对儒说的批判未必能得到时人的体谅和了解，希望后世学者来评说。

《谈天》第一章还描述了作者登泰山观日时的感受：气从下向上蒸腾，光从上向下照射，这是千年来未揭示的奥秘。其迹象明确显现于泰山，人人得而见之，而解释天体的人却总是没有弄清，"以今日之日为昨日之日，刻舟求剑之义"。"刻舟求剑"一语出《吕氏春秋·察今》篇,比喻拘泥固执、不知变化。这是宋应星从万物处于不断运动、变化的辩证自然观出发,结合在泰山顶观日出的感受而悟出的思想。在他看来,太阳不但沿其轨道周行不已,而且其自身也处于不断变化之中,因而今日之日非昨日之日,明日之日非今日之日,认为今日之日为昨日之日者是拘泥固执、不知变化之义。他关于"今日之日非昨日之日"的命题有重大哲学意义,也与现代科学认识暗合,亦为同时代的人所赞赏。其友人新建学者陈弘绪(字士业,1597—1665)读到《谈天》后于《寒夜录》(约 1638)中写道:

> 日生一日,非以昨日之日为今日之日也。新吴宋长庚尝有此议,后当有信之者。[1]

此处所说新吴宋长庚即奉新人宋应星。这一思想与汉儒董仲舒所谓"道之大原出于天,天不变,道亦不变"的形而上学自然观直接对立,也不同于宋人张载所说"日月之形万古不变"。这是宋应星提出的创新思想。

正如陈弘绪所说宋应星的新思想后来一定有信奉者,明清之际哲学家王夫之在宋应星这一思想基础上,于《思问录·外篇》中写道:

> 天地之德不易,而天地之化日新。今日之风雷非昨日之风雷,是以知今日之日月非昨日之日月也。

---

[1] (明)陈弘绪:《寒夜录》卷下,北京国家图书馆善本部藏清代写本。

他还进而指出：

> 质日代而形如一，无恒器而有恒道也。江河之水，今
> 犹古也，而非今水之即古水。灯烛之光，昨犹今也，而非昨
> 火之即今火。水火近而易知，日月远而不察耳。爪发之日
> 生而旧者消也，人所知也。肌肉之日生而旧者消也，人所
> 未知也。人见形之不变，而不知其质之已迁，则疑今兹之
> 日月为邃古之日月、今兹之肌肉为初生之肌肉，恶足以语
> 日新之化哉？

这些精彩的议论比 19 世纪西方一些"大科学家、小哲学家"
还要高明，很像出于近代大哲人之口。现代科学发展已证实由宋
应星提出，而由王夫之所发挥的这种质日新的思想论述，哲学家
的理论思维和预示，常常走在近代科学家的前面，此又一例。

宋应星承认，天文学领域其道太精，并非他所擅长，却屡屡
谈天，不肯割舍。在阐述有关天文学哲学问题时，他能高屋建
瓴，不时迸发精彩思想、提出新的哲学命题，尽管在用语上没有
哲学家那样周延，且由于缺乏天文学专业知识或对已掌握的知
识未能及时更新，难免有错误见解。如怀疑地圆说、主张日月
天在形成等，会对其精彩见解起抵消作用。他没能像徐光启那
样吸取并研习后来居上的西方近代天文学成果。但宋应星在
农学和生物学思想建设中做得很好，有些方面领先西方同行，
因他在这两个领域内下了很深功夫，又是中国的长项和西方的
短板，以至 19 世纪欧洲科学家还要参引他被译成西文的作品，
这些作品被视为"权威著作"。

由于明末科举制的腐败和考官的昏庸,使志大才专的举人宋应星未取得进士功名,其入仕之途受阻,难以在施政方面干出一番大事业,但他及时调整了奋斗方向,决定走实学研究之路,以科学家、政论家和思想家身分写出并发表系列作品,同样可实现济国济民的目标,而且社会效益更大。如同时代英国人弗朗西斯·培根(Francis Bacon, 1561—1626)在《新工具》(*Novum Organum*, 1621)中所说,高官、卓越人物甚至国王建立的人事功业影响只及于个别地区,且持续时间不超过三代,而重大科学发明或有创新思想的作品甚至能改变世界的面貌,在更广大地区有持久影响。理论或思想一旦为群众所掌握,就会化作改天换地的巨大力量。我们认为宋应星《天工开物》《野议》等书的影响范围和深远程度胜过明代任何卿相,其著作之价值远远超过殿试一甲登科水平的所有试文。

六、《野议》等四种的现存版本

如前所述,宋应星在明末以急切心情赶写出十多部著作,为的是抢在亡国前发表,以发挥其社会效应,有的作品甚至在一昼夜之间疾笔草成,他在《野议序》中说:

> 今时事孔棘,岂暇计文章工拙之候哉。故有议而无文,罪我者其原之。

读政论及科学作品,不必太讲求文藻,内容闪光即为佳作。宋氏文笔有时较少润色,文风质朴,读者反而易于接受与理解。八股文章文字对仗,引经据典,但内容空泛,谈何价值? 可惜,宋应星的作品大多在明清之际改朝换代以后便逐渐散佚,究其原因是清统治者为巩固统治地位,大兴文字狱,将所有反清拥明的前朝作品列为"禁书",予以焚毁。尤其乾隆朝借修《四库全书》之名,向全国各地发出献书通告,再对所献之书作彻底的政治审查,从而禁毁一大批书。其焚书规模较秦始皇大有过之,仅见于著录的《清代禁毁书目》就有厚厚一大本,此外还不知有多少被毁,故鲁迅说"清人纂修《四库全书》,而古书亡"。宋应星是激进的反清人士,他的一些书就是因此而亡的,只有五种侥幸保留至今。《天工开物》因是部科技书,政治内容较少,清初顺治年福建书商杨素卿还曾再版刊行,1771 年更有日本大版刊本,20 世纪以后新版不断出现,得以在中外广泛传播,笔者已有专文谈及①,这里不再介绍,而主要谈《野议》等四种。

中国幅员辽阔,清朝统治者及其下属各级官员不可能在全国范围内将所有反清作品焚尽毁绝,总有一些书在某个角落里幸免于难而保存下来。宋应星的《野议》《思怜诗》及《卮言十种》中的《论气》《谈天》崇祯年原刊本,就这样在分宜县民间被收藏着,而且还被批阅过。在《野议序》尾页有下列批语:"书有益有无益者,穷理有得,传之后世。"书内还有许多字句被圈点,写批语者没有署名,也未钤有收藏印章。

由于封面残损,序页脱落,可以判断这些书必被长期阅读,而且可能藏主已数易其手,一直在书架上放着。除明人陈弘绪在《寒夜录》中介绍过其中的《谈天》外,清代两百多年间

---

① 潘吉星:《〈天工开物〉版本考》,《自然科学史研究》,1982 年第 1 期,第 40—54 页。

似再无其他学者公开谈过这四种著作。直到 20 世纪初江西视学蔡敬襄到分宜县视察学政时才从当地访求到,带回他在南昌建立的私人图书馆蔚挺图书馆中收藏,但长时间内秘而不宣。

1933—1934 年江西省教育厅准备编写《江西乡贤事略》,内有《宋应星事略》,遂询问以收藏江西地方书而知名的蔡敬襄是否有这方面的书可以参考,蔡敬襄便将《野议》等四种借给教育厅参用。《宋应星事略》执笔者崔骥及谢康二先生据此四种对宋应星思想作了全面介绍,1935 年排成铅字本分发至本系统,并赠蔡氏若干册,他又转赠国内各大图书馆,其中包括国立北平图书馆。1963 年笔者在北京图书馆柏林寺分馆见到此书①,并对有关内容作了抄录。

1941 年 1 月创刊的《江西文物》向蔡敬襄征稿,他便著文介绍说:"敝馆藏有宋应星《野议》《论气》《谈天》及《思怜诗》四种孤本,是其在崇祯时为分宜县学教谕之作品。观其学术精湛,似又在《天工开物》之上,确为江西明末学术界之伟大人物,惜当时丁文江未能获见此种孤本耳。"(《江西文物》,1941 年 2 期)②1962 年 7 月江西师范学院历史系黄长椿先生在江西社会科学联合会刊物《争鸣》上著文也向读者介绍了《野议》等四种及其内容③。可以说此四种宋应星著作在 20 世纪 30 年代至 60 年代初已为国内一些研究者所关注。只是因其未能再版,而明

---

① 潘吉星:《明宋应星传记资料汇抄》下卷,1973 年写本。

② 转引自王咨臣、熊飞注:《宋应星学术著作四种》,江西人民出版社,1988 年,第 4 页。

③ 黄长椿:《关于宋应星的几个问题》,《争鸣》,1962 年第 2 期。

刊孤本只藏于南昌，因而研究性论著较少。1963 年 4 月笔者自北京南下专门至江西调查宋应星事迹，收集其作品，在省图书馆将此四种按原版版式重抄一过，并得允将原刊本拍成缩微胶卷，携京后作了一年多的仔细研究，1965 年 5 月草成《基于新史料的宋应星传》三万余字，投《科学史集刊》准备发表。编辑部认为篇幅太长，建议压缩至一万字，缩写稿写成后已作了编辑加工，拟于 1966 年刊出。但不久"文革"开始，《科学史集刊》停刊达十多年。

粉碎"四人帮"后，1980 年笔者在《中国哲学》上系统介绍了《野议》等四种①，又将原宋应星传稿扩写成十二万字的专著发表，其中第七章详细论述了《野议》等四种②，并分赠日本和欧美一些友人，以期使国际学术界知道宋应星还有这四种作品。

众所周知，"文革"期间对宋应星的研究像其他历史研究一样都被迫停止，但在"文革"后期有个例外，《野议》等四种于1976 年 6 月由上海人民出版社刊行，题为《明宋应星佚著四种：〈野议〉〈论气〉〈谈天〉〈思怜诗〉》，简体竖排，简称"上海本"。《出版说明》指出：这四种"是研究明末儒法斗争和我国科学史的宝贵资料……为了便于对宋应星及其著作进行研究，我们特将明崇祯刻本《野议》等四种著作整理、标点出版，供读者参考。本书的标点工作是由邱锋等同志担任的"。又说这四种明刊本"是江西省图书馆在无产阶级文化大革命期间发现的"。原来此版是在那个特定时期展开的所谓"评法批儒"运动的产物，宋

---

① 潘吉星：《明代科学家宋应星的思想》，《中国哲学》，1986 年第 2 期。

② 潘吉星：《明代科学家宋应星》第七章，科学出版社，1981 年，第 86—99 页。

应星一下子被封为"法家"，其作品便成为"批儒"的政治工具，并非鼓励正常的历史研究。

至于将此四种称为"佚著"或"文革时新发现的"，显然与前面列举的事实不符，必须予以纠正。此版有不少断句错误，有些脱字未能补上，因而是不能令人满意的。例如《论气序》中"大圆之内，为方五万里中，凡重译之可至者"，竟误断为"大圆之内为方，五万里中凡重译之可至者"（页51）。《水非胜火说》中"五行之内，生克之论生，水必胜火，见形察肤者然之"，竟误为"五行之内，生克之论生，水非胜火，见形察肤者然之"。《催科议》中"大者棘槐，小者方面"，此本则作"大者棘槐，小者□面"（页19），脱一"方"字。诸如此类，不胜枚举，读此本时读者需自行重新标点。尽管如此，"上海本"毕竟是中断三百多年后出现的再版排印本，使中外读者能够读到宋应星除《天工开物》以外的著作，这一点是应当肯定的。

学界对《野议》等四种的译注是在粉碎"四人帮"以后，从1987—1988年才开始的。1987年9月广州中山大学出版社推出了《野议》等四种的第三个版本，简称"中大本"，20万字，书名为《宋应星思想研究及诗文注释》，作小三十二开一册铅印横排平装本，由杨维增等人译注。此本分上下两篇，上篇有十篇研究宋应星思想的短文，下篇是《野议》等四种的原文、白话译文和注释，是个新的体例，比1976年"上海本"大有改善，便于广大读者阅读。增加译注是此本一大贡献，总的说标点、译注的水平是可以的，但有些地方仍有改进余地。如《野议·催科议》中"故此语秘不告之至尊（崇祯帝），不知此治乱大关系，皆由此事之蒙蔽"，被误断为"故此语秘不告之。至尊不知此治乱大关

系,皆由此事之蒙蔽"(页117)。译文方面,《谈天》第三章称
"《春秋》'日有食之',太旨为明时治历之源",被误译为"其旨意
成了明朝制定历法的渊源"(页117),这显然是错误的。按:"明
时治历"典出《周易·革卦》:"君子以治历明时。"意思是"阐明
天时变化,修治历法",怎能指宋应星所在的明朝呢?此外,对
《思怜诗》52首只作出注释及内容提要,没有给出语译。

《野议》等四种的第四个版本1988年10月由江西人民出版
社出版,简称"江西本",作三十二开一册铅印平装本,题为《宋
应星学术著作四种》,由江西省社科院的王咨臣和熊飞作注。
此本只有原文标点、名词注释及内容提要,而不包括语译。书
首对四种的来历作了简短说明,而未对宋应星思想作较多介
绍。全书12万字。

此本写于"中大本"出版之后,显然有所参考,但亦有独立
见解,在信息量上不及"中大本",在标点方面较"上海本"大有
改进。其缺憾是未将古文译成现代语体文,不便青年人阅读。
注释部分总的说是较好的,但也不无需改进之处,如《思美诗》
第三首"渠在峨眉绝顶行",意思是贤者能攀登到学术顶峰,但
被误解为"风流人物攀登到[四川]峨眉山的顶峰,在顶峰上行
进"(页124)。事实上宋应星此处是谈"万卷淹通""千言立就"
的学者形象,而不是谈登山活动或运动健将。第10页将苏州列
为明代"九边"之一,大错,实为蓟州。第83页"釜上之水渴十
升"句中,"渴"当为"竭"。《怜愚诗》第十四首谈人口过多时"争
教杀运不重来"句中,将"杀运"释为战争(页137)是欠妥的,应
理解为厄运。《气声五》"此可以推五音□□已"(页76),两个脱
字未能补上,查原刊本此处有洞,从残存字迹观之,此句当为

"此可以推五音之道已"。"江西本"与"中大本"各有千秋,二本在促进《野议》等四种的继续流传并引起各界重视与研究方面,都各有其作用。

随着时间的推移,研究这四种书的作品逐渐增多,深度及广度也在加大,但新的版本迟未再现。1990 年 12 月南京大学出版社刊出拙著《宋应星评传》,49 万字,作为匡亚明先生主编的《中国思想家评传丛书》中之一部,评传中详细介绍了宋应星思想和《野议》等四种。写作过程中笔者产生一个念头,即整理这四种书的新译注本,也作了相应工作。由于承担其他一些书的写作,这项工作一延再延,直到 2007 年底总算完成。拟将其定名为《宋应星全集》,包括《天工开物》《野议》《思怜诗》《论气》及《谈天》五种原文之校勘、标点、注释及白话翻译,以江西省图书馆所藏明崇祯九至十年原刊本为底本,参以笔者 1963 年的抄校本。

根据对《野议》等四种刊年的研究,笔者对其先后顺序安排作了重新调整,即《野议》《思怜诗》《论气》及《谈天》。从所述内容而言,《思怜诗》也应紧跟在《野议》之后,二者不宜被《论气》及《谈天》隔开。此新版本还首次尝试将《思怜诗》52 首译成七言语体韵语,因而是此四种宋著的第一个全译本。将七言古诗译成七言语体韵语是很困难的,因受字数及韵脚的限制。我们的语译虽不一定都符合韵律,但能使青年读者看懂宋应星诗句的含义。此次还解决了以前版本一些未曾解决的问题,如《谈天》中所述"玛八作"实为南美洲阿根廷的西班牙文地名马德普拉塔(Mar del Plata)之明代旧译,义为银湖。"亚大腊"为非洲西北阿特拉斯山(Atlas Mts.)之明代旧译。《野议·民财议》中

"守令视其□□为传舍"句中一处纸被划破，脱落两字，"中大本"认为应是"官职"，"江西本"主张是"意乐"，都说不通。笔者用放大镜仔细观看残存笔画，认定是"城寨"，可讲得通。"中大本""江西本"实际上以1976年"上海本"为底本，这是个较差的版本，我们不采用。我们的译注本均采用北京图书馆及江西图书馆藏明代原刻本或其影印本、缩微胶卷本以及1963年笔者的抄校本，此本对所有异常情况均作记录，故我们用的底本具有权威性。

1978—1979年奉行改革开放方针以来，中外学术交流及人员往来趋于活跃，1981年系统介绍宋应星五种著作的拙著《明代科学家宋应星》（12万字）印5 700册在国内外发行，并请英国著名学者李约瑟（Joseph Needham，1900—1995）博士题写书名，主动赠送外国友人，以期将五种宋著推介到海外，果然收到成效。日本科学史家薮内清（1906—2000）教授收到寄赠书后，1984年在其《天工开物》日文译注本解说词中介绍了五部宋著。在伦敦大学东方及非洲学院做客座研究的英国友人古克礼（Christopher Cullen）博士收到我寄赠的书后，于1983年6月13日来信说，他已完成《论气》和《谈天》的英文摘译稿，1990年我们在《东方及非洲学院通报》卷53读到古克礼关于《论气》中形论及二气五行新论等的研究论文①。后来他从伦敦大学迁到剑桥任李约瑟研究所副所长、所长，因工作任务重而无暇

---

① Cullen, Christopher. The Science/Technology Interface in 19th Century China: Song Yingxing on the Qi(气) and Wuxing(五行). *Bulletin of the School of Oriental and African Studies*, University of London, 1990, vol.53, Part 2, pp.295—318.

继续研究。进入 21 世纪后，德国维尔茨堡大学（Würzburg Universität）的薛凤（Dagmar Schäfer）女士来华收集有关宋应星及其著述的资料，得到笔者帮助。2011 年她以宋著为素材，结合其他史料，用英文发表了有关 17 世纪明代中国技术发展及思想背景的专著①。近年来韩国学者也加入这一研究行列。我们相信对宋应星及其著作的研究或所谓宋学（Songmology）的研究势头今后会持续下去，总有一天会出现外文译本，而我们此次推出的《宋应星全集》，就有助于其译成外文。

七、怎样研读《野议》等四种作品

宋应星是中国思想史，尤其是晚明思想史中一位重要而有特色的代表性人物。与其他思想家有所不同，他是科学家出身的思想家或科学家兼思想家，这使他在其哲学社会科学作品中打上了科学技术的烙印，是其他这类作品的作者所欠缺的。遗憾的是，20 世纪 50 年代以前出版的中国政治、经济思想史、史学和哲学作品中很少谈到宋应星，可以说我们的这位思想家在哲学和史学界被遗忘了三百多年。所幸的是他在国内外科技界、科学史界却早已是名人。80 年代以后，宋应星开始受到哲学史和史学家的注意和研究。尽管如此，我们仍然认为需要进一步加强对宋氏这些作品的研究力度和出版频度，使之像《天工开物》那样家喻户晓，并争取以外文传播于海外。如果说《天工开物》反映了 17 世纪中国工业、农业和交通运输业的生产技

---

① Schäfer, Dagmar. *The Crafting of the* 10,000 *Things—Knowledge and Technology in Seventh-century China*. The University of Chicago Press, 2011.

术现状,那么《野议》等四种则反映了当时中国社会的政治、经济和思想现状,并对此现状进行深刻分析,查出其日益恶化的原因并提出应对措施。这两大类著作均出于宋应星一人之手,在明代众多著者中实属罕见。

这些著作像一部大型纪录片那样,详细而真实地报道了明末社会的方方面面,明亡前夕社会上很多人处于绝望、无奈和痛苦呻吟之中时,他的书成为唤起人们希望和觉醒的警钟和在一片黑暗中发出一线光明的火炬。

宋应星著作译注本的出版有助于广大读者读懂其原作,但在研读时需掌握适当的方法才能有成效地了解他的思想、评价其作用。我们在多年反复研习中略有体会,愿在这里提出,供作参考,下列各点是必须注意的。

首先,将每部作品各章自然顺序打乱,按内容相近性归类,分成若干组,类似数学运算中的同类项合并,再在每组中找出核心思想。以《野议》为例,全书分十二章或十二议,可分成六组:(1)《世运议》讲变法的依据。(2)《进身议》《学政议》讲吏政与学政,涉及政权机构应当由什么人掌握、怎样培养这些人。(3)《盐政议》《民财议》《催科议》涉及财政经济。(4)《屯田议》《练兵议》《军饷议》涉及军事。(5)《风俗议》《士气议》讲人的精神面貌。(6)《乱萌议》分析明末农民起义和社会动乱的原因,涉及民政。第一、二、六组讲政治问题,第三组讲财经,第四组讲军事,第五组讲精神状态。在每一组中还可提炼出一些主要思想要素,如经济组中再分为下列各项:(1)财富观,(2)农工商并重说,(3)税收理论,(4)消耗观(开源节流说),(5)弊政改革说。军事组中再分为:(1)求将之道,(2)为将之道,(3)士气论,

（4）人与武器的关系,（5）论军纪,（6）军饷论。

《思怜诗》分《思美》及《怜愚》两部分,《思美》十首树立值得效法的贤人形象,他们是当时社会最需要的贤人,可分为四大类:（1）启蒙思想家(第一、六、八首),（2）文武双全的爱国官员(第二、五首),（3）德才兼备的启蒙学者(第三、四、七、九首),（4）自然科学家(第十首)。《怜愚诗》刻画被讥刺和批判的负面人物形象,归纳起来可分为四类:（1）迷信鬼神、不相信人能主宰自己命运(第四、二十二至二十五、二十七、三十三及四十一首),（2）贪图名利、奢侈纵欲、多子多孙之人(第一至三、七、十四、十七至十八、三十至三十一、三十四、三十六及四十首),（3）放高利贷剥削穷人之人(第六、二十九及三十九首),（4）祸国殃民、贪赃敛财、争权夺位之人(第五、八至十三、十五、十六、十九至二十一、二十六、二十八、三十二、三十五、三十七及三十八首)。正是这类人导致明亡,成为千古罪人。当然,还应包括他们的总后台万历、天启和崇祯三朝皇帝在内。经这样归类,能容易把握52首诗内容的总的轮廓和宋应星写这些诗的初衷,并可与《野议》相呼应,因而这些诗实为政论诗。

《论气》含六章二十三节,并非每个章节都能等量齐观,其中较重要的是《形气》《气声》和《水火》三章,而这三章又各有重点。《形气》章可归纳出下列重点思想:（1）二气五行论(《形气》第一、二节),（2）动植物成分相同说(《形气》第四节),（3）物质不灭说(《形气》第五节)。《水火》章重点思想是水火相参说(《水火一》)。从《气声》章中可归纳出的重点思想有:（1）成声说(《气声》第二至四节),（2）声速及声波论(《形声》章第七节),（3）声调说(《气声》章第八节)。《谈天》中重点思想是:（1）天人相分说(《日说三》),(2)日日新论(《日说六》)。读这四种书时必须抓住重点,从中吸取其思想精华。

其次,在分析宋应星思想时,要注意找出其思想核心,以此核心为出发点展开对他的其他思想论述。例如他的经济思想的核心是财富观,即他对什么是财富、怎样增加社会财富的基本观点。他认为所谓财富不是专指货币和银钱,而指工农业产品和百货,而财富又是通过人的劳动和生产活动创造出来的;增加社会财富意味着发展工农业生产,通过商业渠道使之在社会上流通。要发展工农业生产,必须使创造财富的广大手工业工人和农民安心事于生产、掌握较先进的技术和生产工具、设备,使作坊和土地经营者有再生产的积极性,同时又能使商人有利可图,由此又引出他的农工商并重说、重农扶工资商说和赋税论以及安民思想。只有把握住这个核心,才能领会他整个经济思想的实质和出发点,以及与其他思想的相互关系。

宋应星政治思想的核心是吏政观和学政观,归根到底是他对从内阁到省府州县,从兵部到经略、总兵、巡道各级政权、军权由什么人掌握,怎样掌握,怎样培养未来文武官吏接班人的基本观点,这就一下子抓住了政治问题的要害,由此又引出一系列其他思想论述,如士气论、军纪论、军饷论、屯田论等。他的哲学思想的核心是元气一元论和二气五行说,即自然界万物由什么物质本原构成,怎样构成的基本观点,由此又引发出土石五金生化之理、草木生化之理、飞潜动植生化之理、物质守恒论、水火观等。这样就能在他的整个思想体系中理出头绪。

第三,要弄清术语的含义。古代没有对学术术语的进行统一规范,不同的思想家谈论同一事物时常使用不同的术语,有时在同一人作品的不同地方也如此,因而出现一物多名、同名异物现象,在科技界(如本草学)存在,哲学界也存在,在不同场合要根据原文论述和现代知识予以仔细分辨,才能避免误解。例如《论气·形气》章指出"天地间非形即气,非气即形,杂于形与气之间者水火是也。由气而化形,形复返于气"(《形气一》),这里所说的"气"是唯物主义者的哲学术语,指没有形体、不可见的构成万物的原始物质,有时用"虚"或"空"来表述,虽然此词用得不严谨,但仍是气的别称,返还于虚即返还于气,并非返还于虚无也。太虚指充满原始物质气的无形空间,不是虚无的真空。不这样理解,就会对唯物论物质观作出唯心主义的曲解。

《形气三》中所说的"蒸气"指上升的热气,不是现代意义下的水蒸气。《形气五》中说"沙与石由土而生,有生亦有化,化仍归土,以俟劫尽",此处"劫尽"本是佛教术语,是梵文 kalpa 音译,意思应是亿万斯年,但"中大本"理解为"延续到天地毁灭掉"(页 175),则完全违背了原文本义。

第四,研究宋应星著作和他的思想时,还要把他和同时代其他人以及有关著作加以比较,以探讨他是属于哪一派思想家阵营,他的思想源头以及他对思想史又作出哪些新的贡献,这样,就会对他有更多的了解。经过对比后我们发现在自然观方面,他与同时代李时珍、王艮、王廷相和吕坤等人有相同之处。在政治思想的某些方面则接近明末东林党人和复社成员,而与阉党对立。虽然他本人没有参加党社,但他并不否认自己是反主流政治阵营中的一员,而且不怕由此引起的后果。

在哲学方面,宋应星是唯物主义阵营中来自科学界的战士。如果再将他与古代前辈对比，就会注意到在政治思想方面，他从东汉政论家仲长统、崔寔和王符那里吸取了思想养料，因为东汉末与明末社会有惊人的相似，东汉末的社会批判思想成为宋应星政论的源泉之一。在哲学方面他继承了汉人王充、宋人张载的唯物主义元气论传统，并加以发展。在经济学方面他从齐人管仲、汉人晁错、唐人刘晏和本朝人张居正等人那里获得思想养料，并加以综合。在军事方面，他从唐人颜真卿，宋人宗泽、岳飞、虞允文等人带兵作战、筹饷等方面得到启发。总之，读宋应星著作时，再浏览一下有关领域的学术史及代表人物的作品，进行比较，就会看到，他广泛吸取了历代精英的思想智慧，予以发展和创新，针对所面临的各种实际社会问题发表己见，绝不空谈，其观点中有许多闪光点，足以启发后人，在思想史中起承上启下作用。由此可见，宋应星是明清之际启蒙社会思潮的先驱者之一。

第五，应当注意到中国是世界的一部分，中国思想文化是世界思想文化的一个重要支流。因此研读宋应星作品还应将其放在世界大环境中加以考察和评价。这就需要了解世界史、世界思想史，把中国思想家与国外对口人物作比较研究，肯定会扩大我们的视野，有助于评价中国思想的国际意义。浏览西方经济思想史后发现，财富观也是欧洲经济学家的热门议题。15世纪16世纪流行的重商主义经济学说认为金银货币是财富，一个国家最好的经济政策是保持尽可能多的金银，而财富产生于商业贸易。18世纪法国重农学派认为农产品是唯一财富，而财富产生于土地。只有英国古典政治经济学奠基人亚当·斯密在1776年发表的《国富论》中才提出与宋应星财富观相同的观点,取代了重商主义和重农主义的观点,但比宋应星晚了 140 年。因此,宋应星的财富观值得在世界经济思想史中大书一笔。我们还可以宋应星的元气一元论、二气五行说为例,与同时期西方伽桑第的原子说作一比较。17 世纪时古希腊人亚里士多德关于万物由水火土气四元素构成之说还在欧洲思想界占统治地位,此说较中国古代五行说逊色,因其中无金木。宋应星发展的二气五行说远比亚里士多德之说先进得多。1624 年法国哲学家伽桑第(Pierre Gassendi,1592—1655)对亚里士多德学说发起挑战,使久被遗忘的希腊人伊壁鸠鲁(Epicurus,341—270BC)的原子论复活。伽桑第认为原子是构成万物的不可再分的原始物质(materia prima),万物的生灭即原子的聚散,物质形体可变,但物质本身是不灭的。他的观点对英国著名化学家波义耳(Robert Boyle,1627—1691)有很大影响,而与宋应星的元气一元论有许多相同点,实际上元气相当于原子。但伽桑第的原子论有很大局限性,他为免遭当局迫害,向教会作了妥协,宣称原子是上帝创造的,而宋应星的元气论则是彻底的唯物主义的。

第六,宋应星著作中有时对本朝发生的事进行批判时,没有直接点出有关当事人的姓名并指出其行事细节。为读懂并深入了解其所述内容,要参考《明史》及其他有关著作对该人该事的叙述。有时宋应星引古籍时有疏误或删节,也需再查阅原始文献核对,才能得出正确认识。例如,《野议序》中谈到建议他写此书的分宜县令曹先生,只给出姓,而未列其名。查同治《分宜县志·职官志》(1871)及同治《瑞州府志·武备志》(1873),得知此时分宜县令为曹国祺(约 1600—1643),字介之,广西全州人，举人出身，为人清标雅度，明亡后举兵抗清，壮烈牺牲。《乱萌议》谈李自成农民军发展时载，"朝中会推才望，得一人而督五省，乃五省总督之兵法有抚无征，意谓坐待功成"。此人是谁呢？查《明史·李自成传》得知崇祯七年（1634）春，"特设山西、陕西、河南、湖广、四川总督专办贼，以延绥巡抚陈奇瑜为之"。再查《明史·陈奇瑜传》，了解陈奇瑜（1580—1645）更多详情。《怜愚诗》第十三首"宦竖么麽秽浊躬，投缳旅店疾如风。官高经略师徒丧，俯首求生贯索中"。查《明史》后，始知诗中讥刺对象是阉党元凶魏忠贤和辽东经略杨镐（？—1629）。又《谈天·日说三》说汉景帝在位十六年（前156—前141）间有 9 次日食，但据《中国古代天象记录总集》（1988）最新统计，这期间有 13 次日食（页 130—131）。明万历年以后，西洋天文、地理学已传入中国，宋应星在接受西洋新事物方面较为慎重，因此《日说一》怀疑地球为圆形之说，是错误的。

第七，研读宋应星著作，既要注重其思想中的精华，也要注意其中的局限和欠妥之处，应既有肯定也有否定。例如他在《形气》章中阐明的自然哲学在传统哲学史中基本上是先进的，但今天看来仍带有一些思辨性，有的论述不及王夫之那样周延。例如《形气三》说有形之物有生亦有化，化之速者其生必速，化之迟者其生必迟。如杉桧树生长多少年，其化之至于净尽亦多少年，这种推断就显得似是而非。《日说二》解释夏季为何昼长夜短时写道，夏天时太阳强盛并极力上腾，其运行路程较长，照射时间久而不轻易下落，故日落较晚。此解释未免直观与肤浅。实际上夏季时日光直射到北回归线，北半球白昼长，此后日光直射位置南移至南回归线，北半球白昼渐短，冬天降临。这在利玛窦(Matteo Ricci, 1552—1610)《坤舆万国全图》中均已载明,宋应星应看过此图,但未予采纳。又如《野议》多次表明同情农民的悲惨处境,呼吁减轻农业课税,但反对农民起义,将农民军称为"寇盗"。书中无情批判明末封建社会各种弊政,却仍想维护这个封建政权的统治,这都受其地主阶级的局限性所致,我们也不能要求像他这样的人也举起造反义旗,但在伸张民族正义、反抗民族压迫方面,他又与广大人民群众站在一起。

　　指出宋应星著作中这些不足,不是贬低,而是为了排除差错后,凸显其中的精华。欲进一步了解,还可参阅专家们写的相关研究论文和学术专著。宋应星的悲剧在于,他提出了一套挽救社会危机的方案,但为时已晚,且难以实现,因为这个政权已腐烂透顶,灭亡在即,而他的大多启蒙著作也在入清后散佚。幸而《野议》等几种还保存下来,使我们能一睹其原貌。作为一般读者,阅读这些作品可增长历史知识,对明末封建社会有感性认识,听到乱世中这位爱国知识分子发出的救亡心声,从中获得思想养料。对专业读者而言,阅读这些作品可发掘很多社会、政治、经济和思想史料,用于分析、论述相关研究课题,以继承、宏扬中华文化中的这份优秀遗产。外国读者阅读这些著作,可以了解17世纪中国这个东方大国的启蒙思想家的社会、人文和哲学观点,进行对话和学术文化交流,有助于加深中国与各国人民之间的相互了解。总之,笔者希望对绝大多数读者来说具有可读性,也就心满意足了。

2008 年 1 月 10 日　潘吉星记于京华不息斋

凡　例

一、本编《野议》等四种由原文、注释及译文三部分组成。原文以崇祯九年至十年江西原刊本为底本，参以笔者1963年的抄校本及由原刊本缩微胶卷反转而成的 xerox 本。

二、现存宋著在不同时间分别出版，因而编写体例未划一，放在一起出版，需要统一体例。今将各书均分为章、节、段三个层次，而以段为基本结构单元。

三、《野议》等四种印刷用纸质量较差，印刷时多处划破，造成多次文字脱落或扭曲，导致上下文脱节。我们多次以自己的抄本与原本对照，对缺字部分残存笔画用放大镜仔细观看，记录笔画走向，将所有脱字全部补上，补字用〔 〕。

四、种种迹象表明，《野议》等四种是在仓促之间写成、刻版、印刷的，没有经过较严格的校对，同音别字较多。明显刊刻讹误者径改不出校，依上下文理校者，出校。又《怜愚诗》中个别诗的韵脚是按江西方言发声的，如"皆"读作 gāi，"大家"读作 dāigā，而非 dàjiā，与京韵大不相同。这类情况就很难翻译，只好找江西朋友帮忙。

五、遇到一些动植物古名，则标明其今名，所属种名，并给出拉丁文学名。矿物质则标明其今名，给出化学式。

野議

世運議

語曰治極思○亂亂極思治○此天地乘除之數也

契以來車書一統治平廿二百載而無間者鮮百有書

于斯為盛議者有暑中寒至之懼焉○

治之時也○西北冦患延燒○

而盡付炬爐者不可

目 录

野 议[1] 序

春将暮矣,游憩钤山[2]。令长曹先生[3]挈清酒、负诗囊,为寻松影鹂声,以永今日,不愿他闻来混耳目也。乃枧沥数行,而送邸报[4]者至,则见有立谈而得美官者[5],此千秋遇合奇事也。

【注释】

〔1〕野议:在野者之所议,时作者任未入流的县学教官,议论朝政与国事,而与官吏的朝议相对应。

〔2〕钤山:在分宜县南郊,为当地风景区。

〔3〕令长曹先生:指曹国祺(约 1600—1643),字介之,广西全州人,崇祯四年(1631)举人,五至九年任分宜县令,后丁忧去。崇祯十五年再任,甲申(1644)举兵抗清,壮烈牺牲。事见同治《分宜县志》(1871)。

〔4〕邸报:指朝廷发布的官报,又称邸抄,明末至清以活字印刷,报道朝令、奏章等信息,发至各部及省府州县衙门,西人称 The Peking Gazette。

〔5〕立谈而得美官者:凭一纸奏文,未经考核而立得京官,此处指淮安武举陈启新(1601—1662 在世)与内廷宦官中通,长跪北京正阳门,上书论天下三大病根,而得吏科给事中(正七品)之美官。详见《明史》卷二五八《列传》一四六。

【译文】

春天将要过去,趁机游憩钤山。与县令曹国祺先生一起,带着清酒和装诗的口袋,为的是在松林中听到鸟声,以消磨今日,不愿受其他事打扰。刚饮酒赋诗不久,送邸报的人就来了。从中看到有凭一纸上书而立刻得到美官的,真是千载难遇的奇事。

取其奏议,一再读之,命词立意,亦自磊落可人,惜其所闻未尊,游地不广,无限针肓灸腠[1]、拯溺救焚,急着浑然未彰,空负圣明虚心采择之意,识者有遗恨焉。

【注释】

〔1〕针肓(huāng)灸腠(còu):用针刺肓部,用艾火烤皮肤,以治疗病症。肓,皮肤、肌肉的纹理。针肓、灸腠,本义是用针灸治疗疾病,比喻拯救时政弊端。

【译文】

取其奏议一再读之,命词立意倒是冠冕堂皇,可惜此人见识并不高明、涉猎领域不广,虽想尽力指点时弊、挽救时局,仓促间写出的奏文条理不清,抓不到要领,白白辜负了圣上虚心觅才任用的好意,明眼人感到遗憾。

令长啸谈间,愿闻寡识。散归冷署,炊灯具草,继以诘朝,胡成万言[1],名之曰《野议》。夫朝议已无欲讷之人[2],而野复有议,如世道何?虽然,从野而议者无恶,于朝议何伤也?

【注释】

〔1〕胡成万言:经仔细统计,《野议》共 11 433 字,已超过万字。

〔2〕欲讷(nè)之人:语出《论语·里仁》"君子欲讷于言而敏于行"。讷于言,指慎于言。

【译文】

县令在长谈中,表示愿听听鄙人的见解。分别后回到冷清的官署,点上油灯写稿,一直写到次日早晨,随意写成万字,名之曰《野议》。现在朝议已有敢大胆说话的人,而在野者又有所议,可对这个世道又能奈何! 即使如此,在野者之议没有恶意,对朝议又有什么妨碍呢?

人生胆力颜面赋定洪钧[1],尝思欲伏阙前上痛哭之书,而无其胆;欲参当道,陈忧天之说,而无其颜。则斯议也,亦以灯窗始之,闾巷终之而已。

【注释】

〔1〕赋定洪钧:指自然赋予。洪钧,万物皆由天化育而成,因称天为洪钧。钧,为制作陶器的转轮。

【译文】

人生下来所具有的胆量和颜面都是自然赋予的。我曾想伏在官门前,呈上痛哭之言,却无此胆;想见当权的大官陈述忧天之说,却无此颜面。因此这个野议也不过是在灯窗下写出来,作为街谈巷议而已。

东汉仲、崔两君子[1],所为《昌言》《政论》,亦野议也。

然诵读之余，法脉宛见毫端。今时事孔棘，岂暇计文章工拙之候哉。故有议而无文，罪我者其原之。

时崇祯丙子暮春下弦日，分宜教谕宋应星书于学署。

【注释】

〔1〕东汉仲、崔两君子：指东汉政论家仲长统（179—219）及崔寔（107—170）。仲长统，字公理，山阳高平（今山东金乡）人，官至尚书郎，著有《昌言》。崔寔，字子真，涿郡安平（今属河北）人，桓帝时拜议郎，著有《政论》（154）及《四民月令》（166）。

【译文】

东汉的仲长统和崔寔这两位君子写的《昌言》和《政论》，也是野议。但诵读之后，其笔锋流露出的思想脉络仍清晰可见。现在时局危急，哪有考虑文章写作技巧是否完美或劣拙的时间，因此有议论而无文采，请责怪我的人予以谅察。

时在崇祯九年丙子三月二十二日（1636年4月29日）奉新人宋应星写于［分宜］县学官署。

世 运^[1] 议

语曰：治极思乱，乱极思治^[2]，此天地乘除之数^[3]也。自有书契以来，车书一统，治平垂三百载而无间者，商家而后，于斯为盛。议者有暑中寒至之惧焉，不知今已乱极思治之时也。

【注释】

〔1〕世运：时代盛衰、治乱的走向。

〔2〕"治极思乱"二句：指治世发展到极点就要乱，乱世发展到头就要治，事物发展到极点就要向相反方向转化，物极必反。

〔3〕乘除之数：一乘一除仍为原数，本义是相反事物相互补偿，此处指相互促成。数，规律。

【译文】

常言道，治世发展到极点就要乱，乱世发展到极点就要治。这是社会发展消长趋势的规律。自有文字记载以来，维持国家文物典章制度统一达三百年而不间断者，除商代以后，就是本朝（明朝）了。议者因而有暑中寒至的恐惧感，岂不知现在已到乱极思治之时。

西北寇患^[1]，延燎中原，其仅存城郭，而乡村镇市尽付炬烬者，不知其几？生民今日死于寇，明日死于兵，或已耕而田荒于避难，或已种而苗槁于愆阳，家室流离，沟壑相枕者,又不知其几? 城郭已陷而复存,经焚而复构者,又不知其几?

【注释】

〔1〕西北寇患:指李自成(1606—1645)在明末陕西发动的反抗明政权的农民战争。作者站在地主阶级立场称农民军为"盗贼"。

【译文】

西北农民战争的战火已延烧到中原(河南),仅存的城市和乡村镇市被焚烬的不计其数。百姓今日死于农民战争,明日死于官兵兵火,或已耕而田荒于避难,或已播种而禾苗在烈日下干枯死,流离失所、弃尸溪谷的,又不知有多少。城市被攻陷而又收回,经焚烧而又重建的又不知有多少。

幸生东南半壁天下者,即苟延岁月,而官愁眉于上,民蹙额[1]于下,盗贼旁午,水旱交伤。岂复有隆、万[2]余意哉!

【注释】

〔1〕蹙(cù)额:愁眉苦脸貌,语出《孟子·梁惠王下》"疾首蹙頞而相告"。

〔2〕隆、万:明代隆庆(1567—1572)、万历(1573—1620)年间。

【译文】

所幸生长在东南之地,也是勉强度日。无论官员还是百姓,都是愁眉苦脸。盗贼到处可见,水涝干旱接连不断。哪里还有隆万年间的兴盛景象!

此政[1]乱极思治之时，天下事犹可为，毋以乘除之数自沮惑也。

【注释】

〔1〕政：通"正"。

【译文】

现在正是乱极思治之时，天下事还能有所为，不要因社会发展趋势而灰心丧气。

进 身[1] 议

从古取士进身之法，势重则反，时久必更。两汉方正贤良[2]，魏晋九品中正[3]，唐宋博学弘词、明经、诗赋诸科[4]，最久者百年而止矣。

【注释】

〔1〕进身：获得功名以进入仕途，此处指科举取仕制。

〔2〕两汉方正贤良：指汉代察举选拔人才的制度，设贤良方正、秀才和孝廉等名目。

〔3〕魏晋九品中正：魏晋南北朝荐举人才的制度，各州郡由有声望的人任中正官，将州郡内士人按才能分为九品，每十万人举一人，由吏部授以官职，即九品中正制。

〔4〕"唐宋博学弘词"句：隋朝废九品中正制，始行科举考试，置明经、进士二科。唐因隋制，以经义取者为明经，以诗赋取者为进士。宋代设博学弘词科为考试科目。

【译文】

自古以来，取士授官之法，势头发展到极盛时，就要走向反面，推行时间久了就要变更。两汉推行贤良方正制，魏晋改行九品中正制，至唐宋则有博学弘词、明经、诗赋等科目，行用时间最久的不过一百年。

垂三百年，归重科举一途而不变者，则惟我朝。非其法之至善,何以及此?

【译文】

连续三百年推重科举考试取仕制度而不变的,只有我们这个朝代(明朝)。若非因其方法最为完善,那么又怎能达到这种地步呢?

圣主见州邑之间攻城城破,掠民民残。钱粮则终日开复报完,而司农[1]仰屋如故。盗贼则终日报功叙赏,而羽书[2]驰地更狷。凡属制科中人[3],循资择望而建节者,偾坏封疆,纷纷见于前事。

【注释】

〔1〕司农:汉代九卿之一,掌管钱粮的大臣。此处指明代户部尚书侯恂(约 1580—1651 在世),崇祯初任此职。

〔2〕羽书:古代插有鸟羽的紧急军事文书。

〔3〕制科中人:殿试及第的进士。制科,又称制举,按唐代科举取士制度,除地方贡举外,由皇帝亲自在宫殿召试的叫制科举,此处指明代科举考试中的殿试。

【译文】

皇上注意到各州县一攻就被攻破,百姓惨遭掠夺。钱粮则整天上报说用完,而户部尚书却依旧仰首望屋不知所措。剿盗贼者虽终日报功请赏,但告急的军事文书却频频传来。通过科举中进士、按资历及名望做了封疆大吏的人,在任时疆土失守的情况屡见不鲜。

保举一法，欲复里选之旧，以济时艰，岂得已哉。然荐人之人与人所荐之人，声应气求，仍在八股文章[1]之内，岂出他途？且残破地方待守令之至如拯溺救焚，而荐举中人必待部咨促之、抚按劝驾，而后就道。铨部核试而后授官，动淹岁月，事岂有济？以寇乱之时，而州县之缺不补者，三百有余。此铨政之坏，于人才何与也！

【注释】

〔1〕八股文章：明代起用的科举考试文体，各段答卷有严格规定，其中四段各有两股相排比的文字，总共八股，内容空泛。清代沿用，1905 年后废止。

【译文】

向朝廷荐举授官之法，想恢复乡举里选之旧制，以解决一时的艰难。但荐举之人与被荐举者气味相投，还是在八股文章之内，哪有别的途径？且残破的地方盼望地方官到任解决急迫问题，而被荐举者要经吏部发文催促、巡抚和按察使劝说，才启程上路。至于吏部核试之后再授官，动不动就耗去很多时间，又何济于事？此寇乱之时，州县长官之缺未补者就有三百多人。这种充满弊端的选拔官吏的制度，又怎能选拔出人才呢！

人情谁不愿富贵，然先忧后乐，滋味乃长。隆、万重熙而后，读书应举者竟不知作官为何本领，第以位跻槐棘[1]，阶荣祖父，荫及儿孙，身后祀名宦、入乡贤，墓志文章夸扬于后世，至奴虏[2]蠢动，水、蔺[3]狂凶，方始知建节之荣,原具杀身之祸。

【注释】

〔1〕槐棘:周代时朝廷种三槐九棘(带刺的酸枣树),公卿大夫分坐其下。后指三公九卿之位,即在中央政府中握军政大权的部级高官。

〔2〕奴虏:指与明对立的东北后金(清)政权。

〔3〕水、蔺:指明天启年(1621—1624)贵州水西土司安邦彦及四川蔺州崇明发动的武装反明斗争,见《明史》卷三一二。

【译文】

喜爱富贵是人之常情,但先忧后乐的体会才意味深长。隆庆、万历兴盛年代过后,读书应举者竟不知做官要有何本领,只想如何位居卿相,荣宗耀祖,庇荫子孙,死后作为名宦被祭祀,列为乡贤载入史志,撰写墓志文章以夸扬于后世。等到后金(清)兵来犯、川贵土司反抗朝廷的战事爆发,才知道做地方官虽得意,却原本隐藏着杀身之祸。

即今四海之内,破伤如是,而小康之方,父望其子、师勉其弟者,只有纂集时文,逢迎棘院〔1〕,思一得当之为快。

【注释】

〔1〕棘院:科举时的试院,又称贡院。

【译文】

即便今日天下破残到如此地步,而战乱少的地区内,父亲盼望儿子、老师勉励学生的,只是让他们去写八股文以适应考场之需,寻思着一举中第而后快。

至于得科联第之后，官职遇寇逢艰，作何策应，何尝梦想及之。且得第之人，业已两受隆恩[1]，不奋志请缨，迁延观望，有怀时平而仕之想。思以残危之地，付之荐举中人与乡贡[2]之衰弱者。

【注释】

〔1〕两受隆恩：明代科举考试分府州县一级的童试、省一级的乡试、中央一级的会试和宫廷举行的殿试。乡试、会试由皇帝指定的主考官主持，及第者分别称为举人、会元，殿试由皇帝亲自主持，及第者称为进士，只有举人有资格参加会试和殿试，因此由中举至中进士可称"两受隆恩"。

〔2〕乡贡：不由学馆而经州县推举的科举考生。

【译文】

至于中举、中进士当上官之后，遇到寇乱和灾害时，应采取什么对策，连做梦也不曾想过呢！且中进士的人业已在科考中两次受到皇帝恩典，但却不奋志请缨报国，而是遇艰难时躲避观望，想等着局势平稳舒舒服服地当官。想将被破坏的地区，交给被荐举的人和地方推荐的无能力之人去管理。

国家亦何借有制科为。司铨法者一破情面，大公至正，掣签[1]而授之，即暂受愤怨，而制科增光，实自此始矣。

【注释】

〔1〕掣签：明万历二十二年（1594）吏部尚书孙丕扬（1532—1614）

创掣签法,由候补官员自己抽签以决定分配到何省就任,见《明史·选举志三》。

【译文】

这样,国家又为何要靠制科之法授官呢！吏部负责选官、派官的官员应打破情面,大公至正,用抽签办法选派地方官,即令一时受到责怨,而制科则因此增光。

至兼通骑射法,在所必不行。驰捷挽强,自是行伍中事。文士百十中,即选得一能者,亦何济于事？先年辽广两经略[1],一以善射名,一以善骑名,非已然之验哉！

【注释】

〔1〕辽广两经略:明代设辽东镇作为九个边区军事重镇("九边")之一,辖区相当辽东都司,镇守总兵官驻广宁(今辽宁北宁),故亦称辽广。朝廷另派执行重要军事任务的经略使指挥军队,其官职高于总督。此处所说辽广两经略,指杨镐(卒于 1629)及熊廷弼(1569—1625)。

【译文】

至于是否应当兼通骑射之术,文职官员不一定也要做到,因为驱飞马、挽强弓,应是军人需做的事。文官中骑马射箭的即令百人中能有一人,又于事何补？先前辽东两位经略使,一个以善射闻名,一个以善骑闻名,这也未必说明必定能打胜仗。

颜真卿[1]在唐,虞允文[2]在宋,彼知骑射为何物？方张强虏,直樽俎[3]谈笑而摧之。由今况昔,何胜慨叹哉!

【注释】

〔1〕颜真卿:唐代名臣颜真卿(709—785),字清臣,长安人,工书法,开元进士。安禄山叛乱时起兵讨伐,使叛军不敢急攻潼关,曾任吏部尚书等职。

〔2〕虞允文:宋代名臣虞允文(1110—1174),字彬甫,隆州仁寿(今四川)人,绍兴进士,金兵南侵时投笔从戎,以中书舍人身分参与军务,大破金兵。

〔3〕樽俎(zūn zǔ):盛酒器。

【译文】

唐代的颜真卿和宋代的虞允文这些文官,并不通骑射之术,但面对强敌,成竹在胸,饮酒谈笑间将其击退。今昔对比,真不胜感慨!

民 财 议

普天之下，"民穷财尽"四字蹙额[1]转相告语。夫财者，天生地宜，而人功运旋而出者也。天下未尝生，乃言乏，其谓九边[2]为中国之壑[3]，而奴虏又为九边之壑，此指白金一物而言耳。

【注释】

〔1〕蹙(cù)额：愁眉苦脸。

〔2〕九边：明代在北方辽东、宣府、大同、太原、延绥、宁夏、甘肃、蓟州设九个拱卫京师及西部边疆地区的军事重镇，合称九边，驻有重兵。

〔3〕壑(hè)：沟，此处作空虚、缺乏解。

【译文】

普天之下，人们总是愁眉苦脸地相互谈论着"民穷财尽"这四个字。所谓社会财富，其物质来源本蕴藏于自然界中，但不会自行生成，必须借人的生产劳动作用于物源，才能创造出财富。现下国家不发展生产，就意味着缺乏社会财富。有人说九边地区没有中原地区富，而东北后金地区又没有九边地区富，只是指缺乏银钱而言。

财之为言，乃通指百货，非专言阿堵[1]也。今天下何尝少白金哉，所少者田之五谷、山林之木、墙下之桑、洿池之鱼耳。有饶数物者于此，白镪[2]、黄金可以疾呼而至，腰缠箧盛[3]而来贸者，必相踵也。

【注释】

〔1〕阿堵：此指钱币。《晋书》卷四十三《王衍传》称，王衍（256—311）口中未尝谈钱字，有人试之，用钱绕在其床上使不得行。他早晨起来见钱，便对侍人说"举阿堵物却"（把这东西给我拿走）。"阿堵"本义是"这个"，遂由此转义为钱币。

〔2〕白镪（qiǎng）：白银。

〔3〕腰缠箧（qiè）盛：身带许多钱币。

【译文】

其实所谓财富，一般说应理解为百货（consumable goods），并非专指钱币。现下国家何尝缺少银钱呢？所缺少的是田里出产的粮食、山林中种植的果木、树木[及其加工品]、房屋墙下种的桑[养的蚕以及丝绢]和池塘里养的鱼，等等。只要有大量这类货物，则白银、黄金可以一呼而至，身带钱币的商人就会接踵而来进行贸易。

今天下生齿所聚者，惟三吴、八闽[1]，则人浮于土，土无旷荒。其他经行日中，淼望二三十里，而无寸木之阴可以休息者，举目皆是。生人有不困，流寇有不炽者，所以至此者，蚩蚩[2]之民何罪焉。

【注释】

〔1〕三吴：指东吴（苏州）、中吴（润州）及西吴（湖州），在今江苏、浙江之间。 八闽：福建。宋元时将闽地划为八个行政区，故以"八闽"为福建省别名。

〔2〕蚩蚩：敦厚的样子。

【译文】

现天下人口最多的地方只有江苏、浙江之间和福建，人口集中于此，没有荒地。而在其他省份，人们在中午走路，一望二三十里，竟没有一棵树的树荫可供歇脚，这种情况举目皆是。百姓能不贫困，流寇能不繁盛吗？所以造成这种局面，纯朴的老百姓何罪之有？

凡愚民之所视效者，官有严令而遵之，世家大族、显贵闻人，有至教唱率而听从之，百年以来守令视其〔城寨〕〔1〕为传舍，全副精神尽在馈送邀誉、调繁内转。迩来军兴急迫之秋，又分其精神大半，拮据催征、参罚，以便考成。知畎亩山林之间、穷檐蔀屋之下，为何如景象者？

【注释】

〔1〕城寨：明刊本中此处纸破损，字迹不清，仔细审视残留笔画，当为"城寨"二字，故补上。

【译文】

凡要黎民所效法的，都是官方严令使其遵循的。而那些世家大族、富贵闻人受到教化，明白知道如何按规范行事。但百年以来，各地方官吏将其所守城寨当作旅店，全副精神都用在向上级送礼以图升官或调往内地以补肥缺。近来催促交军饷之际，又分出大半精力用在催征饷银、处罚征银不力者，以图有政绩，在任满时通过考核。他们哪里知道田地山林之间农民住的破茅草屋是什么样子？

富贵闻人全副精神只在延师教子,联绵[1]科第,美宫室,饰厨传;家人子弟出其称贷母钱,剥削耕耘蚕绩之辈。新谷新丝,簿帐先期而入橐,遑恤其他用是,蚩蚩之民日见勤苦耕桑而饥寒不免,以为此无益之事也。择业无可为生,始见寇而思归之。从此天下财源遂至于萧索之尽,而天下寇盗遂至于繁衍之极矣。

【注释】

〔1〕联绵:原刊本作"联棉",今改。

【译文】

富贵闻人全副精力都用于聘师教子、考中举人、进士[后做官]、盖上好房子、装修室内。其家人则发放高利贷款,剥削种田、养蚕缫丝的穷人,刚有产出的新谷、新丝,他们便持账本先行收取,毫不留情。于是纯朴的民众越发勤苦耕桑还是不免饥寒,认为干这一行没有任何好处。他们改行又无业可以谋生,于是一见农民军就想投奔过去。从此天下财源遂至于枯竭,而农民军空前繁衍起来。

说者曰,富家借贷不行,隐民无取食焉。夫天赋生人手足、心计,糊口千方有余,称贷无路,则功劳奋激而出,因有称贷,助成慵懒,甚至左手贷来,右手沽酒市肉,而馈糜且无望焉。

【译文】

有人说,富贵人家不放贷,穷困的人便无法生活。其实人生下来就有手足和心计，用以糊口绰绰有余。借不到钱，能激励勤苦，因有借贷，反会助长懒惰，甚至左手借到钱，右手就去打酒买肉，这样下去甚至连粥汤也喝不上了。

即令田亩有收，绩蚕有绪，既有称贷重息，转眄输入富家，铚镰、筐箔〔1〕未藏，室中业已悬磬。积压两载，势必子母皆不能偿，富者始闭其称贷而绝交焉。其时计无复之，有不从乱如归也。

【注释】

〔1〕铚（zhì）镰、筐箔：收割用的镰刀和养蚕用的筐箔。

【译文】

即令田里有收成，蚕丝有所获，但既已有高利贷重息需偿还，则转眼间粮、丝全进了富家，农具和养蚕用具还来不及收藏起来，室内已空空如也。拖欠两年后，势必本息都无法偿还，富家便绝不再借钱给欠账的人。他们这时别无其他生计，没有不随农民军去造反的。

夫子母称贷朘削，酿乱如此，而当世建言之人无片语及之者何也？盖凡力可建言之人，其家未必免此举也。材木不加于山，鱼盐蜃蛤不加于水，五谷不加于田畴，而终日割削右舍左邻以肥己，兵火之至，今而得反之，尚何言哉！

【译文】

　　高利贷盘剥酿成祸乱已如此严重,而当今向朝廷进言的官吏却无片言谈及此事,这又为什么呢? 因为凡有权进言者,其家也未必不放高利贷。山上不长林木,水中不养鱼虾,卤水不产盐,谷物不种在田里,有人却整天盘算剥削左邻右舍以肥己,弄得兵火一至,适得其反,这还有什么可说呢!

士 气 议

国家扶危定倾,皆借士气[1]。其气盛与衰弱,或运会之所为耶。

【注释】

〔1〕士气:此处指反映文武百官精神面貌的斗志和气质,作者认为百官的士气盛衰,影响到国家能否挽救危局和促成社会安定。

【译文】

国家挽救危机、保持稳定,都要靠文武百官的士气,士气的盛衰或许是时势造成的吧。

气之盛也,刀锯鼎镬不畏者有人焉;其衰也,闻廷杖[1]而股栗矣。气之盛也,万死投荒怡然就道者有人焉;其衰也,三径[2]就闲,黯然色沮矣。气之盛也,朝进阶为公卿,暮削籍为田舍,而幽忧不形于色者有人焉;其衰也,台省京堂[3],外转方面,无端愠恨矣。

【注释】

〔1〕廷杖:在朝廷以竹板杖罚臣下的酷刑。

〔2〕三径:辞官归隐后的家园,晋人陶渊明(365—427)《归去来兮

辞》:"三径就荒,松菊犹存。"

〔3〕台省京堂:在朝任职的京官。

【译文】

士气盛的,有人面对刀锯加身、锅鼎煮死的酷刑而不畏惧;士气衰的,有人一听到廷杖之声便腿哆嗦。士气盛的,有人万死不辞,发配充军而坦然上路;士气衰的,有人失官在家闲居便黯然沮丧。士气盛的,有人早上进阶为公卿,晚上削职为平民而忧情不形于色;士气衰的,从朝廷的京官调到外省任职便无端怨恨。

气之盛也,松菊在念〔1〕,即郎衔数载,慨然挂冠者有人焉;其衰也,即崇阶已及,髦期已届,军兴烦苦,指摘交加,尚且麾之不去,而直待贬章之下矣。

【注释】

〔1〕松菊在念:思想清高。

【译文】

士气盛的,有人清高而不恋官,即令任多年中枢郎官,也能慨然挂冠而告辞;士气衰的,有人已得到所要的官职,做到该退休的时候,催军饷烦苦,完不成任务受上级指责,仍不肯退下来,直到免职令下达后才离去。

气之盛也,班行考选,雍容让德有人焉;其衰也,相讲相嚷,贿赂成风,甚至下石倾陷同人而夺之矣。气之盛也,庭参投刺[1]抗志而争者有人焉;其衰也,屈己尊呼,非统非属,而长跪请事,无所不至矣。

【注释】

〔1〕庭参投刺:在公堂出名片见长官。

【译文】

士气盛的,有人虽经考选合格,却豁达大度地让贤于他人;士气衰的,有人争吵要官,贿赂成风,甚至陷害同事而夺其位。士气盛的,有人持名片到公堂见长官,敢于理直气壮地与之抗争;士气衰的,有人卑躬屈节,对不相统属的官员也肯长跪求情请托,无所不用其极。

气之盛也,布衣适体,脱粟饭宾,而清操自砺者有人焉;其衰也,服裳不洁、厨传不丰即醲颜发赭而以为耻矣。气之盛也,一令之疏、一师之败、一节之怠慢欺误,上章自首者有人焉;其衰也,掩败为功、侥幸存为大捷,而徼倖朦胧之不暇矣。

【译文】

士气盛的,有人穿布衣觉得适体,以粗米招待宾客,以清操磨砺自己;士气衰的,有人衣服不洗净,饭菜不丰盛便脸红而以为耻。士气盛的,有人因一个号令失误、一师之败、一个礼节的怠慢而上章自首;士气衰的,有人掩败为功,将幸存当成大捷,忙于侥幸蒙混过关。

　　气之盛也，领郡之邑艰危不避者有人焉；其衰也，择缺而几，祝神央分，遍挈重债，贿赂滋彰，既欲其靖，又欲其瘅，然后快于心矣。气之盛也，蕃兵虏骑攻城掠野，宰官激洒忠义，冒矢撄锋而成功者有人焉；其衰也，疲弱亡命，斩木揭竿，谍报邻寇入疆而当食不知口处，妻子为虏而不能保者，不一而足矣。

【译文】

　　士气盛的，有人在管辖城邑内不避艰难危险；士气衰的，有人一心想挑个肥缺，祈神保佑，到处借债公然行贿，既想舒服做官，又想大捞油水，然后心里才快活。士气盛的，有人在蕃兵、后金铁骑攻城掠地时，以忠义激励部下，冒箭矢、迎刀锋而上，一举成功；士气衰的，有人疲于逃命，率众投降，听到邻近有农民军打来的消息，吓得吃饭都不知嘴在哪里，妻子儿女被俘而不能自保，诸如此类，不一而足。

　　夫气之衰者，上以功令作之，下以学问充之。兄勉其弟，妻勉其夫，朋友交相勖[1]，可返而至于盛。不然，长此安穷也。

【注释】

　　〔1〕勖（xù）：勉励。

【译文】

　　面对士气衰的情况，上以奖惩法令行之，下以教育充之。兄勉其弟，妻勉其夫，朋友交相勉励，可使士气重返为盛。不然，长此下去又有何出路呢？

屯 田^[1] 议

时事兵苦无饷，议屯田者何其纷纷也。夫屯田制何为乎？求其生谷以省飞挽^[2]之劳耳。以至粗之事而求之精，以至易之事而求之难，以至简之事而求之猥琐，世可谓无人也。

【注释】

〔1〕屯田：汉以后历代政府以士兵在驻扎地区种地，或召募农民在驻军处种地，称屯田。

〔2〕飞挽：《汉书·主父偃传》有"使天下飞刍挽粟"之语，意为用车船疾运粮草。

【译文】

最近期间的大事是军队苦无粮饷，议屯田的人接二连三。屯田目的何在呢？是为了获得粮食，以减少紧急从别处运送粮草之劳苦。世上恐怕没有人肯舍最粗事而做精细之事，舍最易之事而求办难事，将最简单的事当繁琐之事来做。

今天下剥肤之患，寇在中而虏在外，议屯田以制虏则似矣，至有议平流寇而并策屯田者，可姗笑也。流寇朔在千里之东，望在千里之西，飘忽无定，即有许下之粟^[1]，焉能赢粮而从之？

【注释】

〔1〕许下之粟：三国时曹操（155—220）在许州（今河南许昌）屯田，得谷百万斛（hú，十斗为一斛）。

【译文】

今天下切肤之患是内有农民军作乱，外有后金（清）的侵犯。议屯田用以抗清还可行，但有议平流寇并策划屯田者，则是可笑的。因流寇可能初一在千里之东，而十五日又在千里之西，飘忽不定，即令有千万斗屯田粮，又怎能担负而跟随呢？

若夫制虏之策最先屯田，今之议者先议清屯。夫北方自云中抵山海[1]，东方自成山抵蓬莱[2]，荒闲生谷之地广者百里，促者十里，涨望而是。近年又增以兵过之地，室庐墟而田亩芜者间亦有之。即亿万牛耜[3]垦之不尽，必区区求百年以前经历数主影占形改之田[4]，而始议耕，何其愚也。

【注释】

〔1〕自云中抵山海：云中为今山西大同古名，山海即今河北山海关。

〔2〕自成山抵蓬莱：成山在今山东荣成东，蓬莱即今山东蓬莱市。

〔3〕耜（sì）：古代与犁上的铧相似的农具，此处泛指农具。

〔4〕影占形改之田：影为图形，指地契上标的某人所有土地之图形，因土地多年间数易其主，土地地形已经改变。

【译文】

　　至于抗清之策，人们把屯田放在优先位置，现在议论的人主张首先要清理屯田。试看华北从山西大同到京师山海卫（今河北山海关），华东从山东荣成到蓬莱，荒闲耕地举目皆是，广则百里，小者十里。近年来又增加了大军走过之处，房屋成为废墟、田亩成为荒地的也时有发生。即便有亿万头牛和耕具，也开荒不完。现成荒地不用，非要在百年前数易其主、地契上虽有但地形已改变的田地上议论耕种，这是何等愚蠢。

　　次议牛、种，夫给种则似矣，议牛何为者？ 凡责成一卒之身，上食九人，中食八人，则牛诚不可少。若一卒之身只望其醉饱一人，充饲一马，则一锄足矣。昔年枢辅[1]在关外给牛数万，兵士日夕椎以醨酒[2]，而日以病死报，岂知冶铁为锄为不病不死之牛乎。

【注释】

　　〔1〕枢辅：据《明史·职官志一》，天启元年（1621）以边事吃紧，置辽东经略总揽当地军政大权，由杨镐任之，职位高于总督。二年又以兵部尚书孙承宗（1563—1638）督师蓟辽经略，谓之枢辅。

　　〔2〕椎（chuí）以醨（shī）酒：即椎牛斟酒。椎，原作"推"，今改。

【译文】

　　其次谈到牛、种，把种子发给屯田的人就可以了，又发给耕牛作什么？一般说一个士卒垦田，最多可供九人口粮之需，中等的可供八人口粮，耕牛确实不可少。如一个士卒只求其一人吃饱喝足，喂一匹马，则有一把锄头便够了。过去蓟辽经略使在关外给士卒发了数万头牛，士卒日夜杀牛饮酒，天天报称被杀的牛是病死的，哪里知道冶铁为锄就是不病不死的牛呢！

天下事上作而下从，贵行而贱效，是必为督镇[1]者，躬行三公九推之法[2]，为偏裨[3]者，不耻从官负薪之劳。一卒之身画地五亩而界之，一区五十亩，则十人共垦其中；一区五百亩，则百人共垦其中。宛然井田[4]相友相助之意。

【注释】

〔1〕督镇：督指明朝廷派部院大臣外出节制地方军政的总督，镇为遣将出征在军事重镇任统帅的总兵官。

〔2〕三公九推之法：古以司马、司徒、司空为三公，经辅助皇帝掌管军事、财政和百工事务的三位最高行政长官再三考虑而拟定并奏准的法令，为三公九推之法。

〔3〕偏裨(pí)：副将、参将、偏将。

〔4〕井田：殷周时土地制度，以方九百亩为一里，划为九区，其中一区为公田，八家均为私田各百亩（合今三十亩），大家同养公田，田形如井字，故名。

【译文】

天下事总是上行而下效，地位高的人怎样做，地位低的也跟着做。作为统帅诸军的总督和总兵官必须严格执行由国家最高行政长官再三考虑而拟定并经奏准的法令，其下属副将、偏将不以从官身分从事背负薪柴的劳动为耻。画地五亩，责令由一个士卒耕种。一区五十亩，则十人共垦其中，一区五百亩，则一百人共垦其中，有如井田那样相互为友，相互帮助。

先访习知土宜与谷性者,授衔百户[1],分队立为田畯[2]之长。五亩皆稻耶,得米必十石[3];五亩皆麦耶,得面必千斤;五亩皆黍稷[4]耶,得小米亦如米之数;五亩皆菽[5]耶,得豆粒亦敌面之值。其室庐之侧、陇塍之上遍繁瓜蔬。寸隙荒闲,并治不毛之罪。此法一行,岂忧枵腹?

【注释】

〔1〕百户:军官名,明代卫所千户下设百户所,统兵一百十二人。

〔2〕田畯(jùn):周代劝农之官,又称田大夫。

〔3〕石(dàn):重量单位,120市斤为1石(71.62公斤)。

〔4〕黍稷(shǔ jì):黍碾成米称黄米,性黏;稷即粟(谷子),又称小米。作者认为二者都是小米。

〔5〕菽:豆类。

〔6〕枵(xiāo)腹:空着肚子,指饥饿。

【译文】

先访求熟悉土壤和谷性的人,授以百户的军衔,其下面的分队则设管理生产的头头。五亩都种稻,则得大米必有十石(一千二百斤);五亩都种小麦,则得面必千斤;五亩都种谷子,则得小米也有大米那样多;五亩都种豆类,则所得豆也相当面的价值。在房屋旁边和地头上遍种瓜果蔬菜。有一点地荒闲,便治不毛之罪。此法一行,哪里还愁吃不饱呢?

盖计五亩功力,使锄开荒以二十日,播种以二日,粪溉以十日,耨草以十日,收获、燥干以十日。一年之内只费五十二日以足食,其余三百一十余日尚可超距投石[1],

命中并枪。

【注释】

〔1〕超距投石:《史记》卷七十三《王翦列传》载"王翦使人问军中戏乎? 对曰:'方投石超距'",指古代练习武功的一种活动。

【译文】

总的算一下一个士卒种五亩地所花的功力,使锄垦田用二十天,播种用二天,施肥灌溉用十天,除草用十天,收获、晒干用十天。一年之内只需用五十二天就足食了。其余三百一十多天还可用于习武练兵。

每逢播种之初、成熟之日,督镇亲巡而验之。其获多而苗秀者,犒以牛酒;其草茂而实劣者,罚以蒲鞭。行见半载之间,不惟囷瓮之盈,而且神气亦[无士]〔1〕有不饱而马有不腾者。此至易之事,而舌干唇敝,二十年于此,世可谓无人也。

【注释】

〔1〕无士:原刊本于此二字处有洞,疑为"无士"二字,故补之。

【译文】

每逢播种和收获之时,由总督、总兵官亲自巡视检验。对收成多而禾苗长得好的,给以牛酒犒赏;对杂草丛生而结果实差的,罚以蒲鞭。这样做,在半年之间不仅仓瓮皆满,而且士卒神气十足,没有人吃不饱而马跑不快的。这最易做到的事,用二十年时间口干舌燥去议论,世间可谓没有人才了。

催 科[1] 议

自军兴议饷,搜括与加派两者并时而兴。司农之策止于此矣,节钺[2]之计亦止于此矣。已经寇乱之方乱不可弭,未经寇乱之方日促之乱。夫使倍赋而得法,民犹可堪。今赋增而法愈乱,纳广而欠转多。上有告示下行,山民未见影形,而已藏于高阁。下有解批[3]投上,岳牧[4]甫经目睫,而即攉抵旧逋[5]。

【注释】

〔1〕催科:官府派人向百姓催征银粮赋税。

〔2〕节钺:将帅随身携带的符节(调兵凭证)及刀斧,是军权象征,此处指兵部或兵部尚书。

〔3〕解批:押送的物资和文件。

〔4〕岳牧:封疆大吏之泛称,传尧舜时有四岳(大山)、州牧分管政务及方国诸侯,合称岳牧。

〔5〕攉(zhuó)抵旧逋(bū):取来抵消拖欠的课税。逋,拖欠。

【译文】

自从朝廷征集银粮以供军饷以来,搜括与加税同时并举。户部的对策只能这样,兵部之计也不过如此。因而已发生寇乱的地方乱不可消,未发生寇乱之处日促之乱。如果增加赋税得法,百姓还可忍受。现在是赋税增加而法度越乱,征税面越广而拖欠的就越多。上面征税告示刚一发下,未等山民看到,便已束之高阁(因有新的征税告示又下来了)。各省押送京师的物资清单递上之际,布政使刚一过目,便将其用来抵消旧欠的赋税。

夫小民即贫甚,但使头绪不分,昔日编银[1]一两者,今编一两五六钱。昔日派米一石者,今派一石二三斗,并入一册之中追完共解,藩司[2]分款而支应之。倘雨旸不愆,竭脂勉力犹可应也。乃今日功令不然,逐件分款而造,牙役[3]承行,最利其分款而追,则点卯、润笔[4]常规,可逐项而掠取也。

【注释】

〔1〕编银:即鞭银。《明史·食货志二》载,万历九年(1581)内阁首辅张居正(1528—1582)柄政时全面推行将各种税一次交完的"一条鞭"税法。

〔2〕藩司:明代各省行政长官布政使之别称,又称藩台、方伯。

〔3〕牙役:官署中杂差小吏,又称牙吏。

〔4〕点卯:旧时官署吏役于卯时(上午五至七时)到职,由长官按册呼名为点卯。　润笔:酬谢别人代写诗文书画的财物。

【译文】

平民百姓现贫困已极,但赋税之多却让人摸不着头脑,过去一条鞭税银收一两的,现在加收到一两五六钱;过去派米一石的,今加派到一石二三斗,都记入一个账册之中。追缴完后一起押送,布政使再逐项应付。倘若风调雨顺,拼命苦干还可支应得了。如今国家征税法令却不然,而是逐项分别造册,由官府差役受命执行,最利于他们逐项追缴,就像平时查点到职人数、收润笔费那样,可逐项掠取。

　　于是一里长〔1〕之身,甲日条鞭,乙日辽饷〔2〕,丙日蓟饷〔3〕,丁日流饷〔4〕,戊日陵工〔5〕,己日王田〔6〕,庚日兑米〔7〕,辛日海米〔8〕,壬日南米〔9〕,癸日相连甲乙日,去年、前年、先前年旧欠,追呼又纷起。一年之中强半在城,一家之中强半受楚。津口、城门往来如织,光景及此,有不从乱如归者哉?

【注释】

　　〔1〕里长:古之乡职谓一里之长。《大明律·附例四》云,“凡各处人民,每一百户内议设里长一名,轮年应役,催办钱粮、勾撮公事”,相当于后世之村长。

　　〔2〕辽饷:辽东驻军所用军饷。

　　〔3〕蓟饷:蓟州(今河北东北部)驻军军饷。

　　〔4〕流饷:清剿流寇(李自成农民军)所用军饷。

　　〔5〕陵工:修建皇帝陵墓所用工费。

　　〔6〕王田:种亲王分封土地所交地租。

　　〔7〕兑米:江南农民向北方运粮至苏南,向官军交费及耗米,称兑米。

　　〔8〕海米:南粮海运至京师,农民向押送官军交纳的米。

　　〔9〕南米:南粮漕运至京师,农民向押运官军交纳的米。

【译文】

　　于是一个里长甲日收一条鞭税银,乙日收辽东军饷税,丙日向农民收蓟州军饷,丁日收剿寇费,戊日收修皇陵的工费,己日收种王田所交的地租,庚日收运粮至苏南的兑米税,辛日收海运粮食的海米税,壬日收南粮漕运的南米税,癸日连同甲乙日,去年、前年和大前年的旧欠又追着交纳。一年之内多半在城,一家之中多半受苦。在渡口和城门穿梭往来,情况到了这个地方,哪有不从乱如归的呢?

凡身充里长，必非膏腴坐享之人，皆食力耕作之人
也。杖疮呼痛，狱厉沾身，即暂息室庐，亦呻吟卧起。麦
佳禾秀，何处得来？一里长之身有应管不多，如辽饷、流
饷之类，有其数止于十两。而每限捱监点卯，遂用去一
两，历点十卯已用十两，而其数仍全欠十两者；所收散户，
今日几分，明日几钱，因称贷无门，皆扯为用费；又或缺少
前甲里长纳数，及此消擢。此郑侠[1]图中描画不尽者。

【注释】

〔1〕郑侠：北宋官员郑侠(1041—1119)，字介夫，福清（今福建）人，
治平年进士，以灾荒为由，绘成《流民图》献神宗，请罢青苗新法。

【译文】

凡任里长的，必定不是满腹流油、坐享其成的人，而是自食其力
的种地之人。因交不足税而受官府杖罚，疮痛难忍，下狱染上疾病，
即令暂在家中休息，也得呻吟爬起耕种。他所种的麦稻哪能长得
好？里长能支应的不多，如辽饷、流饷之类，充其数也不过十两。每
到期去官府点卯（报到），就得用去一两，去十次就用完十两，还是欠
缺十两；从散户那里所收到的钱，都只能零碎地支付，今日收几分，
明日收几钱，因借不到钱，都只能支付；各农户又还有欠前任甲长、
里长的税钱，至此也得要还。这都是宋朝人郑侠《流民图》中描画
不尽的。

不惟小民扯为浪费而已，自朝廷狱及方伯[1]，上司火
票[2]频流，承舍捧来，势同缇骑。区区馈送百金，不满溪
壑之望。令长任从该管书吏敛贿求宽，甚且掩耳助其不

足。此金不自书吏家产，锱铢[3]取之百姓钱粮之中。一度百金，十度千金，泥沙何处诘问？

【注释】

〔1〕狱及方伯：责令各省布政使。

〔2〕上司火票：兵部尚书发出催军饷的急件。

〔3〕锱铢：古时最小重量单位，比喻一点一滴的钱。

【译文】

不但平民百姓要支付这些无端的费用而已，自朝廷责令各省布政使收缴饷银后，兵部尚书遣人接二连三发出紧急公文，差役送来，势同逮治犯人的官吏那样凶。区区馈送一百两银子，满足不了其无底的欲望。各州县长官放任其属下敛财、贿赂以求宽限，甚至掩耳不问，助长恶行。这些钱并非出自各县吏自家家产，而是一点一滴地取自百姓钱粮之中。一次送上一百两银，十次就送一千两银，金钱像泥沙一样浪费，又到何处去查问呢？

又不惟书吏扯为浪费而已。为令长者，清人则橐内必肘捉而衿见，墨人则身责必侈用而广偿。军兴派来，动辄大邑三百，小邑二百，而税契间架[1]催[2]提，中官[3]王府骚扰，又日新而月盛。茧丝无术[4]，鸡肋难拚[5]。既惧鼎器之轻投，又恐迟吝之贾罪，那借[6]现在钱粮以解燃睫之火，何日何项以作补还？

【注释】

〔1〕间架：房屋结构形式，明代财政困难时收间架税即房屋税。

〔2〕催：原刊本作"摧"，误，今改。

〔3〕中官：宦官，明廷常遣宦官到地方监督制造业，借机搜括。

〔4〕茧丝无术：无剥茧抽丝之术，比喻搜无可搜，括无可括。

〔5〕鸡肋难拚：典出《三国志・魏志・武帝纪》，谓如鸡肋，食之无肉，弃之可惜。

〔6〕那借：挪借。那，同"挪"。

【译文】

不仅县吏要浪费一笔笔公关费。县令中的清官必捉襟见肘，贪官必挥霍金钱以达其心愿。征军饷之令下达后，每次交饷的大县动不动要拿出三百两银为公关费，小县掏二百两，但税单仍接连催发，宦官、王府的骚扰一天比一天厉害，搜括到了极点，仍不肯罢手。有的县令既怕权位不保，又怕完税不力而获罪，只好挪借现有的钱粮以解燃眉之急，但要到何日用何项目补还呢？

且压欠之多总繇天启〔1〕初年，有司急欲行取，尽那次年、今年之数，以足前年、先前年之额，相承十六七年，累官累民，病痛尽繇于此。因那移考满而升召者，大者棘槐〔2〕，小者［方〕〔3〕面，其人已多，故此语未必不告之至尊〔4〕。不知治乱大关系，皆因此事之蒙蔽。缙绅忌伤同类，自同寒蝉宜也。乃席藁舆榇〔5〕而疏入九阍〔6〕者，竟无一言及此，可胜叹惜哉！

【注释】

〔1〕天启：明熹宗年号（1621—1627）。

〔2〕棘槐：指在中央政府中手握军政大权的高级官吏，见《进身议》注。

〔3〕方:原刊本此处有洞,应为"方"字,今补。
〔4〕至尊:指皇上。
〔5〕舆榇(chèn):将棺材装在车上以死相谏。
〔6〕九阍(hūn):指有九重门的皇宫。

【译文】

　　且积欠税款从天启初年就已开始,官府为急于交差,全靠挪用明年、今年之款以补足前年、大前年之欠额,如此相承十六七年之久,累官累民,弊病之根由此而来。因为靠挪用钱粮谎报政绩而届满考核后得到升迁的,大有人在,大的官至公卿,小的出任地方官(县令)。这事一直瞒着,秘不上报皇上。岂不知与治或乱有重大关系的,皆因皇上受到此事的蒙蔽。士大夫都忌伤同伙,自然以不吭声为宜。而坐着藁席带着棺材冒死入宫进谏的人,竟无一人谈及此事,是多么遗憾!

　　使此言达于天听,势必云霄洒涕。嗟我小民,将旧欠追呼,一概停止。惟从今日伊始。金华〔1〕、辽饷、流饷分文不完者治以重罪,究竟所得之数,视终日箠楚〔2〕旧欠而所得无几何者反过之,何也?膏血止有此数,而舍旧追新,人情有乐输之愿也。

【注释】

　　〔1〕金华:《明史·食货志二》载,南畿、浙江、江西、湖广、福建、广东、广西米麦共四百余万石折银百万余两,入内承运库,谓之金花银。
　　〔2〕箠楚:用棍棒拷打,此有追讨之意。

【译文】

　　如这些话能说给皇上听,势必连上天都会落泪。咳!为小老百姓着想,干脆将追讨的旧欠款一概免了吧。只从今日开始征收钱粮,对金花银、辽饷、流饷分文不交者治以重罪。其实所得钱粮之数,比起终日追讨旧欠而所得无几,反而更多。为什么呢?因为百姓的膏血只有这么多,而不交旧欠、只收新税,人情上倒乐而为之。

　　至北方种麦,以五月为麦上,六月开征,犹曰麦已登场圃。南方皆稻国,立秋收获者十之四,而霜降、立冬收获者十之六。今方春二月,新谷尚未播种,而严征已起者纷纷矣。天运人事,一至此极耶。

【译文】

　　至于北方种麦,五月麦子成熟,六月开征,就是说麦已该打场了。南方都种稻,立秋(8月7日或8日)收获者占十分之四,而霜降(10月23日或24日)、立冬(11月7日或8日)收获者占十分之六。现在刚刚春二月,新的稻谷还没有播种,横征已纷纷而起,天运人事至此气数已尽啊。

军 饷 议

军兴措饷其策有五。因敌取粮为上上策。酌发内帑、节省无益上供、修明盐铁茶矾,为中上策。暂行加派,事平即止,搜括州邑无,碍钱粮、增益税关货钞为中策。搜括之外又行搜括,裁官裁役而后再四议裁为中下策。加派一不足而二、二不足而三,算及间架[1]、舟车,强报买官纳粟,为下下策。

【注释】

〔1〕间架:房屋税。

【译文】

为军队征收粮饷有五种对策。从敌人那里取粮是上上策。适当拨发国库银两,节省没有必要的上贡,拟制出好的盐、铁、茶、矾的税法,是中上策。暂时实行加税,局势平定后即停止加派,搜括州县不妨碍民生的钱粮,并适当增加税关的货钞,是中策。搜括之外再行搜括,裁减官员和杂役之后再议减裁,为中下策。加派一次税银不足,再次加派,加派两次还不足,再第三次加派,连房屋、车船都要上税,是下下策。

夫因敌为粮,以议于制奴虏则诚难矣。若流寇乌合之众,其勇几何。我有良将劲兵,能杀一人,则一人之金我金也;能克一营,则一营之粟我粟也。即云兵荒而后粟不甚多,然其中堆积金钱,取来奚不可易粟者。太祖云"养兵十万,不费民间一粒米"[1],盖谓此也。若云我兵必不能战,即多方措置,只赍盗以粮,又安用议饷为哉?

【注释】

〔1〕"太祖云"句:见明人陆深(1477—1544)《俨山全集》卷三十四引明太祖朱元璋言:"吾京师(南京)养兵十万,要令不费百姓一粒米。"

【译文】

从敌人那里取粮,用来对付后金(清),确实困难。流寇(农民军)本是乌合之众,何勇可言。我们有良将精兵,能杀一敌,则一人的钱财就成为我们的了;能打败一营敌兵,则一营的粮食就成为我们的粮食。即使战争过后敌营粮食不多,但其中积存的金钱缴获后,我们为何不可以拿来换成米呢? 我朝太祖说:"养兵十万,不费民间一粒米。"就指此而言。若说我们必定打不过,那么即使令多方筹措粮饷,也只是给敌人送粮食,那议论军饷又有何用呢?

内帑之发诚未易议矣。然十年议节省,谁敢议及上供者? 微论仪真[1]酒缸十万口,楚衡岳、浙台严[2]诸郡黄丝绢解充大内门帘者,动以百万计,诸如此类,不可纪极。解至京师何尝[3]切用? 即就江西一省言之,袁郡[4]解粗麻布,内府用蘸油充火把,节省一年,万金出矣。信郡[5]解椯纱纸[6],大内以糊窗格,节省一年,十万金出矣。光、禄[7]酒缸岂一年止供一年之用,而明年遂不可用? 黄绢门帘、窗棂糊纸岂一年即为敝弃,而明年必易新者? 圣主辛未[8]张灯,元宵仍用旧灯悬挂,遂省六十余万。此胡不可省之? 有川中金扇之类,又可例推矣。

【注释】

〔1〕仪真:今江苏仪征,有窑烧上供龙凤水缸。

〔2〕楚衡岳、浙台严:湖广衡州、岳州(今湖南衡阳、岳阳)及浙江台州(今临海)、严州(今建德)。

〔3〕何尝:原作"何常",今改。

〔4〕袁郡:江西袁州府(今宜春)。

〔5〕信郡:江西广信府(今上饶)。

〔6〕棂(líng)纱纸:江西广信府(铅山)所产韧性强的楮皮纸,长七尺,宽四尺,上供宫内作糊窗纸。

〔7〕光禄:光禄寺,掌宫中祭祀、膳食的机构。

〔8〕圣主辛未:明思宗崇祯四年(1631)。

【译文】

拨发国库库银,谈何容易。但十年议节省,谁敢议及向朝廷上供的物品? 很少有人论及仪真烧造的酒缸有十万口上供,湖广衡州、岳州和浙江台州、严州产的黄丝绢送到官中做门帘的,动不动就要花费百万两银(包括运费)。诸如此类,不能尽述。运送到北京何尝有切实的用途? 就以江西一省而言,袁州府上供的粗麻布,宫中取来蘸油当火把,节省一年就可省去万两白银。广信府运京的棂纱纸,官中用来糊窗格,少上供一年就可省去十万两银。光禄寺祭祀用的酒缸,难道一年上供仅能用一年,明年就不能再用吗? 黄绢门帘、糊窗格纸难道用一年就旧而弃之,明年必换新的吗? 崇祯四年春节时宫中张灯,元宵节(正月十五日)仍用旧灯悬挂,遂节省六十多万两银。这些为何不能节省下来? 还有四川上供的金扇之类,也可依此类推。

凡物所出，不如所聚。京师聚物之区也，倘以官价千金市纸糊窗，经年用之不尽，岁费一二十万何为？茶之佳者价值一斤数钱而止，而外省州邑解茶一斤入御，所费岂止十两？崇安先春、探春[1]，闽省额费不赀。黄柑、冬笋之类以此推之。当此之时，无论京师必有之货，不必驿马奔驰，即必无如鲥鱼[2]之类，亦当暂却贡献之秋矣。

【注释】

〔1〕崇安：福建崇安县（今武夷山），以产茶著名。　先春、探春：福建建宁府上贡名茶。

〔2〕鲥鱼：鱼纲鲱科鲥鱼（*Macrura reevesii*），产于长江中下游及福建富春江等河流，肉味鲜美，为名贵鱼类。

【译文】

将上供货物从原产地运来，不如从其集散地运来合算。首都北京是物资的集散地，如以官价用一千两银在京买纸糊窗，长年都用之不尽，何必每年花费一二十万两银从江西运来呢？最好的茶一斤在京只值几钱银子，但从产茶的外省州县运送一斤进宫，其花费何止十两银？福建崇安县的好茶先春、探春进京的耗费不计其数。黄柑、冬笋之类依此可以类推。在此时局下，不仅首都必定有的货物不必经驿站快马从原产地运来，甚至首都肯定没有的货物如鲥鱼之类，也应暂停上供。

此司农或不敢言，而有言责者，亦未必将普天《贡赋全书》[1]一细心研究也。内使靴价，节慎[2]一发，动辄一百三十万。夫京靴之价每双七钱而止耳，将焉用之？昔者辽饷增十之二,百姓悬望事平而止,奈天运如此,民亦何辞?无碍钱粮凡可节者,辛未兜查《赋役书》,已搜尽矣。宰官从此无润,亦安苦而为之?税关不增,落地商犹未甚困,故数者附之中策。

【注释】

〔1〕《贡赋全书》:又称《贡役全书》,以省、府、州、县为编制单位,是官府征税和力役的册籍,起编于万历十一年(1583)。

〔2〕节慎:工部节慎库,掌金钱出纳、会计。

【译文】

这或是户部尚书不敢讲的,而有进谏责任的官员,未必对全国《贡赋全书》做过一番细心研究。宫内宦官所穿靴子的价钱,工部节慎库大笔一批就是一百三十万两银。但北京的靴价每双值七钱银,这么多钱怎么用法?过去辽饷增加十分之二,百姓盼望局势平静后就免征。无奈天运如此不佳,百姓又有何可说?查阅崇祯四年版《赋役全书》后发现,无碍民生的钱粮凡能挤出来的都已搜括殆尽了。官吏从此已无可榨取,又何苦再搜括?税收官卡不加税,各地方商人还不至困苦至极,故有人将此归为中策。

若乃搜无可搜,括无可括,而功令日以下焉,全省青衿[1]优免,破面刮来,止敌楼纱纸张数匦。一员教官俸禄尽情裁去,不敷一匹军马刍粮。民快革半,而令长之仪卫已单。驿马抽三,而邮卒之疲癃更甚。免颁历于缙绅,克冬花于乞丐,其与皆能几何而未已也。前者追呼未完,而后者踵至矣。

【注释】

〔1〕青衿：穿青领衣服的士子、读书人，亦指秀才。

【译文】

若到搜无可搜、括无可括，且考核官吏之令已下来，除读书人优待免税外，无情搜刮到的银两只相当于朝廷浪费的几匣糊窗的棍纱纸钱。裁掉一名教官，其全部薪俸还不够一匹军马的粮草钱。民伕裁减一半，县令出行时随行人员就单薄了。驿站的马抽去十分之三，必使邮卒疲于奔命。停止向缙绅颁发历书，克扣救济乞丐用的御冬棉花，省下的这点钱都起不到什么作用。追缴旧欠赋税还没有完成，新税又接踵而至。

夫邻国兵火之祸如此，即倍赋，义当乐输。然此语可为贤者道，难为俗人言。愚民闻诏赦之有捐免也，欢声哄然，及闻所免在崇祯四、五年间事〔1〕也，蹙额而返。民情如此，国计奈何？

【注释】

〔1〕崇祯四、五年间事：《明史・食货志二》载，崇祯九年（1636）免畿内五年前欠税，免山东五年前所欠赋税。

【译文】

如果说附近地方兵火之祸如此严重，即令加倍赋税，似亦当乐于交纳。但此话只能对贤者言，而难以对一般人开口。不明真相的黎民听说有赦免诏书下来，欢呼雀跃，当得知所免的只是崇祯四年、五年间所欠的税时，又愁眉苦脸而返。民情如此，国家又有何法？

从古国家穷困,无如宋室靖康[1]以后,然张浚[2]一视师,宗泽[3]一招抚,动以十万、二十万。年年括马,处处用兵。史册所载,未尝见士马伤饥而措饷窘乏。今天下虽困,然视南宋,富强犹数倍焉。奈何窭态酸情,不可使闻于寇虏。不知建炎诸将[4]措饷之法有可考证而仿求者否?学古有获,肉食者[5]勉之。

【注释】

〔1〕靖康:宋钦宗靖康元年(1126)京师汴京(今河南开封)被金攻破,钦宗赴金营求和,割河北、河东地,赔金一千万锭、银二千万锭、帛一千万匹,史称靖康之变。

〔2〕张浚(1097—1164):南宋大臣,字德远,绵竹(今四川境内)人,徽宗时进士,力主抗金,重用岳飞、韩世忠等名将。

〔3〕宗泽(1060—1128):北宋名将,字汝霖,义乌(今浙江境内)人,元祐进士,有文武才,用岳飞为将,招集义勇及起义军,屡胜金兵。

〔4〕建炎诸将:指宋高宗建炎年间(1127—1130)起用的张浚、宗泽等抗金名将。

〔5〕肉食者:文武官吏。

【译文】

自古以来国家贫困都不如宋朝靖康元年(1126)以后那样,但大臣张浚一出来督师,宗泽一出来招集义勇军,动不动就有十万、二十万军队。年年招兵买马,处处用兵。据史册所载,未见有筹饷困难使其兵马受饥者。现在国家虽困难,但较之南宋仍富强数倍。奈何摆出一副寒酸窘态,使之见不得流寇及清兵。不知建炎年间各名将筹饷之法有没有可资效法者?学习古人经验必有所获,文武官员宜当勉之。

练 兵 议

人类之中聪明颖悟,生而为士者则有之,未有生而为兵者也。愚顽椎鲁,生而为农者亦有之,亦未有生而为兵与生而为寇者也。兵与寇,其名盖以时起也。一将立,而众卒从之,是名为兵。一魁竖,而众胁从之,是名为寇。遇宗泽、岳飞[1],则昨日之寇,今日即兵。逢朱泚[2]、姚令言,则辰刻之兵,巳刻即寇。

【注释】

〔1〕岳飞(1103—1142):南宋抗金名将,字鹏举,相州汤阴(今属河南)人,二十岁从军,随宗泽守开封,在抗金战争中屡立战功,后被奸臣秦桧以"莫须有"罪名杀害,宁宗时追封为鄂王。

〔2〕朱泚(约742—784):唐代叛将,幽州昌平(今属河北)人,曾任卢龙节度使,建中三年(782)因弟朱滔叛唐被免职,次年姚令言在京师长安哗变。

【译文】

人类之中,生来聪明颖悟而成文人者有之,未有生来注定成为兵的。不够聪明、行动迟笨生而为农者亦有之,而未有生而为兵与生而为寇的。兵与寇之名是因时而起的。一个将军成长起来,有众士兵受其指挥,是名为兵。一个将军成长起来,胁迫众人服从,是名为寇。遇到宋代名将宗泽、岳飞,则昨日之寇,今日即为兵。遇到唐代叛将朱泚、姚令言,则辰刻(上午七至九时)之兵,巳时(上午九至十一时)为寇。

是故用武之道,与衡文绝不相同。文章一途实有风气集于此方,而彼方风气未开,则即延昌黎[1]为师,眉山[2]作侣,而人才寥落之乡不能速化为大雅。兵异于是,所需者抛石射矢之人、轮戈舞槊之人、引火爇炮之人、驰马侦探之人,护持辎重、炊米挫刍、击斗巡撷[3]之人,堪用者举目而是。从来成功名将,何尝招兵越国,矧[4]扰乱之秋,敢建调遣客兵之议乎?

【注释】

〔1〕昌黎:唐代大文学家韩愈(768—824),字退之,南阳(今属河南)人,世居昌黎(今河北境内),亦称韩昌黎,贞元八年(792)进士,为官正直。

〔2〕眉山:苏轼,字子瞻,号东坡居士。因其籍贯四川眉山,故时人谓之苏眉山。

〔3〕击斗巡撷(zōu):打更巡逻。

〔4〕矧(shěn):况且。

【译文】

因而用武之道与从文绝不相同,文章之道实有赖风气集于某处,而别处风气未开,即使延请唐代韩愈为师、宋代苏轼为侣,也不能使人才寥落之乡很快化为大雅之乡。从军与此不同,所需者为抛石射箭之人、挥戈舞槊之人、引火点炮之人、驰马侦探之人,护持辎重、烧饭饲马与打更巡逻之人,堪用者举目皆是。从来成功名将何尝至外地招兵,况且值此动乱之年,谁敢建议调遣客籍之兵?

凡兵，勇怯无定形，强弱无定势。经一阵获数级，则弱者立化，而强矣。将军无死绥之心，士卒萌溃逃之想，营已立而令纷，阵未交而先乱，则强者尽成死弱矣。经阵获级而后朝有重赏，而幕府[1]不吝不克，私获寇盗甲仗、金钱，而主将不诘不追，而逗遛逃走之情尽化而为争先迈往之志矣。

【注释】

〔1〕幕府：语出《史记》卷一〇九《李广列传》，指将帅在外的营帐，军旅无固定住所，以帐幕为府署。

【译文】

兵的勇敢与怯懦没有定式，其强弱也无定势。经一次战斗斩获数个首级，弱者即刻化为强。将军未下绝不后退的决心，士卒便会萌生溃逃之念，扎营后号令即不统一，未交战便乱了阵脚，强者尽化为弱。交战后斩获敌人首级并得朝廷重赏，而将军府署不加克扣，士卒得到寇贼武器、金钱，主将不问不究，则畏缩逃走之情尽化为争先迈进之志。

时事至此，总之未尝求将而扼腕兵不可用。呜呼！浙兵调矣，川兵调矣，狼兵[1]调矣，御营遣矣，秦、晋诸省主兵又不待言。然则必借西戎、北狄之兵而后可用耶？

【注释】

〔1〕狼兵：明代广西土司对付农民军的少数民族武装力量。

【译文】

时局发展到这个地步,总之未尝选将,即惋惜兵不可用。哎呀!为对付中原农民军,调来浙江兵、四川兵,又从广西土司处调来狼兵,连御营兵也派出来了,陕西、山西各省的主力部队更是不用说了。那么非要借用西部和北部少数民族武装力量才管用不成?

为将之道,无他,志在为国,则不惟功成,而身亦富贵。志在贪财好色,则不惟师徒丧,而首领亦岂能全!求将之道无他,精诚在家国与封疆,则奇材异能之人崛[1]起而应之。结习在馈送邀名与报功升爵,则外强中干与性贪才拙之人丛集而应之。连敖[2]坐法而仰视滕公[3],秉义[4]将刑而缘逢忠简[5],皆精诚之所召致,今古岂相远哉?

【注释】

〔1〕崛:原刊本作"堀",今改。

〔2〕连敖:连敖为春秋时楚国官名,《史记》卷九十二《淮阴侯列传》载:大将军韩信(约前231—前196)"亡楚归汉,未得知名,为连敖"。注:"司马也。"此处连敖代指韩信。

〔3〕滕公:西汉大臣夏侯婴(前172卒),沛县(今属江苏)人,从汉高祖刘邦起兵,官至太仆,封汝阴侯,以其曾任滕令,又称滕公。

〔4〕秉义:指宋秉义郎岳飞。

〔5〕忠简:宋将宗泽,卒后谥忠简。

【译文】

为将之道别无其他,志在报国,不但功成名就,而身亦富贵。如果志在贪财好色,则不但属下官兵丧命,其本人首级亦岂能保全?

求将之道别无其他,即精忠报国与誓守疆土之人,这样,奇才异能之人便群起应选。如积习于送礼邀名与报功升职,则外强中干与性贪才拙之人便一窝蜂而应之。汉代任司马的韩信犯法当斩,抬头适见滕公夏侯婴而得救,宋代秉义郎岳飞受刑时适逢宗泽而被任用。此皆精诚感召之所至,今古难道相差那样远吗?

今日大将、副将,悉从本兵[1]差遣。试问职位何以至此?盖自袭荫初官以至今日,其间卑污手本[2]到部与科[3]者,动称"门下走狗",自固者方称"门下小的",终年终日打点苞苴[4],以金代银,以珠玉代方物。守把以下写帖,兵部书办送礼,细字"沐恩晚生"。劣陋相承百有余岁。偷息闲功则歌童舞女、海错山珍以自娱乐。此等人岂能见敌捐躯、舍死而成功业者?

【注释】

〔1〕本兵:指兵部尚书,正二品大臣。

〔2〕手本:下级见上级所用的名帖。

〔3〕到部与科:到兵部和兵科给事中官署,待考核后奏报授官。科,科道,明代在六部设六科给事中,与都察院各道监察御史合称科道,掌稽察百官事。

〔4〕苞苴(bāo jū):行贿用的礼物。

【译文】

现在大将、副将均由兵部尚书派遣,试问他们的职位如何取得?因其从初次受封当官时起发展到今日,中间以卑劣手段递上名帖至兵部,等待授官位级别。名帖上常自称是兵部尚书的"门下走狗",地位稳固的则自称"门下小辈"。他们成年累月准备行贿送礼,以金器代替银两,以珠玉代替土产。把总以下的军官写名帖,兵部书吏送礼,都以小字自称"沐恩晚生"。这种劣习相承已有百余年。他们一有时间就用在歌童舞女和山珍海味等吃喝玩乐上。此等人岂能见敌捐躯、舍命以成功业呢?!

　　吾人驭兵制虏全在气概,设有韩、岳诸人,即故园贫困老死,忍以"走狗"自呼哉? 夫既以阃外[1]付之经略、督抚,则求将者经略、督抚之事也。且人亦何难知哉? 文官庭参[2]讲话之时,有立见其才能警敏与蒙昧,而预料其他日或堪行取、或罢降调者。面试将才即此可以例推也。凡人情小利不贪者,大敌必不怯;身图不便者,趋媚必不工。此何莫非知人之法哉? 从来大将多从行伍中出,犹从来师相多从络笔砚穿、草扉青衿应举中出也。

【注释】

　　〔1〕阃(kǔn)外:门槛之外,指领兵在外。
　　〔2〕庭参(cān):旧时属员在公堂上谒见长官。

【译文】

　　吾人领兵抗清全在气概,设想宋人韩世忠、岳飞等人,即令其做不到官而在故乡贫困老死,怎会忍辱以"走狗"自称? 既然在外领兵都付之于经略使、总督和巡抚,则他们便肩负求将之事了。而且知人善任又有什么难以做到呢? 长官在公堂上召见下属文官时,从其谈吐即可立即判断是否有才能,智敏或愚钝,而预料今后重用还是降职、调离。面试将才即可以此类推。大凡不贪小利者,必不怯大敌;甘愿利少者,必不善于奉迎。这难道不是知人之法吗? 从来大将都出身行伍，犹如从来卿相都从苦读的人中选出那样。

至于惟圣知圣、惟贤知贤，即云天之所授，而苟能勿欺勿私，则知人种性自然，天牖之而渐造开明。古人有一旅[1]之败而即上章自劾者，至今犹有生气，此即勿欺良能而立功之本也。今破残遍天下，而日日掩败为功，夺获达马[2]一匹，斩获首级二颗，箭竿三枝，公然上报而不知羞涩汗下。甚则城下牢闭，幸敌不攻，以他邑之破陷相比况，而思叙功。人情及此，欺日甚而私日炽，脸颊日厚而方寸日昏，岂有拨乱之期哉！

【注释】

〔1〕旅：军队编制单位，古以士卒五百人为旅。

〔2〕达马：此处指蒙古马。鞑靼，也称达靼、达旦等。

【译文】

至于说惟圣知圣、惟贤知贤是天资造就，倘能不隐瞒不自私地了解人的本来禀性，通过开导是可以使其思想进步的。古人有因一旅战败而主动上章自责者，至今仍令人感动。这就是不自欺欺人而建功立业的本质。现在破残遍天下，有人日夜掩败为功，夺获蒙古马一匹，斩获两个首级，缴获箭杆三支，竟然上报而不觉得难为情和羞愧。甚至紧闭城门不敢应战，侥幸敌人没有攻城，而以其他城邑被攻陷来对比，想要报功。人情已到如此地步，欺瞒日甚，而贪私日烈，脸皮越来越厚而心地越来越坏，岂有拨乱反正的希望！

庚午^[1]寇炎初起神木^[2]之间,星星之火此时扑灭,一百夫长^[3]之事耳。燎原之日乃庭推才望,得一人而总督五省^[4],谓将指顾而勘定之。所推总督不惟兵法不知也,即世法亦一毫不知。陇右^[5]惨杀通天,而巧借蜀藩^[6]之奏,欲以汉南无恙之功而赎其罪。败形尽见,乃丧师辱国之大僇也。而且投揭长安^[7],辨明商人诬枉,放饭流歠而问无齿决^[8]。昏愚至此,可胜叹息哉!

【注释】

〔1〕庚午:崇祯三年(1630),时陕西农民军声势日大,各部转战陕西、山西。

〔2〕神木:县名,在陕西省东北。

〔3〕百夫长:军官名,即百户,明代各卫所千户之下设百户所,统兵112人。

〔4〕总督五省:崇祯七年(1634)阉党兵部尚书张凤翼(约 1575—1631)在朝廷上推举其亲信陈奇瑜(约 1580—1645)领兵部右侍郎衔总督陕西、山西、河南、湖广及四川五省军务。农民军误入陕西汉中栈道险地,陈奇瑜调兵围剿,李自成用诈降计得以解脱。陈获罪后狡辩,终被革职逮问。见《明史》卷二六〇。

〔5〕陇右:指陇山以西之地,陇山位于甘肃、陕西交界处。

〔6〕蜀藩:指蜀王朱至澍。崇祯七年农民军渡汉水入四川,为明军秦良玉及川将张令所阻,乃分兵走湖广、陕南等地,汉水以南得保。

〔7〕长安:今陕西西安市古名,此处指北京。

〔8〕"放饭流歠(chuò)"句:语出《孟子·尽心上》,指大口吃饭、大口喝汤,不成体统,反要求勿用牙咬干肉,喻不识大体。

【译文】

崇祯三年庚午(1630)流寇(李自成农民军)兵火初起于陕西神木县一带,当时要扑灭这星星之火,以百户所率的兵就足够了。

待其燎原之日(1634),朝廷才推举有才望的人(陈奇瑜)总督陕晋豫湖川五省军务,声称很快即可平定。但所推举的总督不但不懂兵法,连世间习惯常规也无所知。陇西战事剧烈,伤亡特别惨重,却中流寇诈降之计,使其得以逃脱,碰巧靠蜀王及川军的阻击,使汉水以南地区得以保存。五省总督便想以此赎其罪过,败相暴露无遗。此乃丧师辱国之大耻!受到指责后,还在京师张贴启事,推卸罪责,辩解受到商人诬告,实在不识大体。昏愚到如此程度,实令人叹息啊!

嗟夫!用兵何常之有?守城之兵,妇人孺子可与焉,他无论矣。出战之兵,一村之内必有勇过百人者,一邑之中必有智过千人者。遇合招揽,总在一将之身。昔者张宪、牛皋[1]不逢武穆[2],一庸人之有膂力者耳。扈再兴、孟宗政[3]不遇赵方[4],一土豪之能自立者耳。倘今经略、督抚日廑[5]栋焚剥肤[6]于怀,不杂功名富贵之想,血诚达于上帝,格言誓于军前,而草泽英雄不起而应之者,岂气声感召之理哉?

【注释】

〔1〕张宪、牛皋:南宋抗金将领,为岳飞部下,后被奸臣秦桧杀害。
〔2〕武穆:岳飞的谥号。
〔3〕扈再兴、孟宗政:南宋抗金将领。
〔4〕赵方(约1161—1222):南宋抗金名将。
〔5〕廑(qín):殷勤。
〔6〕栋焚剥肤:焚烧栋梁,剥去皮肤,比喻灾难迫切深重。

【译文】

咳! 用兵怎能墨守常规? 守城之兵,妇女、儿童皆可参与,其他人就不必说了。出战之兵,来自一个村的必有勇过百人者,来自同一城的必有智过千人者。是否能笼络在一起加以利用,全看将领。以前宋朝的张宪、牛皋若不遇到岳飞,不过是有体力的一般人。而宋人扈再兴、孟宗政如不遇到名将赵方,不过是能自立的地方壮勇。倘若现在的经略使、总督和巡抚天天将国家的灾难深重记在心上,不杂功名富贵之想,赤胆忠心天神可鉴,豪言壮语誓于军前,岂有草泽英雄不起而应之的,这难道不是声应气求的道理吗?

若客兵之议,使其统领无节制,则未出境而已化为贼矣。登州〔1〕去吴桥〔2〕行程几何,此已然之覆辙也。平奴议足十八万,而激成重庆之乱〔3〕,勤王西兵赴阙,而酿成今日遍地之残。从此犹不知戒,即令安行而至,无济无及,矧未至而蠢然思变者,不一而足哉! 痛哭长言〔4〕,话从何处起止? 有心国计人,刍荛之言〔5〕,圣人择焉,则幸矣。

【注释】

〔1〕登州:山东府名,今蓬莱。

〔2〕吴桥:县名,在今河北,邻近山东。

〔3〕重庆之乱:《明史》卷三一二《四川土司传》载,天启元年(1621)四川土司奢崇明调马步兵二万,以援辽为名领兵至重庆,久驻不发,乘机谋反。

〔4〕长言:拖长声调说话。

〔5〕刍荛(chú ráo)之言:向人陈述意见之谦词。刍荛,指割草打柴者。

【译文】

至于说到动用客籍之兵，如对其统领不加以节制，则未等他们出境就已反叛了。从山东登州府到京师保定府的吴桥县，行程并不太远，已经出现了这种情况。想在川贵土司那里凑足十八万抗清的客兵，结果在重庆酿成反叛之乱。让勤王的西部客兵开到京师，酿成今日遍地残破局面。对此仍不引以为戒，即使客兵安然到达，也于事无补，为时已晚，何况还没到就蠢蠢欲动、图谋反叛了，这种事不一而足。痛哭长言，话不知从何处说起到何处停。有心国计的人所叙管见，如被圣上采纳，则荣幸之至。

学 政 议

  国家建官,大至于秉轴统均[1]、平章军国[2],小至于宰邑[3]百里、司铎黉宫[4],皆从一途出。学政顾不重哉?国初大乱之后,人民稀少,州邑青衿数目多者不过百人,设立教官,得熟识而勤课之。今则郡邑大者已溢二千人矣。大郡大邑教官识面者不及十之一,小者不及三四分之一。勤惰、贤不肖何由稽焉?即能稽,而教官之权业已轻甚。欲议一不肖,而县可沮格[5],府可平翻,其他无论已。

【注释】

  〔1〕秉轴统均:执政,喻指宰相职位。均,制作陶器所用的转轮。

  〔2〕平章军国:唐代以尚书、中书、门下三省长官为宰相,代行其职者称同中书门下平章事,简称同平章事。宋代因之,称平章军国重事,在宰相之上。元代中书省平章为宰相副职,明初沿袭,不久即废。

  〔3〕宰邑:县令。

  〔4〕司铎黉(hóng)宫:司铎为教官,黉宫即学校。

  〔5〕沮格:阻挠,阻拦。

【译文】

  国家设立官职,大的高至宰相、副宰相,小的至百里方圆内的县令、学校教官,都是从科举考试这一途径产生出来的。教育工作难道不重要吗?本朝初年经大乱之后人口稀少,州县中读书人数目多者不过百人,设立的教官能认识这些人并勤加考核。现在大的州县读书人已超过两千人了,大的州县教官能认识的不过其中十分之一,小的州县不到三分之一至四分之一。勤学或懒惰、品行好的或差的如何能考察呢? 即便能考察,教官的权限已很小了。想判断出品行差的,则县里可以阻拦,府一级可以推翻,其他更不用说了。

所恃学使者至优劣间一行,虽然,行亦何所惩创哉? 劣而阘冗[1]者,举一二以塞责;劣而强梁者,不惟门役惴焉有报复之惧,即眇尔广文[2]亦远祸而姑置之矣。劣而素封[3]者,举一二以塞责;劣而父兄缙绅、亲戚要路者,不惟教职惴然幸一衔之留,即郡邑之长,亦权衡时势而姑置之矣。

【注释】

〔1〕阘(tà)冗(rǒng):阘为小户人家,冗为闲散逃学者。
〔2〕眇尔:微小,卑微。 广文:泛指儒学教官。
〔3〕素封:无官爵、封地而拥有资财的富人。

【译文】

需要由管理学政的官员出面的,是在学生中查看优劣,但这种查看有何惩戒作用? 学业差而出身小户人家的逃学学生,查出一二人以塞责;对学品不好,但出身有势力家庭的学生,不只看门的差役怕被打击报复,即使地位低的教官亦不敢碰,以免惹来横祸。学品差而来自无官位家庭的富家子弟,查出一二人以塞责;学品差而父兄做大官或亲戚有权的学生,不只教官怕得罪后失去教职,连知州、县令都要权衡利害而姑息之。

自有军兴以来，乡人惧报富丁马户，又惧缙绅兼并。为子弟计，不惜倾倒赀囊、典卖田产，营分买入庠[1]中。而十余年来人情大变，乡绅居官、居家以荐人入学为致富足用真正径路。金饱者取来心欢，铜臭者绝无汗下。势要乡绅子弟儿齿未毁而襕衫[2]业已荣身。呜呼！古道古风[今]已[3]矣。

【注释】

〔1〕庠（xiáng）：古代府州县官办学校，在学学生称庠生。

〔2〕襕（lán）衫：又作襤衫、蓝衫，古代士人穿的衣服，转指读书人。

〔3〕今已：原刊本"已"字上有洞，脱一字，经细审，当为"今"，故补之。

【译文】

自从发生战争征收军饷以来，乡人都不敢报称是富人之家、有马之户，又怕被官绅兼并。为子弟着想，不惜耗尽钱财，典卖田产，以图花钱进入学校读书[再做官]。十多年来人情大变，做官或居家的官绅都以推荐他人入学为发财致富的真正途径。发这种财的人心里高兴，花这种钱的人不以为羞。有权势的乡绅子弟乳牙未脱，便成了读书人而自觉光荣。哎呀！古道古风今已消失殆尽。

群习读书之乡，有文章极其佳熟，而再三应考，不得一府县名字为进身之阶，流落求馆，计无复之，则窜入流寇之中为王为佐，呈身夷狄之主，为谍为官，不其实繁有徒[1]哉？试就今日青衿而概数之，百人之中贯通经书旨趣成文可观者，十人而止；未成而可造者又十人而止；而书旨、文字一隙不通者，百人之中不下三十人。倘沙汰数苟，则繁言必起。一番黜数不过百分之一，生人何所惩戒而不倾赀买入耶？

【注释】

〔1〕实繁有徒：语出《书经·仲虺（huǐ）之诰》"简贤附势，实繁有徒"，意思是这样的人很多。

【译文】

在读书人较集中的地方，有人文章写得滚瓜烂熟而再三应考，却得不到一个入府县学校就学的名额，以作为科举入仕的阶梯，只好流落他处去找学校，实在没办法便窜入流寇之中，当上头目或谋士，再不然就投靠后金（清）之主，做间谍或当官。这样的人不是很多吗？试将今日读书人大概估计一下，百人之中，贯通经书旨趣而文笔可观者，不过十人；虽差得多但仍可造就的，也不过十分之一；对经书旨趣及写文章一窍不通的，不下三十人。倘若严格筛选，则必有闲语产生。若一次只淘汰百分之一，对其他人有何惩戒，使其不倾财买入学校混学呢？

岁考[1]文书一至，有渴望丁忧[2]而不得者，有假捏丁忧而避考者。夫丁忧服官，谓不便衣锦临民耳。丁忧作文字何相妨碍？此法一变，则足以消人不孝之私，而增上以去赝之政，何难行也？至学使者通情容隐之弊，亦风会所为。上禁愈严，下营日甚。槐棘衙门不惜降为置书邮，矧[3]其下哉！

【注释】

〔1〕岁考:据《明史·选举志一》,提学官(学政)在任三年,两试诸生,以六等考试府州县学生员,谓之岁考。

〔2〕丁忧:古时丧父母称丁忧,子女在家守丧三年,不做官、不结婚、不应试,又称丁艰。

〔3〕矧(shěn):况且。

【译文】

学政岁考的文书一到,有的考生盼望因丁忧之故免考却不能如愿,有的人假报丁忧而逃避考试。可是做官的在家丁忧穿丧服守孝,是不便穿锦服见百姓的。这对考生在丁忧时做文章又有何妨碍?丁忧避考之法一改变,就足以消除人们不孝之私心,而有助于革去作假之弊政,有何难行之处?至于学政通人情、纵容包庇的弊端,也是社会风气使然。上面管得越严,下面就行得越凶。公卿衙门不惜降为传递文书的邮驿,何况下面呢!

我生之初〔1〕山乡朴实,居民有子弟业已成章应考,而冠同庶人,直待入泮〔2〕而后易者。城邑之内世宦之家,有童冠自异于秀冠,而不峨然角竖者。曾几何时,而总角突弁〔3〕,儒童高官概无分别也。欲返天下醇风,则在铁面学使者何法以谢请托。百姓见不慧子弟空费重赀而莫冀进身,即暂幸进身而转眄岁考,辱荣立判,乃始返思务本。从此百室盈而王道之始〔4〕成矣。

【注释】

〔1〕我生之初:作者宋应星生于明神宗万历十五年(1587)。

〔2〕入泮(pàn):即入学。泮,旧时学宫前水池。

〔3〕总角突弁(biàn)：总角，古时儿童发髻向上分开束发成两股，称总角，指童年时期。突弁，贵族高官戴的高帽。

〔4〕王道之始：语出《孟子·梁惠王上》，"养生丧死无憾，王道之始也"。王道，指以仁义治天下以得民心。

【译文】

我出生的万历年间，山乡朴实，居民子弟已能写文章应考，穿戴都与庶民一样，直待入学而后才戴儒冠。城市官宦之家子弟未成年时，穿戴自不同于秀才，而不打髻。曾几何时，儿童发结突然改成成年人发髻，儒童与高官戴的帽子便难以区别了。欲返天下纯朴风气，则在于学政如何铁面无私、谢绝请托。百姓见其没有才智的子弟白花重金而没有考入学校的希望，即便一时侥幸成为生员，而很快就要岁考，优劣荣辱立即分晓，这才开始反思务农。从此很多家庭富足有余，又开始讲求仁义王道。

至有力童生传文营分而横占府名，黄堂[1]可严复试，宪署[2]可罪父兄。行法美而严，一行而百效，齐唱而鲁随[3]，则不通子弟请客与曳白[4]者，不敢躁进，而贫士方无沦落之嗟。今天下缙绅举子不能勤生俭用以自竖立，而以荐进名字为无伤之事，不知逼能文之贫士而为渠魁寇盗，朘无识之富室而为负债窭人，皆由于此。此治乱大关系，而人特不觉耳。

【注释】

〔1〕黄堂：语见《后汉书·郭丹传》，为太守办公的厅堂，明代各府长官知府为太守之职（正四品）。

〔2〕宪署：掌管司法的官署。

〔3〕齐唱而鲁随：齐国带头的事物，在鲁国被跟随效仿，指相互呼应。

〔4〕曳白：《旧唐书·苗晋卿传》载张奭"持纸终日，笔不下，人谓之曳白"，后指交白卷。

【译文】

至于有权势家中的童生考试时传卷作弊，以求不正当地侵占府学入学名额，则知府可以严加复试，司法机构可以判其父兄有罪。严格执行好的考试制度，就会一行而百效，齐唱而鲁随，则考试不及格的子弟就不敢请客与交白卷了，而贫家读书人才不至有排挤出榜之叹。现天下官绅家考生不能勤俭自主，而以为通过关系买名额入学并非伤害他人之举，殊不知这是逼有才能的贫士成为寇盗头目，使没有见识的富家成为负债穷人，皆由此造成。这是关系到治或乱的大事，人们却偏偏觉察不到。

盐 政 议

　　食盐生人所必需，国家大利存焉。政败于弊生，商贫于政乱。夫人情之趋利也，走死地如鹜。使行盐有利，谁不竭蹶而趋？夫何同一为商也，昔年积玉堆金，今日倾囊负债，盖至商贫而盐政不可为矣。国家盐课，淮[1] 居其半，而长芦[2]、解池、两浙、川井、广池、福海共居其半。长芦以下虽增课，犹可支吾，而淮则窘坏实甚。淮课初额九十三万，而今增至一百五十万。使以成、弘[3] 之政，隆、万[4] 之商，值此增课之日，应之优然有余也。

【注释】
　　〔1〕淮：即淮阳盐场，中国著名产盐区之一。明代在淮安、扬州二府(今属江苏)辖内黄海沿岸一带晒海盐。
　　〔2〕长芦：另一著名产盐区，在今河北渤海沿岸。因都转运使司盐运使驻长庐镇，故名。
　　〔3〕成、弘：明宪宗成化（1465—1487）及孝宗弘治（1488—1505）年间。
　　〔4〕隆、万：明穆宗隆庆（1567—1572）及神宗万历（1573—1619）年间。

【译文】
　　食盐为人们生活所必需，是国家很大一笔收入来源。盐政失败在于其弊病丛生，盐商贫困在于盐政混乱。商人之常情是逐利，只要有利,即使是无法生存的境地,他们还是会争先前往。如果贩盐有利可图,谁不竭力而为?为何同样是盐商,昔日能积金堆玉,今日囊空负债,以致盐商贫困而盐政无所作为?国家收盐税,淮阳盐场占去一半,河北长芦盐场、山西解州池盐、浙江盐场、四川井盐、广东池盐及福建海盐加在一起占另一半。长芦等产盐区虽增税,还可勉强应付,而淮阳盐场便窘迫已甚。淮盐税额初为九十三万两银,今增至一百三十万两银。倘按成化、弘治年的盐政,隆庆、万历时的盐商支付现在这样的税,还绰绰有余。

商之有本者,大抵属秦、晋与徽郡[1]三方之人。万历盛时资本在广陵[2]者不啻三千万两,每年子息可生九百万两。只以百万输帑,而以三百万充无端妄费,公私具足。波及僧道、丐佣、桥梁、梵宇,尚余五百万,各商肥家润身[3],使之不尽而用之不竭,至今可想见其盛也。商之衰也,则自天启初年,国则珰祸[4]日炽,家则败子日生;地则慕膻之棍徒日集,官则法守日隳[5],胥役则奸弊日出。为商者困机方动,而增课之令又日下,盗贼之侵又日炽,课不应手则拘禁家属而比之。至于今日,半成窭人[6]债户,括会资本,不尚五百万,何由生羡而充国计为?

【注释】

〔1〕徽郡:徽州府,今安徽南部歙(shè)县。

〔2〕广陵:江苏北部扬州之古名。

〔3〕润身:自身受益。

〔4〕珰(dāng)祸:珰指宦官,天启年阉党巨奸魏忠贤专政,祸国殃民,故称珰祸。

〔5〕隳(huī):毁坏,衰败。

〔6〕窭(jù)人:穷困之人。

【译文】

盐商有资本的大致在陕西、山西和徽州三个地方。万历年间兴盛时,投入到扬州的资本就不少于三千万两银,每年生息九百万两。只以一百万两上缴国库,以三百万两作各种开支以满足公私需要,包括补济僧人、道士、乞丐、佣人、修桥、修庙,还剩余五百万两,各商人富家获利,使之不尽而用之不竭,至今还可想见当时的盛况。盐商的衰落始自天启初年,国家柄政的阉党(魏忠贤)祸害日烈,败家子不断出现;地方各省贪财之恶徒越来越多。官吏的法度和操守日益堕落,差役作恶作弊不断出现。经商者困境稍有改变,增税之令又接连下达,盗贼侵扰又日烈,交不足税则拘禁家属作人质。以致今日商人有一半成为负债穷人,其总计资本不过五百万两,哪里有盈余充实国库?

尝见条陈私盐〔1〕者,一防官船,再防漕舫。夫漕舫自二十年来回空无计,则折板货卖,典衣换米。旗军有谁腰镪〔2〕余一贯者,迤逦临清〔3〕道上,买盐一二百斤,资本罄矣。官船家人夹带一引〔4〕入仓,万目共见,冠绅一惩而百戒焉,岂复有裂闲射利之人,不绳其仆者哉?

【注释】

〔1〕私盐:不交税、未得贩盐许可证("盐引")而贩盐,或所贩之盐超过引票所定数额者,均以私盐论罪,予以重罚。

〔2〕镪(qiǎng):成串的钱。

〔3〕临清:山东县名,运河流境,设关卡收行船税。

〔4〕引：征盐税重量单位，大引盐每引四百斤，小引盐每引二百斤。见《明史·食货志四》。

【译文】

曾见过条陈私盐之文，说一要防官船，二要防漕船。漕船二十年来都回程空载而无生计，只好变卖船板，典衣换米。押运兵有谁携有一贯余钱，辗转航行在临清道上，买盐一二百斤，资本就用完了。官船家人夹带一引（二百斤）盐入仓，众目睽睽。上司一惩罚，众人引以为戒，哪还有钻营谋利之人不管束其佣人？

所谓私盐者，乃当官掣〔1〕过，按淮使者瓜期已满，而尚未之详也。祖制：每引重八百斤，多一斤则注割没银一分，多十斤则注一钱，多至四十斤则割没而外另拟罪罚。今每引轻者千二百斤，重者千四五百斤，食盐之入〔2〕止有此数，而称过关桥〔3〕盐数则倍之。关桥一验，仪真〔4〕再验，皆虚应故事，而牢不可革，积壅不行，弊由于此矣。

【注释】

〔1〕掣（chè）：掣肘或拖后腿。
〔2〕入：原刊本作"人"，误，今改。
〔3〕关桥：扬州设置的关卡，以其在浮桥之上，故名。
〔4〕仪真：县名（今江苏仪征），有关卡。

【译文】

缉查私盐受主管官署掣肘，淮阳盐场盐运使任期已满，还没查清。按本朝初定法令，每一盐引（贩盐凭证）可贩盐八百斤，多运一斤罚银一分,多运十斤罚银一钱,多运四十斤罚银之外,还要另外治罪。现在每份盐引轻则可贩一千二百斤,重者一千四五百斤。食盐收入只这么多。关桥一验,仪真关卡再验,都是走过场。此做法牢不可革,法令受阻而不能畅行,弊病由此而生。

万历以前充役运司〔1〕者皆有家之人,夫稍有家私,犹怀保身保妻子之虑。后因课不足,则访拿之法日峻日严,一入运司则追赃破产,卖妻鬻子以完者不一而足。自是稍有生活者视此为死路;而投入其中者,皆赤贫猾手,拚命攫金,诛之不可胜,而究之不可详。弊坏及此,尚可言哉!

【注释】

〔1〕运司:产盐各省设都转运使司盐运使,简称运司,主管盐政。

【译文】

万历年以前在盐运使司当差的,都是有家眷的人,稍有家产,还有保身保妻儿的顾虑。后来因收缴的盐税不足,侦查缉拿之法日益严厉,一旦押入盐运司便被追赃而破产,卖妻卖子以偿还者不一而足。从此稍有生计者都以为干这一行是走死路一条;换上的一批人,都是赤贫奸诈之人,拼命搂钱,诛之不尽,究之不完。盐务弊政坏到这个地步,还有什么可说的。

盐政变革之秋,有一最简最易法,国帑立充而生民甚便〔1〕者。长芦以下不具论,第论淮盐。夫计口食盐,一人终岁必盐五十斤,价值贵时五钱而溢,贱时四钱而饶,而场中煎炼资本四分而止,则一口在世每岁代煮海,生发子息四钱有余。食淮盐者亿万口,则每岁出本四千万两,以酬煮海之费,此非彰明易见者哉?

【注释】

〔1〕甚便:原刊本作"甚使",误,今改。

【译文】

适值盐政变革之时,有一最简便之法可使国库立即充实而又很便民。且不谈长芦等盐场,而只谈淮盐。按口计盐,每人一年必须吃盐五十斤,盐价贵时每斤五钱银多一点,贱时每斤不到四钱银。盐场中煎炼资本每斤不到四分,每年从一人吃盐支出中用于煮盐费用外,还得到四钱多。食淮盐的有亿万口,则每年得利四千万两银作为煮海盐的报酬,这不是显而易见的吗?

朝廷将前此烦苛琐碎法尽情革去,惟于扬州立院分司,逐场官价煎炼,贮于关桥现存厂内。各省买盐商人多者千金、万金,少者十两、二十两,径驾各方舟楫,直扣厂前。甲日兑银,乙日发引,一出瓜、仪〔1〕闸口,任从所之。一带长江,百道小港,再无讥呵逼扰。各省盐法道〔2〕、巡盐兵尽情撤去,大小行商贩盐之便同贩五谷。此法一行,则四方之人奔趋如骛〔3〕。不半载而丘山之积成矣。

【注释】

〔1〕瓜、仪:瓜洲镇(今属江苏扬州)接长江渡口,为南北襟喉之地,当大运河之口,与镇江斜对。仪真(今江苏仪征)为旧时长江渡口。

〔2〕盐法道:执行盐法的官吏。

〔3〕奔趋如鹜:像野鸭一样争相前往。鹜,通"鹜",鸭子。

【译文】

　　只要朝廷将此前烦苛税法尽数革去,只在扬州设立转运分司,逐场按官价煮盐,将盐贮藏在关桥的现存盐厂内。各省买盐商人多者携千两、万两银,少者十两、二十两,直接乘各地船只来到厂前。今日支付银钱交税,明日发给盐引,一出瓜洲、仪真闸口,随便去哪里贩盐都可以。一条长江、百条河港畅行,再无呵叱逼扰。各省盐法道、巡盐兵尽数撤去,大小行商贩卖食盐如贩卖五谷那样方便。此法一行,则各地商人必趋之若鹜。不到半年,银钱就堆积如山了。

　　区区百五十万,何俟今日议直指〔1〕,明日摘度支〔2〕,前月罚巡兵,后月访胥吏,比较商人〔3〕、拘禁家属而日有不足之忧哉? 使以刘晏〔4〕得扬州,必镇日见钱流地面。从来成法未有久而不变者。盐行已千里,入于山僻小县,而销票缴册〔5〕又有私盐之罚,何为者哉? 浙中责令盐兵,每年每月限捉获私盐若干,此非教民为盗耶? 其题目犹可姗笑。此直截简便通商惠民一捷径大道,世有善理财者,愿与相商略焉。

【注释】

〔1〕直指:朝廷直接派往地方处理问题的官员,又称直指使者,此

官名初见《汉书·武帝纪》。

〔2〕度支：掌管全国财富统计和支调的官员，魏晋设度支尚书，相当于明代的户部尚书。

〔3〕比较商人：指商人未交完税而受官府杖责。比较，差役未在限期内完成差事而受官府杖责，称为比较，或比卯。

〔4〕刘晏（715—780）：唐代大臣，理财家，字士安，曹州南华（今山东东明）人。唐代宗时任吏部尚书、同中书门下平章事兼江淮常平使。规定盐商上税后可到处售盐，不再交地方税，大大增加国家财政收入。《新唐书》本传称其尝"自言如见钱流地上"。

〔5〕销票缴册：盐商卖完盐后，官府注销盐引，再编成册，逐年照册上旧数发给新的盐引。

【译文】

为征收淮盐税区区一百五十万两银钱，何必要朝廷今日派钦差大员，明日指责户部尚书，上月处罚巡盐兵，下月传讯小官吏，又杖责商人，拘禁家属，且每天都有征税不足之忧？倘使唐代的理财大臣刘晏再来主管淮扬盐税，必然每天看到钱流地面。从来通行法令没有实行很久而不变的。盐商已将盐运到千里外的偏僻小县，而且已注销盐引并编入续发盐引的册子内，还要当成私盐处罚，为何要这样做呢？浙江责令巡盐兵每年限定要抓获贩私盐者若干人，这不是教民为盗吗？这提法本身就很可笑。此处所提出的变革之法，是直截简便的通商惠民的捷径大道。世有善理财者，愿与之相探讨。

风　俗　议

风俗，人心之所为也。人心一趋，可以造成风俗。然风俗既变，亦可以移易人心，是人心、风俗交相环转者也。大凡承平之世，人心宁处其俭，不愿穷奢；宁安于卑，不求夸大；宁守现积金钱，不博未来显贵；宁以余金收藏于窖内，不求子母广生于世间。

【译文】

风俗是人心造成的，人心所趋可以造成风俗。然而风俗既已改变，亦可以移易人心，因此人心和风俗是相互影响和转变的。大凡太平之世人心宁持节俭，不愿穷奢；宁愿安于谦卑，不求浮夸；宁可守住现存金钱，不求未来显贵；宁将剩余金钱收藏在窖内，不求广生利息于世间。

今何如哉？有钱者奢侈日甚，而负债[1]穷人亦思华服盛筵而效之，至称贷无门，轻则思攘，而重则思标[2]矣。为士者日思官居清要，而畎亩[3]庶人日督其椎顽子弟儒冠儒服，梦想科第改换门楣，至历试不售，稍裕则钻营入泮，极窘则终身以儒冠飘荡，而结局不可言矣。

【注释】

〔1〕负债:原刊本作"负责",今改"负债"。

〔2〕思标:喻指谋反。标,标竿,指代旗帜。

〔3〕畎(quǎn)亩:田间。

【译文】

现在如何呢? 有钱人奢侈日甚,而负债穷人也想着华服、盛宴而仿效富人。至无处借贷,轻则想窃取,重则想谋反。读书人每天想做高官,而田间百姓整天促其幼小顽童着儒冠儒服读书,梦想得科联第改换门庭,至屡试不中,稍富裕的人便钻营入州县官学,穷困之极的人则终生着儒冠飘荡,其结果便不必讲了。

吾人半是为贫而仕,使其止足在念,即卑官润泽,原可俭用娱老;而昼夜计度,括其所得多方馈送,营求荐章。不代直指思人满之数,不为国家想功令之严,馈送而外尽其所有央托贵绅。使其得也,再任未必有偿还之日〔1〕;其不得也,则数年心力膏血付之东流,而归林萧索不可言矣。

【注释】

〔1〕日:原刊本作"目",误,今改。

【译文】

吾人大半因贫而进入仕途,如有知足即止之念,即令官小而能为民办好事,本可省吃俭用而安度晚年。但有人日夜盘算,尽其所有多方馈送,谋求荐举升迁。不替朝廷钦差想想官员空额还有多少,不为国家想想法令之严,在馈送之外,用所有钱财央求官绅给官职。要是当了官,未必有补偿馈金之日;得不到官,则数年心力膏血付之东流,居家萧条不可言状。

缙绅素封之在太平之世也,稍有羡金必牢藏,为终身与子孙之计。其在今日有钱闲住者,惟恐子息不生,耽耽访问故宦之家子孙产存而金尽者与行商坐贾有能而可信者,终朝俵放以冀子钱,转眄及期,破颜催并,究竟原本,不知何处出办,何况子钱? 在我为本伤心,在彼求人无路,郁怀思乱,谁执其咎?

【译文】

太平之世的官绅、富人稍有余金,必为其终身及子孙着想而妥为收藏。可是在今天有闲钱的人惟恐不生利息,盯住产业尚存而钱已用尽的旧官之家子孙与能做生意而有信用的商人,总是向他们放贷以求得到利息。转眼到了期限,撕破脸皮催债,本钱都不一定能取回,何谈利息? 对我则为本钱伤心,对彼则无处求人,忧愁头昏,到底谁该负责?

我生之初亲见童生未入学者,冠同庶人,妇人之夫不为士者即饶有万金,不戴梁冠[1]于首。缙绅媵妾冠亦同于庶人之妇,以别于嫡。三十年来光景曾几何哉,今则自成童以至九流艺术、游手山人角巾无不同。妇人除宦家门内执役者,若另居避主而不见,亦戴梁冠,庶人之家又何论矣。

【注释】

〔1〕梁冠:有横脊的帽子。《后汉书·舆服志下》载进贤冠:"公卿三梁,中二千石以下至博士两梁。"是公侯、中央九卿至博士官戴的帽子。

【译文】

我年幼时亲见未入学的童生穿戴与平民一样,已婚的读书人即便家有万金也不戴公卿梁冠戴的帽子。官绅的妾所戴的帽子和庶人妻子的相同,而有别于原配夫人。三十年来时间没过多久,现在从成童以至各行各业的人和游手好闲的山人都戴有棱角的头巾。妇女除官宦家内佣人,住在别处见不到主人的,也戴梁冠,平民之家就不必说了。

京官名帖大字,事体原无妨碍。然嘉靖〔1〕中业已大极,而隆、万复降而小,未必非熙明安盛之兆。长安好事之家有存留历年名帖者以相比对,直至天启壬戌〔2〕方大极而无以复加。自省垣庶常〔3〕而上,凑顶止空一字,则壬戌之柬也。外官坚守旧规,其式仍故。然制科为推知者与中行、科道一间耳目〔4〕,见行柬方寸亦不宁静,未必非大字为之祟。且学问未大、功业未大,而只以名姓自大,亦人心不古之一端也。

【注释】

〔1〕嘉靖:明世宗时年号(1522—1566)。

〔2〕天启壬戌：明熹宗天启二年(1622)。

〔3〕庶常：庶吉士或庶常吉士。二甲进士授翰林院编修,三甲授检讨,未入选进士内用六部主事、内阁中书,外用知县,称庶吉士。

〔4〕制科为推知者：参加殿试考生的推举者,指主持会试的考官。会试多由有进士功名的礼部、吏部尚书及詹事等官员组成,他们提出由皇帝主持的殿试(制科)考生名单。　中行(háng)：春秋时晋国创建的三支步兵,即中行、左行和右行,合称三行,以中行为最重要。三行相当于三军,中军将领居统帅地位。　科道：明代在吏、户、礼、兵、刑、工六部设六科给事中,与都察院在全国十五道设的监察御史之合称。给事中侧重进谏,御史偏重监察官员。　耳目：高级官吏的辅佐人员,或贴身下属,相当于贴身秘书或参谋。

【译文】

京官名片都用大字,原本无伤大体。然嘉靖中业已大极,隆庆、万历年名片上的字又变小,未必不是兴盛之兆。京师好事之家有存历年名片以相比对,直到天启二年字又大得无以复加。从省城庶吉士起,名片顶上只留一字空格,此即天启二年名片。地方官坚守旧规,名片样式依旧。但会试主考官与统帅、各科给事中与诸道监察御史身边属下,一看到这些名片心中就不舒服,未必不是大字在作怪。且学问不大、功业不大,而只以名片上的名姓自大,也是人心不古之一端。

纳粟得官,效劳尺寸,归家而有司以礼优待,此固然也。山城远乡专出白丁猎手,一副肝肠只为夸吓乡人宗族。入京空走一度,或买虚谍长单,或行顶名飞过海,或贿托前门卖《便览》〔1〕者刊名于上,使刊京卫、外卫、经历、鸿胪、光禄、序班、署丞〔2〕,归来张盖乘舆,拜谒有司,结交衙役,劝令送程回拜。彼乡人宗族之见至,纱帽罗衣抗礼县庭，以为荣耀之极。无主见者视田园为无用低下之物，日夜心痒，思聚金而走国门。此又人心不古，而引人穷困归乱之一端也。

【注释】

〔1〕《便览》：由私人坊家出版的《缙绅便览》或《缙绅全书》之类，内载京内外文武官员履历，包括姓氏、籍贯、出身、任职等。

〔2〕京卫、外卫：明代在京师和京外各地设卫所驻军防卫，分称京卫、外卫。卫下有千户所，合称卫所，分属外省都指挥使司（都司），统由中央五军都督府管辖。　经历：明代各省行政长官布政使官署布政司及省提刑按察使司下，均设经历之官职。　鸿胪：鸿胪寺，掌外国及少数民族使者朝觐、宴享及迎送的中央机构，以卿、少卿为长官。　光禄：光禄寺，掌祭祀、宴享时膳食供应，以卿、少卿为长官。　序班：鸿胪寺属官，管侍班、齐班、纠仪及传赞等仪节。　署丞：光禄寺、鸿胪寺的属官。

【译文】

靠交粮买来官，办了一点事，回乡后受地方官员礼遇，固属当然。山城远乡专出些无功名的奸诈人，一肚子想的只是自夸并以此吓唬乡人宗族。此等人进京空走一趟，或买来留有空白的某姓氏家谱长单，填上自己姓名以抬高身世，或冒名顶替、瞒天过海，或贿托北京前门印卖《缙绅便览》者把自己姓名刊印上去，谎说是京师或省卫所的官员、省布政司或按察使司的经历、鸿胪寺或光禄寺的序班、署丞等官职，回乡时坐车乘轿，拜谒官署，结交衙役，劝说他们送他至家回拜。乡人宗族见他头戴乌纱帽、身穿罗缎，和县衙分庭抗礼，以为荣耀之至。没有主见的人视田园为无用低下之物，日夜心痒想聚金上京城混混。这又是人心不古，促人穷困思乱的一个方面。

嗟夫！人心定而职分安，职分安而风俗变，风俗变而乱萌息。是操何道以胜之，尺幅之间焉能绘其什一哉！

【译文】

啊！人心安定就能固守职业本分，安守职业本分就能改变风俗，风俗一改变就能将动乱息止于萌芽之中。用什么话能对此一语道尽，一篇短文焉能描绘其十分之一呢?！

乱 萌[1] 议

治乱天运所为,然必从人事召致。萌有所自起,势有
所由成,谁能数若列眉[2]者?夫寇盗即半天下,其真正杀
人不厌、名盗不羞、斩绝性善[3]之根者,百人之中三五人
而止。起初犹怀不忍之心,习久染成同恶之俗,业为不
善,终不可反者,又二十余人而止。其余胁从,莫可如何,
中悔无因革面者尚居十分之七也。

【注释】

〔1〕乱萌:社会动乱的苗头。《淮南子·兵略》题解云:"兵,防也,
防乱之萌。"汉人桓宽《盐铁论·授时》:"三代之胜无乱萌,教也。"本文
分析明末农民起义的原因。

〔2〕列眉:两眉对列,形容明确无疑。

〔3〕性善:人之初,性本善,是战国思想家孟子的主张。《孟子·告
子上》:"人性之善也,犹水之就下也。人无有不善,水无有不下。"

【译文】

治和乱由天运决定,然必由人事所引起。治和乱的苗头自有其
归属,谁能说得清楚呢?寇盗(对农民军的蔑称)虽遍及半个天下,
但真正杀人无厌、被称为盗而不感羞耻、灭绝性本善之根者,百人之
中不过三五人而已。起初还有不忍之心,积久染成同恶之习,不做
善事而终不改者有二十多人。其余都是胁从,无可奈何。后来中途
后悔但未洗心革面者占十分之七。

寇起巩、延[1]之间，逃兵倡之，饥民和之。此生秦未入晋之寇也。逃兵、饥民群聚无主，渠魁舞智而君之，从者日众，分立酒、色、财、气四寨[2]，恣饱淫乐。当事敛兵议抚，群盗肆志笑呵。三秦子女玉帛，群盗桑梓[3]之产，有不忍掠尽之意，乃始渡河而东，此入晋之寇也[4]。

【注释】

〔1〕巩、延：巩昌府（今甘肃陇西）、延绥镇（今陕西榆林境内）。

〔2〕酒、色、财、气四寨：农民军不会以失人心的人生"四戒"（酒色财气）之名立寨，此为污蔑之词。

〔3〕桑梓：《诗经·小雅·小弁》言"维桑与梓，必恭敬上"，意为家乡桑、梓为父母栽种，对之表示敬意，后用以比喻故乡。

〔4〕入晋之寇：陕西农民军于崇祯三年（1630）二月进入山西。

【译文】

他们起事于巩昌府和延绥镇之间，逃兵发起，饥民附和。这是产生于陕西而未进入山西之寇。逃兵和饥民群聚无首，有人舞智统领他们，从者日众。分"酒色财气"四寨以资享乐。地方官则收兵想招抚他们，受到嘲笑。三秦子女的财物乃群盗家乡财产，他们有不忍掠尽之念，乃始渡黄河东去，这是进入山西的一股。

晋抚[1]无能，只怨秦盗之祸邻，不思晋兵自堪战。河东州邑，贵如公卿世宦，富如盐粟巨商，锦绣繁华，垂涎远迩。受辖受窘，百姓经年恨怒，乘寇至而思反之。或自起一队，或投入彼中。今日百而明日千，盗日增而民日减。名埋姓没，火与兵连，此晋地初繁之寇也。秦抚[2]南征川戎,北戍西安,堀起寇盗促入栈中[3]。

【注释】

〔1〕晋抚:指山西巡抚仙克谨(约1580—1645),字仲恒,宁国(今属安徽)人,万历三十五年(1607)进士,出任北直隶隆平县令,升都御史,崇祯三年(1630)升为山西巡抚,因围剿剩晋农民军不力而被罢官。

〔2〕秦抚:指崇祯四年任陕西巡抚的练国事,破农民军有功,但因宝鸡失落,被五省总督陈奇瑜当替罪羊而遣戍。

〔3〕促入栈中:崇祯七年,李自成农民军大部队入陕西汉中栈道险地,出口被陈奇瑜官兵阻围,又逢连绵阴雨,陷入困境。终用诈降计得以解脱,最后各路义军连成一片。

【译文】

山西巡抚(仙克谨)无能,只埋怨陕西流寇祸及邻省,不想让山西军队独自应战。河东州县内公卿世宦权贵和盐商、粮商等富人居住区热闹繁华,令远近垂涎。附近百姓受其压榨多年积下怨恨,趁寇来之际起而造反。或自起一队,或投入流寇那里。今日上百,明日上千,寇日增而民日减。他们隐姓埋名,兵火不断,这就是山西最初繁衍之寇。陕西巡抚(练国事)南征四川,北守西安,兴起的流寇急入汉中栈道。

朝中会推才望,得一人而督五省[1],乃五省总督之兵法有抚无征,意谓坐待功成。不期汉中掠尽,突栈而出,五省之寇气合声连,此秦、晋再繁之寇也。

【注释】

〔1〕得一人而督五省:指崇祯七年(1634)朝廷推举陕西巡抚陈奇瑜(约1575—1645)以兵部右侍郎衔总督秦、晋、豫、湖、川五省军务,专

门围剿农民军未果，被革职戍边。作者对此人评论又见前述《练兵议》。

【译文】

此时朝廷推举有能力和威望者围剿他们，有一人（陈奇瑜）被推为总督五省。但这位总督五省军务者所用的兵法只有招抚而无征讨，声称可坐等功成。没料到流寇将汉中掠尽后，突出栈道，使五省之寇连成一片，这就是陕西、山西再次繁衍之寇。

普天缙绅势焰，人情日无足饫[1]。封君公子主之，家人子弟和之，亲戚傍依，门客假借，乡人受朘[2]逢骗，咫尺朦胧。显宦官舍家居一门远于万里，而中州风俗为尤甚。凡素封存中人之产者，群宦仆从一削，彻骨立寒，欲求残喘苟延，唯有望门投献。贫士初得一举，林立已遍阶前，一正主仆之名，便可畜使虏使，甚则征其妻子，饿其体肤，甚于世仆。其人懊悔无及，愤怨不堪，又望寇至而勾连归附，此豫省再繁之寇也。

【注释】

〔1〕饫（yù）：足，饱。
〔2〕朘（juān）：剥削，缩减。

【译文】

普天之下，大官僚权倾一时，欲望越来越大。领有封地的贵族之家由其公子主持家政，家人子弟附合，亲戚以其为靠山，门客以其名义招摇，乡人受其欺蒙而未识破。高官、贵族之家田产一望可达万里，而河南省土地集中于少数人的情况为尤甚。没有封地但有中等田产之家,经众多高官仆从前来敲诈,毛骨悚然,欲求苟延残喘,只好向他们望门投献。得官宦推举的读书人都聚于其门下,以正主仆之名分,像牲畜那样受官宦驱使,甚至霸占其妻,本人忍饥挨饿,不及世传的仆人。这些贫士懊悔不已,愤怒已极,见流寇到来便相约而去归附,这就是河南省再次繁衍之寇。

众已合于五省,患未息于六年,东结西连,分魁立帅,而全楚沿带长江遂无一块干净土。催征之法日责里长,凡国家役法轮流一里管催十排[1]。假如十排之中,内有一排为显宦,一排为青衿之贵重者,此其家粮数必多。此八排之中,值克里长各项加派额征,有司严刑追并。膏疮负痛,来到绅贵、青衿之家,五尺应门,不与报通揪采[2]。计无复之,相劝投入寇中。夫里长本良名,一旦为寇盗,而不恤挺而走险,急何能择也?

【注释】

〔1〕排:明代制度以一百十户为一里,推出丁粮多者十户为里长,其余百户为十甲,每甲十人,里长轮流担任,任期一年,为一排,十年一个周期。见《明史·食货志一》。

〔2〕揪采:即揪睬,理睬。

【译文】

现在寇众已于五省会合,寇患已达六年尚未平息,他们东西连成一片,分别有头领统帅,而整个长江中下游地区竟无一块干净土地。催征粮饷和税金都责成里长办,按国家役赋法令,由一百一十户组成的一里中推出十户任里长催征税粮,每任一年称为一排,由十户在十年之内轮流担任里长催征。完不成者,官府严刑追逼。如十年间有一年里长是显宦,一年是有地位的士人任里长,此其家藏粮必多。其余八年任里长者完不成征银粮任务,就受到官府严刑追逼。他们身负疮痛来到乡绅、贵士之家催粮饷,竟被看门人拒之门外,不予通报与理睬。别无他法,便相约投入流寇之中。里长本是良民,一旦成为流寇,便不惜铤而走险,又能找出什么补救办法呢?

十载饥寒并至,强盗鼠窃遍地纷纭。捕官捕兵能觉察而获真盗者,百中不过一二。其余惧官司责比,急取影响之人,苦刑逼认真贼。一人扳连必有数十,一人受扳,一家不靖,望大寇之至而思从之,苟以纾死,遑恤其他也。至于贫士,先馆业而计日无粮,游手鲜生涯而经旬绝粒者,不可枚举。不然,人皆有是四端[1],既名寇盗,则恻隐、羞恶两皆澌灭。此方五万,彼方十万,果从何等色目变化?

【注释】

〔1〕四端:儒家称仁、义、礼、智为人之四种固有德性,《孟子·公孙丑上》:“恻隐之心,仁之端也。羞恶之心,义之端也。辞让之心,礼之端也。是非之心,智之端也。人之有是四端也,犹其有四体(四肢)也。”

【译文】

十年来人民饥寒交迫,强盗、窃贼遍地纷纭。捕官捕兵能查出并捕获的一百人中,真正盗贼不过一二人。其余是官兵怕官署责问,匆忙捕风捉影抓来的,再苦刑逼认是真贼。一人必牵连数十人,一人受牵连使一家人不得安宁。他们便盼望流寇(义军)到来而思从之，只要一时不死，还担忧其他作甚！至于贫士，无书可教就失去饭碗，因失业缺乏生计而过几天就揭不开锅的，不可枚举。否则，人皆有仁义礼智之心，既成为寇盗，则恻隐、羞恶之心均已泯灭。这里有五万人，那里有十万人，到底他们是从何等人变成如此呢？

　　大凡使民不为盗，道存守令之心，而降盗化为民，权在元戎之令。守令轻视功名，则势要不能逼细民。从此畎亩有生存之乐，而寇盗何自生？元戎不惜身命，则士卒不敢避锋镝，指日旌麾有招降之捷，而寇盗何由广？乱萌之起也，则守令畏显绅如厉鬼，而宁以草菅视子民。乱势之成也，则将军畏狂寇如天神，而宁以逗遛宽卒伍。《野议》及此，涕泣继之，不知所云矣！

【译文】
　　大凡要使民不为盗，其法在于行政长官的心境，而降伏寇盗使其归化为民，其策在于将帅的号令。行政长官若轻视功名，势必不会逼迫老百姓。从此种田人便有生存之乐，寇盗又何以自生？将帅不惜性命，则士卒便不敢避刀箭，指日旌旗所到之处即有招降之捷，那么寇盗又怎能扩展？动乱苗头出现时，行政长官惧显绅如厉鬼，而视黎民如草芥。形成乱局后，将军畏狂寇如天神，放纵士卒裹足不前。《野议》写到这里，声泪俱下，不知所云矣！

思怜诗

思怜诗序

古人有思而後有詩今人不然其
人不足思且亦未嘗思乃僞哭僞
歡累牘而出之斯亦不足貴矣
情有所思必有所憐只
隱之謂何也不可所憐只

目　录

思怜诗序

古人有思而后有诗，今人不然。其人不足思，且亦未尝思，乃假哭佯欢，累牍而出之，斯亦不足贵矣。人情有所思，必有所怜，思而不怜，恻隐[1]之谓何也！夙因结习，束发[2]即事沈郎[3]。幸而僻心违俗，不愿谀尊贵，并不诣名山，刻羽引商[4]，造成自嬉。玩货三十余年，握之盈把。

【注释】

〔1〕恻隐：怜悯。语出《孟子·告子上》："恻隐之心人皆有之。"

〔2〕束发：古时男子成童时将头发束成髻，谓束发。《礼记·内则》汉人郑玄注将十五岁以上（包括十五岁）定为成童年龄。《内则》又称二十岁而冠，表示成人，通称弱冠，不可与成童相混。

〔3〕即事沈郎：谓习写诗。沈郎，南北朝梁朝文学家、诗律学家沈约（441—513），字休文。

〔4〕刻羽引商：掌握乐律。

【译文】

古人有所思念而后才写诗，今人不然。其人缺乏思念，且亦未尝思念，便假装悲伤、欢乐而连篇累牍地写诗，这是不足看重的。人情有所思慕，必有所怜悯，思而不怜，怎可说有恻隐之心？笔者很早就养成练习写诗文的习惯，从十五岁束发成童以来就从事写诗，幸而心思怪僻而违反时俗，不愿阿谀尊贵，亦不愿谄媚名流，而是勤练韵律，写诗自娱。写了三十多年，诗稿卷起来已有一大把了。

今秋[1]吐残鸡肋[2]，归隐东皋[3]。携箧搜寻积年零杂铺陈短律长排，忏悔口业[4]，则见半类闲情靖节[5]，半邻感慨子安[6]。据梧而思[7]，非志淫而露少年狂，即怨天而呈小人态，付之一炬，此物奚宜住世哉！中有《思怜诗》一卷，乃近年某月朔，鸡鸣肃坐，若有远寄，穷日所为。日暮怜者未艾，因避蚊锋辄颖，反覆自详。此卷堪供时人浮白，遂避逃秦火[8]于几砚之间。且生平临池甚恶，而时俗方贵书箑呈人，末票词宗郢政[9]，庸付梓人以充斯物。若夫大历、开元事业[10]，非吾事也。时[崇祯丙子初秋月朔日，奉新宋应星书于分宜学署][11]。

【注释】

〔1〕今秋：指崇祯九年丙子(1636)七月初秋。

〔2〕吐残鸡肋：指作者宋应星从教谕职务中解脱出来。鸡肋，典出《三国志·魏志·武帝纪》，喻乏味又不忍舍弃之物。

〔3〕归隐东皋(gāo)：指作者做分宜县教谕已任满，遂离职而另居他处。分宜地势低洼，湖沼较多，他离职后未回故乡奉新，而是仍在分宜等待考核、授官。归隐，辞去官职。皋，沼泽之地。

〔4〕口业：佛教以身、口、意为三业，口业(口孽)指妄言。

〔5〕靖节：东晋诗人陶潜(365—427)字渊明，柴桑(今江西九江)人，曾任彭泽令，卑视官场秽弊，遂去职归隐，世称靖节先生，著《桃花源记》《归去来辞》《闲情赋》等。

〔6〕子安：唐代诗人王勃(650—676)字子安，绛州龙门(今山西河津)人。恃才傲物，诗文多为政治上不得志而发出不平。

〔7〕据梧而思：有所不敏，若有所思。据梧，语出《庄子·齐物论》，意为凭倚梧几。

〔8〕秦火：指秦始皇三十三年(前214)下令焚烧秦以外列国史书之举。此戏言自己焚诗之举。

〔9〕末票词宗郢(yǐng)政：没有打扰文坛大师就正。郢政，斧正。

〔10〕大历、开元事业：唐代宗大历年(766—780)及唐玄宗开元年(713—742)，是中国诗歌繁荣时期。

〔11〕"时崇祯丙子初秋月朔日"二句：原本因脱页，只存首字"时"，经考证后补上，以就正读者。

【译文】

今秋终于解脱教谕之职，辞去此职后居住在城东湖边。携来书箱搜寻多年写的各类诗稿，看到其中妄言感到后悔，发现有一半类似作《闲情赋》的晋人陶潜，另一半像唐人王勃诗那样感慨万千。平心静气想想，觉得不妥，不是露出年轻气盛的少年狂妄，便是怨天尤人的小人心态。于是全都付之一炬，这类东西怎还能保存在世间呢！但其中有《思怜诗》一卷，乃近年某月初一鸡鸣时端坐想到往事，有所寄托，一天之内写成的。到晚间仍思绪万千，为避免被坏人中伤，而不时停笔，反复审慎。此卷可供时人助酒兴，遂存在几砚之间案头之上而未烧掉。况且生平书法甚差，而时俗崇尚题诗文在扇子上送人，我做不到，也没有打扰诗词大师就正的意思，便雇人将其出版。至于像盛唐开元、大历年间那种诗歌创作，并非我所擅长的。

时在崇祯九年丙子初秋月朔日(1636年8月30日)，奉新宋应星书于分宜县学署。

思美诗 十首 [1]

其 一

闻道西方有美人[2]，大圆清淑幻成身。

容华婠约仙山质[3]，德性温良葛氏民[4]。

著作功高天不夜，应酬气爽日长春。

却怜俗骨烦陶冶，宁惜蒙淄混世尘。

【注释】

〔1〕思美诗：为思慕完美的人而写的诗，共十首，均属七律，每首诗八句。作者为当时人树立一些可资效法的楷模，其中有理想人物化身，也有现实存在的人。

〔2〕西方美人：语出《诗经·邶风·简兮》："云谁之思，西方美人。"意为卫国不用贤人，想起西周盛事："到何处最合适呢？西周有任用贤才的好君主。"美人不作美女解。

〔3〕婠（chuò）约仙山质：唐人白居易《长恨歌》："其中绰约多仙子。"婠约，娇弱美好的样子。"绰"与"婠"通。

〔4〕葛氏民：中国远古帝王葛天氏时代之民，当时民风古朴。

【译文】

传闻西周有贤人，心如天空那样纯。

雍容华贵似仙质，德性温良葛天民。

著作事业发人省，为人豪爽葆青春。

可怜俗人缺教养，宁肯昏庸混红尘。

其 二

叔世何曾气薄凉[1]，仍生圣哲应储祥。

但从孝悌开初址，自显忠良扩远疆。

作止醒眠皆法象，笑嬉怒骂尽文章[2]。

缁衣[3]好德难容口，千古遗编姓字香。

【注释】

〔1〕叔世何曾气薄凉：叔世，指末世或末代，即某一朝代的晚期；气薄凉，指气数已尽。此句似有现实意义，作者认为明末乱世仍可救，与《野议·世运议》所说"此政乱极思治之时，天下事犹可为"相符合。

〔2〕笑嬉怒骂尽文章：出自宋人黄庭坚(1045—1105)《东坡先生真赞》："东坡之酒、赤壁之笛，嬉笑怒骂皆成文章。"

〔3〕缁(zī)衣：黑衣，卿大夫的官服。典出《诗经·郑风·缁衣》，指郑武公为周朝司徒，是个好官，身穿黑色朝服。

【译文】

末世何尝气数尽，仍有圣哲能呈祥。

只以孝悌为根基，自显忠良扩远疆。

处事为人堪效法，嬉笑怒骂皆文章。

贤官功德难言尽，千古遗著永流芳。

其 三

智过千人谓是英，超群岂入此中评？

欲施雨露崇朝遍,但卷风云指顾清。

万卷淹通才鬼服,千言立就羽流惊。

执鞭愿者追随往,渠在峨眉[1]绝顶行。

【注释】

〔1〕峨眉:峨眉山,在四川省峨眉山市境内,主峰海拔 3 099 米,宋人范成大谓天下登山险峻无逾此者。此处指攀登学术高峰。

【译文】

智过千人是精英,凡夫俗子岂能评?

欲速施恩于社会,局势很快得廓清。

读书万卷才鬼服,千言立就仙人惊。

我愿执鞭追随去,他在学术顶峰行。

其 四

德全才足与时宜[1],一曲名流未是奇。

弈到入神情若拙[2],书成泣鬼意如痴。

微熏契合醇醪性,清咏赓飏击壤词[3]。

辒就太和充四体,谁能不系美人思?

【注释】

〔1〕时宜:局势需要,认识并适应局势需要为识时宜。作者认为德才兼备又能识时宜才是完美贤人,有德无才、有才无德或虽有德才而不识时宜,仍不够完美,虽属名流亦未足奇。

〔2〕弈到入神情若拙:下棋入神时表情似呆板,比喻全神投入

国事。

〔3〕击壤:典出汉人王充《论衡·艺增》,传尧时有老者击壤("壤"为前广后锐的木板)而歌曰:"日出而作,日入而息,凿井而饮,耕田而食,尧何等力!"后成为歌颂盛世太平的典故。

【译文】

德才兼备识时宜,有名无实未足奇。

精专国事情若拙,书成鬼服智若愚。

善恶投合情意笃,高歌吟唱颂盛时。

浩然之气充体内,谁不思慕此贤士?

其　五

砥柱〔1〕狂澜劲节标,匪因闻誉动心要。

个中信誓千金重,身外浮荣一叶飘。

帝座〔2〕光明呼吸透,尘埃〔3〕笃挚鬼神招。

成功不愿留名记,至德无称意自饶。

【注释】

〔1〕砥柱:砥柱山名,屹立于河南三门峡市附近黄河中流,故常用中流砥柱比喻能顶住危局的坚强力量。此处喻为国家危急时能力挽狂澜的栋梁之才。

〔2〕帝座:古星名,又称帝坐,属天市垣,即武仙座 α星(Herculesα)。《宋史·天文志》:"帝坐一星在天市中,天皇大帝外坐也。"明亮而赤。

〔3〕尘埃:元气自有之尘,见《论气·水尘二》,此处喻质朴。

【译文】

中流砥柱重气节,意志不被名利泯。

一诺千金重信誓,富贵视之如浮云。

光明正大透帝座,质朴坦诚感鬼神。

功成不愿留名记,积德无量已足珍。

其 六

圣贤怀德觉顽愚,出处难将一局拘。

坐榻穿时真乐在[1],辙轮环处苦心纡[2]。

功存克己坚持足,愿结成民取次符。

举世簪缨[3]为若事,荣名绝与至人殊。

【注释】

〔1〕坐榻穿时真乐在:为教授子弟、研究学问,将床椅坐穿仍以为乐,即刻苦教书治学而自得其乐。

〔2〕辙轮环处苦心纡(yū):辙为车轮碾过的痕迹。心纡即心情屈抑。此处喻到处宣传自己的主张,费尽苦心。

〔3〕簪(zān)缨:指达官。

【译文】

圣贤以德启顽愚,出仕辞官不拘时。

教书治学苦犹乐,宣传主张费心思。

克己功成肯坚持,教人向上名符实。

时下达官为哪般,求荣绝与圣人异。

其 七

充繁东壁[1]尽书编，不解删存枉展诠。

天产哲人今贯古，时宗盟主俗资贤。

无情片语弁髦[2]弃，有用群言琬琰[3]传。

从此缥缃[4]怀至宝，祖龙[5]不用虐灰燃。

【注释】

〔1〕东壁：壁宿别名。《晋书·天文志上》：“东壁二星主文章，天下图书之秘府也。”后因以东壁为藏书之所。壁，原刊本误作“璧”，今改。

〔2〕弁髦(biàn máo)：古时未成年男童垂在前额的发饰称为髦；成年后戴冠巾，额前发饰便剃去。

〔3〕琬琰(wǎn yǎn)：指美玉，喻好作品。

〔4〕缥缃(piǎo xiāng)：古以青、黄色绢为书衣，此处指书籍。

〔5〕祖龙：即秦始皇，曾下令焚书。

【译文】

汗牛充栋尽书编，不解其义胡乱诠。

天生圣哲贯今古，文坛主将众人赞。

无用诗文应弃去，有用文章宜珍传。

从此书籍怀至宝，始皇不必要焚燃。

其 八

四象两仪七尺安[1]，推尊主教暂登坛。

正容悟物形同玉,法语迎机气若兰。

隐跃真诠高觉证,提撕直指众人看。

关闽濂洛〔2〕捐衣钵,遥接尼山〔3〕海水观〔4〕。

【注释】

〔1〕四象两仪七尺安:《周易·系辞上》曰:"太极生两仪,两仪生四象,四象生八卦。"即太极生阴阳,阴阳生水、火、金、木,水、火、金、木再生天、地、雷、风、水、火、山、泽,最后产生人的七尺之躯。

〔2〕关闽濂洛:宋代理学的四个流派,关指陕西关中的张载(1020—1077),闽指在福建讲学的朱熹(1130—1200),濂指湖南濂溪的周敦颐(1017—1073),洛指河南洛阳的程颢(1032—1085)、程颐(1033—1107)。理学被明政权视为官方哲学在社会上推广,作者对宋代理学持批判态度,是需要有学术勇气的,但他对具有唯物主义倾向的关学张载则予以肯定。

〔3〕尼山:又名尼丘,在山东曲阜东南,传孔子生于此,故又成为孔子的别称。

〔4〕海水观:《孟子·尽心上》云:"孔子登东山而小鲁,登泰山而小天下,故观于海者难为水,游于圣人之门者难为言。"对看过大海的人而言,其余的水便不在话下了,小巫见大巫而已。

【译文】

人生在世七尺长,推崇教师登讲堂。
端庄悟物身如玉,言行适宜如兰芳。
悟出真理复论证,道理讲给众人懂。
宋代理学宜舍弃,承继孔学大传统。

其　九^[1]

静里功夫^[2]去倦昏，动时酬应岂忘存。

儒家主敬无迁位，释氏观心不二门^[3]。

差遣万缘归色相^[4]，贯穿三教合乾坤。

生知默喻刚柔信^[5]，无极^[6]源流独觉尊。

【注释】

〔1〕《思美诗》第九首描述的理想人物形象，是将儒、释、道三教合一，各取其长，以加强身心修养，因而诗句中使用了大量三教术语。

〔2〕静里功夫：佛教、道教都讲求入静功夫，如坐禅、呼吸导引等气功，以修炼身心，求得健康长寿、心地纯净。

〔3〕释氏观心不二门：释氏指释迦牟尼（Śākyamuni）所创的佛教。佛家以为一切善恶皆来自心，修行在修心、净心，此即观心之旨，为入道之不二法门（唯一途径）。

〔4〕色相：色为梵文"Rūpa"的意译，相当于物质的概念而非全指物质现象，色相为物质表相或表现形式。佛家以为万物皆空，以无相为归。

〔5〕生知默喻刚柔信：生知指良知，默喻为心领神会，刚柔指乾坤、天地。这句大意是靠良知能领会天地之变化。

〔6〕无极：即万物的本源太极，周敦颐《太极图说》："无极而太极，太极动而生阳，静而生阴。"《周易·系辞上》："太极生两仪（阴阳）。"

【译文】

入静功夫免昏倦，纯心待人严律己。

儒家主敬倡专一，释家坐禅第一义。

万物变化归太空，贯穿三教合天地。

良知领会乾坤变，唯独本原是太极。

其　十

性量群分贮水推，圣涵万顷众涵卮[1]。

惊人事业优《尧典》，绝世文章玩《系辞》[2]。

博物功深明范合[3]，观天理契彻盈亏。

官骸不负洪钧赋，过此难将意识窥。

【注释】

〔1〕"性量"两句：指人们才学不同像贮水多少那样，圣贤才学如洪湖，凡人才学如杯水。万顷为百万亩大湖，卮（zhī）为盛酒器。

〔2〕"惊人"二句：指圣贤惊人事业胜尧舜，其绝世文章盖《系辞》。《书经·尧典》篇记载上古圣王尧舜事迹，《易经·系辞传》言天地万物生成变化之理。《孟子·告子下》云："人皆可以为尧舜。"宋应星又进了一步，提出后人惊人事业胜于尧舜的观点。系辞，原刊本作"系词"，今改。

〔3〕"博物"一句：古代博物之学相当于今日之科学。范合，喻铸造，此处引申为技术。

【译文】

凡夫学问如杯水，圣贤才学万顷漪。

惊人事业胜尧舜，绝世文章盖《系辞》。

深研科学懂技术，观天知晓日月食。

天赋五官尽发挥，否则难以察万事。

怜愚诗 四十二首〔1〕

其 一〔2〕

一个浑身有几何,学书不就学兵戈。

南思北想无安着,明镜催人白发多。

【注释】

〔1〕在《思美诗》十首中,作者树立了值得效法的正面人物形象,而在《怜愚诗》四十二首中,则树立一些可怜、可憎的负面人物形象,既有古人也有今人。

〔2〕第一首讽刺学不专一者,学文不成又学武,最后一事无成。《史记·项羽本纪》也讽刺项羽"学书不成去学剑"。

【译文】

人生能有几多时,学文不成学兵戈。

见异思迁不专志,一事无成白发多。

其 二

山中樵客食无酶〔1〕,热芋寒馔八十来。

参附〔2〕若还能续命,王孙公子不须哀。

【注释】

〔1〕酶(méi)：酒母，指强身药酒。

〔2〕参(shēn)附：人参与附子，补体虚的营养药。

【译文】

山中樵夫无药酒，热芋凉粥活八十。

参附如能延寿命，王孙公子何须哀。

其　三

皇天大父亿人皆[1]，四散均分不厚乖[2]。

富贵相承三世足，曾孙不第苦伤怀[3]。

【注释】

〔1〕皇天大父：老天爷，大父为爷爷。　皆：读作 gāi，为江西方言之发音，与北京官话发音有别。

〔2〕不厚乖：不厚此薄彼。

〔3〕这首诗大意是，老天爷对所有人是一样的，不会厚此薄彼，让一家永远富贵而另一家永远贫贱。因此三辈富贵就应满足，到第四辈时不必为没能科举入仕而伤感。作者以自己亲身感受发表此诗。

【译文】

老天一样待众人，对谁不会有亏待。

三辈富贵应满足，曾孙不第勿伤怀。

其　四

气散魂游骨已枯,荒坟速朽返虚无。
活人不去寻生计,只望堪舆指穴图[1]。

【注释】
　〔1〕只望堪舆指穴图:只盼望堪舆师(风水先生)指点出墓穴图。

【译文】
　死后尸体成枯骨,坟内速朽化虚无。
　活时不寻谋生路,只望风水墓穴图。

其　五

仕宦场头尚协恭,一心为国自相容。
结成死党排殊调,报复循环汝国凶。

【译文】
　官场应以和睦重,一心为国自相容。
　结成死党排异己,循环报复国运凶。

其　六

青苗子母会牙筹[1]，吸骨吞肤未肯休。

直待饥寒群盗起[2]，先从尔室报冤仇。

【注释】

〔1〕青苗子母会牙筹：禾苗未熟时，放高利贷的人来到农家，带着算盘、账本计算本息，强行逼债。牙筹，此作算盘解。

〔2〕直待饥寒群盗起：直到饥寒交迫，农民造反。

【译文】

青苗未熟来逼债，敲骨吸髓不肯休。

直待饥寒农民反，先从你家报冤仇。

其　七

构讼犹如两弈棋[1]，输赢必有一人支。

吾家惧损门楣[2]望，不代他家比量思。

【注释】

〔1〕构讼犹如两弈棋：到官府打官司或告某人，如同两人下围棋，必有输家和赢家。此诗讽刺明末社会风气日下，聚讼成风，社会失去和谐。

〔2〕门楣（méi）：门框上的横木，喻为门庭。

【译文】

　　诉讼犹如下围棋，输赢必有一人支。

　　吾家惧怕损名声，不替他家设身思。

其　八

　　古今贤圣事头多，几句铭旌志不磨[1]。

　　若祖而翁微细善[2]，连篇墓表太繁苛。

【注释】

　　〔1〕"古今"二句：大意是古今贤圣开创的事业很多，但死后若有几句墓志铭和灵幡记载，其事迹便不致磨灭。铭旌（jīng），铭指放在墓前的石刻墓志铭，旌本意是丝制旗帜，此处指长方形丝制旗帜，入葬时持举在灵柩（棺材）前面走向墓地，又称灵幡，上写死者姓名、简历。

　　〔2〕若祖而翁微细善：如果你的祖父、父亲有少许善行。若祖，汝祖父。而翁，汝父。此诗讥讽时人为其父、祖连篇累牍树碑立传、歌功颂德，借以抬高自己身价的庸俗行为。

【译文】

　　古今贤圣贡献多，不因铭简受埋没。

　　若汝父祖微行善，连篇墓表太繁琐。

其　九

　　乘胜元兵已破襄，葛陂贾相半闲堂[1]。

且偷睫下红妆艳,为虏明年岂足伤⁽²⁾。

【注释】

〔1〕"乘胜"二句:南宋度宗咸淳三年(1267)授奸臣贾似道(1213—1275)平章军国政事(宰相),赐第杭州西湖葛岭,建豪华府宅半闲堂,纵情声色,祸国殃民。咸淳九年蒙古元帅阿术领兵攻破军事重镇襄阳(今湖北襄阳),宋军损失惨重。

〔2〕为虏明年岂足伤:宋恭帝德祐元年(1275)贾似道至芜湖(今安徽芜湖)督师,大败,逃回临安(杭州),大片国土为元兵所占,贾似道以罪被革职,流放至闽,后被押送官所杀。此诗有借古讽今之妙,明代又何尝没有类似误国权臣。

【译文】

南宋襄阳遭破坏,贾相忙于建豪宅。
只图一时纵声色,丢官丧命皆活该。

其 十

流火商金静晓云,伏残余暑未清熏⁽¹⁾。
嬬荆⁽²⁾不记秋风冷,日浣轻纱制练裙。

【注释】

〔1〕"流火"二句:《诗经·豳(bīn)风·七月》云"七月流火,九月授衣",火指心宿二星,即天蝎座 α 星(Scorpion α),至七月此星渐西降,知暑渐退而秋渐至。商金,按五行与五声、四季相配说,应属秋季。伏残,即末伏,为立秋(阳历 8 月 7 日或 8 日)后的第一个庚日,亦当阴历七月下旬。流火、商金此处表示阴历七月。

〔2〕孀（shuāng）：寡妇。荆：旧时对人称自己妻子的谦称，兼有表示贫寒之意。此诗喻不识时宜。

【译文】

七月晨空云气静，伏末残暑降气温。

妇人忘记秋风冷，仍洗轻纱制白裙。

其 十 一

天子荣亲濮议〔1〕繁，宋朝多事我朝翻〔2〕。

状元修撰浑年少〔3〕，谪戍云南未是冤。

【注释】

〔1〕濮（pú）议：《宋史纪事本末》（1605）卷三十六《濮议》条载，宋仁宗无嗣，以濮王之子继位，是为英宗。英宗即位次年（1065）诏议其生父名号，吕诲等力主称仁宗为皇考、濮王为皇伯，韩琦等主张称濮王为皇考。英宗因立濮王园陵，贬吕诲等出外，史称濮议。

〔2〕宋朝多事我朝翻：宋朝的濮议事件在明朝又重演，《明史纪事本末》（1658）卷五十《大礼议》载，明武宗无子，死后由其叔兴献王之子继位（1522），是为世宗。嘉靖初世宗追尊其生父兴献王为皇考，持异议的臣僚们，或下狱或贬去外地。

〔3〕状元修撰：指明代文学家杨慎（1488—1559），号升庵，四川新都人，正德六年（1511）廷试第一（状元），授翰林院修撰，世宗时直言进谏，在大礼议中反对称世宗生父兴献王为皇考，主张称皇叔父，故获罪，谪戍云南永昌。宋应星写诗目的是，讽刺朝臣虽敢直谏，但不是就国计民生大事，而是与国计无关的繁琐礼仪，因而被贬谪不值得同情。

【译文】

　　皇亲名号议礼繁，宋朝事件我朝现。
　　年青状元争礼仪，谪戍云南并不冤。

其 十 二

　　权奸[1]垂死未心灰，领史秦埙后命推。
　　只道世人聋哑尽，不将董笔[2]刺渠魁。

【注释】

　　[1] 权奸：指南宋权奸秦桧（1090—1155），《宋史》卷四七三《奸臣传》载，他受高宗赵构庇护，两居相位共十九年，结党营私，残害忠良，祸国殃民，更疏请禁"野史"。1144 年以子秦熺率众监修国史，销毁秦桧作恶及卖国有关证据、档案，伪造历史，钳制舆论。1153 年秦桧病重时仍贼心不死，再以其孙秦埙领国史，干同样卑劣勾当。但纸包不住火，其罪恶难掩，仍遗臭万年。

　　[2] 董笔：指春秋时晋国正直的史官董狐（前 7 世纪），以秉笔直书史实而闻名，孔子赞为良史。这首诗讥刺权奸作恶，仍遮人耳目，宋有秦桧，明有严嵩，无独有偶。

【译文】

　　权奸临死心未灰，子孙领史罪证毁。
　　但愿世人皆聋哑，有谁直笔揭祸魁。

其 十 三

　　宦竖么麽秽浊躬，投缳旅店疾如风[1]。

官高经略师徒丧，俛首求生贯索中〔2〕。

【注释】

〔1〕"宦竖"二句：指明熹宗天启年间（1621—1627）作恶多端的阉党巨奸魏忠贤（1568—1627），结党把持朝政，兴大狱杀害异己，称九千岁，当时政治黑暗至极点。崇祯帝即位后，黜其职，安置凤阳（今安徽凤阳），旋命逮治，遂于途中在阜城（今河北境内）旅店上吊而死。宦竖，对太监的蔑称。么麽（yāo mó），小人。

〔2〕"官高"二句：指万历末年（1619）兵部右侍郎兼辽东经略使杨镐指挥明军与清兵会战于今辽宁抚顺境内，结果大败，丧师辱国，将士死伤近五万，遂被捕入狱，崇祯二年（1629）被处死。俛，同"俯"，低头。贯索，古代星名，属天市垣（即北冕座），共九星，主天牢，此处喻监狱。

【译文】

阉奴小人龌龊身，旅店上吊急如风。
官高经略折将士，低头求生大狱中。

其　十　四

一人两子算盘推，积到千年百万胎〔1〕。
幼子无孙犹不瞑，争教杀运不重来〔2〕。

【注释】

〔1〕"一人"二句：夫妻盘算若能生两子，如此辈辈持续下去，则至千年即可达百万人口。算盘，作盘算解。

〔2〕"幼子"二句：看到次子未生孙儿时仍不甘心，照其预想繁殖下去，怎能使厄运不重来呢？杀运，厄运。此诗用意是反对多子多孙的传

统思想,颇有见地。有人将杀运理解为战争,似乎人口过多会引起战争,未必妥帖。

【译文】

　　夫妻盘算生二子,积到千年百万胎。
　　次子无孙心不甘,怎使厄运不再来。

其　十　五

　　篇章无奈出身何[1],释褐忘筌弃则那[2]。
　　结习他年难洗涤,刊成宦稿摘瑕多[3]。

【注释】

　　〔1〕篇章无奈出身何:出身低微无法刊行作品。
　　〔2〕释褐忘筌弃则那:有了科举功名做官后忘本又是什么样呢?释褐,脱去平民布衣换上官服,喻得科举功名入仕途。宋人高承《事物纪原》(约 1085)卷三《释褐》条:“自宋以下,士人殿试后,新进士诣太学释褐。”忘筌(quán),典出《庄子·外物》,“得鱼而忘筌”,捕到鱼后忘却捕鱼的竹器。筌,捕鱼用竹器。则那(nuó),典出《左传·宣公二年》(前607):“牛则有皮,犀兕尚多,弃甲则那。”意思是丢弃牛皮甲又如何。
　　〔3〕刊成宦稿摘瑕多:倚仗官势公费刊行其作品受到世人指责。这正是此诗所讥刺者。

【译文】

　　卑微无法刊作品,做官忘本又如何。
　　陋习积久难改变,官刊宦稿受指责。

其 十 六

昔年半菽^[1]费忧谋，今日千金橐^[2]送收。

止足不生清夜想，蝇营^[3]直向死前休。

【注释】

〔1〕半菽：粮豆或粮菜参半，指粗食。

〔2〕橐（tuó）：袋，此处指钱袋。

〔3〕蝇营：像苍蝇追逐秽物那样追求利益。此诗讽刺贪婪无厌的劣性。

【译文】

昔食粗粮费心计，今日千金送上门。

清夜不生知足感，钻营贪利伴终身。

其 十 七

华夷兵合汴城围，应举书生翰墨辉^[1]。

斜虎已逃宫驾乱，腐儒犹整旧襕衣^[2]。

【注释】

〔1〕"华夷"二句：指南宋理宗绍定五年（1232）宋与蒙古议定合攻金，金哀宗出汴京（今河南开封），蒙军再围开封，次年哀宗弃军南逃归德（河南商丘），再至蔡州（河南汝阳）。宋蒙联军再攻蔡州，城破。端平元年（1234）正月金哀宗自杀，金亡。应举书生虽文章做得好，却不能为

国效力。

〔2〕"斜虎"二句:指金守卫蔡州的主将完颜仲德(约 1180—1234),本名忽斜虎,泰和三年(1203)进士,有文武才,哀宗时拜尚书右丞、总领省院事,于蔡州巷战宋蒙兵。城破时闻哀宗已死,因寡不敌众,乃率将士五百人投汝水壮烈殉国,见《金史》卷一一九本传。他是金朝栋梁之才,并非逃兵;反之,一些腐儒仍旧穿儒服,而未投笔从戎。襕(lán)衣,古时上下衣相连的服装。此诗讥刺文人不问政治,在国家危难时不肯报国尽忠。

【译文】

宋蒙合围金汴京,应举书生写试卷。

忠臣殉国宫内乱,腐儒犹整旧长衫。

其 十 八

适口滋甘是处生,酸咸得诀有余清[1]。

何须越国求珍错,狗欲伤身长嗜萌[2]。

【注释】

〔1〕"适口"二句:适口的饭菜到处都能做出,只要五味调和得当,就爽口有余。

〔2〕"何须"二句:何必跨省求山珍海错,养成偏食嗜好而贪食,反而伤身。此诗主张用很少的钱靠技巧做出清香可口的饭菜以养身,反对采购外省山珍海错、暴饮暴食,既浪费又伤身。这同作者在《野议·军饷议》中反对将外省的鲥鱼运到北京供皇帝食用的思想是一致的。

【译文】

适口饭菜随处有，调味得当更清香。

何须跨省求珍错，偏吃暴食伤健康。

其　十　九

为构华居竭智钱，此身许住几多年[1]？

儿孙奉祝于斯否，从古雕梁不久延[2]。

【注释】

〔1〕"为构"二句：为建豪宅竭智财尽，一生能住多少年呢？

〔2〕"儿孙"二句：儿孙在此居住是否还能念及父祖，自古以来雕梁画栋无法久留。奉祝，祝颂、祝祷。此诗反对世人建构豪宅的奢侈陋习。

【译文】

豪宅伤神又破财，此生能住几多年。

儿孙是否仍领情，从古雕梁不久延。

其　二　十

桐乡近宦一何愚，欲积鎏金百万余[1]。

数未盈时冤已集，一夫作难委沟渠[2]。

【注释】

〔1〕"桐乡"二句:指当时桐乡县一昏愚贪官想聚积雪花银百万两,作为任内追求目标。桐乡为浙江省东北的县名,位于杭州、嘉兴、湖州养蚕、丝织区内,作者胞兄宋应昇崇祯四年(1631)任桐乡县令,任内宋应星曾前往桐乡考察杭嘉湖地区养蚕织丝技术,得知此处贪官丑行。鎏(liú)金,美金,指高成色白银。

〔2〕"数未"二句:贪官积集的银还没达到百万两,因已与人民结下怨恨,农民造反时将其杀死,弃尸沟渠。

【译文】

桐乡贪官何其愚,欲积白银百万余。

数未足时民怨起,将其尸体弃沟渠。

其二十一

计度升迁俛要津,卑污启事避人陈〔1〕。

尊官掌记知多少,冷语闲谈泄漏频〔2〕。

【注释】

〔1〕"计度"二句:大意是有人整天盘算如何能升官或调转找到肥缺,故对高官吹牛拍马,所呈上的卑鄙报告见不得人。俛:同"俯",俯首。要津,显赫的高官。

〔2〕"尊官"二句:高官周围的文秘人员知道不少内部黑幕,闲言冷语不断爆料。

【译文】

盘算升调捧高官,卑鄙报告难见人。

高官文秘知黑幕,闲言冷语爆料频。

其二十二

废阁生涯妄想荧,敲鱼击磬诵残经[1]。

随求随得欺人甚,失望荒凉梦不醒[2]。

【注释】

〔1〕"废阁"二句:指从内阁罢官后仍存一线希望能东山再起,敲木鱼、击石磬念佛经,望得神佛保佑遂愿。废阁,解除内阁官职。

〔2〕"随求"二句:以为向佛求什么就会得什么是自欺欺人,到头来失望落空仍梦不醒。此诗讥讽恋官心态。

【译文】

罢官生活心不甘,敲鱼击磬念佛经。

随求随得欺人甚,希望落空梦不醒。

其二十三

升量学问斗量才,欲作神仙结圣胎[1]。

蛐蚓若能腾雾雨,蛟龙遍地役风雷[2]。

【注释】

〔1〕"升量"二句:大意是学问肤浅的人妄想结圣胎成为神仙。

〔2〕"蛐蚓"二句:倘若蚯蚓能腾云驾雾,则遍地都会有蛟龙呼唤风雷了。这是不可能实现的痴心妄想。

【译文】

学问肤浅野心大，欲成神仙结圣胎。
蚯蚓若能腾云雾，蛟龙遍地唤风雷。

其二十四

通书浅陋撰何人，选择先生道煞神[1]。
时日若能催富贵，伊家乔梓岂长贫[2]？

【注释】

〔1〕"通书"二句：黄历书浅陋已极，讲吉凶能骗得了谁呢，算命先生说得神乎其神。

〔2〕"时日"二句：大意是，如果按黄道吉日行事就能促使人富贵，那算命者自家父子俩又为何长贫？乔梓，典出《尚书大传·梓材》，喻父子。

【译文】

黄历浅陋骗何人，算命先生说得神。
吉日若能促富贵，他家父子为何贫？

其二十五

神州赤县海环瀛[1]，同日同时万口生。
佣丐公卿[2]齐出世，先生[3]开卷细推评。

【注释】

　　〔1〕神州赤县:指中国。战国齐人邹衍(前305—前240)尝言:"以为儒者所谓中国者,于天下乃八十分居其一分耳。中国名曰赤县神州。"见《史记》卷七十四引骀衍之语,"邹""骀"相通。海环瀛,指中国外有大瀛海环绕。

　　〔2〕佣丐公卿:佣人乞丐及公卿。

　　〔3〕先生:批生辰八字的算命先生。旧时迷信按某人出生年、月、日、时来推测生老病死、吉凶、婚嫁及生儿育女等,全是荒诞无稽。此诗以浅显事实批判迷信算命。

【译文】

　　中国疆域甚广阔,同日同时万口生。

　　佣丐公卿齐出世,八字先生细推评。

其二十六

世代江山几裂完,随宜田宅且相安[1]。

经年计较团成片,两子分开局已残[2]。

【注释】

　　〔1〕"世代"二句:大意是,经几辈积累下来的家底,经多次分家已分光。有适当的田宅应相安度日。

　　〔2〕"经年"二句:大意是,整年盘算如何将其各地田产连成一大片,实行土地兼并。但待儿子长大再分家时局面又破了。

【译文】

　　几辈家底已分光,适当田宅宜相安。

　　盘算田产再扩大,儿子分家局面残。

其二十七

天垂列象圣遵模[1]，为问还丹事有无[2]？
万斛明珠难换颗，痴人妄想点金须[3]。

【注释】

〔1〕天垂列象圣遵模：典出《周易·系辞上》："天地变化，圣人效之。天垂象……圣人象之。"意为自然界万物变化之理，是圣人所遵循、效法的。

〔2〕为问还丹事有无：试问道士炼出的仙丹是否能令人长生不死或点铁成金？诗作者的意思是，因为这违反事物变化之理，因而是不可信的。还丹，道士炼出的金丹。

〔3〕"万斛"二句：用万斛珍珠难换得一粒金丹，痴人还妄想它是点铁成金所必须的灵药。斛，五斗为一斛。此诗批判世人（包括明世宗嘉靖皇帝）迷信金丹延年及点铁成金的愚昧心态。如用万斛珍珠换一粒丹，点成的金也是伪金，反而亏本。

【译文】

自然规律圣人遵，岂有长生不老丹？
万斛珍珠换一粒，痴人妄想点金愿。

其二十八

繁华寂寞转轮间，热闹场中莫久顽。
闻道盛唐云锦队[1]，回头兵火破潼关[2]。

【注释】

〔1〕闻道盛唐云锦队：盛唐主要指唐玄宗李隆基(685—762)在位时的开元(713—741)、天宝(742—756)年间。云锦队，指玄宗与杨贵妃出行时扈从马队数万匹，每种马色为一队，望如云锦。见《旧唐书》卷一〇六《王毛仲传》。

〔2〕回头兵火破潼关：唐玄宗纵情声色，国势下滑，终于引来安史之乱。天宝十四载(755)握有重兵的安禄山发起叛乱，攻下东都洛阳，次年称帝，遣兵攻破潼关，入长安，大肆杀掠，玄宗逃入四川。潼关，今陕西潼关。

【译文】

繁华转眼变凄凉，歌舞声色莫久恋。
闻道盛唐大马队，回首兵火破潼关。

其二十九

太平风景四郊安，邻里穷时我亦单〔1〕。
五亩宫墙何固有，负刍一至路行难〔2〕。

【注释】

〔1〕"太平"二句：平时光景四处安宁，但剥削邻里使之贫穷，自己也就玩完。单，通"殚"，竭尽。

〔2〕"五亩"二句：富家深宅大院难以牢固自守，农民军一来包围，难以逃出。此诗与作者在《野议·民财议》所述"终日割削右舍左邻以肥己，兵火之至，今而得反之"含义相同。负刍，造反者。《孟子·离娄下》："昔沈犹有负刍之祸。"宋人朱熹注："时有负刍(荷薪)者作乱，来攻沈犹氏。"

【译文】

　　太平景象四郊安，邻里穷时我亦完。

　　深宅大院岂可保，农军一到出逃难。

其 三 十

世间左道〔1〕孰为凶，最是龙阳〔2〕泣楚宫。

禽兽犹明真配合，生人反昧假雌雄〔3〕。

【注释】

　　〔1〕左道：邪道，邪门歪道。

　　〔2〕龙阳：战国时魏王有宠臣食邑龙阳，号龙阳君，后因称男色为龙阳君。

　　〔3〕反昧假雌雄：反而分不清真假雌雄。昧，目不明。

【译文】

　　世间邪道何为凶，最属同性恋爱风。

　　禽兽犹知真配合，人倒不别假雌雄。

其三十一

悦爱娇容种性生，视同苴土远人情〔1〕。

罗敷自有天分限，妄想繁时剧祸盈〔2〕。

【注释】

〔1〕"悦爱"二句：喜欢美女是人的本性，将其视为渣土是不近人情的。苴，通"渣"，渣滓、糟粕。

〔2〕"罗敷"二句：美丽而有贞操的罗敷生来有限，妄想拥有许多妻妾会招来大祸。罗敷：古代女子名。《玉台新咏》卷一古乐府《日出东南隅行》（又作《陌上桑》）："秦氏有好女，自言名罗敷。"后将罗敷作为貌美而有节操的妇女之通称。

【译文】

人喜美女很自然，视作粪土远人情。

贞操佳丽生来少，众多妻妾祸满盈。

其三十二

元宋推寻楚汉时，千秋名姓几盘棋〔1〕。

儿孙田宅思牢固，官印私钤策罔遗〔2〕。

【注释】

〔1〕"元宋"二句：元推翻宋建立新王朝，正如汉刘邦推翻楚霸王而建立新王朝一样，都是顺应时势的。千年以来各王朝由哪一个姓氏家族所主宰，就像下棋那样，风水轮流转，没有万世一系的皇统。

〔2〕"儿孙"二句：豪绅大地主为使儿孙永远拥有大片田宅家产，千方百计在房契、地契上加盖私章和官印作为凭据。但在作者看来，这都是徒劳无效的，一旦农民揭竿而起，这些田宅契纸顿时化为废纸。作者在诗中先从宏观出发认为王朝统治者不可能永远属于某一姓氏，再从微观出发认为土地、房产也不可能永远属于某家，皆因时势而变。

【译文】

元宋楚汉改朝代,何姓掌权如下棋。

儿孙田宅图永固,官私印章钤无遗。

其三十三

既晓森罗业镜光,侈焚冥锵寄虚堂[1]。

只言贿赂通阴界,先造繁词奏法王[2]。

【注释】

〔1〕"既晓"二句:既已晓得阴间的阎罗王铁面无私,洞察死者生前善恶,还要破财买纸钱焚烧寄给死者。森罗,阎罗王或阎王,为梵文Yamarājā意译,管理地狱的大王,下有判官、小鬼,掌人间生死及冥界众鬼,阅生死簿,对新鬼依生前善恶,或送天堂,或打入十八层地狱。业镜光:广泛了解死者生前善恶行为。业,梵文 karma 意译,佛教指人的一切行为,分善业及恶业。镜,鉴察。冥锵(qiáng),冥钱,为死者焚烧的纸钱。虚堂,死者。

〔2〕"只言"二句:只图用纸钱贿赂阴曹地府,替死者说几句好话奏给阎罗王。法王,阎罗王。此诗揭露有人作恶多端,死后怕入地狱,因而烧纸钱企图在阴间行贿,免遭地狱之苦;也反对浪费资源为死者焚烧纸钱、纸马等送葬品的迷信陋习。

【译文】

既知阎王察秋毫,何必烧钱送阴间。

只图贿赂通地府,阎王面前多美言。

其三十四

清寒原是好名声，误拟羞惭效侈盈〔1〕。
勉强风流神不王，困穷无计酿戈兵〔2〕。

【注释】

〔1〕"清寒"二句：清贫本是好名声，有人却误以为耻而效法过奢侈生活。

〔2〕"勉强"二句：勉强装成名士而底气不足，终因破费过多而穷困无奈、铤而走险。神不王，作"神不旺"解，即神气不旺或底气不足。酿戈兵，铤而走险。

【译文】

清贫本是好名声，反以为耻图虚荣。
装成名士无底气，穷困无奈走险程。

其三十五

良犀美玉巧工雕，议款平酬贵客邀〔1〕。
封付儿孙传玩远，未寒四大已萍飘〔2〕。

【注释】

〔1〕"良犀"二句：富贵之家用良好犀牛角和美玉请巧工雕造成器物后，邀请并酬报贵客名家品评并写出题款以抬高器物身价。"议款平酬贵客邀"宜读作"邀酬贵客评议款"，"平"与"评"通。有人释为反复讲

价以廉价买来,邀贵客赏玩,似不合原文本义。

〔2〕"封付"二句:想将器物留给儿孙作为永远的传家宝,却不怕死后返虚无,不能再拥有宝物了。四大,佛教用语,为梵文 Cuturmahābhūta 之意译,佛家以地、水、火、风为构成万物及人体的四种基本元素,而人身无常,主张万物皆空,以无相为归。未寒,指不害怕,不是尸骨未寒。萍飘,飘浮无踪迹。此诗讥讽富贵之家搜藏异宝,只能满足一时贪婪心理,死后变成一堆骨灰而已。

【译文】

犀角美玉雕成器,邀请名家写评估。

留给儿孙永传玩,不怕死后返虚无。

其三十六

子孙贤否性相成,作法毋凉尽我生〔1〕。

遗嘱絮烦临疾病,何曾片语耳根迎〔2〕。

【注释】

〔1〕"子孙"二句:大意是,子孙是否贤良由其品性所造成,受长辈言传身教影响,但长辈一生贪而不信,何言有好影响。作法毋凉,行为方式既贪又不讲信。典出《左传·昭公四年》:"作法于凉,其敝(弊)犹贪,作法于贪,敝(弊)将若之何?"意为行为方式讲信,犹有贪的毛病,行为方式讲贪,毛病又如之何?肯定更坏。作法,行为方式。凉,薄也。见朱骏声(1788—1858)著《说文通训定声·壮部》(1833)。

〔2〕"遗嘱"二句:长辈病危临终前对儿孙频传要廉而有信做人的遗嘱,儿孙只当耳旁风,一句也听不进去,因长辈未对他们做出好榜样。

【译文】

　　子孙贤否品性定,长辈既贪又无信。
　　临终频传遗嘱语,儿孙何尝听得进。

其三十七

　　人生愿欲自无穷,官贵金多百岁中[1]。
　　衰相已形功德薄,遗言墓志托名公[2]。

【注释】

　　〔1〕"人生"二句:有的人欲望是无止境的,希望终生做大官、发大财。百岁中,指有生之年。百岁,古人以为人不过百岁,因讳言死,称死为百岁或百年。

　　〔2〕"衰相"二句:年老体衰时虽没有功德,仍嘱咐后人请名人为他写墓志铭以吹嘘自己。功德薄,即功德簿。

【译文】

　　有人欲望无穷尽,妄图富贵伴终生。
　　年老体衰缺功德,请托名人写墓铭。

其三十八

　　说短谈非遍世间,终身隔耳罔相关[1]。
　　才闻传报无多语,烟起心胸火足颜[2]。

【注释】

〔1〕"说短"二句：对别人说长道短、背后议论的事到处都有，对这些尽可充耳不闻。

〔2〕"才闻"二句：大意是，有人刚听说别人议论的几句话，就心火冒起、面红耳赤。

【译文】

说长道短遍世间，尽可充耳不闻问。

刚听几句议论话，面红耳赤怒火焚。

其三十九

人到无能始贷金，子钱生发向何寻？

厉词追索弥年后，生计萧条起绿林[1]。

【注释】

〔1〕"厉词"二句：借贷期满后，债主严词追讨本息，债户无法生存，只好投入农民军造反。绿林，西汉末新市人王匡等聚众七八千人于绿林山（今湖北当阳东北）起事。见《汉书》卷九七九下《王莽传》。后以绿林泛指聚众山林之间反抗官府或抢劫财物的有组织的集团。

【译文】

人到无法才借钱，连本带利如何还？

到期严词来追债，生计萧条群造反。

其 四 十

著述诗书吐肺肝,目前身后几人看[1]?
装成圈点吾徒炫,假序名公识者弹[2]。

【注释】

〔1〕"著述"二句:大意是,没有才识的人费尽心机写作诗文作品以沽名钓誉,但生前身后有几人肯看。

〔2〕"装成"二句:书成后,自己加以圈点以自炫耀,再请名公写序以邀名,但有见识的人一看便加以讥弹、抨击。识者,有见识的人。弹,指责、抨击。一般说,圈点图书是读者的事,现作者装作读者圈点自己的书,弄虚作假。

【译文】

费心写出诗文书,生前身后几人理?
自行圈点图炫耀,名公写序识者讥。

其四十一

已信天工有命偕,死生富贵尽前排[1]。
祈禳谋策纷纭起,信命初心顷刻乖[2]。

【注释】

〔1〕"已信"二句:有人相信命运由天公决定,死生富贵都由前世安排,只好听天由命。

〔2〕"祈禳"二句：但却纷纷祭祷鬼神以消灾求福，这不与相信天命的初心相矛盾吗？乖，违背。

【译文】

已信命运天公定，死生富贵前世排。

祈神消灾纷纷起，与信天命怎合拍？

其四十二

耳目相同男子官，聪明差异万千端〔1〕。

群生尽葬愚公谷，阅尽方知智者难〔2〕。

【注释】

〔1〕"耳目"二句：大意是，每个人具有耳目口鼻等器官都是相同的，但各人聪明、愚钝则千差万异。

〔2〕"群生"二句：众人死后都葬在愚公谷里，经历人世沧桑以后才知道成为智者之难。愚公谷，此名初见汉人刘向（前77—前6）《说苑·政理》（约前20），在山东临淄市西。齐桓公出猎逐鹿入山谷之中，问一老公此为何地，答曰"为愚公之谷"。后借喻为隐居之地。宋应星诗中所指似并非此意，但借用其名而已。

【译文】

每人同样有五官，聪明愚钝差万千。

众生尽葬愚公谷，到头才知智者难。

论气

论之气第八

形气化 五章

天地間非形
是也由气即气非气即
聚而不復化气化形
是也气從化形者日月是
也形復返於气與气之間
足賾為数萬里而墜經
雨雹墜石是也形成而
两雹墜石是也气

目　录

论 气 序

……性[1]。既不可径情告人，而登坛说法，引喻多方，又不能畅其所欲言，遂受儒家之攻，若寇仇然。然诸家攻之者，只言其端异，而朱晦翁[2]始以《四十二章》[3]其言却亦平实。概之，此言一出乃知读内典[4]者何尝于文字之间一细心研究也。

【注释】

〔1〕这部讨论气的自然哲学作品原序之首页已脱去，从现存文字观之，序中谈的儒释之争及语言文字似与本作品关系不大，与其他作品之序有别。

〔2〕朱晦翁：即南宋理学家（新儒家学派）和教育家朱熹（1130—1200），字元晦，徽州婺源（今属江西）人，绍兴十八年（1148）进士，曾任秘阁修撰等职，广泛注释典籍，涉猎领域很广，集理学大成。

〔3〕《四十二章》：即《四十二章经》，传为东汉永平十年（67）郎中蔡愔等人奉敕赴天竺（印度）求法，归来抵洛阳后所译，为中国有佛经之始。

〔4〕内典：佛教徒称佛经为内典。

【译文】

……既不可直接告诉人们，登坛说法时虽多方引喻，还不能畅所欲言，遂受儒家攻击，像仇敌那样。然各攻击佛教的人只谈它是异端，而朱熹老先生始认为《四十二章经》所言却也平实。总之，此言一出才知道那些读佛经的人未尝对其中文字作细心研究。

大圆之内为方五万里中，凡重译之可至者，其人出世而苦行精进，与入世而勘乱治民、佐使君臣，才德皆相仿佛。至于语言文字之妙，必推中华居上座焉，是岂人之所为哉？夫语言即有神，然从来尊信不于目睫之下，盖夷视其人，则并其文字而忽之，此人情之固然也。虽然，乾坤易简之理，其兆端已无余蕴矣。

崇祯丁丑季夏月[1]，奉新宋应星书于分宜学署。

【注释】

〔1〕崇祯丁丑季夏月：崇祯十年六月（1637 年 7 月）。

【译文】

天下为方五万里中，凡遥远可到之处，都有人出家去苦行修炼，与世俗间勘乱治民、佐使君臣在才德方面是类似的。至于语言文字之妙，必推中华为上座，这难道是人之所为？语言即便有神奇之处，然而从来尊信的都不在于眼下，因为鄙视其人，便连同其文字也一起忽视，此固属人之常情。尽管如此，天地简易之理，其征兆已经充分显现。

崇祯十年六月，奉新人宋应星书于分宜县学署。

论气第八种[1]

形气化五章[2]

形　气　一

　　天地间非形即气,非气即形。杂于形与气之间者,水火是也。由气而化形,形复返于气,百姓日习而不知也。气聚而不复化形者,日月是也[3]。形成而不复化气者,土石是也。气从数万里而坠,经历埃壒奇候,融结而为形者,星陨为石是也。气从数百仞[4]而坠,化为形而不能固者,雨雹是也。初由气化形,人见之,卒由形化气,人不见者,草木与生人、禽兽、虫鱼之类是也。

【注释】

　　〔1〕本章正文首行有"论气第八种"字样,按宋应星曾发表《卮言十种》,已失传,则此"论气第八种"有可能是其中残存的第八种。

　　〔2〕形气:作者继承了中国古代元气一元论的唯物主义自然观传统,又有所发展。认为气是万物本原,气聚而化形,形是人的感官可触及的土、金、木,最后形散又返还于气。介于形、气之间而既是形又是气的,是水、火,由此演变成世间万物。此即他发展的形气论。此处所谓"形气化五章",实为五节,"形气一"为其中第一节。

　　〔3〕日月:从现代知识看来,太阳因温度过高基本上由炽热气体组成,而月球则因温度低成为有形之物。

〔4〕仞(rèn)：古代以八尺或七尺为一仞。

【译文】

　　天地之间所存在的，不是形就是气，不是气就是形。介于形、气之间的是水、火。由气而化为形，形又返归于气，这是百姓习以为常却不深知的。气聚而不复化为形的是日月，形成而不再化为气的是土和石。气从数万里高空降下，经历尘埃蔽盖和奇异征候，融化凝结成形的是陨石。气从数十丈高处降下，化而为形但不坚固的是雨、雹。初由气化形，人能看见，最后由形化气，人看不到，此即草木与人、禽兽、虫鱼之类。

　　气从地下催腾一粒种性〔1〕，小者为蓬，大者为蔽牛干霄之木。此一粒原本几何，其余则皆气所化也。当其翕然于深山，蔚然于田野，人得而见之。即至斧斤伐之，制为宫室、器用，与充饮食炊爨〔2〕，人得而见之。及其得火而燃，积为灰烬，衡以向者之轻重，七十无一焉，量以多寡，五十无一焉。即枯枝、榴茎、落叶、凋芒，殒坠渍腐而为涂泥者，失其生茂之形，不啻什之九，人犹见以为草木之形，至灰烬与涂泥而止矣，不复化矣。而不知灰烬枯败之归土与随流而入壑也，会母气〔3〕于黄泉，朝元精于冱穴〔4〕，经年之后潜化为气，而未尝为土与泥，此人所不见也。若灰烬涂泥究竟积为土，生人岂复有卑处之域，沧海不尽为桑田乎？

【注释】

　　〔1〕种性：疑为"种生"。

〔2〕炊爨(cuàn)：烧火做饭。

〔3〕气：原文为"炁"，为"气"之古字，今改。

〔4〕冱(hù)：寒冷冻结。

【译文】

　　气从地下催促一粒种子生长，小者为蓬草，大者为蔽牛遮天的大树。此一粒种子本来有多大呢，其余部分都由气所化成。当大树茂密长在深山，茂盛长在田野，人得而见之。等到用斧子砍伐，做成房屋、用具与充作烧饭用的柴火，人得而见之。至其遇火燃烧，积成灰烬时，重量不到原来的七十分之一，体积不到原来五十分之一。即便是枯枝、枯茎、落叶、凋芒落在地上腐烂成泥，失去生茂之形，不止十分之九，人仍看得到，以为草木至成灰烬与淤泥为止，便不再变化了。而不知灰烬、枯木之归土与随流水进入沟中，会合母气于地下，遇天地精气于冷穴，经年之后潜化为气而未尝只成土与泥，这是人所看不到的。若灰烬、淤泥终究都积为土，活人怎么还有低洼之地，沧海岂不都化为桑田了吗？

　　人身食草木之实与禽兽之肉[1]，不居然形耶？强饭之人有日啖豚肩与斗粟，而府藏[2]燥结，甚至三日而通，量其所入而度所出，百无一焉。形之化气，只在昼夜之间，虽由人身火候[3]足以攒簇五行[4]，而原其始初，则缘所食之物皆气所化，故复返于气耳。或曰：皆气所化，胡为不俱化而犹存一分滓秽耶？此非形耶？曰：粪田而后，滓秽安在？其旨与灰烬之潜化又何以异乎！人身从空[5]来，亦从空化。佛经以皮毛骨肉归土，精血涕汗归水，其亦见肤之义。开数百年古墓而视之，石椁而外有剩土余骸否?

【注释】

〔1〕肉:原本作"内",误,今改。

〔2〕府藏:腑脏。

〔3〕火候:喻体内消化食物的"火力"。

〔4〕五行:水、火与土、金、木五种基本物质。

〔5〕空:或虚空、太虚。太虚,即气。宋代唯物主义哲学家张载(1020—1077)《正蒙·太和》(约 1076)提出"太虚即气"的哲学命题。太虚与气的关系如冰与水的关系,气虽看不到,确是原始的物质,客观存在于宇宙中。宋应星继承了这一思想,并指出虚空并非虚无,形返于气或太虚,非其返于无有。

【译文】

人吃草木之实和禽兽之肉,这不都是形吗?饭量大的人有一日进食一个猪肩和一斗米而腑脏燥结者,甚至三天大便一次。计量后,其所出不到所入的百分之一。形化成气只在昼夜之间,虽由人身消化之力足以使这类食物成为基本物质,但归根到底,是因为所食之物皆气所化,故复返为气。或曰:皆气所化,为何不全化为气而仍留一部分粪便呢?这不也是形吗?答曰:肥田而后,粪便还存在吗?其理与灰烬之潜化又有何不同呢?人身从虚空(气)中来,亦化为虚空(气)。佛经以为皮毛骨血化归于土,精血泪汗化归于水,是肤浅见解。开数百年古墓而观之,除石椁以外还有剩土残骸吗?

覆载之间,草木之朽烬与血肉毛骨之委遗,积月而得寸,积岁而得尺,积世而得寻[1],积运会[2]而不知纪极。非其还返于虚无也,颛顼[3]之丘陵入土千仞矣。是故草木之由萌而修畅,人与禽兽、虫鱼之自稚而壮强,其长也,无呼吸之候不长。此即离朱[4]之善察,巧历之穷推,不能名状其分数,而况于凡民乎! 故其消化而还虚,亦若是而已矣。

【注释】

〔1〕寻:古代以八尺为一寻。

〔2〕运会:术数家以三十年为一世,十二世为一运,三十运为一会,见宋人邵雍《皇极经世书·观物内篇》卷十一。

〔3〕颛顼(zhuān xū):古帝名,五帝之一,传为黄帝之孙,在位七十八年而崩,居于帝丘(今河南濮阳)。

〔4〕离朱:古代眼力好的人。《孟子·离娄上》汉人赵岐注曰:"黄帝亡(失)其玄珠,使离朱索之。……能视于百步之外,见秋毫之末。"

【译文】

天地间草木朽烬和血肉毛骨残余,积月而得寸,积年而达尺,积三十年而达丈,积万年则不计其数。若不是它们返还于气,则上古帝王颛顼的丘陵便已入土千仞了。因此草木从萌芽到长大茂盛,人和禽兽、虫鱼从幼小到强壮,无时不成长,这是善于观察的古人离朱和善于推算的精通历算的人不能说出其规律的,何况平民呢! 因之动植物消失、转化及返还于气也是如此。

形　气　二[1]

形而不坚、气而不隐者,水火之体也。坎水[2]为男,布置道途,耕耘畎亩,贵临贱役,在人耳目之前;离火[3]为女,正位宫中,隐藏奥室,见人而回避,此水火之情也。二者介乎形、气之间，以为气矣而有形，以为形矣而实气。其与气相于化也，刹那子母，瞬息有无，是故形气相化迟而微，而水火与气化捷而著。气火相化，观其徼[4]于流烁电光，而不于传薪之候；水气相化，观其妙于密云不雨，而不于沸釜之间。气火化疏，而水气化数，此又大阴大阳[5]旋天迟速之义也。

【注释】

〔1〕形气二：原文标"形气二章"，按此为《论气》第一章《形气》之第二节，故将"章"字删去。

〔2〕坎水：坎为八卦之一，卦形☵象征水，为中男，见《易·系辞·说卦》。

〔3〕离火：离卦卦形☲象征火，为中女。

〔4〕观其徼(jiào)：语出老子《道德经》上篇第一章："常无欲以观其妙，常有欲以观其徼。"其，指道。徼，底本作"窍"，今改。

〔5〕大阴大阳：月与日。

【译文】

水、火之体是形但不坚硬，是气但可以看得到。水在八卦中属坎卦，为中男，流动起来一条一条的像道路那样，可灌溉田地，为贵贱人所用，可听得到和看得到其声音和形象；火属离卦，为中女，在房内藏着不见人。这是水、火之性。二者介于形、气之间，以为是气而有形，以为是形而实为气。水火与气相互转化很快能察觉大小和有无的变化，因此形、气相互转化慢而不显，而水火与气相互转化却快而显。气、火相化，认识其边界在于放出光亮的电光，而不在于点火之际。气、水相化，认识其微妙在于密云不雨，而不在于釜水沸腾之间。气、火转化不多见，而气、水转化频频。这如同日月在天上运旋快慢之理。

人身五官百骸，天地全形具焉。鱼无息而不食水，人无息而不食气。夫固有日饮数石，而小遗不过一升者，水入藏而化气也。有勺饮未进，而晚溲频溢者，气入藏而化水也。有患痢之人两旬绝食而日粪盈溷[1]者，终日食清淑之气集于谷室，温者不能化火，凉者不能化水，则室滞如沤浆。见暵逢火，先化水而旋化气，气水相化，而实非形也。此仓公[2]之所不能辨，而盲医[3]误以为肾肠之夙物也。夫近取诸身，而形气水火之道思过半矣。

【注释】

〔1〕溷（hùn）：厕所。

〔2〕仓公：西汉名医淳于意（约前216—前150），临淄（今山东淄博）人，年轻时任齐国太仓令，故称仓公。《史记·扁鹊仓公列传》收载其医案二十五则。

〔3〕盲医：庸医。盲，原文作"肓"，误，今改。

【译文】

人身五官百骸，像世界上所有形体那样完备无缺。鱼无时不食水，人无时不吸气。有人每日饮水数石，而排泄的尿液不过一升，是水入腑脏而化为气。有人终日勺饮不进，晚上却频频解小手，是气入腑脏而化为水。患痢疾的人二十天不进食，却每日排出粪便盈满茅厕，终日吸清净之气集于胃中，温者不能化火，凉者不能化水，则滞留胃中如沤浆。逢旱遇火便先化为水，旋即化成气，气水相化，而其实并非形。这是仓公淳于意所不能辨者，而庸医竟误以为是肾肠中的旧物。就近研究人体，则形气、水火之道便可思考过半了。

形 气 三

有形之物有化速与化迟者，何也？曰：化视其生也。化之速者其生必速，生之迟者其化亦迟也。匏瓜[1]之为物也，自清明之初至于秋分之末，其藤虆[2]，其叶蓬，其实枵[3]然大，及其殒落而化也，亦以百八十日而返于无。杉、桧[4]之质有经百年者，其化之至于净尽亦须百年；经五百年者，化之至于净尽亦五百年也。墓门之内使彭、殇[5]合葬圹[6]中，殇骨必先化，而彭骨必久延。犹之雏鸡与母同入汤镬中，雏已熟烂而母鸡皮肉方坚韧也。至于同一地穴而陈人之身，有三年而朽者，有数十年而朽者，此由地脉蒸气[7]盛衰不同之故。譬之釜内烹鸡，有炽薪者数刻而熟，薪力微缓者，时久亦数倍也。

【注释】

〔1〕匏（páo）瓜：即瓢葫芦，葫芦科，葫芦的变种（*Lagenaria siceraria var. depressa*），对半剖开，可做水瓢。

〔2〕藤虆（léi）：藤蔓。

〔3〕枵（xiāo）：空。

〔4〕杉（shān）、桧（guì）：杉为杉科常绿乔木（*Cunninghamia lanceolàta*）；桧亦称桧柏，柏科常绿乔木（*Sabina chinensis*）。

〔5〕彭、殇（shāng）：彭指彭祖，古之长寿者；殇指未成年而早死。

〔6〕圹（kuàng）：墓穴。

〔7〕蒸气：蒸腾之气或上升之热气，是古代自然哲学用语。气是不

可见的原始物质,有人理解为水蒸气或现代意义下的蒸气、空气,则误矣。

【译文】

有形之物有化得快和化得慢的,为什么呢?答曰:谈到有形物的转化,要看其生长。转化得快的,其生长必快;生长得慢的,其化必慢。匏瓜(瓢葫芦)这种有形之物从清明起到秋分快结束时(4月初至10月初),其藤蔓延,其叶蓬生,其果大而中空,待其落地而化,亦以一百八十多天返于虚无(即气)。杉树和桧树有生长一百年的,其化至净尽也需一百年;生长五百年,化至净尽也需五百年。墓门内将长寿的彭祖和夭折的孩子合葬于旷野,夭折的孩子遗骨必先化,而彭祖之骨必存在时间长。正如将雏鸡与母鸡同放在汤锅中,雏鸡已熟烂,而母鸡皮肉还坚韧。至于同是墓穴,放入尸体有三年而朽的,有几十年才朽的,这是因为地脉蒸气强弱不同。譬如锅内煮鸡,加入柴多火力猛时几刻时间就熟,加柴薪少而慢的,煮熟时间也要长几倍。

然则蒸气盛者,即百岁之人葬入其中,三年尽矣。何以符所生久载乎?曰:蒸气盛而速朽者,非虚无之化,乃熔化之化[1]。骨肉土泥混杂,必待百年而后虚无净尽也。至人力不欲速朽者,灌以水银,敛以珠玉,土中蒸气原避此数物而不相侵逼。不然,盖藏之下水火蒸气无尺寸不克到也。曰:殇子之柩百年不葬,有化日乎?曰:不入土泥之中合会混元蒸气,何由得化?焦尾之琴[2]其质非草木乎?即至今存可也。曰:杉、桧之木百年矣,为人梁栋又百年,其逢火与入土也,毋乃速化乎?曰:为梁栋之时,

未尝生,何论化? 准化必以生,此栋与梁逢火入土,即百
年少一日,不能至于尽也。

【注释】

〔1〕熔化之化:借热使之转化,与形以自然方式转化成气(虚无)有
所不同。

〔2〕焦尾之琴:琴名,即焦尾琴,《后汉书·蔡邕传》称,蔡邕(132—
192)见有人以桐木烧饭发出声音如磬,遂裁而为琴,有美音,而其尾犹
烧焦,故名。

【译文】

然则地下升起的热气盛处,即令百岁之人葬入其中,三年便化
尽,怎能符合生久必久化之理? 可以说,上升热气盛而令速朽者,不
是元气自然之化,而靠热气之化。骨肉与土泥混杂在一起,必待百
年以后才能完全净化而为气。至于用人力不欲尸骨速朽者,则灌以
水银,裹以珠玉,土中上升热气受其蔽避,便不伤尸骨。不然,棺盖
下的热气是无孔不入的。问曰:夭折孩子的棺材百年不埋葬,有朽
化之日吗? 答:不入土泥之中会合原本的热气,由何而化? 汉代的
焦尾琴材料不也是草木之类吗,还能保存至今。或问:杉木、桧木都
生长百年,做成房屋栋梁又过百年,遇到火与埋入土中不亦速化否?
答曰:作为栋梁之时,未尝生,何言化? 化之迟缓以生为准,这些栋
梁逢火、入土后,百年中少一天也不能化尽。

形 气 四

或问:有形必化气,黄泉蒸化者不借火燃,燃火成灰者
必待入泉而后化否? 曰:其质有灰者非地气蒸混,必无由

化。草木有灰也，人兽骨肉借草木而生，即虎狼生而不食
草木者，所食禽兽又皆食草木而生长者，其精液相传[1]，
故骨肉与草木同其气类也。即水中鱼虾所食滓沫，究竟
源流亦草木所为也。

【注释】

〔1〕精液相传：指构成草木的基本物质成分及养料传递到动物。
因此构成动物躯体的骨肉与草木都有同样的物质成分。这与现代科学
认识完全一致。

【译文】

或许有人问：有形之物必然要化为气，而地下葬身之处由上升
热气而化者，不是借火燃烧而化，那么借燃烧而成灰烬者，一定要等
到入葬以后才化吗？答曰：燃成灰烬者没受到地下上升热气，必无
从化起。草木含有灰质，人与兽的骨肉借草木而生，就是虎狼不食
草木而生，其所食禽兽亦皆食草木而生，草木的物质成分和养料的
精华仍转移到人和禽兽体内，所以其骨肉与草木含有同类物质成
分。即令水中鱼虾所食滓沫，归根到底也是草木造成的。

若夫见火还虚而了无灰质存者，则朱砂、雄雌石[1]、
硫黄、煤炭、魁［粉］[2]、朴硝[3]之类。此数物者精意欲成
金，而形骸尚类石，天地真火融结而成，而人间凡火迎合
而化，不待顷刻而立见虚无本色也。彼水银流自嫩砂[4]，
明珠胎于老蚌，此其无质与灰又不待言也。是故，火生于
木，其化物之功有一星而敌地气之万钧[5]，一刻而敌百年

者。造化之妙不可思议也。

【注释】

〔1〕雄雌石：雄黄（含二硫化砷，As_2S_2）及雌黄（含三硫化砷，As_2S_3）。

〔2〕魁粉：即蛤粉，含氧化钙（CaO）。原脱一"粉"字，今补。

〔3〕朴硝：又名芒硝，主要成分为含水硫酸钠（$Na_2SO_4 \cdot 10H_2O$）。

〔4〕水银流自嫩砂：水银来自嫩白次朱砂石。上好朱砂石（含硫化汞，HgS）直接加工成朱砂，次等朱砂石则炼制成水银（Hg）。见《天工开物·朱墨》章。

〔5〕钧：重量单位，三十斤为一钧。

【译文】

至于不像草木那样见火而化，且不含灰质的，有朱砂、雄黄石、雌黄石、硫黄、煤炭、蛤粉、朴硝之类。这些物质似乎有金属成分，而实质仍像石类，是自然界真火融结，而人间凡火又将其迎合而化，顷刻返还于虚无（气）。水银取自嫩白朱砂石，而明珠来自老蚌，它们没有灰质，自不待言。因此火生于木，其化物之功能有一星足抵万钧地气之力，一刻可敌百年。造化的奥妙真是不可思议。

形 气 五

或曰：草木生化之理，既闻命矣，飞潜、动植[1]而外，土石、五金居然形也。其终不化乎，亦有化有不化乎？曰：土以载物，使其与物同化，则乾坤[2]或几乎息矣。劫[3]尽之时再作理会可也。沙与石由土而生，有生亦有化，化仍归土，以俟劫尽。深山之中无石而有石，小石而大石，土为母，石为子，子身分量由亏母而生。当其供人居室、城池、道路之用，石工斫削万斛[4]委余，尽弃于地，经百年而复返于土。故古今家国废基，掘井及泉见土而已，不见石余也。其经火而裂爆者，化土又更速焉。

【注释】

〔1〕飞潜、动植：鸟类、鱼类和动物、植物。

〔2〕乾坤：《周易》中八卦的两个卦名，乾象为天，坤象为地。

〔3〕劫：佛教术语，梵文 kalpa，意为"长时"，表示世运周期的时间单位，每经一劫，世界将毁灭、再造。

〔4〕斛(hú)：古时以十斗为斛，后又以五斗为斛，一斗为十升或一百零七公升。

【译文】

有人或许会问，草木生化之理已领会了，飞禽、鱼类和动植物之外，土石、金属居然属于形这一物质层次，是始终不化，还是有化有不化呢？答曰：土可以载物，使之与土同化，天下或近于熄灭，待亿万年后再作理会吧。沙与石由土而生，有生亦有化，化后仍归于土，直到亿万斯年之后。深山之中从没有石到有石，从小石到大石。土为母，石为子，石的重量由所耗之土产生。当石用于盖房、建城和铺路之用时，石工凿削有许多石渣掉下，尽弃于地，经百年而又重返于土。因此在古今居住遗址挖井取水时，只见到土而不见石渣。石经火爆裂后，更加快其化为土的进程。

若陶家合土以供日用，万室之国日取万钧而埏埴[1]之，积千年万年而器未见盈、土未见歉者，其故胡不思也？盖陶器以水火调剂而成，以见火失水而败，败仍归土。人世祝融[2]之为灾也,小者亳社[3],大者咸阳[4],经年陶穴所为,顷刻还其故质。即罂缶[5]效煎煮之用,当其内者水枯、外者火盛,则此器去刚而还本色,机已动于介然之顷矣。是故由土而生者,化仍归土,以积推而得之也。

【注释】

〔1〕埏埴(shān zhí):揉合黏土烧成陶器。语出《荀子·性恶》:"夫陶人埏埴而生瓦。"

〔2〕祝融:黄帝时的火官,后尊为火神。

〔3〕亳(bó)社:殷(前1300—前1040)都,在今河南偃师。

〔4〕咸阳:秦代(前221—前207)都城,在今陕西咸阳。

〔5〕罂缶(yīng fǒu):大腹小口的陶器为罂,圆腹小口有盖的陶器为缶。

【译文】

至于说到陶工揉合黏土做日用陶器,有万户人家的区域内每天取几十万斤土烧陶,但千年万年之后陶器不见多,土也不见缺,为何不想想其中原因呢?因陶器以水火调剂而成,因遇火失水而毁坏,毁坏后仍归于土。人间的火灾,小者如殷都亳社之火,大者如秦都咸阳大火,陶窑经年所制陶器顷刻间返还成土质。即令用小口罐煮东西,当其中水煮干而外面火盛时,此器便易脆而恢复土的本色,转机发生于顷刻之间。因此由土产生的,仍化归于土,这是靠推究积累的经验而得出的认识。

至五金生化,又请缕析而辨之。其生希者,其化疏;其生广者,其化数。土为母,金为子,子身分量由亏母而生。大地铁冶之生十倍于铅锡;铅锡之生两倍于铜,铜冶所生百倍于银,银矿所生十倍于黄金。凡铁之化土也,初入生熟炉时,铁华铁落已丧三分之一。自是锤锻有损焉,冶铸有损焉,磨砺有损焉,攻木与石有损焉,闲住不用而衣锈更损焉。所损者皆化为土,以俟劫尽。故终岁铁冶所出亿万,而人间之铁未尝增也。[1]

【注释】

〔1〕在此段关于铁的生化之理的论述中,可看出作者宋应星已有物质质量守恒思想,在中国和世界科学思想史和哲学史中是一大贡献。

【译文】

关于金属的生成和变化,请再分析与辨明之。可以说生成量少的金属,其变化必稀疏,产量多的金属,其变化必频繁。土为母,金属为子,金属具有的重量是由土的亏损量而生。世间炼出的铁量十倍于铅锡,所产的铅锡两倍于铜,炼出的铜百倍于银,银矿产的银十倍于黄金。铁化为土总是在初入生、熟铁炼炉时作为铁花和铁渣掉在地上损失三分之一,此后锻造时有损失,铸造时有损失,磨粗刀时有损失,加工木、石有损失,闲置不用而生锈更有损失。所损者皆化为土,一直持续至亿万斯年。因此终年炼出的铁数量很大,而社会上的铁未尝增加。

铜锡经火而损,其义亦犹是已。若夫白银、黄金,则火力不能销损者,只可以生与耗求而化土还虚,以俟劫尽。凡银为世用,从剪、斧口中捐者,积累丝忽合成丘山。贱役淘厘锱[1]者,只救三分之一。金之损也,以粘物之箔而刮削化灰而取者,亦救三分之一,其二则俟淘沙开矿者之补足，此其大端也。夫不详土、石、五金，而生化之理未备也。

【注释】

〔1〕淘厘锱:《天工开物·五金·银》称:"其贱役扫刷泥尘,入水漂淘而煎者,名曰淘厘锱。"指仆役将扫刷的含银泥渣入水中淘洗,再炼出银。丝忽、厘锱,为最小计量单位,表示极小量。

【译文】

铜、锡经冶炼热处理的损失,其理亦如此。至于白银、黄金,则火力不能使其耗损,只能通过其产生及耗求过程使之化土并返归于气,一直持续至亿万斯年。世间所用的银,在剪刀、斧子口中所损失的极小量银,累积起来就可堆成山。役夫将扫刷的含银泥渣聚集起来在水中淘洗而炼出的银,也只有三分之一。所损失的金,将黏物金箔刮下烧成灰而收回,也占三分之一,其余三分之二通过淘金沙及开矿补足,此其大概。不详土、石和金属,则生化之理未备。

气 声九章[1]

气 声 一

声音之道微矣哉。物声万变,而人声皆能效之。厉莫厉于燃炮,微莫微于调琴,乐莫乐于对语之莺,悲莫悲于迎刃之豕,而宫商[2]转换必曲肖焉。非得气之全,胡以然也?凡声,喜声从口,怒声从鼻。鸟声多善,兽声多怒。以神物言之,龙[3]声有喜而无怒,雷声有怒而无喜。当其大喜大怒之至也,齿、舌诸官皆静息而听命焉。

【注释】

〔1〕"气声九章":应理解为《论气·气声》章共九节,以下《气声一》《气声二》《气声三》等表示《气声》章第一节、第二节、第三节等。"气声一"原文缺,今补之。

〔2〕宫商:中国五声音阶中的五个级,古称宫、商、角(jué)、徵(zhǐ)、羽,此处引申为音律。

〔3〕龙:中国古代传说中的一种神奇动物,身有鳞,头有角,能飞、能走、能游泳。

【译文】

声音之道很微妙。诸物之声万变,而人声皆能仿效。剧烈之声莫大于燃炮,深奥之声莫过于调琴,快乐之声莫过于莺之对语,悲哀之声莫过于被杀的猪叫,而人转换声调必能局部仿出类似之声。若不能完整用气,何以至此? 所有声音中喜声从口发出,怒声从鼻发出。鸟声多喜,兽声多怒。以神异之物言之,龙声有喜而无怒,雷声有怒而无喜。当大喜大怒至极,齿、舌各器官皆静息听命。

人、物受气而生气,而后有声,声复返于气。是故形之化气也,以积渐而归,而声之化气也,在刹那之顷。人、物之声即出繇脏腑,调繇唇舌,然必取虚空之气参和而能成。若窒塞口鼻,外者不入而相和,内者即升于龈、腭[1]之间,默暗而已矣。人身气海、命门[2]禀受父精母血,声气大小短长定于胎元,非繇功力。禽兽同之,其啸振山谷,则修士别有义理,非众人之所知也。

【注释】

〔1〕龈(yín)、腭(è):口腔上膛及牙床。
〔2〕气海、命门:脐下丹田部分及右肾,均为生命攸关之处。

【译文】

人和动物皆禀受元气而产生气,产生气而后有声,声复返于元气。因此形转化为元气,是借积累渐进而复归,而声之化为元气则在刹那之间。人和动物之声出自腑脏,音调出自唇舌,然而必取元气参和才能形成。若闭塞口鼻,外气不入而与体内之气相合,内气便升于口腔上膛及牙床之间,默然无声而已。人身气海、命门禀受父母精血,声气大小长短胎里注定,非由功力。禽兽同此,其吼啸震荡山谷,研究者另有道理可言,非众人所可知。

气 声 二

盈天地皆气也。两气相轧而成声者,风是也。人气轧气而成声者,笙簧是也。气本浑沦之物,分寸之间亦具生声之理,然而不能自为生。是故听其静满,群籁息焉。及夫冲之有声焉,飞矢是也;界之有声焉,跃鞭是也;振之有声焉,弹弦是也;辟之有声焉,裂缯是也;合之有声焉,鼓掌是也;持物击物,气随所持之物而逼及于所击之物有声焉,挥椎是也。当其射,声不在矢;当其跃,声不在鞭;当其弹,声不在弦;当其裂,声不在帛;当其合,声不在掌;当其挥,声不在椎。

【译文】

充满天地间的都是元气。气与气相挤压而发出声的是风,人和气相挤压而发出声的是簧管乐器。气本是浑朴波状之物,在微小空间内也能产生声,然而不能自动产生声。因此当气完全安静充盈时,就万籁俱寂了。及至冲击气而有声的是飞矢,界隔气而有声的是扬鞭,振动气而有声的是弹弦,辟开气而有声的是撕丝织品,合扰气而有声的是鼓掌,持物击物,气随所持之物逼近所击之物而有声的是挥动打击乐器。因之当射箭时,声音不生于箭;当扬鞭时,声音不生于鞭;当弹弦时,声音不生于弦;撕裂丝织品时,声音不生于丝;合掌时,声音不生于手掌;挥动打击乐器时,声音不生于椎。(因为声音的产生原因,在于气的运动。)

微芒之间一动,气之征也。凡以形破气而为声也,急则成,缓则否;劲则成,懦则否。盖浑沦之气其偶逢逼轧,而旋复静满之位曾不移刻。故急冲急破归措无方,而其声方起。若矢以轻掷,鞭以慢划,弦以松系,帛以寸裁,掌以雍容而合,椎以安顿而亲,则所破所冲之隙,一霎[1]优扬还满,究竟寂然而已。

【注释】

〔1〕霎(shà):瞬间,形容时间极短。

【译文】

悄悄之间一出现振动,便是气的迹象。凡以形破气而成声的,急则成,缓则不成;有力则成,软弱则不成。因为浑朴波状的气偶尔受逼压,旋即又恢复到完全静止状态而一刻不动。故而急冲急破使气无从归静,便会起而出声。如箭被轻掷,鞭被慢扬,弦被松拉,将帛剪成小块,从容合掌,安稳碰打击乐器,则所破所冲的空隙之际,很快又返还静态,结果还是没有声音。

气 声 三

或问:高山瀑布悬崖百仞,而激溅深涧之中,闻者惊魂丧魄,而敝瓮欹侧,覆水沟渠不见有声。其水同,其注同,而声施异者,何也? 曰:此所谓气势[1]也。气得势而声生焉,不得其势,气则馁甚。

【注释】

〔1〕势:势头、力量的趋向。这是作者提出的科学概念,相当于近代物理学中的动量(momentum),即物体质量与速度的乘积($p = mv$)。

【译文】

或有人问:高山瀑布从百仞(七八十丈)高的悬崖上激流至深涧之中,其声令闻者惊魂丧魄,而旧水瓮倾斜将其中水流入沟渠中却没有声音。同样是水,同样是流注,为何发出的声音不同? 答曰:此即所谓气的势头(动量)。气得势才能发出声音,不得其势,气便乏力。

岂惟飞泉而已,彼同一攻木也,斤锯之声或杂军市[1]之喧,或合桑林[2]之舞。至于持椎攻木,灭颖数寸而移晷[3]寂然,岂非势有不立哉? 剖金银而效用,椎斧之下何其寄然。而竭力剪镊之间,则功已奏而微响未闻也,其义亦犹是也。方匠氏之游刃与持断也,势至而气至焉,气至而天地之气应之。通乎斯理,而声音之道思过半矣。

【注释】

〔1〕军市:军中的交易场所或军中市场。

〔2〕桑林:殷商乐曲名,见《左传·襄公十年》。

〔3〕移晷(guǐ):晷仪上日影移动,东汉人张衡《西京赋》:"白日未及移其晷,已狝其什七八。"即移日,言时间长久。

【译文】

岂仅瀑布是这样,同是加工木材,斧、锯之声有的杂有军中市场的闹声,有的合乎伴舞的乐曲声。至于持椎扎木,椎尖入木数寸而较长时间无声,难道不是因为没有势吗? 将金属制成工具使用,则椎、斧之下的声音何其响亮! 而竭力使用剪、镊,功力已奏效,却听不到一点声音,其道理也是如此。当木匠操斧持锯时,势至则气至,气至则天地之气应之。明白这个道理,则声音之道已认识过半了。

气 声 四

或问:撞钟伐鼓,而其声独为众乐雄。此声由金与革而生耶,抑由气也? 曰:聆音钟鼓,而声音之道更难思议也。气本浑沦之物,莫或间之。当其悬钟与漫鼓也,其中所涵之气与其外所冒之气,相忆相思,有隔膜之恨焉。适逢撞伐而急应之;呼大而应之以大,呼小而应之以小,呼疾而应之以疾也。使其声不由气生也,张革地面,实土钟中,何声之有? 制乐圣人犹恐其气之不能达也,为之分寸焉。

【译文】

　　或有人问:撞钟、击鼓所发出的声音是各种乐器中最为响亮的。这种声音是由金属和皮革发出的,还是由气发出的呢? 答曰:听钟鼓声音后,声音之道就难思议了。气本是无形而不可见的原始物质,无所不在。当将钟悬起和将鼓做成之时,其内部所涵的气和外面覆盖的气,总倾向于会合在一起,适逢撞击便迅即相互呼应。呼大而应之以大,呼小而应之以小,呼快而应之以快。如果钟鼓之声不是由气而生,则将革张开放在地上、将土填在钟内,何声之有? 制作乐器的圣人仍恐其乐器制成后,气不能通达,所以定了标准。

使金革之质厚以数倍,即竭力撞伐,而内外虚神[1]不相应和,即有声也,不足听闻矣。曰:悬磬[2]而击之,其中未有涵,而其声清越,则又何也? 曰:此浑沦之气为悬磬而界隔两方,故从南击而磬北之气应之,从东击而磬西之气应之,犹之钟鼓之义也。使声由石生,而不由气应也,植磬依墙而击之,其声何似耶?

【注释】

〔1〕虚神:气。

〔2〕磬(qìng):古代用玉或石做成的打击乐器,形如曲尺,悬在架上。

【译文】

如果使钟鼓的原料(金革)加厚数倍,即令竭力撞击,而内外之气不相应和,虽有声,也是不好听的。又问:悬磬而击之,磬内部不涵气,但其声却清越,这又是为什么呢? 答曰:此无形而看不到的原始的气,被磬隔在两侧,因之从南面击磬,有北面的气应之,从东面击磬,有西面之气应之,其道理像撞击钟鼓那样。如果声由石出,而非出自气的呼应,那么将磬靠在墙面上敲击,怎会产生这类清越之声?

气 声 五

气透金革而乐声成焉。凡气之于物也,万有皆从中而透外乎? 抑有不透之时乎? 曰:气有透,有不透也。凡气者,水火元神[1]之所韫结,而特不可以形求也。张革为鼓,其本质原有窍焉,此不具论。即范金[2]而成器也,洪炉之中金已成水,而复返其真,水火合精乃就金形。钟镈[3]之为物也,五行之气融会而成,透气谐声,不为八音之元韵[4]哉?

【注释】

〔1〕水火元神:水火二气。

〔2〕范金:铸金属。

〔3〕镈(bó):古代青铜乐器,似钟而形圆。

〔4〕八音:古代对乐器的统称,指金、石、土、革、丝、木、匏(páo)、竹八类。 元韵:指八音之首金类(钟、镈、铃)。

【译文】

气通过金属或皮革而形成乐声。气能从所有物体中穿透到外吗? 还是有不能穿透之时? 答曰:气有能穿透的,也有不能穿透的。气蕴结在水、火本原之中,但看不到其形。张革为鼓,革的本质原来就有透气的孔窍,这就不必说了。就是铸造金属成为器物,在熔炉中金属已化为水,而复返其本原,水火交合作用便成就金属器物之形。钟和镈这种器物,由五行之气融合而成,通过气发出乐声,这不就是各种乐器之首的金属乐器吗?

气之不透者,以水火之气会结于肤膜之间,一透而不复再透也。稻黍之粘者,制为环饼,注水燃火而蒸,水火之气业已及其外郭,而未达中扃[1],忽然绝薪止火,外熟内生,重入釜甑,扬薪注水而蒸之,即薪尽于樵,水穷于汲,其中无复熟之候。以水火一往之气坚固其外,而后者无由入也。鸡子亦然，一滚不熟而提起再煮，即旬月其黄不结。

【注释】

〔1〕扃（jiōng）：从外关门的闩（shuān），转义为门。

【译文】

气不能穿透的，是因为水、火之气汇结在肤膜之间，使气不能再继续穿透了。糯米、粘黍做成圆饼，注水点火而蒸，水、火之气业已至其外部，而还未至其内部，突然去薪止火，便外熟内生，重新入锅甑，加薪注水而蒸之，即令薪尽水枯，其内部仍没有熟的征候。因随水火所到的气已使其外部坚固，此后气便无从进入内部。鸡蛋也如此，一滚煮不熟，取出后再煮，即令煮个把月，其蛋黄仍不凝结。

和水埏泥而为缶〔1〕坯，取火意于晴日而干燥之，水火会合，把持坯身，击其外而内不应，未有声也。逮入陶穴亲火，向者结碍之情销化而去，火精托体，土质易形，一击而清声了韵，和合众乐而无愧焉。是故天生五气，以有五行，五行皆有音声〔2〕，而水火之音则寄托金土之内，此可以推五音［之道］〔3〕已。

【注释】

〔1〕缶（fǒu）：瓦质的打击乐器。

〔2〕五行皆有音声：古人将土、金、木、火、水五行各配以宫、商、角、徵、羽五音。

〔3〕之道：原刊本此处有二洞，疑脱"之道"二字，今补。

【译文】

黏土揉合水做成大腹小口的缶器坯,借火气在晴天使之干燥,水火会合控制坯体,击其外而内不应,没有声音。待入陶窑火烧,此前妨碍内外之气应和的因素已消失,火气依托在缶体上,土易其形,一击而声音清脆合韵,与其他各种乐器协奏而无逊色。因之自然界有五气使之有五行,五行(土金木火水)各有五音(宫商角徵羽)与之相配,而水火之音(羽徵)则寄托在金土(商宫)之内,由此可推知五音之道。

气 声 六

圣人制乐器,其形多圆而无方,其义何居?曰:此即聚气、涵气之说也。中虚之气之应外也,欲其齐至而均集,一有方隅则此趋彼息。此急彼缓,纷游错乱于中,而其声不足闻矣。锤钲[1]、张鼓,金、革非有二质也。击之枹[2]之,其中央镗然而为宫商,其四沿硁[3]然而为角羽。盖中则周圆虚应,而偏则三方之气不至。不惟不至也,其下近郭一方已无气可应,故分响若是其昭昭也。且不惟钲、鼓而已,截竹为箫管,使隅其中而方其孔;何和乐之有哉?

【注释】

〔1〕钲(zhēng):古代乐器,又名丁宁,形似钟而狭长,有长柄可持,击之而鸣。

〔2〕枹(fú):同"桴",鼓槌。

〔3〕硁(kēng):击石声。

【译文】

　　圣人制乐器，其形状多圆形而无方形，道理何在呢？答曰：此道理即聚气、涵气之说。乐器内外之气要呼应，欲使内外气齐至且均匀集合，如有方形角落，则此处有气而彼处无气，此处来得急而彼处来得慢，气处于纷游错乱之中，发出的声音便不好听。锻造出钲，张皮为鼓，金属与皮革各处质地并无二致，但敲打、槌打其中央则发出镗镗声而有宫商之音，敲打、挝打其四沿则发出硁硁声而有角羽之音。因敲中央则四方之气都能呼应，敲偏之处有三方之气不至。不仅如此，其下部近边缘处则无气可应，因而如此不同的响声是很明显的。且不仅钲、鼓如此，截竹做成箫管，使其中有角落而孔呈方形，哪能有和谐的乐声？

　　又不惟箫管而已，门户枢轴以木轧木，木藏火性，火合气元，惟其枢圆转而不方隅也，开阖之际，逼轧丝微之气而出焉，声若凤[1]鸣，合于韶舞[2]矣。故凡器不圆者，其声多厉而不和，而人气所轧者为尤甚。北狄、西戎吹角与海螺而成声，声则甚矣，然非乐也。

【注释】

　　〔1〕凤：传说中鸟王，雄者为凤，雌者为凰。
　　〔2〕韶舞：传说中虞舜时代的乐曲称韶，以韶乐伴舞称韶舞。

【译文】

　　还不仅箫管如此，门的枢轴借以木轧木而启闭，木藏火性，火会合元气，只有门轴圆转而不呈方形，开门关门时，将些微之气逼压而出，其声如凤鸣，可合伴舞的韶乐。故凡器不圆者，其声多凶厉而不和谐，而人气所轧尤甚。北方和西北少数民族吹牛角和海螺而成声,声音甚响,但非乐器。

气 声 七

　　向者冲气、界气而成声,其说既著明矣。矢及百步,声亦止此而已乎? 曰:矢及百步,声之过也必倍焉。特所冲地面无几,故其声不扬。衡炮而爇冲之,火力止于一里,而山谷传声十里焉。总之,动气之故也。

【译文】

　　前述由于冲气、界气(间隔气)而成声,其说已叙述得很明确了。箭可射至百步之遥,声也止于此吗? 答曰:箭射至百步,声必超过箭数倍。不过箭冲击地面上的气不强,故其声不大传扬。架起火炮点燃后冲气,火力可达一里,而空谷传声却达十里。总之,是由于气的振动。

　　物之冲气也,如其激水然,气与水同一易动之物,以石投水,水面迎石之位,一拳而止,而其文浪以次而开,至纵横寻丈而犹未歇。其荡气也亦犹是焉,特微渺而不得闻耳。[1]

【注释】

　　〔1〕作者认为以物冲气而成声,在空中传播很像以石击水所成的水波那样扩散,以波的形式传播,因而已有了声波(sound wave)的思想

萌芽,难能可贵。

【译文】

　　物之冲气如同激荡水波那样,气与水同是易动之物,以石投入水中,水面迎石之处不过拳头大,而水的波纹却依次展开,至纵横几丈远还未停止。激荡气也是如此,只是因为气波微渺觉察不到。

　　曰:炮声从何出也? 曰:阴阳二气结成硝石、硫黄,此二者原有质而无质,所谓神物也,见火会合,急欲还虚而去。当其出也,弩[1]机发矢不足喻其劲与疾,虚空静气冲逼而开,至无容身地,故其响至此极也。凡逼气而成声也,差等有亿万焉。大至于西洋、红夷诸炮[2],细至于指揪茅戛。静则气静,而皆无声;动则气动,而皆有声也。摇箑之声,非其细之至者,当其闻性不乱,耳根哄然,此可推于指揪之理矣。

【注释】

　　〔1〕弩:原本作"努",今改。
　　〔2〕西洋炮:可能指《天工开物·佳兵》章所述铜铸的百子连珠炮。红夷炮指荷兰等国制造的铁铸前膛装长炮(muzzle-loading and iron-founding culverin)。

【译文】

　　问曰:炮声何从发出? 答曰:阴阳二气集结在硝石和硫黄之中,此二者为有形而无形之物,是所谓神奇之物,一见火就会合,很快就返还成气而去。当其迸发而出时,弩机射出的箭比不过其强劲与迅速,空中的静气被冲逼而开至无处容纳,故其响声极大。凡逼气而成声者,等级差别极大。声音大的大至西洋炮、红夷炮等炮声,小至用手指揪茅草。物静则气静,而皆无声;物动则气动,而皆有声。摇扇子之声并非最小声音,当听觉不被扰乱时,耳根哄然,以此可推知手指揪物发声之理。

气 声 八

　　或问:声响之异可以指数否?曰:形、声一也,形万变而不穷,声亦犹之。集万人面于此,而使画工图之,其形万;集万杯槃于此,而使乐工击之,其声亦万也。人身闻性识神,其气系于胆,经游于耳窍。声之美恶,良知生而辨之,故圣人制乐以养之。

【译文】

　　有人或问:声响的差异可屈指而数吗?答曰:形和声一样,形万变而不穷,声亦如此。集万人面孔于此,而使画工画之,其形象有万;集一万杯盘于此,而使乐工击之,其声亦万。人身听觉和智力之气系于肝胆,脉络游于耳窍。声之美恶,良知生而辨之,故圣人制乐以养之。

　　天地间声有疏者、厉者,则必有婉者、和者;有庞者、哗者、俗者,则必有清者、理者、雅者;有惊惧怖畏者,则必有悦乐亲昵者;有叱喝而不堪者,则必有噢咻[1]而乐受者。吼鸣虎啸而怖畏生焉；睍睆嘤鸣[2]而悦乐动也。皆一身闻性具，而天地之声因之；天地声响具，而官骸之神亦感之也。

【注释】

〔1〕噢咻：抚慰病痛之声。

〔2〕睍睆(xiàn huàn)：形容鸟鸣声悦耳动听。 嘤鸣：鸟鸣声。《诗经·小雅·伐木》："嘤其鸣矣，求其友声。"

【译文】

天地间之声有粗疏、凶厉的，则必有婉转、和谐的；有庞杂、喧哗、庸俗的，则必有清晰、有节奏、高雅的；有恐怖可怕的，则必有喜悦亲昵的；有叱喝而不堪入耳的，则必有抚慰而乐于接受的；猛虎吼啸之声令人产生恐惧，鸟儿清越宛转的叫声，使人产生喜悦。人身具有听觉，天地之气随之因应；天地具有声响，而人身感官亦随之感到。

惊声或至于杀人者，何也？曰：气从耳根一线宛曲出而司听焉，此气出入业[耳][1]口鼻分官，室则聋，焚[2]则病，散绝则死。惊声之甚者，必如炸炮、飞火[3]，其时虚空静气受冲而开，逢窍则入，逼及耳根之气骤入于内，覆胆嘹[4]肝，故绝命不少待也。若夫琴瑟箫管优焉游焉、调焉诱焉，闻性悦乐，而血气之和平由之。乐以治心，岂细故哉！

【注释】

〔1〕耳:原此字笔画不清,从上下文意观之应为"耳"字,今补。有人断为"其"或"由",均误。

〔2〕棼(fén):纷乱。

〔3〕炸炮、飞火:应指民间烟火,而非火器。前者点燃后爆炸,发出巨响;后者点燃后升空,再爆炸发出巨响,俗称二踢脚,古称起火,即西文所说的"double-bang firecracker"。

〔4〕隳(huī):毁坏。

【译文】

惊声甚至能伤害人。为什么?答曰:气从耳根一直辗转出来掌控听觉,此气出入过程受耳、口、鼻分管,阻塞则聋,紊乱则病,散绝则死。惊声最甚者,必如放鞭炮,此时空中静气受冲而散开,遇耳、口、鼻则入,逼至耳根之气骤然入于其中,颠肝裂胆,没多久就危及生命。至于琴瑟、箫管,声音悠扬、和谐,听到感到喜悦,因其令血气平和。音乐可陶冶人心,怎能是小事呢!

气 声 九

万籁[1]于何而起,于何而归乎? 曰:受声者虚空是也。出声者噫气[2]之风,人与禽兽、昆虫之窍是也。藏声于内,以待人巧轧之、击之而后成者,众器是也。禀乎地籁[3]而鸣,一移其身而声即无者,蚯蚓之鸣春,促织、寒螀[4]之鸣秋是也。肖形天地而成腹肠与气海、喉舌,坐亦可鸣,飞走亦可鸣,寐而魂游则无声者,人与禽兽是也。形神俱妙,与道合真,有无聚散[5],或气或形,天泽相交,密云不雨，飞身其上，怒声一振而云者为雨，云消雨散而神光[6]寂然者，雷是也。气声之道过此以往未必无知焉，而言尽于斯矣。

【注释】

〔1〕万籁(lài)：各种声音。

〔2〕噫(ài)气：呼气、嘘气。《庄子·齐物论》："夫大块(大地)噫气，其名为风。"

〔3〕地籁：风吹孔穴发出之声。《庄子·齐物论》："地籁则众窍是已。"

〔4〕寒螀(jiāng)：寒蝉。

〔5〕有无聚散：有形或无形，气聚或气散。气聚有形，气散无形。

〔6〕神光：闪电。

【译文】

各种声音从何而起，又从何而归呢？答曰：承受声的是无形空间中充满的气，借呼出流动的气而发出的声，来自人和禽兽的窍穴（呼吸器官）。声藏于内，待人巧轧气、冲气而发出声音的，是各种乐器。禀承地上孔穴而鸣，一移其身即无声的，是蚯蚓鸣春、蟋蟀和寒蝉鸣秋。取象天地之形而成腹肠与气海、喉舌，坐着可鸣，飞走亦可鸣，睡眠时魂游而无声的，是人和禽兽。形气俱妙而合乎规律，忽而有形忽而无形、忽而聚忽而散，又是形又是气，与水相交却密云不雨，飞身其上、怒声一振使云为雨，云消雨散而闪电消失的，是雷。以上所述气与声之道未必尽然，只能谈到这里。

水 火 四章

水 火 一
水非胜火说[1]

五行之内生克之论生，水［必］胜火[2]，见形察肤者然之。夫由虚而有气，气传而为形，形分水火，供民日用。水与火不能相见也，藉乎人力然后见；当其不见也，二者相忆，实如妃之思夫、母之望子，一见而真乐融焉，至爱抱焉，欲焉敷焉，顷刻之间复还于气，气还于虚，以俟再传而已矣。是故杯水与束薪之火轻重相若；车薪之火与巨瓮之水铢两相同。倾水以灭火，束薪之火亡，则杯水已为乌有；车薪之火息，则巨瓮岂复有余波哉！

【注释】

〔1〕原此处只有"水非胜火说四章"之标题，实为《论气》第三章《水火》章之第一节内容，该章共四节，此为第一节第一段。章名、节名均未标出，今补上。并理顺其次序。

〔2〕水必胜火：原本此处纸破，从残存笔画观之，"水"下应为"必"字，今补。水、火、土、金、木五行相生说起于西周晚年（前八世纪），至春秋末期（前五世纪）出现五行相胜说，如《左传·哀公九年》（前486）："水胜火。"相胜，即相克。

【译文】

　　五行之间相生、相克的理论产生,认为水必胜火,这是肤浅之见。因无形的空间中充满着原始物质气,气又转化为形,形分为水、火两种次原始物质供人民日用。水与火不能相见,借助人力而后相见;当其不能相见时,水与火彼此想念,如同妻之思夫、母之望子,一见便其乐融融,相互拥抱、对饮,顷刻之间复近于气,气又还于无形的空间,以待再次转化。因此一杯水与一束薪轻重相当,一车薪与一瓮水铢两相同,倾水以灭火,束薪之火灭,杯水用完;车薪之火熄,巨瓮内还会有剩水吗?

　　水上而火下,金土间之,鼎、釜是也;釜上之水枯渴十升,则釜下之火减费一豆[1]。火上而水下,熨斗是也;斗上之火费折一两,则其下衣襦[2]之水干燥十钱。水左而火右,罂、缶[3]是也;罂内之水消十分,则炉中之火减一寸;炉中之火不尽丧,则罂内之水不全消。此三者,两神相会,两形不相亲;然而均平分寸,合还虚无,与倾水以灭火者同,则形、神一致也。

【注释】

　　〔1〕豆:古代容量单位,四升为一豆。

　　〔2〕襦(rú):短衣,短袄。

　　〔3〕缶:原作珤(bǎo),为"宝"之古字,误,今改。

【译文】

　　水在上而火在下,中间隔以金属或黏土的,是鼎、釜;釜上之水枯竭十升,则釜下之火耗费四升。火在上而水在下的,是熨斗;斗上之折损一两,则熨斗下衣袄之水干燥十钱。水在左而火在右的,是盛酒陶器罂、缶;罂内之水减十分,则炉中之火减一寸;炉中之火不尽失,则罂内之水不全消。这三种器物都是水火二气相会合,而水火二形却不接触;然而都均平有度地一起返还于充满气的无形空间,与倾水以灭火的情况相同,则形和气是一致的。

水藏泥壁之上,火爇于中庭,相去寻尺,非若鼎釜之有金为媒,又非若倾水灭火之骤以形交也。两形相望于微茫之间,火方谢薪而来,水即辞泥而往。壁泥之水差重,则存其余湿而滋;庭中之火较多,则后于燥壁乃烬。此其铢两神合,非圣人不能定也。从釜之上、熨斗之下、罂缶之口见郁攸[1]焉,此相合还虚之兆也,少待则离朱不能见矣。从釜罂之介,侧耳而听之,如泣如慕,如歌如诉,此相合还虚之先声也。浆无继注而炊者彻薪,则师旷[2]不能闻矣。是故由大虚而二气[3]名,由二气而水火形。水火参而民用繁,水火合而大虚现。水与火非胜也,德友而已矣[4]。

【注释】

〔1〕郁攸:热气蒸腾。

〔2〕师旷:春秋时晋国乐师,字子野,目盲,善弹七弦琴,辨音能力强。

〔3〕二气:指水、火。本书《形气一》称,天地间非形即气,非气即形,杂于形与气之间者水火是也。"由气而化形,形复返于气。"水火介于气、形之间,又是气又是形。

〔4〕德友而已矣:此语出自《庄子·德充符》:"吾与孔丘非君臣也,德友而已矣。"

【译文】

水藏于泥墙上,火燃在堂房之中,相隔八尺,不像鼎釜有金属为媒介,也不像倾水灭火那样骤然使二者交会,水火二形相望于渺茫的空间,火离薪而来,水辞泥而去。墙泥之水稍重,其中多余的水使泥稍湿;房中之火稍多,则待墙干燥后才熄灭。水火当量而神奇的会合,非圣人不能定之。从釜上、熨斗下及罂缶口看到有热气蒸腾,这是水火相合而还归于气的兆头,不用说连眼力好的离朱都不能看到。从釜、罂之边际侧耳听之,似哭泣叹息或欢唱述说,这是水火相合而返还于气的先声。如不再注入水浆,而烧火之人撤薪,则乐师师旷也听不出来。因之由于有充满气的无形空间存在,才能谈到水、火二气,继而才有水、火二形。有水火的参与,便可造出人民生活所使用的各种器物;水火交合后又出现在充满气的无形空间中。水与火并不相克,而是一对有恩德的朋友。

水 火 二

尘埃空旷之间,二气之所充也。火燃于外,空中自有水意会焉。火空而木亦尽,若穴土闭火于内,火无从出空会合水意,则火质仍归母骨,而其形为炭,此火之变体也。水沾物于尘中或平流于沼面,空中自有火意会焉,物之沾者,引之燥;池沼之或平或流者使之不凝。若地面沉阴飔刮,鬲[1]火气于寻丈之上,则水态不能自活,而其形为冰,此水之穷灾也。爇炭炉中,四达之水气就焉,而炭烬矣。射日、燃火于河滨,而冰形乃释矣。

【注释】

〔1〕鬲:通"隔",阻隔。

【译文】

尘世间空阔的空间充满着水、火二气。火燃烧在室外,空中自然有水气来会合。火烧完,而木已燃尽。若挖土穴将火关闭其中,火无法出到空中会合水气,则火质仍返归于木,而其形为炭,这是火的变体。水湿润世间物体或平流于沼面,空中自然有火气来会合,使湿物干燥;使池沼中平静或流动的水不凝结。如地面上不断刮起很冷的风,将火气隔在几丈之上,则水态不能自保,其形成冰,这是水的阻塞不通之灾。将炭点燃在炉中,四周的水都来到这里,炭便成灰烬。阳光照射或燃火于河滨,则冰即融化了。

水 火 三

或问:水火二气均平布空,宜亦均平附物也,乃金中似饶水意,而木内独具火精,此非彰明较著者乎? 其布空也,得毋似其托物乎?曰:惟其附物之均平,而吾乃悟通于布气也。太清〔1〕之上,二气均而后万物生。重泉之下,二气均而后百汇出。凡世间有形之物,土与金、木而已。今夫以土倚土不得水,而以金倚土则水生,是金中有水也。以石磨石不得火,而以金击石则火出,是金中有火也。

【注释】

〔1〕太清:道家用语,三清之一,此处指天空。

【译文】

有人或问：水火二气平均分布于空中，也应平均附着于物体，但金中似富水气，而木中独具火质，这不是很明显的吗？水火在空中分布莫非像依附于物一样吗？答曰：惟有水火均分附着于物体，吾人才得以弄通其在空中的分布。天空中水火二气均平分布而后才生万物。地下深处水火分布均匀，而后水才能汇成河流。凡世间有形之物只有土与金而已。今以土依附土不得水，而以金依附土则水生，说明金中含水。以石磨石不得火，而以金击石则火出，说明金中有火。

至于木，生于地下，长于空中，当其斧斤未伐、霜雪未残之时，所谓木之本来面目也。二气附丽其中，铢两分毫无偏重也。取青叶而绞之，水重如许；取枯叶而燃之，火重亦如许也。及其斩根诛梗之后，悬于火上而不得燃者，其身火情水性正相衔抱而未离，不暇从朋于外至也。炽于日之中、火之侧、风之冲，渐引水神还虚而去，而木方克燃。或火力未甚多，日光尚少射，风声不频号，水性去九而尚存其一，犹且郁结而为烟。焚木之有烟也，水火争出之气也。若风日功深，水气还虚至于净尽，则斯木独藏火质，而烈光之内微烟悉化矣。夫二气五行之说，至此而义类见矣。

【译文】

至于木，则生于地下，长于空中，当斧尚未砍伐、霜雪未摧残时，仍是所谓木的本来面目。水火二气依附其中，没有分毫偏重。取青叶而绞之，水重有多少，再取枯叶而燃之，火质重也有多少。在去根截枝之后,将其悬于火上而烧不着,概因其身上火质、水质相结合紧密。如火力不甚多,日光尚少射,风力不频,水只去十分之九而尚存十分之一,则郁结而成烟。焚木之所以有烟,是水、火争相出来的气。如风大、阳光十足,水气全都返入空中,此木只藏火质,烈光之内看不到烟便烧尽了。二气五行之说至此大体可见。

水 火 四

或曰:火待水而还虚,其义已著明矣。然火之灼也,其功出于风,而水无与焉,则何也? 曰:功非飋风,飋风所轧之气也。虚空中气,水火元神均平参和,其气受逼轧而向往一方也。火疾而水徐,水凝而火散。疾者、散者先往,凝者、徐者后从。当大块之自噫与夫人力鼓鞴、摇箑[1]与吹管也,涓滴水神送入薪炭,际会勾引火神奋飞而出,一鼓、一扇、一吹,勿懈勿断,而暵天[2]之势成矣。夫气中之有水也,观吹嘘于髹[3]木、腻石之面,如露如珠,何其显现耶!

【注释】

〔1〕箑(shà):扇子。

〔2〕暵(hàn)天:形容火势大。

〔3〕髹(xiū):涂漆。

【译文】

或问曰:火待水而返还无形的空间,其义已言明,但火的燃烧功效出自风,不是水给的,又是为什么呢? 答曰:功效不是来自风,而是来自由风所挤压的气。无形空间中的气,由水、火元质均平掺和,其气受挤压而向往一方。火迅捷而水迟缓,水凝而火散。迅急、离散的火先往,凝结、缓慢的水随后跟从。当大地起风及人力鼓风、摇扇和吹火管时,涓涓水气送入薪炭,先后交接地吸引火质奋飞而出,一鼓、一扇、一吹,不懈不断,而形成烘天之火势。气中有水,在涂漆木器或细石面上哈气,则出现露水珠,这是多么明显的现象!

水 尘三章[1]

水 尘 一

　　鱼生于水，人生于尘。人俯视知为水，鱼不知也；鱼仰视知为尘，人不知也。立于百仞之上、清虚之间而观之，尘、水一也。大凡尘埃之中，皆气所冲也。人一息不食气则不生，鱼一息不食水则死。人入水，鱼抗尘，死不移时，违其所生之故也。其水族入陆，陆族入水而不死者，有龟鳖与鸟鬼[2]之类，则别具一种性也。

【注释】

　　〔1〕此处"水尘三章"之标题，实乃《论气》第四章《水尘章》，共三节，"水尘一"指水尘章第一节。

　　〔2〕鸟鬼：鸬鹚的别称，俗名水老鸦、鱼鹰，鸟纲鸬鹚科（*phalacro-corax carbo sinensis*）。栖息河川、湖沼和海滨，善潜水捕鱼，营巢于苇丛或矮树、峭壁上。广布中国各地。

【译文】

　　鱼生活于水中，人生活于尘气中。人向下看知道是水，鱼却不知。鱼向上看知道是尘，而人尚不知。站在七八百丈高之上的清空向下看，水气和尘气是一样的。大凡尘空之中都充满着气。人一刻不吸气就不得生，鱼一刻不食水就会死。人入水中或鱼挣扎于尘中，就离死期不远，因为这违反其所生的原有环境。水中

生物入陆地或陆上生物入水而不死的，有龟鳖和鸱鹕之类，是另
一种本性。

　　人当不语之时，食气从鼻入，而亦从鼻出。鱼当倦游
之候，食水从腮入，而亦从腮出。及其食物也，口即为政，
而鼻、腮呼吸未尝间断也。鱼育于水，必借透尘中之气而
后生。水一息不通尘，谓之水死，而鱼随之。试函水一
匣，四隙弥之，经数刻之久而起视其鱼，鱼死矣。人育于
气，必旁通运旋之气而后不死。气一息不四通，谓之气
死，而大命尽焉。试兀坐十笏阁〔1〕中，周匝封糊，历三饭
之久而视其人，人死矣。是故三日绝粗粝之粮，淹然延
命。十刻违正浩之养，溘尔〔2〕捐躯。然则生人生长于气，
犹鱼之于水也。通乎此，而子房辟谷〔3〕之思，未甚怪
诞矣。

【注释】
　　〔1〕十笏(hù)阁：用十块木板制成的柜。笏，古代大臣上朝时所持
的狭长手板。
　　〔2〕溘(kè)尔：忽然。
　　〔3〕子房辟谷：汉初政治家张良（前185卒）字子房，为高祖刘邦重
要谋士。辟谷，古称行导引之术，不食五谷可以长生。《史记·留侯世
家》："（张良）乃学辟谷，道引轻身。"

【译文】
　　当人不说话时，吸气从鼻入，而亦从鼻出。鱼在游倦之时从鳃

中吸水,水又从鳃中出。但进食时都以口为主,而鼻、鳃呼吸未尝中断。鱼生长在水中,必借助透入尘空中的气才能生。水一刻不与尘空相通,谓之水死,而鱼也跟着死。试将水放入柜中,周边封闭,经几刻之后而看其中的鱼,鱼便死了。人生长在气中,必与运动的气相通而后不死。气一息不通四方,谓之气死,人也会丧命。试有人端坐在木板柜中,周边封糊,经三顿饭之久而视其人,人已死了。因此人三日不吃粗粮,还可勉强延命,但十刻无浩气供养,很快就会殒命。可见人生长需要气正如鱼需要水那样。通乎此,则汉人张良辟谷运气的想法并不怪诞。

水 尘 二

　　或问:水质空明,鱼龙居重渊之下,瞩见列星如数,上有尘埃,宜其障观而不障者何也? 曰:尘亦空明之物也。凡元气自有之尘与吹扬灰尘之尘本相悬异。自有之尘把之无质即之有象,遍满阎浮[1]界中。第以日射明窗,而使人得一见之,此天机之所显示也。

【注释】

　　〔1〕阎浮:即阎浮提,佛教术语,界名,译自梵文 Jambudvipa。俗谓阎浮提洲指中华及东方诸国。

【译文】

　　有人或问:水质清澈开阔,鱼、龙生活在深水之中,仰望天空列星清楚可数,水面上既有尘埃似宜遮住视线,却为什么没有障目? 答曰:尘也是清晰开阔的,元气固有的尘与吹扬尘土的尘本来就有很大差异。元气之尘,触之无实体,贴近则见形象,布满天地之中。当日光照射明窗时，使人得以一见，从而显示了自然界的奥秘。

其为物也，虚空静息，凝然不动，遍体透明，映彻千里；风至扇动，或如流水之西东，播扬灰土而杂其中，始举目而不见丘山也。犹之山水，静涵之候，其清可掬，洪流激湍，冲突污泥而混之，鱼虾对面亦无所见也。世人从明窗见尘，而误以为即灰土所为，日用而不知，岂惟此哉？

【译文】

元气之尘在无形空间中静息时凝然不动，遍体透明，映彻千里；风吹以后，如流水一样或东或西地流动，扬起的灰土亦杂于其中，这时才举目而不见丘山。正如山上的水，静止时清澈可掬，洪水激流时，冲击的污泥混入其中而成浊水，鱼虾对面也看不到对方。世人从明窗见尘，而误以为是灰土所为，日常生活常见而不知的，岂止于此？

水 尘 三

黄河水浊，说者曰：其源长而流急，刷土、扬泥之所为也。夫使其源长则浊，则未至朵甘思[1]而已浊矣，使流急而浊，则蜀川三峡[2]岂复有清水哉？此亦气之所为，而泥土因之。

【注释】

〔1〕朵甘思:古地名,为藏语 Mdo-Khams 之音译,元明时建置,在今青海河源以南至甘肃西南、四川西北及西藏昌都的狭长地区。

〔2〕三峡:指四川奉节至湖北宜昌间长江上的瞿塘峡、巫峡和西陵峡。

【译文】

黄河水浊,有人说是因为源远流急,冲刷土地、翻腾泥沙所造成。但如因源远流长就使其变浊,为何在离发源地很近的朵甘思一带河水就已浑浊了呢? 如因流急而浊,则四川的三峡一带岂非应是清水吗? 其实这也是气之所为,泥土不过是随气而来。水生于气,气又从水发。

水生于气,气从其朔。凡华夷之水,本广而末狭者,惟黄河与滇池〔1〕耳。河源初出,涌从地中,历乱七八十泓〔2〕,而后成巨泽,其气混洪激烈,不与他川同,至入海而此气方散。凡其所经,泥沙举不得静焉。霄中有银汉,亦一条颢气〔3〕所为,正与黄河上下清浊为仪匹者。银汉有去而不见之时,黄河亦有清而见底之日,其义同也。

【注释】

〔1〕滇(diān)池:云南昆明南的湖泊,又名昆明湖,面积297平方公里,深7米。

〔2〕泓(hóng):深而广的水。

〔3〕颢(hào)气:天上白而清鲜之气。

【译文】

水生于气,气又从水发端。凡天下之水,源头广阔而下流狭隘,只有黄河和滇池。黄河源头的水来自地下,汇集七八十处泉水而后成为巨流,其气混浊而激烈,不同于其他河川,直到入海此气方散。黄河所经历之处,扬起泥沙不停流动。天空上有银河,也是洁白而清鲜之气所为,下与黄河上游清、下游浊相匹配。银河有去而不见之时,黄河亦有清而见底之日,其道理相同。

凡水与尘,清中复有异境。杭郡龙井、玉泉与临安道上诸池,鱼在数寻之下视其鳍[1]、鳞若鉴。大理[2]郡赵州数区夜月之下,可书蝇头细字,其义亦同也。水与尘本无色,武都[3]仇池或现紫,剑羌[4]温泉或现碧,东洋[5]或现黑,尘中或现岚光[6]或现霾青[7],而究竟皆归于无色,其义亦同也。曰:同一视性也,鱼见水面而人不见水底,何也? 曰:明从三光而生,而人、物视性因之,彻上而不彻下,其固然也。

【注释】

〔1〕鳍(qí):鱼类及其他水生脊椎动物的运动器官。原作"鬐",今改。

〔2〕大理:今云南大理。

〔3〕武都:今甘肃东南武都。

〔4〕剑羌:今云南剑川。

〔5〕东洋:明代以今南海以东菲律宾附近海域为东洋。详见张燮《东西洋考》卷五。

〔6〕岚(lán)光:山中雾气在阳光照射下的反光。

〔7〕霾(mái)青:空气中因悬浮的烟尘而形成的混浊现象,呈微黄

或蓝色。

【译文】

　　凡是水和尘,在清净的状态中更有异样的境象。杭州府的龙井、玉泉和西湖等处,看几丈水下的鱼,其鳍、鳞像照镜子那样清晰可见。在云南省大理府赵州附近地方月光之下,可写蝇头小字,其理相同。水与尘原本无色,但甘肃武都县的仇池有时呈紫色,云南剑川县的温泉有时呈浅蓝色,南海以东洋面有时出现黑色。尘空中有时出现山中雾气的有色反光或尘霾呈现的青色。但到头来都归于无色,其理亦同。有人问:同样是视觉,为何水下的鱼能看到水面,而人却看不到水底? 答曰:明亮来自日月星,人和动物的视觉都借此看到一切,但能透彻看到上面,不能看到下面,这是自然的。

水风归藏[1]

二气下聚而为水，上聚而为风。下有归水之墟，小容如觞[2]，中容如盂，大容如瓮；浅者可以度测，深者可以意推，百仞而止。上有归风之郛，或为峭峰或为圆盖，亦百仞而止。此明者不能察见，巧者不可度量，惟神会于形、气之间而已。

【注释】

〔1〕水风归藏：该章谈水火二气下聚为水，上聚为风，论水及风之形成及去向。

〔2〕觞（shāng）：古代饮酒器。

【译文】

水、火二气在下面相聚而为水，在上面相聚而为风。下有容水之处，容积小的如饮酒用的觞，中等容积的如盂，容积大的如瓮；浅的可以度量，深的可以推测，深浅不过百丈。上有风归附的处所，或峭峰之间或在天空，高亦不过百丈。这是明者不能察见，巧者不可度量的，只能在形、气之间去领会。

水有不微波之时，风亦有不动草之候。水在下有漩穴，风在上有焚轮[1]。人拂薰风之中，鱼游逝水之面，其乐同也。狂风发屋伐树而人踵不坚,洪水怀山襄陵,而鱼行欲乱,其惊惧亦同也。水在百川与海,当其量平,不能久静于下。其气湿湿上升,迎合重云浓雾,化而为水,归于其墟斯已矣。风在清虚之郭;当其藏满,不能终凝于上,其气隐隐下降,聚会游氛微蔼[2],化而为风,或北或南,驱驰旋转,而后仍归于其郭,归郭而风息矣。或曰:上有风郭保,无蔽三光否?曰:二者皆空明之体也。鱼龙在重渊之下,其上盖水百仞,瞩见列星如数,凡人之仰观也,亦若是而已矣。

【注释】

〔1〕焚轮:颓风,从上向下的暴风。

〔2〕蔼:通"霭",烟雾,云气。

【译文】

水有平静无波之时,风亦有吹草不动之时。水在下有漩涡,风在上有暴风。人迎于和风之中,鱼游于流动水里,其乐相同;狂风毁屋拔树并使人站立不稳,洪水淹山没陵而使鱼游紊乱,其惊惧相同。水生于百川与海,当其欲安定时,却不能久静于下。水气湿润上升,迎合密云浓雾,化而为水,归于容水之处而已。风在清空藏满时,不能凝结于上,其气隐隐下降,会聚游动云气化而为风,或南或北驱驰旋转,而后仍归于收容之处而息。或问曰:天上有容风之处保全着风,不会遮住日月星光吗?答曰:水、风皆空明之体,鱼龙在深水中,其上蔽盖很深的水,仍能清晰看到天上众星,人仰视天空也同样如此。

寒　热

　　水、火神气均停参和，长育人、物于尘埃之中。是气氤氲布濩[1]百仞而止，其上则清虚之境矣。时令寒热实由地气。而前此臆说，以日轮远近为燕、越[2]二景之分。此其知识宥于为方万里之中，而不知大漠以北仍有炎方[3]，占城[4]以南尚多冰室也。

【注释】

　　[1]氤氲(yīn yūn)：气体弥漫状。　布濩(huò)：遍布。
　　[2]燕、越：指代诸侯国燕国、越国，燕国在今河北部至辽宁西部，越国在今江浙一带。
　　[3]大漠以北仍有炎方：如大漠以北的新疆吐鲁番盆地是中国夏季最热之地，号称"火州"。
　　[4]占城(Champa)：越南中南部古国名，在其西部山区山顶有积雪。

【译文】

　　水火二气均匀掺和，长久养育人和其他生物于充满原始物质气的无形空间中。这种气弥漫、遍布在空中达几十丈高，其上则是天空。四季寒热其实由地气决定，而以前曾有臆说言以距太阳远近来区分燕、越——北方与南方寒热地带，这是因其知识局限于中原万里之中，而不知大漠以北仍有炎热之地，越南占城以南还有一些寒冷场所。

　　或曰:寒热无与于日轮胡为日之方中,夏则酷暑,临冬则严寒? 解此,非方中与我亲而出没与人疏,故一日之中而首尾殊异耶? 呜呼,日阳精也,君德也。尘埃百仞而下参和二气,冬至则水气居七而火居三,夏至则水气居三而火居七,二分而均平。日丽中天,则水气为妃之从夫,脱离火气直腾而上,以相瞻望。斯时也,郁烘凡火,暂辞滋润,低压而下燃。盖大君当阳,其臣俯伏之象也。是故夏则炽肌肤,冬则温毛发。时当巳午[1]人身在亢阳之中,而黄昏日没则水气霏微而下复还初配。是则寒热与日相关,不在照轮之远近,已昭昭矣。

【注释】

　　[1] 巳(sì)午:巳时、午时,指九时至十三时。

【译文】

　　或有人说,既然寒热与太阳远近无关,为何同是在中午,夏季炎热而冬天很冷呢? 对此的解释是,太阳在中午距我们近而出、没时距我们远,从而在一天之中出现温差。太阳啊,是至阳之物,具有君德。气所在的空间万仞之下水火二气均匀掺和,冬至则水气占十分之七而火气占十分之三,夏至则水气居三而火气居七,春分、秋分则水火气各占一半。中午时水气如妻之从夫,脱离火气直腾而上,以相瞻望。此时郁热的火气暂失湿润而下降散热,太阳有如君临天下,其臣俯首从命。因此夏天太阳烤肌肤,冬天暖毛发。至巳午时刻(上午九时至下午一时)阳光温热,黄昏日落后水气下降,水火二气又恢复原来配比。因之寒热与日相关,不在其远近,已很明显。

　　且夫盛夏日中之候,蕴隆独蒸于地面,而百仞之上有凄清彻骨之寒,此人所不见也。六月之望,身在衡岳[1]之巅,去日差近于梦泽[2],而挟纩不能御懔颤。高此逾倍,形骸有不立销者哉? 松潘[3]华夷之界名为雪山,盛夏积雪而不消者,岂惟峨眉而已,午日有灵,何不铄之? 即谓赤县之内大势北寒而南暑,然云南、交趾[4]何尝不南耶,四季若二分然,葛裳且无所用之。总之地气参差,至哉坤元,不知其以然尔。或又曰:西岳[5]盛夏而寒,庶几渐迩清虚之义,华阴[6]相埒也,其气候不相同,则何也? 夫二气之布濩而上也,或高或圩或平衍,非若大圆之一概也。其此方高腾数十仞,则清虚让界而上,或彼方卑衍数十仞,则清虚蹈沉而下。天上有人焉,俯以察之,一如山河大地之形之不齐也。夫惟超乎形者,乃能乘虚而见气。噫,亦微矣。

【注释】

〔1〕衡岳:南岳衡山,中国五大名山之一,在湖南衡山市之西。

〔2〕梦泽:云梦泽,指长江中、下游湖北地区。

〔3〕松潘:今四川北部松潘草地。

〔4〕交趾:古地名,相当今广东、广西及越南北部一带。

〔5〕西岳:西岳华山,中国五大名山之一,在陕西华阴之南。原刊本误作"南岳",今改。

〔6〕华阴:今陕西中东部华阴。

【译文】

　　盛夏中午时,地面极郁热,但高几十丈之处仍有凄清透骨之寒,这是人所不见的现象。六月十五日身在湖南衡山之巅，虽比长江中下游的云梦泽一带更接近太阳，但身穿丝棉袄也不能御寒。如再到比这高几倍的地方，人还能生存吗？在四川北部松潘汉族与少数民族交界处有雪山，盛夏积雪而不化，又何止峨眉山一处如此。如中午时太阳有灵验，为何不能将雪融化？即使大体说中国是北寒而南热，但云南和两广一带何尝不是南方？一年四季只二分为春夏，葛布衣亦还穿不上。总之地气参差不齐，广阔的大地真不知为何如此？或有人说，西岳华山盛夏时仍寒冷，是因其接近清虚之气，但陕西华阴县与其交界，为何气候与其不同？因为散布在地面上的水火二气的扩散方向有时向上，有时向下，有时平移，在全国各地不能一概而论。此处水、火二气上腾数十丈，则无形空间中的元气相应上移几十丈；彼处水火二气降下几十丈，则无形空间中的元气下移几十丈。如果天上有人向下俯视，就会看到山河大地之形何其参差不齐。只有在最高处的人，才能乘虚而见气。唉，这样的人是没有的。

談天

日說六章

氣從下蒸、光由上灼于秋未渙之稱明、亦族于泰山人

人得而見之而釋天體者卒不悟也、亦族于泰山人

日之日刻舟求劍之義、以近而見之、以今日之日爲生

夜者其猶面墻也、西人以近而見之、以今日之日爲生

四面蟻附也、西人以地形爲畫象、以今日之日爲生

體受誣且以瑪八、西人以地形爲畫象

寅郊情、酷于瑪八作乂

目　录

谈 天 序

谓天不可至乎，太史、星官[1]、造历者业已至矣，可至则可谈矣。若夫一天而下议论纷纭无当，而诞及三十三天[2]者，此其人可恨也。天有显道，成象两仪，唯恐人之不见也。自颠及尾，原始要终，而使人见之审之。显道如是，而三家[3]者犹求光明于地中与四沿，其蒙惑亦甚矣。

【注释】

〔1〕太史、星官：古代钦天监掌天文历法、观测天象的官员。

〔2〕三十三天：佛教术语，为梵文 Trāyatriṃśa 的意译，界名，谓在须弥山上中央为帝释天，四方各有八天，共三十三天，转义为无边无际。

〔3〕三家：中国古代三种宇宙论，即盖天、宣夜及浑天三家，见《晋书·天文志》。

【译文】

认为天体是不可捉摸的吗？太史令、星官和编制历法的人都触及到了。既然如此，就可加以谈论。但如果整天无端议论纷纷，荒唐到不着边际，这就令人厌恶了。形成天地、日月的自然界的道理明显可见，唯恐人们缺乏认识，因此要从头到尾、追根问底加以研究，以便认识与详察。道理如此明显，而天文界三家却从"天如鸡子，地如卵黄"或"天圆地方"中来研究日月，则蒙惑人太深了。

会合还虚[1]奥妙，既犯泄漏天心之戒，又罹背违儒说之讥，然亦不遑恤[2]也。所愿此简流传后世，敢求知己于目下哉。《纲目》[3]纪六朝事，有两日相承东行，与两月见西方，日夜出高三丈。此或民听之滥，南北两朝秉笔者苦无主见耳。若果有之，则俟颖悟神明，他年再有造就而穷之。阅书君子其毋以从何师授相诘难，则幸矣哉。

崇祯丁丑初秋月，奉新宋应星书于分宜学署。

【注释】

〔1〕还虚：日食。

〔2〕不遑恤：无暇顾及。

〔3〕《纲目》：指宋人朱熹著《通鉴纲目》。

【译文】

揭示日月会合、日月食的奥秘，既犯泄露天机之戒，又受违背儒家学说之讥，然我也无暇顾及了。但愿本书能流传后世，时下岂敢指望找到知己！《通鉴纲目》记六朝发生的事，两太阳相伴自西向东运行，与两个月亮出现于西方，太阳出现于夜间，高三丈。这可能是道听途说，南北朝史官缺乏主见记录下来的吧。若果然有这类现象，则待弄清真相、有进一步结果时再来考究。阅书君子如不责问笔者从何师授，则幸矣！

崇祯丁丑十年初秋七月（1637年8月）奉新人宋应星写于分宜县学署。

《谈天》第九种^{〔1〕}

日 说 六章

日 说 一^{〔2〕}

气从下蒸，光由上灼，千秋未泄之秘，明示朕于泰山^{〔3〕}，人人得而见之，而释天体者卒不悟也。以今日之日为昨日之日，刻舟求剑之义^{〔4〕}。以近而见之为昼，远而不见为夜者，其犹面墙^{〔5〕}也。西人以地形为圆球^{〔6〕}，虚悬于中。凡物四面蚁附，且以玛八作^{〔7〕}之人与中华之人足行相抵。天体受诬，又酷于宣夜与周髀^{〔8〕}矣。

【注释】

〔1〕谈天第九种：此五字出现在该作品正文首页首行，应是宋应星《厄言十种》(1637)一书中残存的第九种，题为《日说》。

〔2〕日说一：此标题原缺，今补上，为《日说》第一节。

〔3〕泰山：东岳泰山，中国五大名山之一，主峰在山东济南以南的泰安市境内，登日观峰可见海面日出景象。

〔4〕作者提出的"今日之日非昨日之日"这一命题，与现代科学相合，为明清之际哲学家王夫之(1619—1693)在《思问录外篇》(约1670)中所发挥。

〔5〕面墙：喻不学，如面向墙而一无所得。《文选》收晋人潘岳《西征赋》："诵六经以饰奸，焚诗书而面墙。"

〔6〕西人：指意大利耶稣会士利玛窦(Matteo Ricci，1552—1610)，

其《坤舆万国全图》(1584)提到地为圆形而合为一球,并指出南京人与阿根廷玛八作(Mar del Plata)人"相对反足底行",即二者在地球上经度相对应,纬度却相同。宋应星怀疑利玛窦之说,属孤陋寡闻。

〔7〕玛八作:南美洲阿根廷马德普拉塔(Mar del Plata)之明代译名,今已不用。

〔8〕周髀:指汉代《周髀算经》(前100)中阐述的盖天说。

【译文】

气从下向上蒸腾,光从上向下照射,这是千年来未揭示的奥秘。其迹象明确显现于泰山,人人得而见之,而解释天体的人却总是没有弄清。认为今日之日即昨日之日,是刻舟求剑拘泥固执而不知变化的解释。以太阳距地近而能看见称为昼,以太阳距地远而不见为夜,犹如面对墙壁,不学无知。西洋人认为地形如圆球,悬在空中,地上万物都依附于其上,且以为玛八作(南美洲阿根廷马德普拉塔,Mar del Plata)人与中国南京人脚跟相对站在地上,天体受到曲解,更甚于《周髀算经》中所述盖天说。

夫阳气从下而升,时至寅卯。薰聚东方,凝而成日。登日观[1]而望之,初岂有日形哉?黑气蒙中,金丝一抹,赤光荡漾,久而后圆,圆乃日矣。时至申酉,阳气渐微,登亚大腊[2]而望之,白渐红,红渐碧,历乱涣散,光耀万谷。其没也,淹然忽然,如炽炭之熄,岂犹有日形而入于地下,移于远方耶?或曰:泰山未千仞,东海以东当泰山之冲者,岂无比肩相并,昂首相过者乎?有之,皆足以蔽初旭,何一登临而显见若是?呜呼,日出非就地也[3]。天枢[4]下瞰,咸池[5]上有光明之穴焉。当其奋荡成形拂于泰山之表，业已数倍。是故东当泰山之冲，无有能蔽初日之形；西当乌斯藏[6]、亚大腊之冲，无有能障日灭之状也。千载而下，东、南、西海[7]之间，必有同心焉。具图于右。

【注释】

〔1〕日观：即日观峰，山东泰山顶之东岩，因于此可东观日出，故名。

〔2〕亚大腊：亚大腊山，见利玛窦《坤舆万国全图》，即今非洲西北阿特拉斯山脉(Atlas Mts.)，在摩洛哥与阿尔及利亚之间。

〔3〕日出非就地也：日出位置随季节而变，并非总在一处。只在春分、秋分两天日出正东方，降于正西方。春秋、冬夏其他时日出、没都偏离东西正位。

〔4〕天枢：北斗七星的第一星，相当大熊座 α 星(Ursa Major α)。

〔5〕咸池：东方的大泽。《淮南子·天文训》(约前 120)："日出于旸谷，浴于咸池。"

〔6〕乌斯藏：唐之吐蕃，元、明均在西藏置乌斯藏都元帅府或都指挥使司，见《续文献通考》(1586)卷二四八《乌斯藏》。

〔7〕东、南、西海：东海、南海及西域诸海。

【译文】

阳气从下向上升，至寅卯时刻(晨三至七时)聚集在东方，凝之而成日。登泰山之巅日观峰眺望，最初哪有太阳的形象？只见曚眬黑气中闪现出金丝，红光荡漾久而成圆，此即太阳。至申酉时刻(下午三至七时)，阳气渐衰，登亚大腊山峰而望之，太阳由白逐渐变红，红中出现青色，再慢慢涣散，余晖映满山谷。日没是忽然发生的，如炭火熄灭那样，岂有日形入于地下而移至远方之理。或许要问：泰山高不到千丈，在渤海以东直达泰山必经之处，难道没有与其齐高或更高的山吗？如果有，则足以遮住初生的太阳，为何登泰山能看得如此清楚？啊！太阳不是靠近地面而出啊。从北斗星上向下看，所谓浴日的东方大泽咸池上有其所藏之穴。当其激荡成形而掠过泰山之表时，业已增大数倍。因此从渤海以东直达泰山必经之处，没有能遮住旭日的，而从西部直达西藏或阿特拉斯山的必经之处，也没有能遮住日落状况的。千载以来，东海和西域、南海之间必有同一中心。具图如右。

日 说 二

天形如卵白，上有大圆之郛焉。日、月、光耀未丽其郛，虚悬半际而行。夏至，太阳盛长，奋翼上腾，其程驭差高,其精光久延而不轻坠谢,以故迟之。迟之而又久者,百刻[1]之中,昼几三分其二也。冬则阳气索藏,不能强睁而上,其程驭差下,其精光低垂而平视,故不能四十刻而为夜,盖捷径倦游之义也。形具右图。千载而下,四海之间必有同心定论也。

【注释】

〔1〕百刻:一天。古代用刻漏计时,一昼夜为百刻。

【译文】

　　天形如卵白,上有圆形外郭。日月未照耀到外郭时,悬在半空而运行。夏天时,太阳强盛并极力上腾,其运行路程较长,其照射时间较久而不轻易下落,故日落较晚。日落晚,日照时间长,使一天之中白昼占三分之二。冬天时阳气隐藏,不能强势上升,运行路程减少,光照低垂而平射,因此一天中白昼不到十分之四,如同捷径倦游。参见附图。千年以来,天下的思想认识应是一致的。

日 说 三

　　无息乌乎生,无绝乌乎续,无无乌乎有。日月之贞明也,晡旦、朔望之间,从其未始有明而明生,亿万斯年之久,从其明还无明,而明乃无敝于天壤,夫明还无明,则食之谓也。太阳、太阴两精会合,道度同,性情应,而还于虚无。其乐融融,其象默默,其微妙不可得而名言也。日食而至于既,所谓无极也。此二气最难几遇,而乾坤欲之不能自必者也。寂然之内，呕轮吐明，无极而太极也。食不尽如钩，交合功能亏于一箦也。食一而存九，适酬初爵，为时不暇卒事也。食及其半，老夫女妻稚阴以待壮也。月几望而食者，后妃梦至帝寝，户牖识焉，匜[1]悦存焉，而不见其人，黯然魂销而魄丧也。

【注释】

〔1〕匜(yí)：洗手、洗面用具。

【译文】

没有息止何以有增长，没有断绝何以有持续，没有无形何以有有形？日月的光辉在黄昏、黎明及朔日（初一）、望日（十五）之间，从无明到有明，亿万年来都如此。虽然由明还为无明，但明是天地间无可遮蔽的。由明返还于无明，称之为食。太阳和月亮二者会合，黄道、白道度数同，情性相应，而还于日月食。其乐融融，其象静默，其微妙不可言传。日食至食尽时，即所谓无形。此二者最难遇合，是天地求之不得而非自身一定能做到的。寂然之间又重现明亮，由无形而至有形。日食未尽时就像镰钩那样，交合功能只欠一箦。日食至十分之一，像初得爵位而忙于应酬，无暇办事。日食至半，如老夫少妻那样稚阴待壮。月食几乎都在望日，如同后妃梦至皇帝寝室，门窗可识、盥具仍在，却不见皇帝，黯然沮丧。

伐鼓于社[1]，君相之典故也。朱注[2]以王者政修，月常避日，日当食而不食。其视月也太儇。《左传》以鲁君、卫卿之死应日食之变[3]，其视日也太细。《春秋》"日有食之"，太旨为明时治历之源[4]。《小雅》"亦孔之丑"，诗人之拘泥于天官也。

【注释】

〔1〕伐鼓于社:语出《左传·文公十五年》:"日有食之,天子不举,伐鼓于社。"谓天子举措不当,则日有食之,此时击鼓于社以服神事。社为敬神之坛。

〔2〕朱注:宋儒朱熹《诗经集传》(1177)卷五《小雅·十月之交》对"日有食之,亦孔之丑"注曰:"然王者修德行政,用贤去奸,能使阳盛,足以胜阴,则日月之行虽或当食,而月常避日……所以当食而不食也。……日食,天变之大者也。"

〔3〕鲁君、卫卿之死应日食之变:《左传·昭公七年》:"夏四月甲辰朔,日有食之。秋八月戊辰,卫侯恶卒。……十有一月癸未,季孙(鲁君)宿卒。"

〔4〕明时治历:语出《周易·革卦》:"君子以治历明时。"意为编历授时。

【译文】

击鼓于敬神的社坛上,是君臣在日食时要做的事。朱熹在《诗经集传》中认为,为君王的如以德执政时,月就会常避日,日当食而不食。他把月亮的运行看得太随便了。《左传·昭公七年》认为鲁君、卫卿之死应验了当年发生日食的异常现象。这是见识短浅的人看待太阳的运行。《春秋左氏传》所载"日有食之"的天象观测记录,其含义成了授天时编历法之源。《诗经·小雅·十月之交》所述日食是因政治丑恶所招致,这是因《诗经》编者拘泥于司天官员的解释。

儒者言事应,以日食为天变之大者。臣子儆君,无已之爱也。试以事应言之:主弱臣强,日宜食矣。乃汉景帝乙酉至庚子,君德清明,臣庶用命,十六年中,日为之九食。王莽居摄乙丑至新凤乙酉，强臣窃国莫甚此时，而二十一年之中，日仅两食，事应果何如也？女主乘权、嗣君幽闭[1]，日宜食矣。乃贞观丁亥至庚寅，乾纲独断，坤德顺从，四载之中，日为之五食。永徽庚戌迄乾封己巳，牝鸡之晨[2]无以加矣。而二十年中，日亦两食，事应又何如也？今夫山河大地之中，严霜一至，草木凋零，蠢尔庶民蹙额憔颜，怨咨肃杀，而不知奇花异卉、珍粒嘉实悉由此而畅荣。通乎绝处逢生，无中藏有之说，则天地之道指诸掌矣。

【注释】

〔1〕女主乘权、嗣君幽闭：指唐则天武后于高宗生病时问政，高宗死（683）后，中宗李显即位，为武后所废，另立李旦为帝。乘权，利用权势。

〔2〕牝鸡之晨：母鸡报晓，旧称女性掌权为牝鸡司晨，此处指武则天秉政。

【译文】

儒者谈天体运行正常与否与人事清浊相互感应，而日食是天体运行最大的反常现象。此时臣子警醒君主，不要像过去那样为所欲为。就天人感应说而言，主弱臣强应有日食，但汉景帝二年乙酉至后元三年庚子（前156—前141）期间，君德清明，臣民听命，但十六年中竟有九次日食。西汉末王莽篡权称帝时的乙丑至乙酉年（2—25）间，强臣窃国莫甚此时，而二十一年内只有两次日食。天人之间又是如何感应的呢？女主专权、储君被废，似乎要出现日食。然唐太宗贞观元年丁亥至四年庚寅（627—630）间君权独断，后妃顺从，四年之内有五次日食。永徽元年庚戌至乾封四年己巳（650—669）间武则天专权，无以复加，而二十年内仅两次日食。天人间又是如何感应的呢？现今山河大地之中，人们抱怨、叹息，一片萧条，而不知奇花异卉、珍粒嘉禾皆由此而畅荣。懂得绝处逢生、无中藏有之理，则对天地之道便了如指掌。

日 说 四

日行二至[1]，高下相悬。而月有定程，不分寒暑与朔望，为魄为明，其身总伏日下相会[2]，而日食非必其体亲也,气融神合而已矣。日食于冬,曦驭去月最近,而亦乘月之上。日食于夏,日光高月魄,相去或千里,而上下正逢之际,阳精下迎,阴精上就,合而还虚,犹夫水、火之相见也。

【注释】

〔1〕二至:指冬至(十二月二十一、二十二)和夏至(六月二十一、二十二)。太阳运行到夏至时位置最高,运行到冬至时却很低,相差悬殊。

〔2〕"月有定程"几句:指月球运行有固定行程,不分寒暑与朔望,不管是明还是暗,总隐伏在太阳之下,比太阳低,离地球最近。现在可解释为月绕地球的公转轨道,比地球绕太阳运转的公转轨道要小得多。作者对日月运行及日月食现象的解释,仍停留在古代传统理论水平,没有及时从文艺复兴后西方天文学成就中更新其知识。

【译文】

太阳行至夏至和冬至时,其位置的高低相差很悬殊。而月亮有固定行程,不分寒暑与朔望,不管暗淡或发光,总是伏身在太阳下与之相会,日并非一定与月相吞食,而是气融神合。日食于冬,日月距离最近,日在月之上。日食于夏,太阳高过月亮,相距或有千里,正是上下相对之际,阳气下迎,阴气上就,合而还于太空,如水火之相遇那样。

日早晚出没,有定程,而月无者〔1〕。大君祖识天德,纠虔天刑,不负寸阴而后无憾。后妃为或盥或荐之事,宜其著也。月春秋高下有定则,而日无者。后妃待姆而行,见庙而反居。而大君征诛揖让之所为,时至则行,时穷则止。与时污隆，乾坤乃理。此日月之情、天地之道也。

【注释】

〔1〕"日早晚出没"几句：指出太阳在早晚的出没，有固定行程，但月的出没则没有定程。作者对此现象产生的原因，没有给出科学解释，实际上是由于白道与地平交角不断变化造成的。

【译文】

太阳早出晚没，有固定行程，而月球则没有。君主熟悉天的本质，矫正不当举措以减除天灾，不辜负寸阴而后无憾。后妃做些梳洗或铺褥之事，显然是适宜的。月亮在春秋的高低有定则，而太阳则没有。后妃按女师教诲行事，见朝堂而退回居室，不干朝政。君主征伐或礼让等事都择时而行，适可而止。与时俱进，天下乃治。此为日月之情，天地之道。

日　说　五

《参同契》云："晦朔之间，合符行中。"〔1〕朔日诚合，晦日则月体先现三刻，逮日出时，月已高过一步〔2〕，犹之朔之二日，月后现三刻，日高一步，而月方成象〔3〕。总之匝月之中仍有三十个或魄或明。月体东生西没，如日经天，毫不缺少，但为日光笼盖，则不见耳。初八上弦，月以午时成象东方，十二时中皆现月之候。以此推之，具了然矣。

【注释】

〔1〕《参同契》：东汉炼丹家魏伯阳的炼丹术著作《周易参同契》（142）的简称。 "晦朔之间"二句：晦日（农历每月最后一天）和朔日（初一）之间，日月并行于中道（黄道）而同时出现或发生日食。

〔2〕步：长度单位，旧制以五尺为一步。

〔3〕月方成象：作者认为日月不是每天从东方升起，而是每天在东方形成，这种看法是不正确的。

【译文】

《周易参同契》曰："晦日和朔日之间，太阳和月亮同时出现于黄道。"在朔日（初一）太阳和月亮诚然会合，但晦日（每月最后一天）月亮比太阳先出现三刻（六小时），日出时，月已高过其五尺，犹如朔日的第二天、月比太阳迟出三刻那样，日高五尺时，月始成象。总之一个月之中仍有三十个或暗或明情况。月亮东升西没，如太阳那样在天上运行，毫不缺少，但为日光笼盖而看不到。每月初八上弦月，月亮在午时（十一至十三时）出现在东方，一天十二个时辰都出现月。以此推之，便清楚了。

或曰：使月有定期，司夜永如望日，一如日之司昼，岂不美哉？曰：乾坤计之熟矣。日长司昼，月长司夜，则太阴、太阳终天隔绝，永无会合之期，何由还返虚无，而吐贞明于万古？惟月以无定而合符日之有定，此之谓先天之体。非穷神和化者，其孰能于斯哉。

【译文】

或有人问：如月出有固定时间，夜间永远像十五那样又圆又亮，如同白昼的太阳，岂不更美？答曰：乾坤间一切有周密安排。如太阳总在白天照明,月亮总在夜间照明,则日月终天隔绝,永无会合之期,如何会在发生日月食后又能重现光明于万古? 只能以月的不定时升起对应日的定时升起,天体本来就如此。不穷究事物的协调、变化,怎能晓得这些?

日 说 六

古来以日行度数测天体[1],然日月出没之位,不知其为大圆之止极焉否也。其云东西二十万里,南北十七万里,东西恃日晷[2]测之诚是,南北以度推未必有当也。《周礼》"日至之景,尺有五寸"[3],所谓土圭[4]也。郑玄[5]以为"日景于地,千里而差一寸"。昔术家立八尺之表于颍川阳城[6],曰:日光邪[7]射阳城,则天径之半,以此为天地之中。今二至晴明之日,立景早晚而积算之,则中景之候,东行短数刻,而西稍长焉。

【注释】

〔1〕以日行度数测天体:指中国古代以太阳一昼夜内在黄道上运行的距离为一度,使太阳运行日数和度数一致。太阳运行一周(实为地球绕太阳一周)为 365.25 度,而非 360°,从本处叙述中可见作者持浑天说,已落后于其所处的时代。

〔2〕日晷(guǐ):用太阳投射的影子测定时刻的装置,在有刻度盘中央放一与盘垂直的棍。

〔3〕《周礼·地官·大司徒》称:"日至之景(影),尺有五寸,谓之地中,天地之所合也。"

〔4〕土圭:又称圭表,古时测量日影长度的仪器,包括两部分:表是

直立标竿，圭是平卧的尺，表放在圭的南北端，与圭垂直。

〔5〕郑玄（127—200）：字康成，东汉经学家，注《周礼·地官·大司徒》时云："凡日景于地，千里而差一寸。"这种估算严格说不够准确，唐代僧人一行（俗名张遂，683—727）据子午线测定结果得出南北差263里，日影差一寸的结论，而非"日影千里而差一寸"。

〔6〕颍川阳城：在今河南登封市东南。唐开元年间（713—741）在境内阳城县（告成镇）建周公测景台。

〔7〕邪：偏斜。

【译文】

自古以来以日行度数测天体，然而日月出没位置不知是否在天球与地平线相交的两个极点上。其所说地面东西为二十万里，南北十七万里，东西距离固然可用日晷测之，但南北靠推算未必得当。《周礼·地官》说"日影至一尺五寸长谓之地之中心"，即用圭表所测的日影长度。东汉人郑玄对此注释说，"太阳在地上的投影，南北千里便差一寸"。过去测算家在河南颍川郡阳城（今河南登封东南告成镇）立八尺的圭表，说当日光斜照阳城时，正当天球直径之半，以阳城为地之中心。如今在晴朗的夏至和冬至这两天，立日晷从早到晚对所测日影加以积算，则是平均影长的时刻（中午），太阳东行时（上午）短数刻，西行（下午）时则稍长些。

以中国为天下中，实未然矣。就日之出与没而析之，中国迤东二万里，而印度当东西之中，此其大略〔1〕。若夫南北之中，则意想之所穷。然以黄赤二道〔2〕分日光出没为东西之极，则中国亦稍迤北，犹之东西之稍东也。夫聪明运用，不求之大清之上，而必于入极地下寻度数之行，何如其智也。

【注释】

〔1〕"以中国为天下中"至"此其大略"：作者以太阳出没来分析，认为中国并非地之中心，而实偏东，这是正确判断。但又认为印度是东西的中心，则又错了，因在球形天体中很难说何处是中心。析，原作"拆"，今改。

〔2〕黄赤二道：地球人看太阳一年内在恒星间所走的路径，即地球公转轨道平面与天球相交之大圆，称为黄道。环绕地球表面距南北极相等的圆周线，称地球赤道。地球赤道面和天球相交而成的大圆圈，称天赤道。

【译文】

以为中国位于天地之中央，实在是不正确的。就日出和日没来分析，中国偏东两万里，而印度当在东西的中央，此为大体而言。若说中国居南北之中，也是臆想到头了。然而从黄、赤角度观之，将日光出没之处作为东西两个极点，则中国处于稍北位置，正如在东西方向上处于偏东位置一样。运用聪明观察太阳运行，不求之于太空之上，而一定要在极地下探求太阳运行度数，这是何等智慧之举！

图书在版编目(CIP)数据

宋应星全集/(明)宋应星著;潘吉星译注.--上
海:上海古籍出版社,2023.11
　ISBN 978-7-5732-0733-3

　Ⅰ.①宋…　Ⅱ.①宋…②潘…　Ⅲ.①农业史-中国
-古代②手工业史-中国-古代　Ⅳ.①N092

中国国家版本馆 CIP 数据核字(2023)第 115141 号

宋应星全集

〔明〕宋应星　著

潘吉星　译注

上海古籍出版社出版发行

(上海市闵行区号景路 159 弄 1-5 号 A 座 5F　邮政编码 201101)

(1) 网址:www.guji.com.cn

(2) E-mail:guji1@guji.com.cn

(3) 易文网网址:www.ewen.co

上海展强印刷有限公司印刷

开本 890×1240　1/32　印张 22.875　插页 8　字数 473,000
2023 年 11 月第 1 版　2023 年 11 月第 1 次印刷
印数:1—2,100

ISBN 978-7-5732-0733-3

G·744　定价:108.00 元

如有质量问题,请与承印公司联系

电话:021-66366565